深入理解Java并发

曹亮　郑程◎编著

· 北京 ·

内 容 提 要

本书系统地分析和介绍了Java并发领域，全书共12章，分为四个部分。第一部分为并发概述（第1章），这部分介绍并发的发展历史，激发读者的学习热情。第二部分为Java基础原理（第2~3章），这部分介绍并发模型的基础理论知识。第三部分为并发工具（第4~7章），这部分不仅从源码实现的原理上分析j.u.c包中提供的Java并发工具，还对组件的设计方式进行了探索。第四部分为Java实践（第8~12章），这部分深入浅出地分析了开源常见的并发框架，学习这部分知识可进一步提升并发编程的效率。

本书适用于对Java基础知识有一定的掌握，渴望深入学习Java并发进阶知识的开发者；也适用于渴求成功进入大型互联网公司的开发者；还适用于对Java并发以及并发组件设计模式感兴趣的开发者。

图书在版编目（CIP）数据

深入理解 Java 并发 / 曹亮，郑程编著 . — 北京：中国水利水电出版社，2023.5

ISBN 978-7-5226-1266-9

Ⅰ . ①深… Ⅱ . ①曹… ②郑… Ⅲ . ① JAVA 语言—程序设计 Ⅳ . ① TP312.8

中国国家版本馆 CIP 数据核字 (2023) 第 048576 号

书　　名	深入理解 Java 并发 SHENRU LIJIE Java BINGFA
作　　者	曹亮　郑程　编著
出版发行	中国水利水电出版社 （北京市海淀区玉渊潭南路 1 号 D 座 100038） 网址：www.waterpub.com.cn E-mail：zhiboshangshu@163.com 电话：（010）62572966-2205/2266/2201（营销中心）
经　　销	北京科水图书销售中心（零售） 电话：（010）68545874、63202643 全国各地新华书店和相关出版物销售网点
排　　版	北京智博尚书文化传媒有限公司
印　　刷	河北文福旺印刷有限公司
规　　格	190mm×235mm　16 开本　24 印张　583 千字
版　　次	2023 年 5 月第 1 版　2023 年 5 月第 1 次印刷
印　　数	0001—3000 册
定　　价	89.00 元

推荐序

随着互联网+和硬件技术的迅猛发展，大量的并发式业务场景相继产生，并发编程似乎已经是程序员的家常便饭了。然而写出完美代码并不容易，不仅需要程序员把技术原理吃透，还需要经过大量的实践。

如果你正在打开 Java 世界的大门，准备在并发编程世界一探究竟，那么这本书可以成为你进一步登阶的梯子。并发编程涉及的技术非常复杂，底层方面涉及操作系统的指令执行原理；上层方面涉及 API 的源码实现。从进程、线程通信机制到 Java 的内存模型问题，从线程安全性的原子性、一致性、可见性到线程开销、阻塞、死锁、活锁等活跃性问题，在本书中都可以得到详尽的解答。

曹亮是一位非常有工匠精神的工程师，碰到技术问题有打破砂锅问到底的韧劲。这本书是他对技术追求的内心写照，力求把每个相关技术点的原理由浅入深、系统性地解释清楚。从编程设计思路到底层执行原理都进行了深入剖析。此外，书中有大量的 demo 便于读者理解，相信这样的用心设计一定会让读者们不虚此读。

三年的疫情影响让整个互联网的发展放慢了脚步，愿每一位技术人都能被岁月温柔以待，在技术的长河中寻找到自己内心的灯塔，稳步前行，报岁月以歌。

阿里巴巴高级技术专家　楚　墨

2022 年 8 月 2 日

喜闻曹亮、郑程的《深入理解 Java 并发》一书即将出版，我感到无比的激动和兴奋。与两位仁兄在 2020 年相识于滴滴出行，某一天在团队技术分享交流会上聊到 Java 并发编程时说起，互联网大厂的中、高级程序员对这方面的理解比较片面、不够深入，经常会因为使用不当导致线上故障频发。更别提一些初入职场的程序员，以及在求职路上的候选人，面对技术面试官的提问，经常答非所问，或一知半解。两位仁兄经常在工作之余撰写技术博客、参与开源系统框架的建设。当时我建议他们，何不把多年积累的工作经验整理成册，把它贡献出来给需要的读者，让大家少走弯路。

本书是曹亮、郑程多年来的工作经验总结之作。众所周知，目前 Java 并发领域的经典好书都是外版作品，英文不好的读者阅读起来比较费劲。近两年来，国内开发者也相继出版了一些这个领域的图书，口碑也还不错。本书针对 Java 基本原理进行分析，从 API 层面到源代码具体实现，再到操作系统的底层执行原理，深入浅出，举一反三；同时本书侧重于建立能够全局理解 Java 的并发体系框架，做到“由点到面、由面到体”；更难能可贵的是，编者结合多年工作实战经验，从面试过很多候选人的技术面试官的视角出发，给出 Java 并发编程的核心考核点及答案，助力候选人通过层层技术面试。

目前与 Java 开发相关的技术书籍已然汗牛充栋，但我相信，对于每一位对代码有追求、渴望快速掌握 Java 并发进阶知识的学习者，特别是渴望成功进入大型互联网公司的开发者来说，这本《深入理解 Java 并发》是其书架上不可或缺的一本书。

前滴滴出租车技术负责人　李宏林

2022 年 9 月 16 日于北京

数字经济正在广泛影响各行各业的发展，成为我国经济发展的强劲动力。随着数字化应用业务复杂度的提升，开发者需要深入理解一门语言的核心原理，方能写出性能高、稳定性强的应用，这一要求已经成为开发者的高阶考验。在我认识的行业开发群体中，即使是一个从业六七年的工程师也较难体系化地建立起对并发编程的深入理解，从而导致应用故障频繁发生，处理故障成本较高，影响了数字化应用效能。

Java 并发编程看似简单，但要做到依据特定场景给出最优方案并不是一件轻松的事情。目前已经有一些书籍和文章对这个难题进行了分析和阐述。《深入理解 Java 并发》一书很好地将这件不轻松的事情变成一件相对轻松的事情。这源于编者作为技术专家，拥有多年复杂业务场景的实战历练，通过将理论和实战有效地结合，对背后的运行机理进行轻松易懂的阐述。

本书详细地介绍了并发编程领域的底层原理，包括多核计算、多核计算对并发编程的影响、操作系统的执行逻辑、内存模型、锁等，由浅入深地介绍了 Java 并发领域的知识体系。

本书还特别关注线程安全的三大性质，即原子性、有序性、可见性，并结合 synchronized 和 volatile 两大关键字分析这三大性质。相信通过阅读本书关于这方面的阐述，读者可以对线程安全建立起更加全面的认识，从而在并发场景下写出线程安全的代码。

为了便于理解，编者为每个原理精心配置插图，极大地提升了读者的理解效率，使他充分感受到编者的用心和努力；同时，基于“源码是最好的学习”的理念，编者也配置了大量的源码，充分体现出编者的实在和资深程度。

总的来说，本书理论完备，行文流畅，易于阅读和应用。

前阿里巴巴高级技术专家　毕新锋

2022 年 9 月 14 日于杭州

前　言

➦ 编写背景

当下互联网产品基本覆盖了人们衣食住行的各个方面，它们通过技术为每位用户提供各种便利以及丰富的数据信息，让人们的生活变得更加丰富多彩。无论是互联网行业的从业者，还是计算机技术爱好者，能够加入这场互联网发展的浪潮中贡献自身的力量，都十分幸运。但随着互联网产品的受众规模不断增大，开发者承担的工作压力、心理压力以及所面对问题的规模和复杂度也成倍增加。要想为用户提供稳定流畅及超预期价值的产品，对开发者的开发能力和知识面深度及广度的要求也越来越高。对开发者而言，在设计开发每个系统时，除了满足用户的功能性需求外，对系统本身的稳定性、系统性能等非功能性需求也需要着重关注。注意，Java 并发知识对于 Java 编程体系而言属于进阶知识，对于想要提高自身专业能力的开发者而言，Java 并发知识是他们的必备知识。

笔者长期工作于大型互联网企业，有着丰富的大型互联网系统的设计和开发经验。同时，作为技术面试官，在与候选人沟通的过程中，笔者也能深刻感受到每位开发者对 Java 并发知识的好奇，他们对 Java 并发的理解只停留在表面上，缺乏对背后的原理以及设计方案的理解。因此，笔者在组织本书内容时尽量避免对知识点的罗列和堆砌，而是对 Java 并发编程领域从底层原理、编程范式直到并发实践以及体系结构从下至上进行了深刻剖析。通过对多种并发组件的横纵向比较，将一个个独立的并发知识点进行有机组合，形成了“由点及面”的体系化思考和总结。另外，学习每个优秀的技术组件，除了理解背后的源码逻辑外，最重要的是弄懂背后的设计思路。在汲取优秀开发者的设计思想后，能够将这些思想应用到程序开发中，才能达到“由面到体”的效果，真正将技术学得通透。

➦ 主要内容

本书共 12 章，内容安排如图 0-1 所示。更详细的并发知识图谱可以从公众号后台下载，详细的下载方式可参考“在线服务”模块。

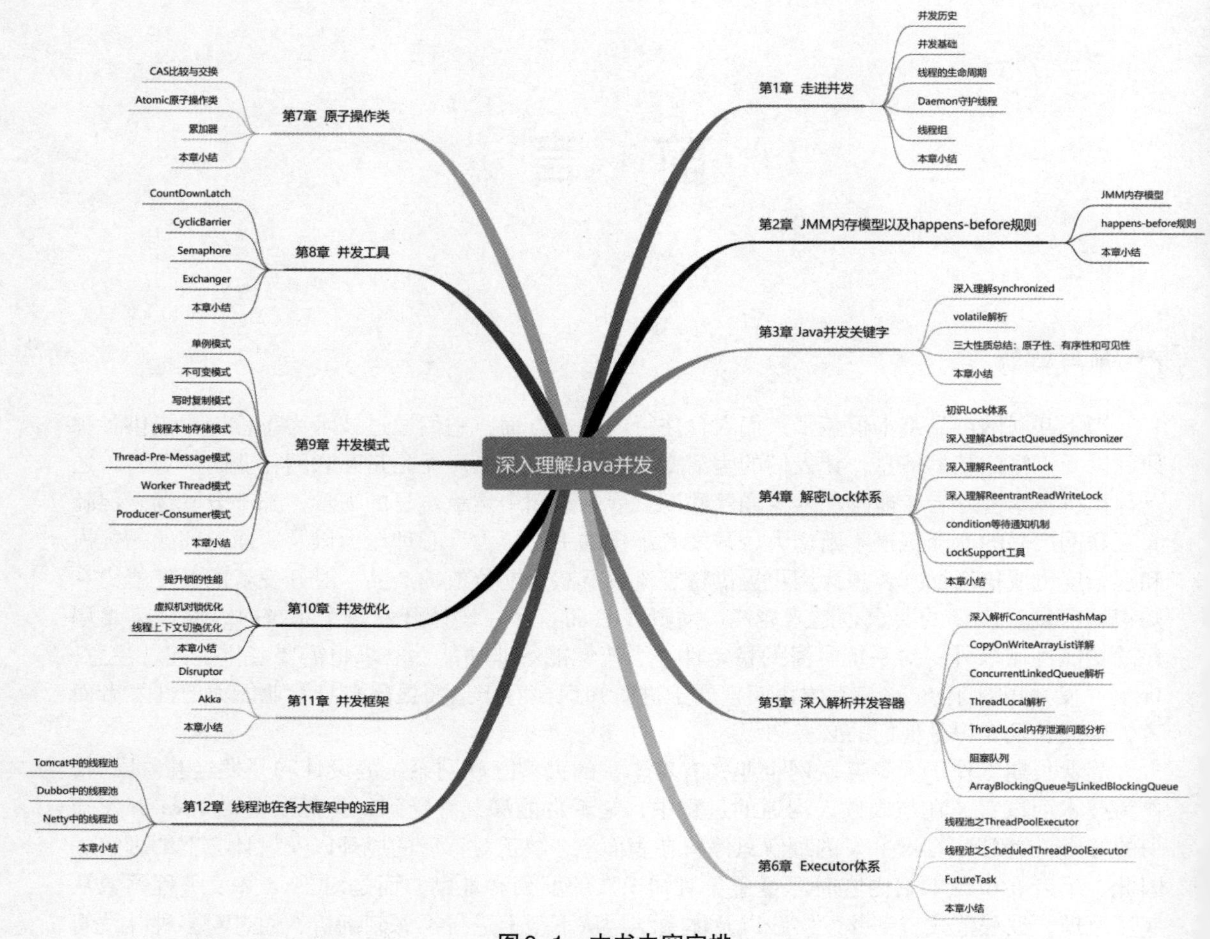

图0-1 本书内容安排

本书特色

笔者刚进入软件行业时，为学习 Java 并发也曾阅读过大量该领域的书籍。随着笔者工作经验的积累，越来越觉得结合常用的框架以及实际项目的经验去阐述和总结并发领域的相关知识，为各位读者总结出大中型企业对该领域人才的技能要求是非常重要的，因此才有了撰写本书的动力。从整体来看，本书具备如下特色。

1. 难易程度均衡

Java 并发属于进阶知识，具备一定的难度，如果该领域的书籍过度注重垂直知识的深挖，必然会让内容难以理解，这要求读者具备很扎实的知识结构。相反，如果书籍仅仅以能够使用为目的，并辅以简单的案例去讲解，就会造成读者对知识点是“蜻蜓点水”式的了解，在实际项目中也很难真正地解决此类问题。因此，笔者在编写本书时，力求做到在该深入的地方尽量深挖其背后原理，并在知识应用实践部分以实际项目工程经验进行串联，让本书能够在内容上达到难易均衡，在知识结构体系上也有清晰的难易点分布。

2. 体系完整，深谙行业对该领域的考察点

笔者长期在互联网一线企业工作，能够系统化总结出面试以及内部晋升时，面试官（或晋升评委）在 Java 并发领域对软件开发者的要求。从一定程度上说，阅读本书的读者能够高效地进行面试复习以及提升该领域的专业技能，极大地提升学习的效率。

3. 理论和实践结合

本书除了讲解理论知识外，也十分注重应用实践，本书第 10 ～ 12 章用了大量篇幅阐述并发领域常见的工程实践问题，以便读者能够高效地解决实际问题。

4. 内容紧贴技术前沿

Java 并发技术发展很快，应用面也越来越广，本书将对 Java 并发与 Dubbo 等较新框架上的应用实践进行分析，以保障读者在知识结构上能够掌握当下“最新”的知识点。

本书适用对象

本书既可以作为大中专院校、应用型本科相关专业的教学用书，也可以作为相关企业的培训教材。

主要适合以下几类读者阅读学习：

- Java 编程爱好者
- 想全面学习 Java 开发技术的人员
- 大中专院校相关专业的学生
- 社会培训班的老师和学员
- 从业 1~3 年的 Java 工程师

编者寄语

全书共分 12 章，每章都有翔实的原理分析、实践案例以及技术面试中高频涉及的知识考察点，希望能全方位地为读者带来帮助。读者在学习本书时，建议参考以下学习方法。

1. 注重原理解析

力图摆脱蜻蜓点水式的阐述方式，通过从上至下的方式将知识点（从 API 层面到源码实现原理，再到操作系统的执行原理）分析得足够透彻，让读者能够知其然，更能知其所以然。在分析过程中，还会对源码中优秀的实现技巧进行讲解，让读者能够知道“如何解”。将这些技巧“举一反三”地应用到业务开发中，能够极大地提升机器的系统性能和开发效率。

2. 关注技术分析设计思路

对每位中、高级技术开发者而言，需要具备一定的分析和阅读优秀开源组件的源码的能力，那么常用的分析方式和阅读源码的技巧是怎样的呢？本书在分析每个技术组件时，都会对分析思路以及分析方式进行阐述，如在第 5 章对多个并发数据容器的探索时会结合场景分析深入理解 Java 并发技巧。还通过对多个并发组件的横纵向比较，让读者对并发体系建立“由点至面、由面及体”的认知，最终建立立体的 Java 并发体系。因此，本书会侧重建立技术分析的思考方式。

3. 重难点突出

在 Java 编程体系中，并发知识属于进阶知识的范畴，为了让读者高效地掌握这些知识点，每章都会对重难点进行总结，还会站在技术面试官的角度，为读者梳理出核心考查点，尽可能帮助读者顺利通过技术面试。另外，本书绘制了并发编程的知识图谱，供各位读者参考。

4. 实践内容充实

本书基于当前技术趋势，对高频使用的并发框架进行总结，还提供了丰富的示例代码，为读者带来详细的实践开发案例，旨在让读者在深入理解技术组件的背后原理后能够高效地应用到开发中，提升开发效率以及编程过程中的“幸福感”。

在线服务

（1）扫描二维码加入本书学习交流圈，本书的勘误情况会在此圈中发布。此外，读者也可以在此圈中分享读书心得、提出对本书的建议等。

（2）如果读者需要了解更多互联网大型企业的内推机会、更丰富的软件编程知识，以及想与编者建立联系，可以扫描下方二维码，关注“怀梦追码”公众号。在公众号后台输入“深入理解 Java 并发”，即可获取本书所有的学习资源。

本书编者

本书由曹亮和郑程共同编写，曹亮编写了第 1~6 章，郑程编写了第 7~12 章。另外，出版社编辑老师对本书进行了详细的审校工作，在此对他们由衷地表示感谢！在本书编写过程中，编者参考了大量的文献资料，在此对这些资料的作者也致以衷心的感谢！

互联网技术的发展十分迅速，虽然我们力创精品，但是由于水平有限，书中疏漏之处在所难免，敬请广大读者不吝赐教。

编　者

致谢

从接触编程开始，我就慢慢养成了写博客的习惯。无论是在阶段性的学习后，还是在繁忙的工作后，我都喜欢在安静的午后或是柔和的台灯下，沏上一杯绿茶，一边享受安静宁和的时光，一边通过文字记录自己的认知以及对这个行业的“喜怒哀乐”。在这纷繁复杂的变化中，也极力让自己保持初心，做到该有的简单纯粹，让技术世界成为我心中为之守护的那片净土。于是，我萌生出写一本技术书籍的想法，去做一件让自己觉得很“酷”的事情，去做一件让自己终身难忘的事情，那就去做吧！

本书的编写长达一年多的时间，其间牺牲了我很多休息时间。这一路走来有太多的不容易，因此我心中充满了感谢和感激。

首先，我由衷地感谢郑程！感谢他能够信任我以及支持我的观点，参与到本书的编写中。我深知自身能力有限，有他的补充才能让本书圆满完成，也因为有他的加入，才能完成我一直想做一件很“酷”的事情的目标。在任何时候相互成就都是一件很棒的事情。其次，我要感谢我的妻子！在这长达一年多的时间里，她能够无条件地支持我的想法，由于编写本书耗时耗力，对她缺少了关心和陪伴，她却能够发自内心地理解我，让我毫无心理负担地投入整本书的编写中，鼓励我去追逐和实现这个写书的目标。没有她的陪伴和支持，我很难完成这本书的创作。在此对她表示衷心的感谢！另外，我也十分感谢我的父母，对我的生活给予的帮助和支持！

最后，谨以此书献给我的孩子，希望他能够健康、快乐地成长，去热爱这个世界，并带着“好奇心和探索心”去感受自然的美好，去坚持和守护属于他的信仰。

曹　亮

2023 年 2 月

依稀记得 2020 年 10 月曹亮跟我说，想写一本关于 Java 并发的书。一开始我觉得市面上已经有那么多关于 Java 并发的书了，为什么还要再写一本！经过深入的探讨之后发现，我们想传达的不仅仅是并发的知识，还想从并发体系结构的角度给读者展现并发世界的全貌。

历经一年多“痛苦”的创作，终于完成了本书我所负责的内容。此刻我内心十分激动和自豪。作为一个普通的程序员，在这个浮躁的社会中，能够保持内心的单纯和简单确实不易。在写作之余，一点点地死磕并发的相关知识，每天都有收获，每天都在成长，我感到非常充实、非常有成就感。如果本书能给读者带来帮助，我将感到非常荣幸。

在此首先感谢曹亮的邀请和帮助，能让我参与进来一起编写本书。在与曹亮交流的一年当中，我的并发知识更具结构化和体系化，我在做事的态度和方法上也收获颇丰。

另外，感谢我的妻子在这一年的时间里对我的支持和关心！没有她的支持，我可能坚持不下来。非常感谢！

郑　程

2023 年 2 月

目 录

第一部分 并发概述

第二部分 Java基础原理

第三部分 并发工具

第四部分 Java实践

第一部分　并发概述

第1章　走近并发

互联网产品的迅速发展，带来了用户规模的不断攀升，这对系统的性能提出了越来越高的要求。系统性能能否达到高并发、高性能及高可用，与程序员架构设计和技术知识的掌握程度有关。对于大规模分布式系统，要想在单机情况下高性能、快速地处理业务请求，就要用到并发编程，并发编程是开发者必须掌握的进阶技能。但并发编程理论知识难度较大，技术较深奥，使开发者不能体系化理解，有的开发者甚至对此望而却步。在开启并发编程之旅前，先来了解关于并发的历史、并发编程的挑战和相关概念。

1.1　并发历史

在早期计算机的发展史上，需要使用计算机解决的业务问题的规模及复杂度并不是很高，即使是在当时晶体管制造工艺不是很发达的情况下，当时的计算机设备依然可以解决小规模的业务场景。但随着问题规模和复杂度迅速上升，计算机设备的晶体管制造工艺也在显著提高，晶体管的体积越来越小，在硅晶上的排布越来越密集，计算机的计算能力也迅速翻番，性能更好，成本更低——这就是在晶体管制造工艺史上的“摩尔定律”。

1.1.1　摩尔定律

摩尔定律并不是一种自然法则或物理定律，它只是基于观测数据对未来的一种预测。

1956 年，戈登 · 摩尔（Gordon Moore）在整理一个关于计算机存储器发展趋势的报告时，通过绘制历史数据趋势图发现了一个显著的变化：在芯片生产后的 18 ～ 24 个月内，每个新生产的芯片所包含的晶体管的容量是前一个芯片的两倍，也就是说其计算能力会翻番。按照这个趋势，计算能力相较于时间周期呈指数级上升。该定律成为许多工业领域预测性能的基础。关于摩尔定律的具体内容众说纷纭，概括起来，主要包括以下三种。

（1）集成电路芯片上所集成的电路的数目，每隔 18 个月就翻一番。

（2）微处理器的性能每隔 18 个月提高一倍，而价格下降一半。

（3）用 1 美元所能买到的计算机性能，每隔 18 个月翻一番。

以上说法中，以第一种说法最为普遍，第二种和第三种说法涉及价格因素，但实质还是一样的。三种说法虽然各有侧重，但在一点上是共同的，即“翻一番”的周期都是 18 个月，至于“翻一番”(或两番) 的是“集成电路芯片上所集成的电路的数目”，还是“微处理器的性能”，还是“用一美元所能买到的计算机性能”，就见仁见智了。晶体管容量的上涨趋势如图 1.1 所示。

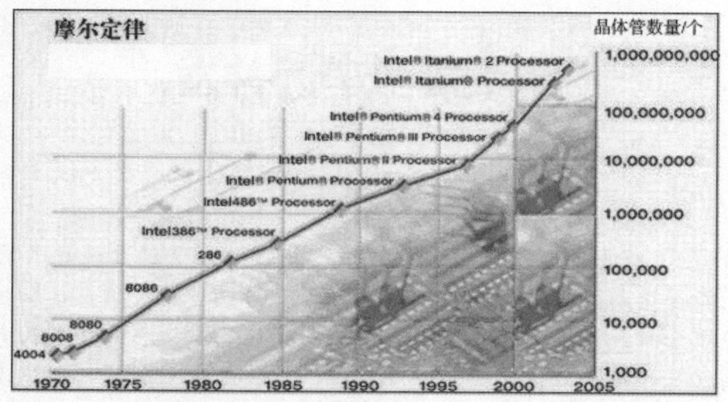

图 1.1　晶体管容量的上涨趋势

随着晶体管的制作工艺的提升，IC（半导体元器件的统称，也称芯片或微芯片）上可容纳的晶体管数目约每隔 18 个月就会增长一倍，性能也会提升一倍。按照预测的发展速度，所有人都会畅想没有什么复杂的问题场景不能通过硬件的快速发展而解决。之后，计算机硬件设备将拥有超强的计算能力，CPU 的主频频率也将变得越来越高，处理能力将有飞速的提升。当人们在畅想未来时，却被现实泼了一盆冷水。如图 1.2 所示，2004 年在 Gartner（高德纳咨询公司）所赞助的产业大会上，Intel（英特尔）的首席执行官 Barrett（贝瑞特）面对 6500 位业界高级人士演讲时，公开表示英特尔取消 4GHz Pentium 4 处理器，当被问到英特尔为何取消该处理器时，Barrett 坦言：“我们未履行对客户的承诺，我们深感愧疚。” Barrett 向听众诚恳地表示：“我也很不想违背这个承诺，请原谅我们。”

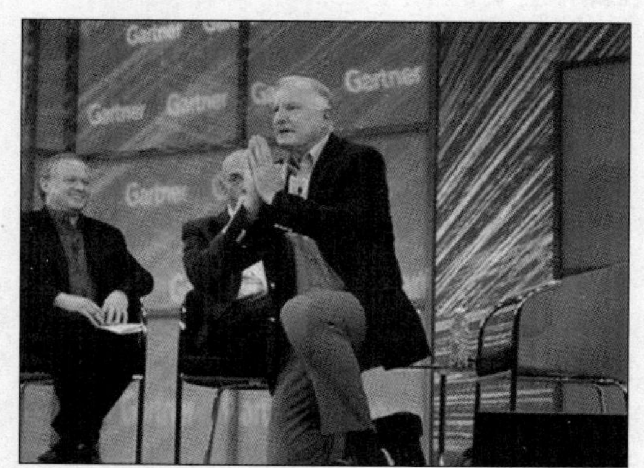

图 1.2　Barrett开玩笑地做出 “下跪” 动作请求原谅

Barrett 表示：Intel 必须在更高时钟频率与更强大处理器之间做出抉择。这也体现出，业界在耗电上所面临的挑战。CPU 主频无法继续提升的主要原因在于散热，提高主频超过一定范围后，热密度急速提高很不经济，同时也会造成散热困难。Intel 表示，要转向多核处理器，“绝对是面对耗电挑战所需要做的”。2017 年 9 月，在“英特尔精尖制造日”活动上

NVIDIA CEO 黄仁勋认为摩尔定律早已失效，同年 9 月他还在 NVIDIA GTC（GPU Technology Conference）China 大会上表示："摩尔定律已经终结，设计人员无法再创造出可以实现更高指令集并行的 CPU 架构，晶体管数每年增长 50%，但 CPU 的性能每年仅增长 10%。"台积电董事长张忠谋则认为摩尔定律会在 2025 年遇到极大挑战。

在摩尔定律面临失效的同时，聪明的硬件工程师并未停止研发的脚步，为了进一步提升硬件的处理性能以及计算速度，他们不再追求单一的计算单元，而是将多个计算单元进行整合，使计算机更倾向于多核 CPU 的发展趋势。硬件的计算能力的提升及计算资源的增多也让复杂的业务问题能够迎刃而解。2020 年 CPU 的性能天梯图（CPU Benchmarks）显示，排名第一的 AMD Ryzen 9 PRO 3900 已经达到 16 核心，如图 1.3 所示。

图 1.3　AMD Ryzen 9 PRO 3950 X的性能

短短十几年时间，家用桌面级 CPU，从 Intel i5、i7 的 4 核心、8 核心，到现在 AMD 产品的 16 核心，再到专业级服务器设备 CPU，核心数都在不断增加。为了不断提升计算机设备的计算性能以及处理能力，硬件工程师不断以扩展核心数的方式综合整体的计算能力。基于这样的硬件发展趋势，为了能够充分利用硬件设备提供的性能，在多核 CPU 的背景下，软件编程体系的并发编程得到极大的发展，在软件设计上通过并发编程的技术手段能够很好地利用多核心的计算能力，才能更有效率地解决更复杂的业务场景问题。

1.1.2　多核计算的趋势

受晶体管制造工艺以及 CPU 散热等多方面的影响，单核高频 CPU 的发展遇到了瓶颈，计算机设备向多核心数的发展必不可免。关于这种硬件的发展趋势，顶级计算机科学家 Donald Kunth（高德纳，见图 1.4）曾在访谈时公开表示：多核心数的发展现象或多或少是由于硬件设计者已经无计可施了，他们将摩尔定律失效的责任推脱给软件开发者，而他们给我们的机器只是在某些指标上运行得更快了而已。如果多线程的想法被证明是失败的，我一点都不会感到惊讶，也许这比当年的 Itanium 还要糟糕——人们基本上无法开发出它所需要的编译器。同时，Donald Kunth 对程序的性能在多核心以及并行计算的环境下有明显的改进这一说法提出质疑，也表达了串行化的重要性不会降低的观点。

图1.4 顶级计算机科学家Donald Kunth

但是某些特殊的应用场景（如图形渲染、密码破解、图像扫描、物理及生物模拟等应用）就十分依赖并行计算。例如，图像处理过程，如图 1.5 所示，一张图片会被处理成一个像素矩阵，然后基于这个像素矩阵会进行矩阵的转换和计算，最后会通过编解码的处理。矩阵运算及图像编解码的过程是十分消耗计算资源的，在处理这些流程时，就可以通过多线程的软件编程模型以及软件设计技巧，极大地发挥计算机处理性能，提升图像处理的整体效率。

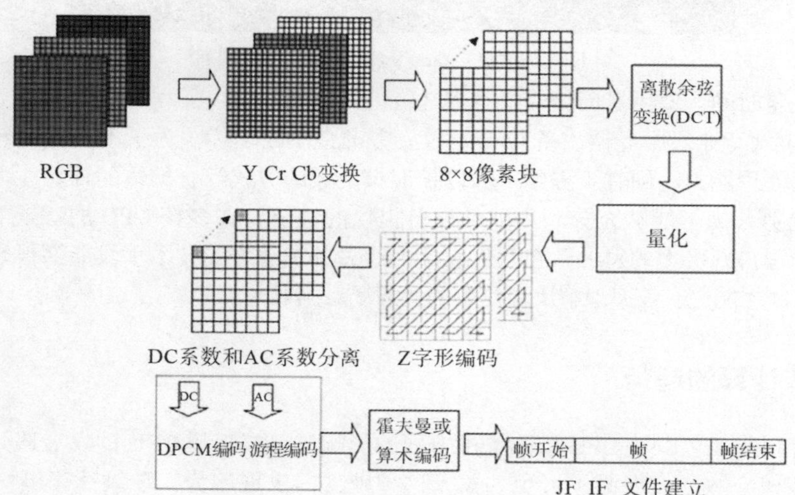

图1.5 图像处理的一般过程

另外，在电子商务场景中，用户在客户端下单购物成功后，会有多个流程同时进行，包括支付成功后扣减库存、库存管理、消息通知等流程，此时就可以采用多线程的方式进行处理，以避免主流程因需要处理的业务功能过多而导致阻塞，使系统响应过慢，用户体验变差。在解决实际业务问题时，多线程技术带来以下两点优势。

（1）性能提升：能够充分利用多核心多线程的硬件能力，提升计算效率，达到高性能的效果。

（2）业务拆分：以不同“线程”的视角实现不同的业务功能，能够完成流程拆分并解耦。

实际上，在大多数的业务场景中，合理地利用并发编程的软件开发技术能够提升软件的性能，但由于多线程并发的开发技术需要很深的技术功底，如果不具备扎实的多线程并发的理论知识，往往会引发很难排查的技术问题，出现线上故障。

1.2　并发编程基础

在软件设计中可以通过并发编程技术提升硬件资源的利用率。任何一项开发技术都需要找到合适的使用场景并了解其优劣势，才能在面对业务问题时使用并发编程高效地解决问题，而不是“知其然，而不知其所以然”。

1.2.1　并发编程的使用场景

在多数情况下，需要使用并发编程技术的场景主要有两种。**第一种，面对的业务问题本身就是一个“多线程”的业务模型**，可以十分契合地利用多线程的方式进行业务建模。例如，在电商业务场景中，订单管理、库存管理、消息通知等各个系统模块彼此相互独立，在主流程中可以通过多线程的方式进行设计，不同的线程处理不同的业务功能，这样可以和主流程拆分解耦。同时，主流程的系统响应会更快，以提升用户体验。又如，在车站的售票场景中，每个售票窗口都相当于一个“线程”，每个售票窗口单独售票，各个售票窗口之间不会相互干扰。但是各个售票窗口之间存在一个数据约束，即每个售票窗口出售的到某站的总票数是一定的。也就是说，若“杭州—北京”总票数是1000张，即使有20个售票窗口同时售票，但当这条路线的剩余票数为0时，所有售票窗口就不能再出售这条路线的票。

针对车站售票窗口的业务场景举一个例子，假设有3个售票窗口，共出售10张车票，通过以下代码进行模拟实现。

```
public class CurrencyBusinessModel {
    private static AtomicInteger totalCount = new AtomicInteger(10);

    public static void main(String[] args) {
        System.out.println("车站开始售票！");
        Station stationA = new Station("stationA", totalCount);
        Station stationB = new Station("stationB", totalCount);
        Station stationC = new Station("stationC", totalCount);
        stationA.start();
        stationB.start();
        stationC.start();
    }
```

```
    private static class Station extends Thread {
        /**
         * 售票窗口名
         */
        private final String stationName;

        /**
         * 车票总数
         */
        private final AtomicInteger ticketCount;

        Station(String stationName, AtomicInteger ticketCount) {
            this.stationName = stationName;
            this.ticketCount = ticketCount;
        }

        @Override
        public void run() {
            while (this.ticketCount.decrementAndGet() >= 0) {
                System.out.println(stationName + "售出车票1张");
                try {
                    // 休眠1s，模拟正在执行其他业务功能
                    TimeUnit.SECONDS.sleep(1);
                } catch (InterruptedException e) {
                    e.printStackTrace();
                }
            }
            System.out.println(stationName + ": 该条路线票已经售完");
        }
    }
}
```

上述代码执行后的输出结果如下。

```
车站开始售票!
stationA售出车票1张
stationB售出车票1张
stationC售出车票1张
stationB售出车票1张
stationC售出车票1张
stationA售出车票1张
stationB售出车票1张
stationC售出车票1张
stationA售出车票1张
```

```
stationC 售出车票 1 张
stationA：该条路线票已经售完
stationB：该条路线票已经售完
stationC：该条路线票已经售完
```

通过输出结果可以看出，每个线程就类似一个售票窗口，每个窗口都在处理各自的业务，彼此独立，但又会受到可出售车票数量的约束。另外，从输出结果来看，线程并不是按照代码顺序反复循环执行（这与线程执行的原理有关，CPU 会为线程分配一个时间片资源，只有当线程获取了时间片才能执行）。

当需要解决的问题本身就比较适合用多线程的方式进行业务建模时，使用并发编程能更好地发挥并发的优势，同时，在软件设计时也能够十分方便地理清思路和逻辑。

第二种，在业务流量较高、用户数较多的情况下，使用并发完成性能优化是实现系统高并发、高性能的有效手段之一。打个比方，将一个线程比作一条车道，能够通行的车辆的数量自然而然会比较少；但是，如果用多线程进行处理，多线程就类似于多车道，能够通行的车辆就会更多。在现在的 Web 服务端框架中，SpringBoot、Tomcat、中间件 MQ（如 RocketMQ、Kafak）、缓存等常用的技术组件都会采用并发的方式提升性能，这些技术原理会在后续章节中详细阐述。在解决性能瓶颈时，异步化是比较常用的一种方式，它能让系统达到更高的每秒查询率（Query Per Second，QPS）和系统吞吐量（系统在单位时间内处理请求的数量）。

使用异步并行化提升系统性能时，线程数（执行实体）是否越多越好，优化的性能提升幅度与使用的线程数、并发程度是否呈线性关系，性能优化程度是否有理论值上限？关于这些问题，业界有两个定律进行了探讨和解答，分别是 Amdahl（阿姆达尔）定律和 Gustafson（古斯塔夫森）定律。

1. Amdahl定律

Amdahl 定律是计算机系统设计的重要定量原理之一，于 1967 年由 IBM360 系列机的主要设计者 Amdahl 首先提出。该定律指出：**系统中对某一部件采用更快执行方式所能获得的系统性能改进程度，取决于这种执行方式被使用的频率，或所占总执行时间的比例。**

Amdahl 定律实际上定义了**采取增强（加速）某部分功能处理的措施后可获得的性能改进，或执行时间的加速比。**简单来说，通过更快的处理器获得性能提升幅度主要受慢的系统组件限制。将加速比定义为系统优化前的系统耗时与系统优化后的系统耗时的比值，则公式推导如下：

$$S=\frac{T_1}{T_n}=\frac{T_1}{T_1\left(F+\frac{1}{n}(1-F)\right)}=\frac{1}{F+\frac{1}{n}(1-F)}$$

其中，T 表示时间，T_n表示 n 个处理器并发优化后的系统耗时，F 为系统串行化比例。

可以看出，当处理器的数量 n 趋向于无穷时，$1/n$ 为 0，加速比与当前系统串行化比例成反比，也就是系统可以优化的空间实际上是受系统串行化制约的。系统串行化比例越高，当前可优化的空间越大。例如，系统串行化比例为 25%，那么理论上系统加速比最大为 4。该公式的趋势图如图 1.6 所示。

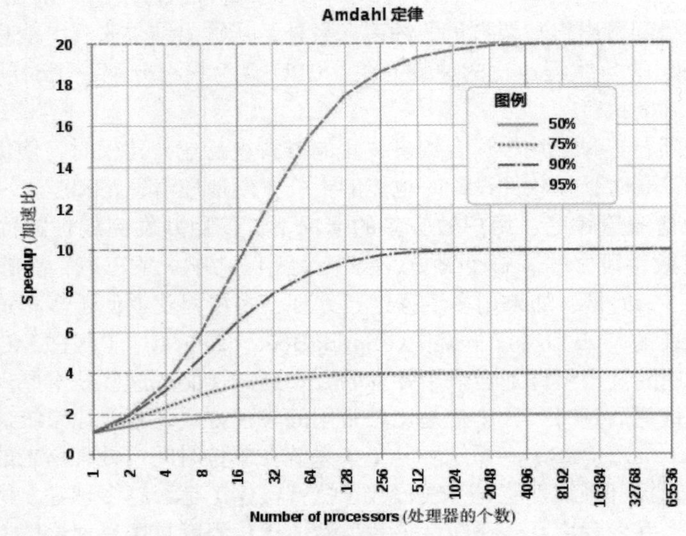

图 1.6　Amdahl定律公式趋势图

可以看出，利用多核心处理器能够提升整体性能，但是提升的上限是由当前系统的串行化比例所决定的。因此，在实际开发中，应尽可能地优化业务模型，提升系统可并发的空间，才能获取到最大的系统加速比。

2. Gustafson定律

Gustafson 定律由 John Gustafson 首先提出：**系统优化某部分所获得的系统性能的改善程度取决于该部件被使用的频率或所占总执行时间的比例**。如果令 a 为系统串行时间，b 为系统并行时间，那么系统实际执行时间为$a+b$。再令 n 为处理器个数，那么系统实际总执行时间为 $a+nb$，系统加速比 S= 系统总执行时间 / 系统实际执行时间 = $(a+nb)/(a+b)$。进一步，系统串行化比例为$F=a/(a+b)$，可得到加速比

$$S=\frac{a+nb}{a+b}=\frac{a}{(a+b)}+\frac{nb}{(a+b)}=F+n\left(\frac{a+b-a}{a+b}\right)=F+n\left(1-\frac{a}{a+b}\right)=F+n(1-F)=n-F(n-1)。$$

通过对定律公式推导可以发现，在串行化比例一定的情况下，系统加速比与 CPU 核心处理器的个数成正比，并且串行比例越低，系统加速比越大，当串行比例接近于 0 时，系统加速比最大可以是处理器的个数。

3. Amdahl定律和Gustafson定律的关系

这两个定律看起来是矛盾的，实际上是从系统加速、优化两个不同的视角看待问题的。从

两个极端场景来说，如果系统的串行化比例为0，也就是全部可以并行化，那么系统加速比均为最大值，等于当前处理器的个数。理想情况下，使用更多的处理器能够使系统性能更快。如果系统的串行化比例为1，也就是系统完全不能并行化，这两个定律最终的加速比都为1，也就说明无论使用多少个处理器都无法使当前系统加速，无法使性能得到提升。关于这两个定律，如何去理解呢？实际上，Gustafson定律更多的是表明如果当前系统存在可并行化优化的空间，适当通过增加处理器的核数能够使系统加速，完成系统整体的性能优化，并且加速比与处理器的个数成正比。那么这种优化是否存在极限呢？ Amdahl定律表明这种多处理器的优化很显然存在一定的上限，这个上限取决于当前系统的串行化比例。通俗的理解是，最大的优化程度取决于当前系统还存在多大的可优化空间。

1.2.2　并发的优缺点

当所有开发者开始憧憬利用多核心完成系统优化，可以使系统性能有一个飞跃式的进步时，Linux之父Linus Torvalds（李纳斯·托沃兹）在论坛上公开表达了对并行（或并发）计算的不看好：Give it up.The whole “parallel computing is future” is a bunch of crock（放弃吧，“并行计算是未来”的说法是一派胡言）。

一时间对并发的讨论也在很多技术论坛上展开。从软件设计上来说，高度并发的程序实现难度极大，并且出现的并发问题通常而言都是极隐蔽的，很难排查。另外，一味地追求多核心，在硬件设计上需要兼顾性价比与功耗的平衡，对硬件厂商也是一个很大的挑战。但是通过上面的分析可以看出，并发编程在软件开发中也具有一定的优点。

（1）通过对业务流程异步化处理，能够使主流程响应更快，用户体验更好。

（2）本身业务场景就比较契合“多线程”的业务建模方式，需要多个执行实体，同时也方便开发人员思考业务逻辑，提升开发效率。

（3）异步并发可以成为性能优化一种常用的手段，在大多数技术组件中都通过这种方式提升吞吐率，并且可以从这些成熟的开源社区中学习大量的开发技巧，提升开发能力。

并发拥有这么多优点，是否意味着可以在任何场景中使用并发？在软件开发以及技术方案设计中有一句“名言”：**只有合适的技术选型而没有最好的技术选型**。因此，任何技术都需要在合适的场景中才能发挥它应有的技术价值，而不是在任何一个场景中进行“生搬硬套”。过度使用并发也会带来一些缺点，增大出现业务故障的概率。

1. 频繁的上下文切换

在分析多线程的上下文切换问题之前，先来重新回顾操作系统的进程和线程。在操作系统进程模型中，计算机所有可运行的软件，通常也包括操作系统，被组织成若干顺序进程（简称进程），一个进程就是一个正在执行程序的实例，包括程序计数器、寄存器和变量的当前值。CPU 在多个进程之间通过来回切换赋予每个进程相应的 CPU 资源，执行进程的功能，实现真正的“伪并行”，这种快速切换的方式称为多道程序设计。从概念上来看，站在操作系统的角度，进程可以看作**资源分组和执行的一种逻辑划分的方式**，因此，进程是操作系统分配资源的最小单位。

现在分析这样一个场景：大多数技术组件都需要进行数据的落盘持久化操作，以避免在系统崩溃或断电等特殊场景下数据在内存中丢失的情况。因此，一般来说，会有一个持久化的功能来确保数据的可靠性。现在考虑如何实现这个持久化功能，如果和主功能共用同一个线程（或进程），在主流程进行操作时，用户在更新数据时因持久化操作的耗时，无疑会使更新数据的主流程阻塞，耗时过长，用户体验会很差。因此，持久化的操作都会通过异步化的方式进行。但是，按照上述分析，使用多进程的多道程序设计会有什么问题呢？

由于操作系统会为每个进程分配不同的资源、内存和数据区，Linux 内核通过被称为进程描述符的 task_struct 结构体管理进程，进程描述符中包含了状态、优先级及内存指针等进程运行时需要的大量的信息。重新回到上面持久化的场景，采用多进程的方案时，由于每个不同的进程在 Linux 内核中通过不同的进程描述符进行管理，实现持久化功能的进程并不能很方便地以跨进程方式获取主进程中需要被持久化的数据。所以，为了解决这个问题，又抽象了一个新的活动实体：**并行实体拥有共享同一地址空间和所有可用数据的能力，这种逻辑概念就称为线程**。对于大多数应用而言，很需要系统能够提供这种共享数据的能力，而这正是进程模型所无法表达的。

通常在一个进程中可以包含若干个线程，它们可以利用进程所拥有的资源。在引入线程的操作系统中，通常都是把**进程作为分配资源的基本单位，而把线程作为独立运行和独立调度的基本单位**。

另外，由于线程模型相较于进程模型更加轻量级，创建线程所耗费的资源以及速度远低于创建一个进程，因此在需要多个并行实体协作时，使用线程会更加高效。如果当前所执行的功能是 I/O 密集型操作，涉及大量的 I/O 操作时，使用多线程能够充分利用多个线程的协作处理能力，会使整体性能得到很大的提升。

事实上，多线程运行模式和多进程、多通道运行机制基本一致，如果是单 CPU 多线程运行，系统则会通过来回切换 CPU 时间片资源模拟多线程并行执行的效果。而每次 CPU 切换资源时，对当前线程而言需要频繁休眠和唤醒，如果切换次数过多，反而会降低当前系统性能。这里就会引发出一个疑问：并行一定会比串行执行得更快吗？并行与串行的示例代码如下。

```
public class CSDemo {

    private final static Long COUNT = 100000L;
```

```
    public static void main(String[] args) {
        cuurency();
        serial();
    }

    private static void serial() {
        long start = System.currentTimeMillis();
        for (int i = 0; i < COUNT; i++) { }
        System.out.println("serial execution times: "+(System.current
        TimeMillis() -start));
    }

    private static void cuurency() {
        long start = System.currentTimeMillis();
        Thread thread = new Thread(() -> {
            for (int i = 0; i < COUNT; i++) { }
        });
        System.out.println("currency execution times: "+(System.
        currentTimeMillis()-start));
    }

}
```

上述示例代码的输出结果如下。

```
currency execution times: 260
serial execution times: 3
```

通过输出结果可以看出，同样是实现一个很简单的计数器功能，通过并行实现的时间要比通过串行实现的时间要长很多，导致这种现象的根本原因在于使用并发涉及大量的上下文切换，反而使功能执行时间增加，具体的上下文切换次数以及耗时，可以通过 Lmbench 3 及 vmstat 工具进行检测（vmstat 命令是最常见的 Linux/UNIX 监控工具，可以展现给定时间间隔的服务器的状态值，包括服务器的 CPU 使用率、内存使用、虚拟内存交换情况、I/O 读写情况）。通过这个例子可以发现，使用并发并不是一劳永逸的方式，也不是所有的业务场景的“万能解药”，需要针对问题现状合理使用并发解决方案。

2. 线程安全问题

每个进程都拥有独立的地址空间，因此每个进程具有独立性。但是，每个线程可以共享进程的共享资源，因此，在多线程场景下就会涉及各个线程对共享资源的读写，如果不注意并发线程执行的时序，以及不提前评估线程对共享资源的操作是否会影响其他线程的逻辑，那么往往就会因为多线程并发的原因影响程序的正确性，带来十分隐蔽的线程安全问题。下面的代码示例很清晰地反映了多线程并发中很容易发生的“死锁”问题。

```
public class DeadLockDemo {

    private final static String RESOURCE_A = "A";
```

```
    private final static String RESOURCE_B = "B";

    public static void main(String[] args) {
        Thread threadA = new Thread(() -> {
            synchronized (RESOURCE_A) {
                System.out.println("get resource A");
                try {
                    Thread.sleep(3000);
                    synchronized (RESOURCE_B) {
                        System.out.println("get resource b");
                    }
                } catch (InterruptedException e) {
                    e.printStackTrace();
                }
            }
        });
        Thread threadB = new Thread(() -> {
            synchronized (RESOURCE_B) {
                System.out.println("get resource b");
                synchronized (RESOURCE_A) {
                    System.out.println("get resource a");
                }
            }
        });
        threadA.start();
        threadB.start();
    }

}
```

执行该代码，输出结果如下所示。

```
get resource A
get resource b
```

可以发现，当前程序一直没有运行完毕，这是因为 threadA 和 threadB 之间存在死锁的问题：threadA 先持有 RESOURCE_A 资源后，进而去获取 RESOURCE_B 资源，但是 threadB 先获取到了 RESOURCE_B 资源，此时 threadA 线程因无法获取相应的资源，被阻塞而不能继续执行，导致 threadA 不能成功释放 RESOURCE_A 资源；而 threadB，也会因无法继续获取到 RESOURCE_A 资源，无法继续向下运行。像这种多线程运行时，线程彼此之间持有另一个线程所需要的资源，但是又不能顺利释放资源而被另一个线程获取，最终导致线程都被阻塞住，程序无法继续运行，这种现象就是典型的“死锁现象”。可以使用 jps 和 jstack 工具查看当前线程的状态，具体结果如下。

```
Found one Java-level deadlock:
=============================
"Thread-1":
```

```
  waiting to lock monitor 0x0000000003555aa8 (object 0x00000000d609c498,
a java.lang.String),
  which is held by "Thread-0"
"Thread-0":
  waiting to lock monitor 0x0000000003559b48 (object 0x00000000d609c4c8,
a java.lang.String),
  which is held by "Thread-1"

Java stack information for the threads listed above:
===================================================
"Thread-1":
        at chapter1.DeadLockDemo.lambda$main$1(DeadLockDemo.java:30)
        - waiting to lock <0x00000000d609c498> (a java.lang.String)
        - locked <0x00000000d609c4c8> (a java.lang.String)
        at chapter1.DeadLockDemo$$Lambda$2/97730845.run(Unknown Source)
        at java.lang.Thread.run(Thread.java:748)
"Thread-0":
        at chapter1.DeadLockDemo.lambda$main$0(DeadLockDemo.java:19)
        - waiting to lock <0x00000000d609c4c8> (a java.lang.String)
        - locked <0x00000000d609c498> (a java.lang.String)
        at chapter1.DeadLockDemo$$Lambda$1/232824863.run(Unknown Source)
        at java.lang.Thread.run(Thread.java:748)

Found 1 deadlock.
```

从上述代码中可以很清晰地发现，当前两个线程都被阻塞了，也都在等待获取资源，而需要获取的资源又都被另一个线程所持有。常见的避免死锁的方式有很多，如避免在一个线程内占有多个资源以及尽量使用超时锁，在未获取资源时能够进行超时释放。除此之外，还有一个策略，在后面的章节中会进行详细介绍。

常见的线程安全问题，除了死锁外，还有并发读写共享变量引发的线程安全问题，最终会影响程序的正确性。假设有一个多线程的计数器，它能通过 10 个线程分别完成计数 10000 的操作，如果不存在线程安全的问题，那么最终的计数器总数就是 10×10000=100000，具体实现参见下面这个例子。

```
public class SharedCounter {

    private static Long counter = 0L;

    private final static Integer THREAD_COUNT = 10;
    private final static Integer THREAD_COUNTER = 10000;

    public static void main(String[] args) throws InterruptedException {

        for (int i = 0; i < THREAD_COUNT; i++) {
            new Thread(() -> {
                for (int j = 0; j < THREAD_COUNTER; j++) {
```

```
                        counter++;
                    }
                    System.out.println("thread run over!");
                }).start();
            }
            TimeUnit.SECONDS.sleep(3);
            System.out.println(counter);
        }
    }
```

执行代码，输出结果如下所示。

```
thread run over!
thread run over!
thread run over!
thread run over!
thread run over!
thread run over!
thread run over!
thread run over!
thread run over!
thread run over!
90258
```

通过输出结果可以看出，当前10个线程均完成了单独的计数部分，但是最终的计数器结果和预想的不一致，这就是多线程协同时对共享变量读写带来的线程安全问题，涉及共享变量的原子性、可见性和有序性，这是在处理多线程并发时需要考虑的三个维度问题。为了避免这类问题，可以使用原子操作类（如AtomicInteger）解决，也可以通过并发关键字synchronized、volatile解决并发变量共享的问题。

1.2.3 常见概念解析

谈到多线程并发时，我们常常会混淆几组基本的概念或专业术语，导致在深入理解并发体系时出现了理解上的偏差。

1. 并行与并发

并行（Parallel）是指系统拥有多核CPU资源时，在**同一个时间点**多个执行实体可以同时分开、独立地运行，而且不会出现两个执行实体相互争夺资源的情况，如图1.7所示。

如图1.8所示，并发（Concurrent）是指在操作系统中，同**一个时间段**有多个程序都处于已启动运行到运行完毕之间，且这几个程序都是在同一个CPU资源上运行的。并发不是真正意义上的“同时进行”，而是系统将CPU资源分别切换给不同的执行实体，由于切换速度很快，导致用户无法感知到这种切换感，让用户觉得多个执行实体是在同一个时间点上执行的。

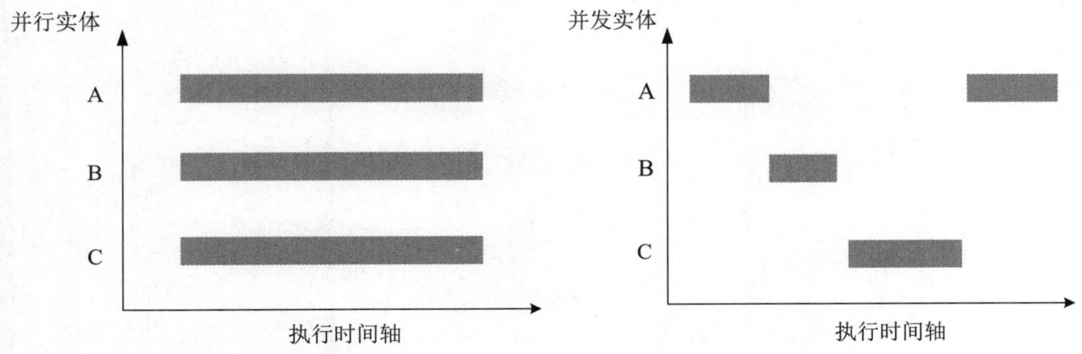

图 1.7　并行执行示意图　　　　图 1.8　并发执行示意图

从图上也可以看出，并行和并发是完全不同的两个概念，并行强调的是同一个时间点多个执行实体的执行状态，而并发更多的是强调某一个时间段多个执行实体的执行状态。通常而言，在完全并行的情况下，多个执行实体对临界区共享资源是不会抢占的；而对于并发，则会存在互相抢占共享资源的情况。

2. 阻塞与非阻塞

在了解阻塞与非阻塞之前，先来回顾一下操作系统对于不同进程的管理。操作系统为了支持多个应用同时运行，需要保证不同进程之间的相对独立（一个进程的崩溃不会影响其他进程，恶意进程不能直接读取和修改其他进程运行时的代码和数据）。因此，操作系统内核需要拥有高于普通进程的权限，以此调度和管理用户的应用程序以及保证用户程序运行的安全性。于是，内存空间被划分成了两部分，一部分为内核空间，另一部分为用户空间，内核空间存储的代码和数据具有更高级别的权限，大部分用来管理内存相关的硬件资源以及系统能够运行的基础服务。内存访问的相关硬件在程序执行期间会进行访问控制（Access Control），使用户空间的程序不能直接读写内核空间的内存。不同的进程在进行切换时，是由系统进行调度以及切换的，具体的过程如图 1.9 所示。

如图 1.9 所示，进程切换以及调度主要有如下几个步骤。

（1）当一个进程程序在执行的过程中，中断（interrupt）或系统调用（system call）的发生可使 CPU 的控制权从当前进程转移到操作系统内核。

（2）操作系统内核将当前进程正在执行的上下文保存到 PCB（进程控制块）中。

（3）与此同时，系统会读取另一个进程对应的 PCB，用于恢复另一个进程执行时的必备资源，系统将 CPU 的控制权以及资源交由另一个进程执行。

正因为进程间是可以进行相互切换的，那么对于每个进程，在不同阶段就存在不同的状态，进程的状态转换如图 1.10 所示。

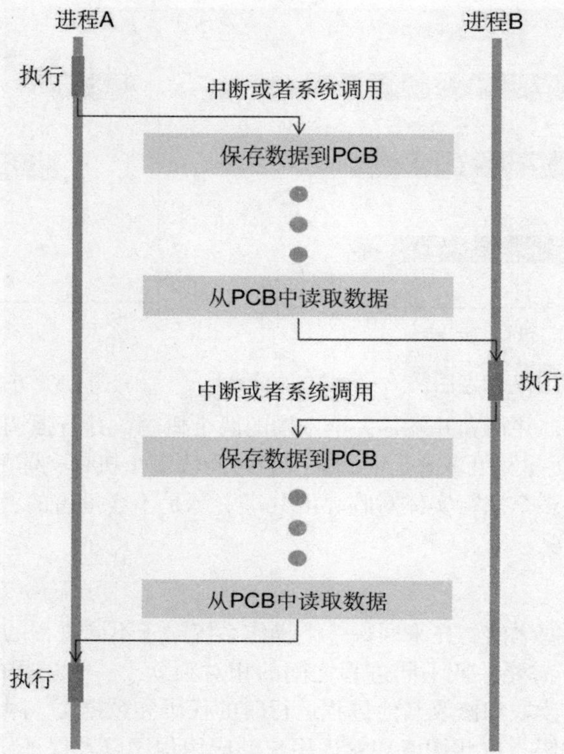

图 1.9　进程切换以及调度示意图

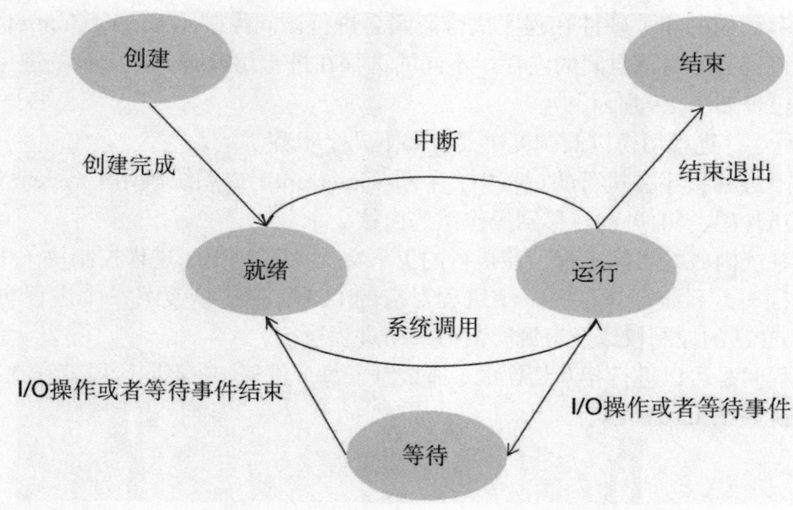

图 1.10　进程的状态转换图

进程的状态可以分为以下几类。

（1）new：进程正在被创建。

（2）running：进程获取到 CPU 资源正在被执行。

（3）waiting：进程正在等待一些事件的发生（如收到某个信号），也就是说，进程处于被阻塞状态。

（4）ready：进程本身不存在阻塞的情况，只是缺少了 CPU 资源，等操作系统分配 CPU 资源后才会继续执行。

（5）terminated：进程执行完毕。

“阻塞”描述的是一个进程在发起了一个系统调用的请求后，由于该系统调用的请求的操作不能立即执行，需要等待一段时间，于是内核将进程状态挂起为等待（waiting）状态。在谈及阻塞和非阻塞时，我们常常会将这两个概念与 I/O 模型进行结合，这是为什么呢？回过头来看，进程转换到等待（waiting）状态，要么是自身调用 wait() 或 sleep() 方法，要么是发生了系统调用涉及 I/O 操作，需要等待结果，因此内核才将进程状态转换为 waiting 状态，等待 I/O 结果返回后，再转换为 ready 状态。由于发生系统调用的场景更加高频，因此，在大多数情况下讨论“阻塞”和“非阻塞”的概念时，基本上等价于分析系统 I/O 问题。

操作系统内核在执行系统调用时，CPU 需要与 I/O 设备完成一系列物理通信上的交互，这里可能涉及阻塞和非阻塞的问题。例如，操作系统发起了一个读硬盘的请求后，其实是向硬盘设备通过总线发出了一个请求，它既可以阻塞式地等待 I/O 设备的返回结果，也可以非阻塞式地继续其他的操作。在现代计算机中，这些物理通信操作基本都是异步完成的，即发出请求后，等待 I/O 设备的中断信号，再来读取相应的设备缓冲区。但是，大部分操作系统默认为用户级应用程序提供的都是阻塞式的系统调用接口（blocking system call），因为阻塞式的调用使应用级代码的编写更容易（代码的执行顺序和编写顺序是一致的）。但同样，现在的大部分操作系统也会提供非阻塞 I/O 系统调用接口（Non-blocking I/O system call）。一个非阻塞调用不会挂起调用程序，而是会立即返回一个状态值，表示有多少数据被成功读取（或写入）。因此，从广义上来说，在谈及阻塞和非阻塞时，一般是指当前操作是否能在有结果后立即返回，不至于让当前进程处于挂起状态。而从狭义上来说，在涉及这两个概念时，一般是 I/O 模型（阻塞 I/O、非阻塞 I/O、多路复用和 AIO）中的阻塞 I/O 和非阻塞 I/O，两者的区别在于系统发生 I/O 时第一个询问数据准备阶段会不会使当前进程（线程）处于阻塞状态。

3. 同步与异步

从广义上来看，同步与异步是表达当前流程对某一个流程节点的执行结束是否需要强依赖。同步是指一个进程在执行某个请求时，如果该请求需要一段时间才能返回信息，那么这个进程会一直等待下去，直到收到返回信息才继续执行。而异步是指当前进程不需要一直等待，而是可以继续执行下面的操作，不管其他进程的状态，当有信息返回时会通知当前进程来处理返回结果。举一个例子，在超市购物时，如果发现货柜上的货物没有了，会通知仓库人员进行调货，然后仓库人员把货物送到收银台，这样用户才能付款购买，对用户而言整个购物流程是一步步按顺序进行的，每步操作都需要等待上一步操作执行完毕，整个过程就是一个同步化的过程。

但是，如果用户先离开超市去忙自己的事情，等到超市备货后，接到超市人员电话通知，用户才来购买，那么这个流程就是异步化的过程。

另外，同步与异步放在 I/O 模型中，就涉及同步 I/O 与异步 I/O，同样是用来描述当前数据准备以及数据从内核空间复制到用户空间这两步操作的执行机制，区别仅在于是否需要当前进程等待每步操作结果正常返回。

4. 临界区

临界区是指一个访问共用资源（如共用设备或共用存储器）的程序片段，而这些共用资源又无法同时被多个线程访问。当有线程进入临界区时，其他线程或是进程必须等待（如 bounded waiting 等待法），有一些同步的机制必须在临界区的进入点与离开点实现，以确保这些共用资源是被互斥获得使用的。

1.3 线程的生命周期

在使用多线程并发模型解决实际问题前，对线程的生命周期以及常见的基本操作需要进行深入了解，并且不局限于 Java API 层面。

1.3.1 使用API新建线程

一个 Java 程序在运行时，看上去只有一个当前线程正在执行当前逻辑，但实际上 Java 程序天然就是一个多线程并发的模型，背后包含了诸多线程：①分发处理发送给 JVM 信号的线程；②调用对象 finalize() 方法的线程；③清除 reference 的线程；④ main 线程。Java API 提供了丰富的 API 创建一个线程，常见方式有如下三种。

（1）继承 Thread 类重写 run() 方法。

（2）实现 runnable 接口。

（3）实现 callable 接口。

通过 API 可以很方便地新建一个线程，用三种方式新建一个线程的示例代码如下。

```
public class NewThread extends Thread {

    public static void main(String[] args) throws InterruptedException,
ExecutionException, TimeoutException {
        Thread threadA = new Thread() {
            @Override
            public void run() {
                System.out.println("继承 thread, 重写 run 方法");
                super.run();
            }
```

```
        };
        threadA.start();
        Thread threadB = new Thread(new Runnable() {
            @Override
            public void run() {
                System.out.println("实现runnable方法");
            }
        });
        threadB.start();
        ExecutorService executorService = Executors.newSingleThreadExecutor();
        Future<String> future = executorService.submit(new Callable<String>() {
            @Override
            public String call() throws Exception {
                return "实现callable方法";
            }
        });
        String result = future.get(3, TimeUnit.SECONDS);
        System.out.println(result);
    }

}
```

具体的三种新建线程的方式如上述示例代码所示，有两点需要多加注意。

（1）由于 Java 并不能多继承，因此在创建线程时尽量考虑使用实现接口的方式进行实现。

（2）实现 callable 接口时，提交给 ExecutorService 返回的是异步执行的结果，另外，也可以利用 FutureTask(Callable<V>callable) 将 callable 接口封装成 FutureTask 提交给 ExecutorService。

1.3.2　操作系统中的线程模型

1. 线程包

POSIX 是 IEEE 为要在各种 UNIX 操作系统上的运行软件定义 API 的一系列互相关联的标准的总称，其正式名称为 IEEE Std 1003。其中，1003.1c 定义了关于线程的标准以及关于线程的操作，统称为 pthread 包（线程包），这个线程包中的常用方法如表 1.1 所示。

表1.1　pthread包中的常用方法

方　法	作　用
pthread_create	创建一个新线程
pthread_exit	线程运行结束退出
pthread_join	等待另一个线程结束退出，线程才执行
pthread_yield	释放当前线程所持有的CPU资源
pthread_attr_init	创建并初始化一个线程的属性结构
pthread_attr_destroy	删除一个线程的属性结构

通过 POSIX 定义的线程包可以完成线程的基本操作，如通过 pthread_create 方法创建一个新的线程，该方法会返回当前线程的标志符号，类似于在新建一个进程时会返回一个 PID。另外，在涉及线程之间的协作时，可以使用 pthread_join 方法使当前线程需要等到另一个线程执行结束后才继续执行。还可以通过 pthread_yield 方法让当前线程释放 CPU 时间片资源让其他线程运行。以 pthread_create 为例，函数的定义如下。

- 函数声明：`int pthread_create(pthread_t *restrict tidp,const pthread_attr_t *restrict_attr,void* (*start_rtn)(void*),void *restrict arg);`
- 返回值：若成功，就返回 0，否则返回错误状态码。
- 参数：
  第一个参数为指向线程标识符的指针；
  第二个参数用来设置线程属性；
  第三个参数为线程运行函数的地址；
  最后一个参数为运行函数的参数。

使用 pthread_create 方法新建一个线程的示例代码如下。

```
#include <stdio.h>
#include <stdlib.h>
#include <string.h>
#include <pthread.h>

void *run(void *data) {
    printf("hello pthread_create!!! ");
    pthread_exit(NULL);
}

int main() {
    pthread_t pthread;
    printf("create thread by using pthread package!        ");
    int status = pthread_create(&pthread, NULL, run, NULL);
    if(status!=0){
        printf("create thread encountered error, status=%d", status);
    }
    return 0;
}
```

2. 用户态线程

在操作系统中实现程序包可以放置在两个不同的地方：用户空间和内核空间，这两种实现方式各有优缺点，还有分别利用这两种方式的优点的混合方式进行实现的。顾名思义，用户态线程是指有关线程管理的所有工作都由应用程序完成，并在用户空间中完成。对于内核而言感知不到线程包，依然是一个单进程多线程模型。这种用户态线程模型如图 1.11 所示。

这种实现方式，对于每个进程都会有一个运行时系统，这个运行时系统是对线程的可操作过程的集合，如一个线程可以执行 phread_join 和 pthread_exit 等操作。在用户空间里，每个进程中维护着一个线程表，它与进程表一样，记录着线程运行时的状态属性，如每个线程运行时的程序计数器、堆栈指针、寄存器和状态等。当线程发生切换时，由运行时系统通过线程表完成线程的重新唤醒，以及让线程进入阻塞态。

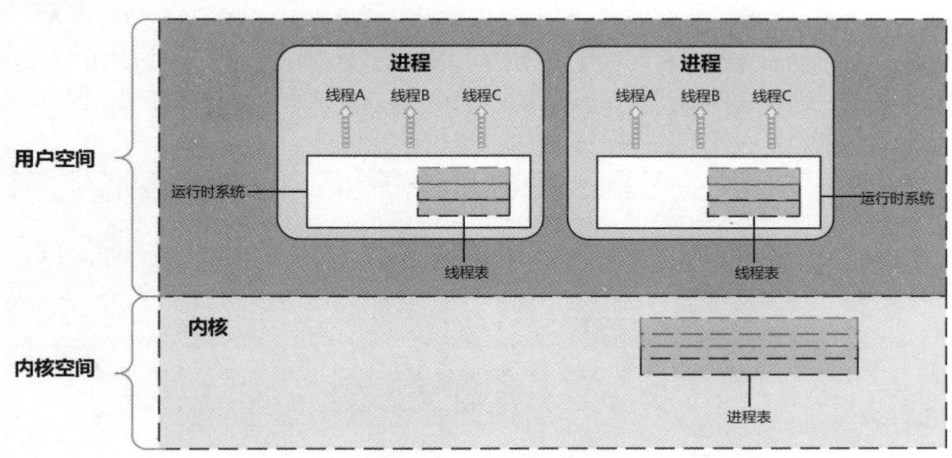

图1.11 用户态线程示意图

对于用户线程的实现，一个很明显的优点是可以在内核不支持线程的操作系统上完成。另一个优点是用户级线程仅存在于用户空间中，此类线程的创建与撤销、线程之间的同步与通信功能，都无须利用系统调用来实现。用户进程利用线程库控制用户线程，由于线程在进程内切换的规则远比进程调度和切换的规则简单，不需要进行用户态 / 核心态切换，所以切换速度快。并且，在线程状态切换时，如果一个线程进入阻塞态，只需要将线程当前的状态值装入线程表中即可，如果需要重新唤醒一个线程，也只需要查找到线程表中已经处于就绪态的线程，然后将线程表中的数据存放到寄存器中即可。因此，线程状态的转换往往只会涉及几条指令，整个线程切换要比放置在内核状态快一个量级。另外，在每个进程空间中，允许自定义线程调度的算法适应不同的场景，可扩展性高。除此之外，相较于内核态会有进程表（或线程表）的内存空间限制，可以容纳更多的用户级线程。

但是，用户线程也存在一些显而易见的缺点，正因为系统内核态无法感知到用户线程，当一个线程发生系统调用，如执行 I/O 操作时，系统会将当前进程转换成阻塞态进行挂起，那么就会导致当前进程下其他线程被阻塞。同样地，如果发生系统缺页失效或页面故障的情况，也会导致当前进程下其他线程被阻塞。除此之外，用户线程包放置在用户空间，在一个单独的进程空间中，除非一个线程主动放弃 CPU 资源，其他线程才有机会获取到 CPU 资源并执行下去。

3. 内核态线程

在内核态线程中，内核态线程的建立和销毁都是由操作系统负责、通过系统调用完成的。在内核的支持下运行，无论是用户进程的线程，或者是系统进程的线程，它们的创建、撤销、切换都是依靠内核实现的。内核态线程的模型如图 1.12 所示。

从图 1.12 中可以发现，相较于用户线程模型，内核线程模型没有运行时系统管理线程过程，同时在用户空间中也没有线程表维护每个线程的状态信息，取而代之的是在内核空间中维护了线程表，当需要创建一个线程或停止一个线程时，需要在内核空间中相应地更新线程表。

线程表中维护的信息与存放在用户空间中线程表维护的信息一致。对内核态而言，也基本类似于一个单线程进程的结构。与此同时，内核空间还保存着进程表，用户维护进程状态。

当再发生系统调用导致阻塞时，在内核空间中就可以选择运行同一个进程中的其他线程或其他进程的线程，而不会像用户线程那样整个进程中所有的线程都会被阻塞住。同时，如果硬件是多核心，那么内核线程就是可以真正并行执行的。

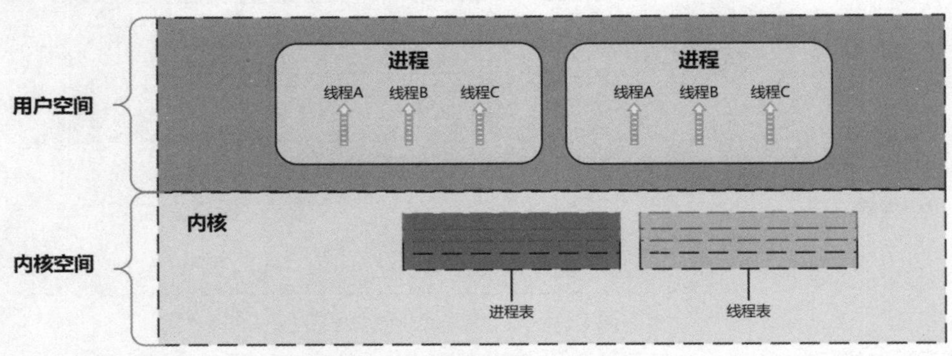

图 1.12　内核态线程示意图

4. 混合形式

为了同时结合用户态线程以及内核态线程的优劣势，一些系统会通过多路复用的方式将用户态线程和内核态线程进行组合实现，常见的混合实现模式如图 1.13 所示。

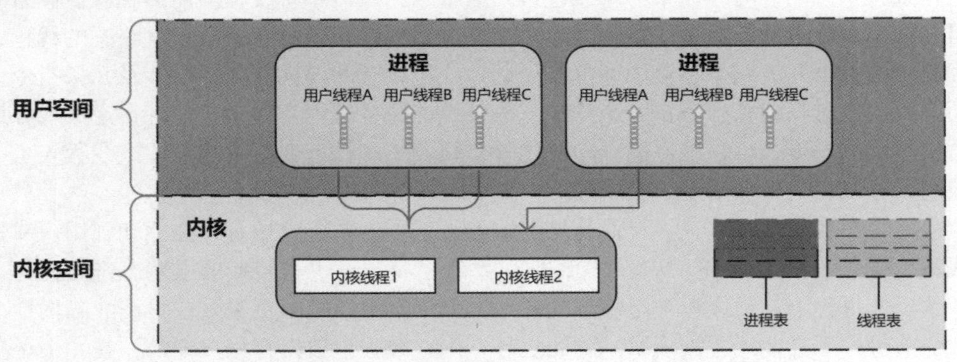

图 1.13　混合形式示意图

线程创建完全在用户空间中完成，线程的调度和同步也在应用程序中进行，从而保留用户线程操作的便利性以及可扩展性，同时也可以在一些不支持线程的操作系统上使用。多个用户级线程被映射到一些（小于或等于用户级线程的数目）内核态线程上，保证每个内核态线程都有一个可被轮流调度执行的用户态线程集合，也充分利用到内核态线程的优势避免因为发生系统调用导致整个进程的所有线程都被阻塞。

1.3.3 Java线程实现的底层原理剖析

1. 新建一个Java线程

通过 Java 提供的 API 能够十分方便地新建一个 Java 线程，但是从 1.3.2 小节可以知道只有操作系统才有创建和支持线程的能力，那么通过 Java 的 API 创建线程的实现逻辑是怎样的呢？最终是如何通过系统底层真正创建出一个线程的呢？通过 Java 创建一个线程后，需要调用 start() 方法才能执行对应的代码逻辑。要想研究 Java 新建线程的底层能力，就需要先通过 start() 方法进行解析，具体的源码如下。

```
public synchronized void start() {
        /**
         * This method is not invoked for the main method thread or "system"
         * group threads created/set up by the VM. Any new functionality added
         * to this method in the future may have to also be added to the VM.
         *
         * A zero status value corresponds to state "NEW".
         */
        if (threadStatus != 0)
            throw new IllegalThreadStateException();

        /* Notify the group that this thread is about to be started
         * so that it can be added to the group's list of threads
         * and the group's unstarted count can be decremented. */
        group.add(this);

        boolean started = false;
        try {
            start0();
            started = true;
        } finally {
            try {
                if (!started) {
                    group.threadStartFailed(this);
                }
            } catch (Throwable ignore) {
                /* do nothing. If start0 threw a Throwable then
                  it will be passed up the call stack */
            }
        }
}
```

上述源码看起来并不复杂，将当前线程加入线程组 group 中，整段代码的核心在于执行 start0() 方法，也就是 Thread 类中的 start() 方法，其本质就是调用 start0() 方法，该方法具体的签名如下。

```
private native void start0();
```

可以看出，start0() 方法是一个 native 方法。简单地讲，native 方法就是用一个 Java 调用非 Java 代码的接口，该方法具体是由非 Java 语言实现的，如 C 语言。这个特征并非 Java 所特有的，很多其他的编程语言也都有这个机制，如在 C++ 中，可以使用 extern "C" 告知 C++ 编译器要调用一个 C 语言的函数。另外，这种方式也称为 Java 的 JNI（Java Native Interface）机制。由于 Java 具有跨平台的特性，任何系统安装 JVM 后都可以使用 Java 进行编程，但是很显然，不同的操作系统的底层能力是不同的，不同的底层服务接口也是不同的，因此 Java 可以通过这种 JNI 机制调用不同的操作系统对应的底层接口。这样，对一个开发者而言，就不需要关注操作系统的差异性，只需要关注如何使用 Java 语言开发程序的功能即可。为了更好地理解这种 JNI 机制，可以看这样一个例子：

```
public class JNITest {
    public native void jniTest();

    public static void main(String[] args) {
        JNITest jniTest = new JNITest();
        jniTest.jniTest();
    }

}
```

这是一个很简单的 Java 类，定义了一个 jniTest() 方法，并且在 main 方法中进行了调用。之后对这个类文件进行编译，为了生成头文件，需要带上 -h 的参数：

```
javac -h JNITest.java
```

执行这个命令后，会相应地生成如下两个文件。

- JNITest.class：JNITest 类文件编译后的 class 文件；
- com_codercc_JNITest.h：.h 头文件，命名一般是将包名和类名组合在一起，中间用下划线进行连接。这个文件就是需要 C 或 C++ 具体去实现的方法，文件中定义了方法的签名。

com_codercc_JNITest.h 文件代码如下。

```
/* DO NOT EDIT THIS FILE - it is machine generated */
#include <jni.h>
/* Header for class com_codercc_JNITest */

#ifndef _Included_com_codercc_JNITest
#define _Included_com_codercc_JNITest
#ifdef __cplusplus
extern "C" {
#endif
/*
 * Class:     com_codercc_JNITest
 * Method:    jniTest
 * Signature: ()V
```

```
 */
JNIEXPORT void JNICALL Java_com_codercc_JNITest_jniTest
  (JNIEnv *, jobject);

#ifdef __cplusplus
}
#endif
#endif
```

这个头文件定义了 jniTest() 方法签名，也就是在 Java 中定义的 native 方法，对应的 C/C++ 需要实现的方法。下面，通过 C 语言实现这个定义的方法，创建 JNITest.c 文件的具体代码如下。

```
#include "com_codercc_JNITest.h"
JNIEXPORT void JNICALL Java_com_codercc_JNITest_jniTest(JNIEnv *env, jobject obj){
    printf("hello jni!");
    return;
}
```

上述代码的逻辑很简单，就是打印“hello jni！”，另外需要引入相应的头文件。现在相当于定义的接口以及具体的实现都有了，接下来需要创建动态链接库。在 Mac 系统中运行如下命令即可。

```
    gcc -dynamiclib -I /Library/Java/JavaVirtualMachines/jdk1.8.0_241.jdk/
Contents/Home/include cn_tera_jni_JniTest.c -o libJniTest.jnilib
```

命令参数意义如下。

（1）-dynamiclib：表明需要最终生成的是动态链接库；

（2）-I：因为在 com_codercc_JNITest.h 文件的开头引入了 jni.h 文件，而这个文件在 /Library/Java/JavaVirtualMachines/jdk1.8.0_241.jdk/Contents/Home/include 下，所以执行命令时需要将这个文件先引入进来，这时就需要使用 -I 参数了（即 include 的意思）；

（3）-o：用来指定具体的动态链接库的输出文件，一般文件命名前缀使用 lib 开头，文件的格式为 libxxx.jnilib。

现在动态链接库已经生成，回到最开始的 Java 类文件，引入当前的资源库即可。Java 文件变成了如下形式。

```
public class JNITest {
    public native void jniTest();

    static {
        System.setProperty("java.library.path", ".");
        //加载动态库的名称
        System.loadLibrary("libJniTest");
    }

    public static void main(String[] args) {
        JNITest jniTest = new JNITest();
        jniTest.jniTest();
    }
```

```
}
```

通过 System.loadLibrary 加载链接库 libJniTest，然后执行 Java 代码，就可以得到如下输出。

```
hello jni!
```

因此，一个 JNI 的开发流程可以总结为图 1.14。

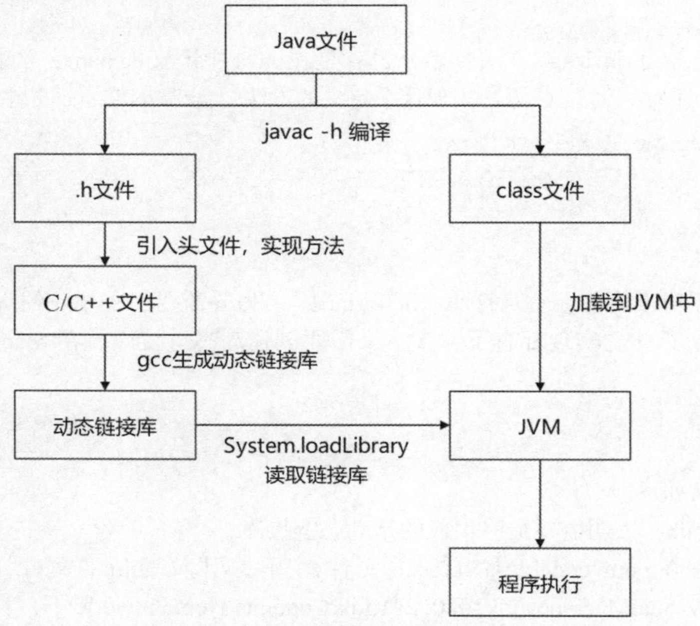

图 1.14　JNI开发流程示意图

在熟悉了 JNI 的开发流程后，现在来分析在 Java 层面创建一个线程时底层是如何调用的。为了分析底层原理，需要用到 jdk 和 JVM 的源码，可以参照 openjdk。

在 Thread 类中引入了 native 方法，按照上面的 JNI 示例，对应的会有 java_lang_Thread.h 文件和 Thread.c 文件去实现 java_lang_Thread.h 定义的方法，在 jdk 源码的 src/java.base/share/native/libjava 目录下能看到 Thread.c 文件，具体代码如下。

```
/*
 * Copyright (c) 1994, 2012, Oracle and/or its affiliates. All rights reserved.
 * DO NOT ALTER OR REMOVE COPYRIGHT NOTICES OR THIS FILE HEADER.
 *
 * This code is free software; you can redistribute it and/or modify it
 * under the terms of the GNU General Public License version 2 only, as
 * published by the Free Software Foundation.  Oracle designates this
 * particular file as subject to the "Classpath" exception as provided
 * by Oracle in the LICENSE file that accompanied this code.
 *
 * This code is distributed in the hope that it will be useful, but WITHOUT
```

```
 * ANY WARRANTY; without even the implied warranty of MERCHANTABILITY or
 * FITNESS FOR A PARTICULAR PURPOSE.  See the GNU General Public License
 * version 2 for more details (a copy is included in the LICENSE file that
 * accompanied this code).
 *
 * You should have received a copy of the GNU General Public License version
 * 2 along with this work; if not, write to the Free Software Foundation,
 * Inc., 51 Franklin St, Fifth Floor, Boston, MA 02110-1301 USA.
 *
 * Please contact Oracle, 500 Oracle Parkway, Redwood Shores, CA 94065 USA
 * or visit www.oracle.com if you need additional information or have any
 * questions.
 */

/*
 *      Stuff for dealing with threads.
 *      originally in threadruntime.c, Sun Sep 22 12:09:39 1991
 */

#include "jni.h"
#include "jvm.h"

#include "java_lang_Thread.h"

#define THD "Ljava/lang/Thread;"
#define OBJ "Ljava/lang/Object;"
#define STE "Ljava/lang/StackTraceElement;"
#define STR "Ljava/lang/String;"

#define ARRAY_LENGTH(a) (sizeof(a)/sizeof(a[0]))

static JNINativeMethod methods[] = {
    {"start0",           "()V",        (void *)&JVM_StartThread},
    {"stop0",            "(" OBJ ")V", (void *)&JVM_StopThread},
    {"isAlive",          "()Z",        (void *)&JVM_IsThreadAlive},
    {"suspend0",         "()V",        (void *)&JVM_SuspendThread},
    {"resume0",          "()V",        (void *)&JVM_ResumeThread},
    {"setPriority0",     "(I)V",       (void *)&JVM_SetThreadPriority},
    {"yield",            "()V",        (void *)&JVM_Yield},
    {"sleep",            "(J)V",       (void *)&JVM_Sleep},
    {"currentThread",    "()" THD,     (void *)&JVM_CurrentThread},
    {"countStackFrames", "()I",        (void *)&JVM_CountStackFrames},
    {"interrupt0",       "()V",        (void *)&JVM_Interrupt},
    {"isInterrupted",    "(Z)Z",       (void *)&JVM_IsInterrupted},
    {"holdsLock",        "(" OBJ ")Z", (void *)&JVM_HoldsLock},
    {"getThreads",        "()[" THD,   (void *)&JVM_GetAllThreads},
```

```
    {"dumpThreads",       "([" THD ")[[" STE, (void *)&JVM_DumpThreads},
    {"setNativeName",     "(" STR ")V", (void *)&JVM_SetNativeThreadName},
};

#undef THD
#undef OBJ
#undef STE
#undef STR

JNIEXPORT void JNICALL
Java_java_lang_Thread_registerNatives(JNIEnv *env, jclass cls)
{
    (*env)->RegisterNatives(env, cls, methods, ARRAY_LENGTH(methods));
}
```

源码中只有一个 Java_java_lang_Thread_registerNatives() 方法，在 Thread.java 文件中也有一个对应的 native 方法：

```
/* Make sure registerNatives is the first thing <clinit> does. */
private static native void registerNatives();
static {
    registerNatives();
}
```

在执行 Thread.java 类时，会最先调用 registerNatives() 方法，而这个方法是一个 native 方法，具体实现是在 thread.c 文件中。那么现在有一个疑问，在最开始分析 start0() 这个方法时，按照 JNI 机制会存在一个对应 start0() 方法的具体实现，但是在 thread.c 文件中并没有给出 start0() 方法的实现，这是为什么呢？这和 registerNatives() 方法有关，在 thread.c 文件中是通过一个 registerNatives() 方法动态注册的，而注册所需要的信息都被定义在了 methods 数组中，方法定义被统一放入 jvm.h 中（#include "jvm.h"）。例如，start0() 方法名对应为 JVM_StartThread。下面，继续通过在 hotspot 目录下找到 src/share/vm/prims 路径的 jvm.h 文件就可以找到具体方法，定义为：

```
JNIEXPORT void JNICALL
JVM_StartThread(JNIEnv *env, jobject thread);
```

按照 JNI 机制，在 jvm.h 中定义的方法会有对应的具体实现，在 hotspot 目录 src/share/vm/prims 路径下可以查找到 jvm.cpp 实现，由于源码比较多，下面只列举核心的代码。

```
JVM_ENTRY(void, JVM_StartThread(JNIEnv* env, jobject jthread))
  JVMWrapper("JVM_StartThread");
  JavaThread *native_thread = NULL;
  bool throw_illegal_thread_state = false;

  {
      ...
      /**
       * 创建一个 C++ 级别的线程
```

```
        */
        native_thread = new JavaThread(&thread_entry, sz);
        ...
    }
    ...
JVM_END
```

需要注意的是，这里创建的是一个 C++ 级别的线程 JavaThread。这个 JavaThread 是如何实现的？我们可以在 hotspot 目录 src/share/vm/runtime 路径下的 thread.cpp 中查看 JavaThread 的构造函数：

```
JavaThread::JavaThread(ThreadFunction entry_point, size_t stack_sz) :
    Thread()
{
    ...
    /**
    * 创建系统线程
    */
  os::create_thread(this, thr_type, stack_sz);
}
```

JavaThread 为了调用 os::create_thread 创建了一个系统线程，不同的操作系统会有不同的创建线程的方式，因此在 jdk 中对应着不同操作系统底层创建线程的逻辑。在 hotspot 源码目录 src/os 下可以找到不同系统中创建线程的方法，如针对 Windows 系统有 os_window.cpp，针对 Linux 系统有 os_linux.cpp，其他的操作系统也有相应的实现。从这里就可以看出，JVM 为了实现语言的跨平台性，当需要调用系统底层能力时，jdk 会有不同的操作系统上的实现。这样，对开发者而言，jdk 隔离了系统的差异性，对开发者是极其友好的，开发者只需要使用 Java 语言就能够快速地开发逻辑功能。下面以 Linux 为例，具体的实现在 os_linux.cpp 文件中，核心代码如下。

```
bool os::create_thread(Thread* thread, ThreadType thr_type,
    size_t req_stack_size) {
    ...
    pthread_t tid;
    int ret = pthread_create(&tid, &attr, (void* (*)(void*)) java_start, thread);
    ...
}
```

底层代码主要是通过 pthread_create 创建一个线程的，这个方法就是在 1.3.2 节讲到的 pthread 包提供的创建线程的方法。

至此，通过对整个链路的分析，可以将 Java API 与操作系统底层调用以及在 1.3.2 节中提到的线程模型整体融会贯通，真正深刻理解 Java API 简单的几行代码背后涉及的 JNI 机制、操作系统和线程模型，由表面简单的 API 调用到深入底层原理，由浅至深，这样才能系统化地建立自身的知识体系。另外，不同的操作系统对应的创建线程的实现方式是不同的，在 jdk 底层可通过调用不同的实现解决这种多平台的差异性，而对使用 Java 语言的开发者而言，无须关注各个操作系统底层的差异性，使开发者更聚焦在上层的业务开发上，提升了开发者的效率。

2. run()方法被回调

在上面的例子中分析了调用 start() 方法背后的执行链路，那么到这里还有一个问题，run() 方法是怎样让操作系统进行回调的呢？

分析 start() 方法，是通过由上至下进行分解的方式，找到 Java API 层对应的操作系统的实现逻辑的。那么，现在分析 run() 方法，通过由下至上的方式进行剖析，需要理解的是 Java 中 run() 方法是如何传入底层逻辑中的。在 pthread 包中的 pthread_create() 方法签名如下。

```
pthread_create(pthread_t *thread, const pthread_attr_t *attr, void *(*start_routine)(void *), void *arg);
```

其中，第 3 个参数 start_routine 是系统线程创建后需要执行的方法，第 4 个参数 arg 是传入这个方法的参数。在 os_linux.cpp 中是通过以下代码创建一个线程的。

```
int ret = pthread_create(&tid, &attr, (void* (*)(void*)) java_start, thread);
```

因此，要执行的方法是 java_start()，进一步看这个方法，源码如下。

```
// Thread start routine for all newly created threads
static void *java_start(Thread *thread) {
  // Try to randomize the cache line index of hot stack frames.
  // This helps when threads of the same stack traces evict each other's
  // cache lines. The threads can be either from the same JVM instance, or
  // from different JVM instances. The benefit is especially true for
  // processors with hyperthreading technology.
  static int counter = 0;
  int pid = os::current_process_id();
  alloca(((pid ^ counter++) & 7) * 128);

  ThreadLocalStorage::set_thread(thread);

  OSThread* osthread = thread->osthread();
  Monitor* sync = osthread->startThread_lock();

  // non floating stack LinuxThreads needs extra check, see above
  if (!_thread_safety_check(thread)) {
    // notify parent thread
    MutexLockerEx ml(sync, Mutex::_no_safepoint_check_flag);
    osthread->set_state(ZOMBIE);
    sync->notify_all();
    return NULL;
  }

  // thread_id is kernel thread id (similar to Solaris LWP id)
  osthread->set_thread_id(os::Linux::gettid());

  if (UseNUMA) {
```

```
    int lgrp_id = os::numa_get_group_id();
    if (lgrp_id != -1) {
      thread->set_lgrp_id(lgrp_id);
    }
  }
  // initialize signal mask for this thread
  os::Linux::hotspot_sigmask(thread);

  // initialize floating point control register
  os::Linux::init_thread_fpu_state();

  // handshaking with parent thread
  {
    MutexLockerEx ml(sync, Mutex::_no_safepoint_check_flag);

    // notify parent thread
    osthread->set_state(INITIALIZED);
    sync->notify_all();

    // wait until os::start_thread()
    while (osthread->get_state() == INITIALIZED) {
      sync->wait(Mutex::_no_safepoint_check_flag);
    }
  }
  // 这里会执行回调函数
  // call one more level start routine
  thread->run();

  return 0;
}
```

关键代码是：

```
// call one more level start routine
thread->run();
```

可以看出，通过pthread_create创建线程后，最终会调用thread的run()方法，这里的thread还是表示C++实现的线程，继续在thread.cpp中看这个run()方法的具体逻辑：

```
void JavaThread::run() {
  // 主要逻辑
  thread_main_inner();
}
```

thread_main_inner()方法的逻辑如下：

```
void JavaThread::thread_main_inner() {
  ...
```

```
    this->entry_point()(this, this);
    ...
  }
```

可以看出，最终调用的JavaThread实例中的entry_point()方法，实际上是在构造JavaThread时传入的，JavaThread的构造函数如下。

```
JavaThread::JavaThread(ThreadFunction entry_point, size_t stack_sz)
```

进一步分析，什么情况下会构造一个JavaThread呢？与分析start()方法一样，在jvm.cpp中创建一个JavaThread，具体代码如下。

```
JVM_ENTRY(void, JVM_StartThread(JNIEnv* env, jobject jthread))
  JVMWrapper("JVM_StartThread");
  JavaThread *native_thread = NULL;
  bool throw_illegal_thread_state = false;

  {
      ...
      /**
       * 传给构造函数的entry_point是thread_entry
       */
      native_thread = new JavaThread(&thread_entry, sz);
      ...
  }
  ...
JVM_END
```

thread_point和这里的thread_entry是一致的，而thread_entry就是传入的线程待执行的方法，这个方法的具体逻辑如下。

```
// java.lang.Thread ////////////////////////////////////////////////////////
//////////////////////////

// In most of the JVM Thread support functions we need to be sure to
   lock the Threads_lock
// to prevent the target thread from exiting after we have a pointer to
   the C++ Thread or
// OSThread objects.  The exception to this rule is when the target
   object is the thread
// doing the operation, in which case we know that the thread won't exit until the
// operation is done (all exits being voluntary).  There are a few cases
   where it is
// rather silly to do operations on yourself, like resuming yourself or
   asking whether
// you are alive.  While these can still happen, they are not subject to
   deadlocks if
// the lock is held while the operation occurs (this is not the case for suspend, for
// instance), and are very unlikely.  Because IsAlive needs to be fast and its
```

```
// implementation is local to this file, we always lock Threads_lock for that one.

static void thread_entry(JavaThread* thread, TRAPS) {
  HandleMark hm(THREAD);
  Handle obj(THREAD, thread->threadObj());
  JavaValue result(T_VOID);
  JavaCalls::call_virtual(&result,obj,
      KlassHandle(THREAD, SystemDictionary::Thread_klass()),
      vmSymbols::run_method_name(),
      vmSymbols::void_method_signature(),
      THREAD);
}
```

这里是通过 JavaCalls::call_virtual 调用 Java 方法的，具体的方法名由 vmSymbols::run_method_name() 获取，方法签名由 vmSymbols::void_method_signature() 获取。在 hotspot\src\share\vm\classfile\vmSymbols.hpp 中可以看到这两个具体的方法。

```
template(run_method_name,                                    "run")
template(void_method_signature,                              "()V")
```

至此，整个链路就很清晰了，在通过 Java API 创建一个线程时，在底层构造一个 JavaThread 线程，同时通过 JavaCalls::call_virtual 调用了 Java 中的 run() 方法，然后将这个方法作为 thread_entry 和 entry_point 通过调用链路传下去，最后在执行 pthread_create() 方式时被回调执行。

使用 Java API 创建一个线程的实质，是通过 JNI 机制最终调用底层操作系统的能力来创建一个"真正"的线程的。对开发者而言，往往不能局限于对 API 层面的调用，还需要对 API 背后的执行逻辑有深入的了解，比如在使用与线程相关的 API 时，需要结合操作系统的线层模型以及底层能力进行融合思考，才能形成一个完整的思考路径，才能对知识点有很深刻的理解，从而形成系统化、结构化的思维方式，构建一个完备的知识体系。

另外，再看下在 thread.c 文件中定义的方法：

```
static JNINativeMethod methods[] = {
    {"start0",           "()V",        (void *)&JVM_StartThread},
    {"stop0",            "(" OBJ ")V", (void *)&JVM_StopThread},
    {"isAlive",          "()Z",        (void *)&JVM_IsThreadAlive},
    {"suspend0",         "()V",        (void *)&JVM_SuspendThread},
    {"resume0",          "()V",        (void *)&JVM_ResumeThread},
    {"setPriority0",     "(I)V",       (void *)&JVM_SetThreadPriority},
    {"yield",            "()V",        (void *)&JVM_Yield},
    {"sleep",            "(J)V",       (void *)&JVM_Sleep},
    {"currentThread",    "()" THD,     (void *)&JVM_CurrentThread},
    {"countStackFrames", "()I",        (void *)&JVM_CountStackFrames},
    {"interrupt0",       "()V",        (void *)&JVM_Interrupt},
    {"isInterrupted",    "(Z)Z",       (void *)&JVM_IsInterrupted},
    {"holdsLock",        "(" OBJ ")Z", (void *)&JVM_HoldsLock},
    {"getThreads",       "()[" THD,    (void *)&JVM_GetAllThreads},
```

```
    {"dumpThreads",       "([" THD ")[[" STE, (void *)&JVM_DumpThreads},
    {"setNativeName",     "(" STR ")V", (void *)&JVM_SetNativeThreadName},
};
```

上述代码中有一些经常使用的方法，如 yield()、sleep() 和 interrupt0() 方法等，这些方法对应于 Thread 类中的 yield()、sleep() 和 interrupt() 方法，对这些方法的底层调用链路进行分析，与分析 start() 方法和 run() 回调方法的思路一致，掌握分析思路后，再进行举一反三，最终建立一个个人的知识系统。

1.3.4 线程的状态转换

在前面章节中已经说明了，在操作系统层面的线程模型上，随着不同的操作，线程会进行状态之间的转换。那么，线程有哪几种状态呢？在 Thread 源码中有一个 State 的 enum 描述了线程的多种状态，具体如下。

```
public enum State {
    /**
     * Thread state for a thread which has not yet started.
     */
    NEW,

    /**
     * Thread state for a runnable thread.  A thread in the runnable
     * state is executing in the Java virtual machine but it may
     * be waiting for other resources from the operating system
     * such as processor.
     */
    RUNNABLE,

    /**
     * Thread state for a thread blocked waiting for a monitor lock.
     * A thread in the blocked state is waiting for a monitor lock
     * to enter a synchronized block/method or
     * reenter a synchronized block/method after calling
     * {@link Object#wait() Object.wait}.
     */
    BLOCKED,

    /**
     * Thread state for a waiting thread.
     * A thread is in the waiting state due to calling one of the
     * following methods:
     * <ul>
     *   <li>{@link Object#wait() Object.wait} with no timeout</li>
     *   <li>{@link #join() Thread.join} with no timeout</li>
```

```
     *   <li>{@link LockSupport#park() LockSupport.park}</li>
     * </ul>
     *
     * <p>A thread in the waiting state is waiting for another thread to
     * perform a particular action.
     *
     * For example, a thread that has called <tt>Object.wait()</tt>
     * on an object is waiting for another thread to call
     * <tt>Object.notify()</tt> or <tt>Object.notifyAll()</tt> on
     * that object. A thread that has called <tt>Thread.join()</tt>
     * is waiting for a specified thread to terminate.
     */
    WAITING,

    /**
     * Thread state for a waiting thread with a specified waiting time.
     * A thread is in the timed waiting state due to calling one of
     * the following methods with a specified positive waiting time:
     * <ul>
     *   <li>{@link #sleep Thread.sleep}</li>
     *   <li>{@link Object#wait(long) Object.wait} with timeout</li>
     *   <li>{@link #join(long) Thread.join} with timeout</li>
     *   <li>{@link LockSupport#parkNanos LockSupport.parkNanos}</li>
     *   <li>{@link LockSupport#parkUntil LockSupport.parkUntil}</li>
     * </ul>
     */
    TIMED_WAITING,

    /**
     * Thread state for a terminated thread.
     * The thread has completed execution.
     */
    TERMINATED;
}
```

从源码中可以看出，线程的状态主要有NEW、RUNNABLE、WAITING、TIMED_WAITING、BLOCKED和TERMINATED，通常可将RUNNABLE状态更细粒度地分为RUNNING和READY状态，具体的线程状态转换如图1.15所示。

从图1.15可以看出，当一个线程被实例化后，可通过调用start()方法，让线程进入RUNNABLE状态，具体来说，会先达到READY状态。此时，如果系统调用分配到的时间片资源后，线程会进入RUNNING状态，真正地开始执行。如果调用yield()方法，当前线程会释放所持有的CPU时间片资源，并转换到READY状态，等待下一次系统调度分配时间片资源。通过调用Object.wait()、Thread.join()、LockSupport.park()方法，线程会转换到WAITING状态。并且线程会进入一个等待队列中，此时需要通过Object.notify()、Object.notifyAll()以及 LockSupport.unpark() 方法使线程从等待队列中出队。如果调用这些方法时设置了等待时间，则线程状态会进入 TIMED_WAITING 状态，等待时间达到后，线程会自动从等待队列中出队。当然，也可以通过 Object.notify()、Object.notifyAll() 以及 LockSupport.unpark() 方法使线程从等待队列出队。线程要执行需要获取到锁，如果锁获取失败，线程会进入 BLOCKED 状态。当线程成功获取到锁后，线程会进入 RUNNABLE 状态。最后，当线程逻辑执行完后，线程会最终进入 TERMINATED 状态。

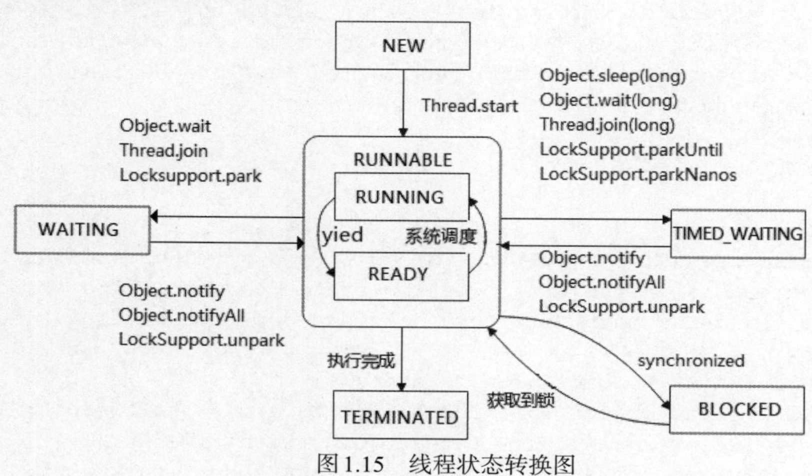

图 1.15　线程状态转换图

1.3.5　线程的基本操作

使用多线程的场景自然是希望发挥多线程的性能优势，相互协同完成业务。多线程之间就必定会涉及常见的线程间的操作以及数据处理。下面，对线程常见的操作进行分析。

1. interupted

interupted（中断）可以理解成线程维护的一个状态标识量，可以是当前运行的线程对其他线程进行了一个中断操作，也可以是当前线程自身发起了一个中断操作。对其他线程发起中断操作，就好比对另外一个线程打了一声“招呼”，当另一个线程接收到这个信号时，就可以做出相应的处理，这就类似于两个人日常沟通的场景。Thread 类中常用的中断方法如表 1.2 所示。

表 1.2　Thread类常见的中断方法

方　法	作　用
public void interrupt()	线程进入WAITING或TIMED_WAITING状态时，调用interrupt()方法可清除线程标志位，然后抛出InterruptedException
public static boolean interrupted()	检测当前线程是否被中断，且中断标志位会被清除
public boolean isInterrupted()	检测线程实例是否被中断，且线程中断标志位不会被清除

上述几个常见的方法，有 Thread 类的静态方法和实例方法的区别。另外，除了实例方法 isInterrupted() 不会清除线程中断标志位以外，其他的两个方法都会清除中断标志位。关于 interrupted 操作，可以看下面的代码示例：

```
public static void main(String[] args) throws InterruptedException {
    Thread sleepThread = new Thread(() -> {
        try {
            Thread.sleep(3000);
        } catch (InterruptedException e) {
            e.printStackTrace();
        }
    });
    sleepThread.start();
    // 中断
    sleepThread.interrupt();
    while (sleepThread.isInterrupted()) ;
    System.out.println("the interrupt status of sleepThread: " + sleepThread.
isInterrupted());
}
```

上述示例代码的输出如下。

```
java.lang.InterruptedException: sleep interrupted
at java.lang.Thread.sleep(Native Method)
at chapter1.InterruptedDemo.lambda$main$0(InterruptedDemo.java:12)
at java.lang.Thread.run(Thread.java:748)
the interrupt status of sleepThread: false
```

通过调用线程的实例方法进行中断，由于线程正在执行 sleep() 方法，因此会抛出 InterruptedException，后续通过 isInterrupted() 方法表明当前线程的中断标志位为 false 状态。线程中断可以看作线程之间一种很简单的交互，一般在需要关闭线程时，可以通过中断线程的方式，主线程循环监听另一个线程的中断标志位是否成功清除来判断线程是否正常结束，相比于直接武断地结束线程，这种方式会更加安全。

2. join

join 也是线程间很常见的交互操作，如常见的数据处理，某个阶段的数据处理涉及前一个阶段的数据处理结果，这种后置逻辑依赖于前置节点的处理结果的场景，就可以通过 join 的方式来完成。join 操作的关键源码如下。

```
while (isAlive()) {
    wait(0);
}
```

通过源码可以看出其核心逻辑就是一直循环检查当前被等待的线程实例是否已经执行完成，完成后才会退出当前的循环检查，让当前线程实例能够继续向下执行。关于 join 操作的代码示例如下。

```
public class JoinDemo {
    public static void main(String[] args) {
        Thread previousThread = Thread.currentThread();
        for (int i = 0; i < 10; i++) {
            Thread current = new JoinThread(previousThread);
            current.start();
            previousThread = current;
        }
    }

    static class JoinThread extends Thread {

        private Thread previousThread;

        JoinThread(Thread previousThread) {
            this.previousThread = previousThread;
        }

        @Override
        public void run() {
            try {
                previousThread.join();
                System.out.println(previousThread.getName() + " terminated");
            } catch (InterruptedException e) {
                e.printStackTrace();
            }
        }
    }
}
```

上述示例代码的输出结果如下。

```
main terminated
Thread-0 terminated
Thread-1 terminated
Thread-2 terminated
Thread-3 terminated
Thread-4 terminated
Thread-5 terminated
Thread-6 terminated
Thread-7 terminated
Thread-8 terminated
```

示例代码新建了 10 个线程，每个线程都是在前一个线程执行完后才能继续向下执行。就像是一场接力，一个线程将接力棒传给下一个线程后，下一个线程才能继续执行。在实际的业务场景中，有数据存在前后依赖的线程，使用 join 实现线程间的协作是比较常见的一种方式，当然也可以使用其他的并发工具类来完成，这些并发工具类将在后面的章节进行讲解。

3. sleep

sleep() 方法可以让当前线程按照指定时间进行休眠，但是时间的精度取决于处理器的计时器以及调度器的精度。需要注意的是，如果当前线程已经获取到锁，在休眠期间不会失去锁，这是和 Object.wait() 方法的一个区别。sleep() 与 Object.wait() 方法的区别如下。

（1）sleep() 是 Thread 的一个静态方法，而 wait() 是 Object 的一个实例方法。

（2）wait() 方法必须在同步方法或者同步方法块中使用，也就是说调用 wait 方法的前提是当前线程必须先获取到锁，而 sleep() 方法没有这个限制。另外，调用 wait() 方法后，当前线程会释放锁，并进入等待队列中，等待调度器下一次分配到时间片资源后继续执行。而 sleep() 方法只是让出 CPU 资源、释放锁资源。

（3）sleep() 方法在休眠时间到达后如果分配到时间片资源就能继续执行；而调用 wait() 方法后必须等待 notify/notifyAll 通知后，当前线程才能离开等待队列，后续如果分配到时间片资源，才能继续向下执行。

4. yield

在 Thread 类中有一个 yield() 静态方法，一旦执行当前线程就会让出 CPU 资源。但需要注意的是，让出 CPU 资源并不代表当前线程之后不会再执行 CPU 资源了，如果在下一次竞争中，当前线程又继续获取到 CPU 资源，那么当前线程依然会向下继续执行。另外，让出的 CPU 资源只会分配给与当前线程具有相同优先级的线程。什么是线程优先级呢？

在 Thread 类源码中维护一个 priority 的成员变量，并且这个优先级还有一些默认的级别：

```
private int priority;
    /**
       The minimum priority that a thread can have.
     */
     public final static int MIN_PRIORITY = 1;

   /**
     The default priority that is assigned to a thread.
    */
    public final static int NORM_PRIORITY = 5;

    /**
      The maximum priority that a thread can have.
    */
    public final static int MAX_PRIORITY = 10;
```

现代操作系统采用时分的形式进行调用，操作系统会分出一个个时间片资源，如果当前分配的时间片资源用完，当前线程只能等待系统下一次调度时间片资源后继续执行。线程优先级是用来决定分配时间片资源的一个属性。通过 setPriority() 方法可以为线程设定优先级，线程默认的优先级是 5，最小的优先级是 1，最大的优先级是 10。优先级高的线程相较于优先级低的线程会优先获取时间片资源。需要注意的是，不同 JVM 以及操作系统，线程规划可能存在差异，有些操作系统甚至会忽略线程优先级的设定。

需要注意的是，sleep() 方法和 yield() 方法同样都是当前线程会释放时间片资源，而两者不同的是，sleep() 方法释放的时间片资源其他线程都可以进行竞争，而 yiled() 方法释放的时间片资源只有具有同样优先级的线程能够获取到。

1.4 Daemon守护线程

守护线程是一种十分特殊的线程，就和它的名称一样，它是整个 Java 程序运行的守护者，在后台默默守护着一些系统服务，如垃圾回收线程、JIT 线程就可以理解为其守护线程。与之对应的是用户线程，一般用来执行自定义的用户操作，当系统所有的用户线程都执行完毕，也就是说当前系统没有任何对象是需要“守护”的，那么守护线程就会自动结束运行并退出。一个普通的用户线程可以通过 setDaemon() 方法将其转换为守护线程，下面看如下的代码示例。

```
public static void main(String[] args) throws InterruptedException {
        Thread daemonThread = new Thread(() -> {
            while (true) {
                System.out.println("I'm daemon thread");
                try {
                    Thread.sleep(1000);
                } catch (InterruptedException e) {
                    e.printStackTrace();
                } finally {
                    System.out.println("Removal of resources in finally block");
                }
            }
        });
        daemonThread.setDaemon(true);
        daemonThread.start();
        TimeUnit.SECONDS.sleep(3);
}
```

输出结果如下。

```
I'm daemon thread
Removal of resources in finally block
I'm daemon thread
Removal of resources in finally block
I'm daemon thread
```

daemonThread 线程被设置为 Daemon 守护线程，并且 daemonThread 线程的执行逻辑是一个死循环，外层的 main 线程会休眠 3s，当休眠时间到达后，main 线程执行结束。当前系统的用户线程都执行完后，守护线程也会中断结束。因此，对 daemonThread 而言，也就不再继续输出 finally block 打印结果，Daemon 守护线程结束并退出。这个现象也说明，不能在一个

Daemon 守护线程中访问以及释放资源，这种操作是不太安全的，因为 Daemon 线程会在所有用户线程执行完后中断并结束线程的运行，那么访问以及释放资源的操作就可能不会正常执行，导致出现很隐蔽的业务故障。

另外，需要注意的是，在使用 setDaemon() 方法将一个线程转换为 Daemon 线程时，需要先于 start() 方法运行，否则系统会报 IllegalThreadStateException 异常。

```
Exception in thread "main" java.lang.IllegalThreadStateException
at java.lang.Thread.setDaemon(Thread.java:1359)
```

1.5 线程组

如果需要对多个线程进行管理维护，可以通过 ThreadGroup 线程组实现。ThreadGroup 提供了对多个线程管理维度的抽象，将多个线程从逻辑视角形成了一个组的概念进行管理和维护。对 ThreadGroup 而言，它存在几个重要的属性。

```
private final ThreadGroup parent;
String name;
int maxPriority;
boolean destroyed;
boolean daemon;
boolean vmAllowSuspension;

int nUnstartedThreads = 0;
int nthreads;
Thread threads[];

int ngroups;
ThreadGroup groups[];
```

每个线程组都会有一个 name 属性标记当前线程组，可以通过 maxPriority 属性设置当前线程组的最大优先级。在层级结构上，内部维护了一个执行父线程组的 parent 属性、当前线程组自身还拥有哪些子线程组 groups，以及当前线程组所维护的线程集合 threads。ThreadGroup 的核心构造方法如下。

```
private ThreadGroup(Void unused, ThreadGroup parent, String name) {
        this.name = name;
        this.maxPriority = parent.maxPriority;
        this.daemon = parent.daemon;
        this.vmAllowSuspension = parent.vmAllowSuspension;
        this.parent = parent;
        parent.add(this);
}
```

其中，maxPriority 默认和父线程组的 maxPriority 一致。另外，会将当前线程添加到父线程组中。线程组的逻辑结构如图 1.16 所示。

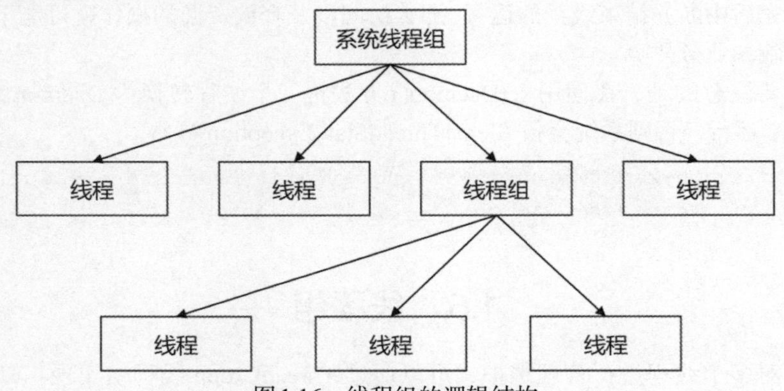

图 1.16 线程组的逻辑结构

如图 1.16 所示，线程组可以通过嵌套的方式进行管理，也可以形成一个树形的线程组层级结构，通过线程组的方式，可以批量高效地管理多个线程。

1.6 本章小结

本章首先介绍了并发相关的历史背景，在硬件发展的趋势下也推进了软件开发模型的演进，要想极大地发挥出多核心的硬件优势，就需要设计出更加合理的并发开发模型。与此同时，在面对并发编程时，如果不对其原理有深刻的理解，很容易让开发的程序出现一些难以排查的程序问题。之后本章还详细介绍了并发的基础知识、常见的概念以及操作系统的线程模型，帮助读者通过对 API 表面的调用深入理解操作系统背后的原理，并逐步形成一个完整的思考路径，避免“只见树木，不见森林”。

常见面试题

1. 从性能优化领域，简述 Amdahl 和 Gustafson 定律的意义。
2. 简述并发编程的优缺点以及如何在串行化和并行化间做出选择？
3. 简述操作系统的线程模型以及它的实现机制。
4. 简述线程的状态转移。
5. 利用 Java API 创建线程的背后经历了哪些流程？
6. 你对于线程组是如何理解的？
7. 简述线程常见的实现方式。

第二部分　Java基础原理

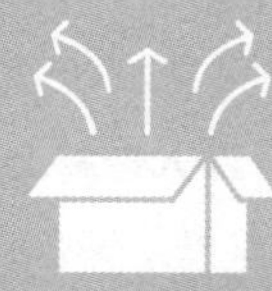

第2章　JMM内存模型以及happens-before规则

在进入并发编程的世界之前，我们需要对并发体系的基础原理有一定的认知，这样才能够理解并发工具的设计原理，在实际编程中规避由于并发带来的棘手的问题。整个并发体系的基础原理都围绕内存结构和 happens-before 规则展开，本章将对这两个基础理论进行解析。

2.1　JMM内存模型

2.1.1　JMM简介

第 1 章主要介绍了并发的发展历史、线程的状态转换和一些基本操作以及操作系统新建线程的原理。在此基础上，我们对多线程已经有了基本的认识，很显然，多线程并发的知识体系并不局限于此，并发体系是一个相当复杂的系统理论。在多线程中稍微不注意就会出现线程安全问题，那什么是线程安全问题呢?

通俗地说，在多线程下代码执行的结果与预期正确的结果不一致，那么这个代码就是线程不安全的，否则就是线程安全的。从这种回答中似乎不能获取什么内容。通过搜索引擎以及相关书籍可以查找到关于线程并发的定义：当多个线程访问同一个对象时，如果不用考虑这些线程在运行环境下的调度和交替运行，也不需要进行额外的同步或在调用方进行其他的协调操作，调用这个对象的行为都可以获取正确的结果，那么这个对象就是线程安全的。

对定义的理解是一件见仁见智的事情，出现线程安全的问题一般是由于主内存和工作内存数据不一致性或重排序导致的，而解决线程安全问题最重要的就是理解这两种问题是怎么来的。那么，理解它们的核心就在于理解 Java 内存模型（Java Memory Model，JMM）。整个并发编程模型如图 2.1 所示。

如图 2.1 所示，并发编程模型主要包含两个重点。

（1）线程通信机制。在多线程条件下，多个线程肯定会相互协作完成一件事情，一般来说，会涉及多个线程间相互通信告知彼此的状态以及当前的执行结果等。多线程间并发协作对数据的变更是基于 JMM 共享内存的隐式通信机制完成的。另外，基于 JMM 系统理论体系，不同的 JVM 厂商会实现不同的同步语义。

（2）线程同步机制。要想解决多线程间对共享数据的安全变更，会涉及多线程对数据访问相对顺序的控制，以达到线程安全的目的。在实际开发中会基于同步组件实现对系统共享变量的访问控制。

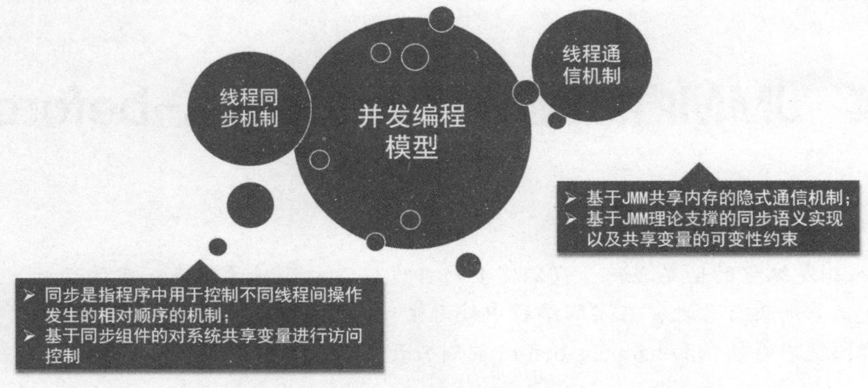

图2.1　并发编程模型

2.1.2　JMM共享内存的通信机制

线程间的协作通信可以类比为人与人之间协作的方式。以一个生活场景为例，小明在外面玩耍，而小明妈妈在家里做饭，等到做好晚饭后准备叫小明回家吃饭，这时就存在两种方式。

一种方式是小明妈妈要去上班了，十分紧急，而这个时候手机又没有电了，于是就在桌子上贴了一张纸条“饭做好了，放在桌上，记得加热一下”。等小明回家后看到纸条就能按照妈妈的吩咐吃到妈妈做的饭菜。如果将小明妈妈和小明类比为两个线程，那么这张纸条就是两个线程间通信的共享变量，通过读 / 写共享变量实现两个线程间的协作。

另一种方式，妈妈的手机还有电，于是妈妈在上班路上给小明打了个电话，这种方式就是利用通知机制完成协作。同样，可以引申为线程间通信机制。

通过上面这个例子可知，并发编程需要解决两个问题：线程之间如何通信和线程之间如何完成同步，即多个并发实体的执行相对顺序。

针对第一个问题，通信是指线程之间以何种机制交换信息，主要有两种：共享内存和消息传递。在 JVM 的通信机制中选择的是基于共享内存的并发模型，线程之间主要通过读 / 写共享变量完成隐式通信。如果程序员无法深刻理解 JMM 模型，在实际开发中就很容易遇到一些难以理解的奇怪现象，并且很难解决这类问题。

1. 什么是共享变量

根据 JVM 运行时的内存结构可知，在 Java 程序中，所有实例域、静态域和数组元素都是放在堆内存中的（所有线程均可访问到，是可以共享的），而局部变量、方法定义参数和异常处理器参数不会在线程间共享。共享数据会出现线程安全的问题，而非共享数据不会出现线程安全的问题。

2. JMM抽象结构模型

CPU 的处理速度和主存的读写速度不是一个量级的，为了平衡这种巨大的差距，实际上每个 CPU 核心都会有缓存。因此，共享变量会先放在主存中，每个线程都有属于自己的工作内存，并且会把位于主存中的共享变量复制到自己的工作内存，之后的读写操作均使用位于工作内存的变量副本，并在某个时刻将工作内存的变量副本写回主存。JMM 从抽象层次定义了这种方式，并且 JMM 决定了一个线程对共享变量的写入何时对其他线程是可见的。

如图 2.2 所示，线程 A 和线程 B 之间要完成通信，需要经历以下两步。

（1）从主内存中将共享变量读入线程 A 的工作内存后会形成当前变量值的副本，然后线程 A 会基于这份副本执行相应的业务操作，之后在特定的时机将数据重新写回主内存。

（2）线程 B 从主内存中读取到由线程 A 进行“加工处理”后的值，然后继续执行线程 B 的业务功能。

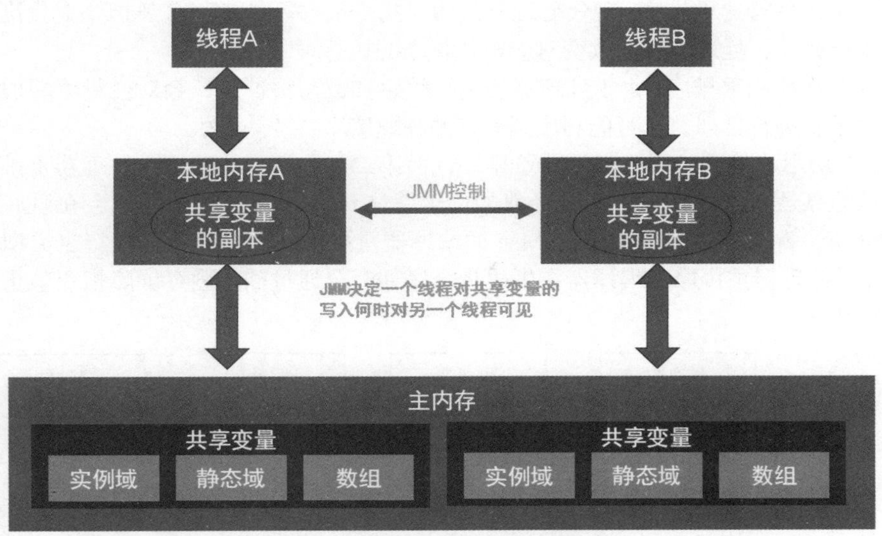

图 2.2　JMM共享内存通信机制

从横向看，线程 A 和线程 B 好像是通过共享变量进行隐式通信的。其中有个很有意思的问题，如果线程 A 更新后数据并没有及时写回主内存，而此时线程 B 读到的就是过期的数据，这就出现了“脏读”现象。当然，可以通过同步机制（控制不同线程间操作发生的相对顺序）解决或通过 volatile 关键字使每次 volatile 变量都能够强制刷新到主内存，从而对每个线程都是可见的。因此，一般而言通过同步机制控制线程对共享值域的“访问”相对时序，避免了线程间未读取到正确值所带来的问题。

2.2　happens-before规则

2.2.1　重排序

如同其他领域的技术规范一样，标准组织通常只会在顶层设计上制定技术标准，而下游的制造厂商只需要按照协议规范生产出业界标准即可，在具体的实现上，下游制造厂商则可以根据自身的技术特性和优势进行落地。

对 JMM 而言也只是定义了一份协议规范，一个好的内存模型实际上会放松对处理器和编译器规则的束缚，也就是说，软件技术和硬件技术都为同一个目标而进行奋斗：在不改变程序执行结果的前提下，尽可能地提高并行度以及并发的执行效率。JMM 对底层尽量减少约束，使其能够发挥自身优势。因此，在执行程序时，为了提高性能，编译器和处理器常常会对指令进行重排序。一般重排序可以分为如下 3 种。

（1）编译器优化的重排序：编译器在不改变单线程程序语义的前提下，可以重新安排语句的执行顺序。

（2）指令级并行的重排序：现代处理器采用了指令级并行技术将多条指令重叠执行。如果不存在数据依赖性，处理器可以改变对应机器指令的执行顺序。

（3）内存系统的重排序：由于处理器使用了缓存和读写缓冲区，会对变量值的加载和存储的执行顺序重新进行排列，尽可能利用到缓存的高速读写特性。

如图 2.3 所示，第一步属于编译器重排序，而第二步和第三步统称为处理器重排序。这些重排序会导致线程安全的问题，一个经典的例子就是 DCL 问题，这个问题会在以后的章节中进行详细介绍。针对编译器重排序，JMM 的编译器重排序规则会禁止一些特定类型的编译器重排序；针对处理器重排序，编译器在生成指令序列时会通过插入内存屏障指令禁止某些特殊处理器的重排序。

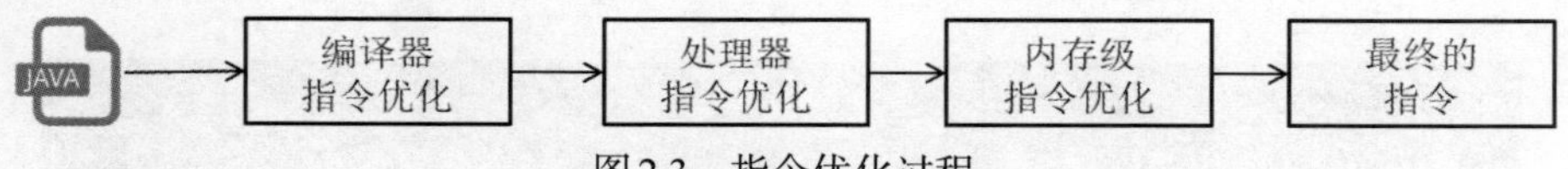

图2.3 指令优化过程

那么在什么情况下不能进行重排序呢？下面就来说说数据依赖性，代码如下。

```
int a = 3                //A
int b = 4                //B
int area = a * b * b     //C
```

这是一个简单的、计算ab^2值的代码，操作 A 和 B 之间没有任何的依赖关系，它们之间调换执行顺序对于最终结果是不会产生影响的，因此它们的执行顺序可以重排序，执行顺序可以是 A → B → C 或 B → A → C，最终结果都是 48，即 A 和 B 之间没有数据依赖性。如果两个操作访问同一个变量，且这两个操作有一个为写操作，此时这两个操作就存在数据依赖性。这里存在 3 种情况：①读后写；②写后写；③写后读，这 3 种操作都是存在数据依赖性的。如果重排序会对最终执行结果产生影响，那么编译器和处理器在重排序时会遵守数据依赖性，编译器和处理器就不会改变存在数据依赖性关系的两个操作的执行顺序。

另一个比较有意思的就是 as-if-serial 语义。

2.2.2 as-if-serial语义

as-if-serial 语义为：不管怎么重排序，（单线程）程序的执行结果不能被改变。编译器处理器都必须遵守 as-if-serial 语义。

在通常情况下，总会给人一种“错觉”：代码的执行是按照代码编写的顺序，一行一行执行的。实际上这就是 as-if-serial 语义给单线程视角下代码执行顺序的保护，只要程序之间没有任何数据依赖性，在能够提升代码执行效率的前提下依然会进行指令的重排。例如上面计算 ab^2值的代码，即使在单线程的情况下，依然会存在指令重排的可能性。但是，对于开发者而言，就不需要关注底层指令是如何重排的，也无须担心值可见性的问题，只需要关注代码本身的业务功能即可，这能大大提升开发者的开发效率。

2.2.3 happens-before

为了提升代码的执行效率和并发性能，上面提到了很多重排序规则，如果让程序员再去了解这些底层的实现和具体规则，那么程序员的负担就太重了，严重影响了编程效率。因此，JMM 为程序员在上层提供了 8 项规则，这样程序员就可以根据规则推论出跨线程的内存可见性问题，而不用再去理解底层的重排序规则。下面从两方面进行讲解。

1. happens-before 的定义

happens-before 的概念最初是由 Leslie Lamport 在其一篇影响深远的论文（*Time*，*Clocks and the Ordering of Events in a Distributed System*）中提出的，有兴趣的读者可以阅读一下。JSR-133 使用 happens-before 的概念指定两个操作之间的执行顺序。由于这两个操作可以在一个线程之内，也可以在不同线程之间，因此，JMM 可以通过 happens-before 关系向程序员提供跨线程的内存可见性保证（如果线程 A 的写操作 a 与线程 B 的读操作 b 之间存在 happens-before 关系，尽管 a 操作和 b 操作在不同的线程中执行，但 JMM 向程序员保证 a 操作将对 b 操作可见）。具体的定义如下。

（1）如果一个操作 happens-before 另一个操作，那么第一个操作的执行结果将对第二个操作可见，而且第一个操作的执行顺序排在第二个操作之前。

（2）两个操作之间存在 happens-before 关系，并不意味着 Java 平台的具体实现必须要按照 happens-before 关系指定的顺序执行。如果重排序之后的执行结果与按 happens-before 关系执行的结果一致，那么这种重排序并不非法（也就是说，JMM 允许这种重排序）。

定义（1）是 JMM 对数据跨线程的可见性给予的约束，从开发者的视角来看，只要 A happens-before B，那么 JMM 内存模型就可以保证操作 A 造成最新的数据结果对操作 B 而言是可见的。对开发而言，就不需要关注数据在多个线程执行时线程实体中是否是最新的数据以及潜在的数据状态问题，这能够大大提升并发开发效率。

定义（2）是 JMM 对编译器和处理器重排序的约束原则。正如前面所言，JMM 其实是在遵循一个基本原则：只要不改变程序的执行结果（指的是单线程程序和正确同步的多线程程序），只要能够提升多个并发执行实体的并行度以及执行效率，下游的 JVM 实现厂商在指令优化上对编译器和处理器怎么优化都可以。另外，从实际开发的角度而言，开发者对于这两个操作是否真的被重排序并不关心，开发者关心的是程序执行时的语义不能被改变（即执行结果不能被改变）。

从最终目的而言，happens-before 关系本质上和 as-if-serial 语义相同，都是为了保护开发者，保证开发者能够拥有最高的开发效率，摒弃底层复杂的指令排序规则。as-if-serial 是在单线程状态下定义的数据可见性以及执行时序的约束，而 happens-before 则是在并发实体下给予的标准约束。

下面来比较一下 as-if-serial 和 happens-before。

（1）as-if-serial 语义保证单线程内程序的执行结果不被改变，而 happens-before 关系保证正确同步的多线程程序的执行结果不被改变。

（2）as-if-serial 语义为开发者创造了一个“错觉”，即单线程下程序的执行顺序是按照代码的编写顺序执行的；而 happens-before 关系则在多个并行实体的情况下，数据的跨线程可见性是按照 happens-before 来决定的。这几项规则非常精简地抽象了常见的数据访问的场景，开发者只需要关注这几项规则就能够胜任复杂的并发编程。

（3）as-if-serial 和 happens-before 都是为了在不改变程序执行结果的前提下，尽可能地提高程序执行的并行度。而对开发者而言，规范和标准的建立则是最大限度地降低了开发者的负担，提升了开发者的开发效率。

2. 具体规则

（1）程序顺序规则：一个线程中的每个操作 happens-before 于该线程中的任意后续操作。

（2）监视器锁规则：对一个锁的解锁 happens-before 于随后对这个锁的加锁。

（3）volatile 变量规则：对一个 volatile 域的写 happens-before 于任意后续对这个 volatile 域的读。

（4）传递性：如果 A happens-before B，且 B happens-before C，那么 A happens-before C。

（5）start() 规则：如果线程 A 执行操作 ThreadB.start()（启动线程 B），那么线程 A 的 ThreadB.start() 操作 happens-before 于线程 B 中的任意操作。

（6）join() 规则：如果线程 A 执行操作 ThreadB.join() 并成功返回，那么线程 B 中的任意操作 happens-before 于线程 A 从 ThreadB.join() 操作成功返回。

（7）程序中断规则：对线程 interrupted() 方法的调用 happens-before 被中断线程的代码检测到中断时间的发生。

（8）对象 finalize 规则：一个对象的初始化完成（构造函数执行结束）先行于发生它的 finalize() 方法的开始。

依旧以 2.3.1 节中计算 ab^2 的值为例，由程序顺序规则可知，它存在 3 个 happens-before 关系：

（1）A happens-before B；

（2）B happens-before C；

（3）根据传递性规则可以推论出：A happens-before C。

根据 A happens-before B 的规则，要求 A 执行结果对 B 可见，并且 A 操作的执行顺序在 B 操作之前。但与此同时，利用定义（2），A 和 B 操作彼此不存在数据依赖性，两个操作的执行顺序对最终结果都不会产生影响，在不改变最终结果的前提下，允许 A 和 B 两个操作重排序，即 happens-before 关系并不代表最终的执行顺序。

2.3　本章小结

前面已经介绍了关于 JMM 的两个方面：JMM 的抽象结构（主内存和线程工作内存）；重排序以及 happens-before 规则，接下来做一个总结。从以下三个方面进行考虑：

（1）如果让我们设计 JMM，应该从哪些方面进行考虑？也就是说 JMM 承担了哪些功能？

（2）happens-before 与 JMM 的关系。

（3）由于 JMM，多线程情况下可能会出现哪些问题？

1. JMM的设计

如图 2.4 所示，JMM 是语言级的内存模型，从分层来看，JMM 处于中间层，它包含两个方面：内存模型；重排序以及 happens-before 规则。同时，为了禁止特定类型的重排序，它会对编译器和处理器指令序列加以控制。而上层会有基于 JMM 的关键字和 j.u.c 包下的一些具体类，用来方便程序员能够迅速高效地进行并发编程。站在 JMM 设计者的角度，在设计 JMM 时需要考虑两个关键因素。

（1）程序员对内存模型的使用。程序员希望内存模型易于理解、易于编程。程序员希望基于一个“强内存模型”编写代码。

（2）编译器和处理器对内存模型的实现。编译器和处理器希望内存模型对它们的束缚越少越好，这样它们就可以做尽可能多的优化来提高性能。编译器和处理器希望实现一个“弱内存模型”。

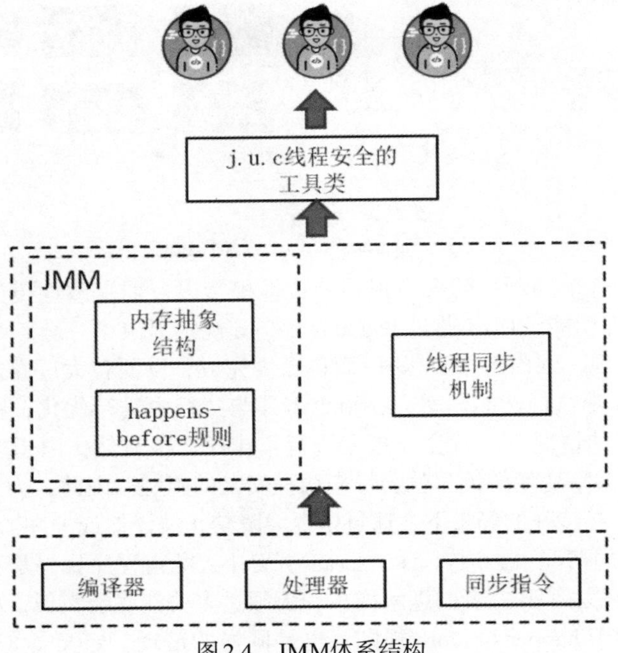

图2.4　JMM体系结构

JMM 向程序员提供的 happens-before 规则能够让开发者不需要掌握复杂的并发场景下的指令重排序规则就能够高效地完成并发编程。与此同时，为了能够让下游厂商充分发挥出各自的优势，JMM 对编译器和处理器的束缚很少，具体实现完全由下游厂商自己实现。从上面的分析可以看出，JMM 其实是在遵循一个基本原则：只要不改变程序的执行结果（指的是单线程程序和正确同步的多线程程序），编译器和处理器怎么优化都行。例如，如果编译器经过细致的分析后，认定一个锁只会被单个线程访问，那么这个锁可以被消除。再如，如果编译器经过细致的分析后，认定一个 volatile 变量只会被单个线程访问，那么编译器可以把这个 volatile 变量当作一个普通变量来对待。这些优化既不会改变程序的执行结果，又能提高程序的执行效率。

2. happens-before与JMM的关系

如图 2.5 所示，因为 JMM 定义了多并发实体间通过工作内存以及主内存以共享变量的方式完成跨线程的通信问题，那么必然就会存在多线程间共享变量线程安全的问题，这是线程安全问题的根本原因。

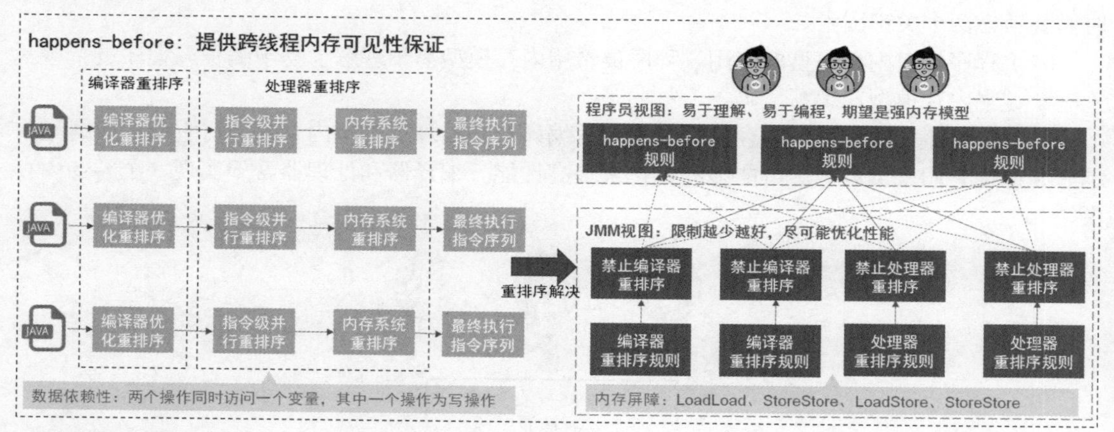

图2.5　happens-before和JMM的关系

因此，为了解决这个问题，就会出现强一致性模型以及弱一致性模型。事实上，为了进一步提升 JVM 的处理性能，JVM 通过 happens-before 规则提出了一套跨线程内存可见性的约束标准，至于具体实现，则由各个 JVM 厂商自己去完成，以便各大厂商发挥其自身优势提升 JVM 的性能。为了提升执行性能，就会在指令编译与执行中进行优化，在以逻辑正确性与不改变业务语义为前提的情况下，就会让指令进行重排序。很显然，由于重排序的存在，在多线程并发的问题下对共享变量的读写就会带来线程安全的问题。因此，为了满足同步语义以及 happens-before 规则，在特殊的场景下会通过内存屏障禁止编译器或处理器进行重排序。

在单线程无并发的情况下，通过 as-if-serial 语义让人觉得程序代码是“一行一行”地顺序执行的，这样就完全省去了开发者的理解成本，无须过多关注底层实现，尽可能地将精力集中在业务开发上。而对于 happens-before 规则，也是同样的道理，定义了 8 条容易理解的规则，让开发者省去过多的理解成本，从开发者视角来看这就是一个易于理解、易于编程的类“强一致性”模型。

一个 happens-before 规则对应于一个或多个编译器和处理器重排序规则。对于 Java 程序员，happens-before 规则简单易懂，它能避免 Java 程序员为了理解 JMM 提供的内存可见性保证而去学习复杂的重排序规则以及这些规则的具体实现原理。

3. 由JMM引申的并发安全问题

从内存抽象结构来说，可能会出现数据“脏读”的现象，这就是数据可见性的问题。另外，重排序在多线程中也容易存在一些问题，一个很经典的问题就是 DCL（双重检验锁），这需要通过禁止重排序的方式进行解决。另外，在多线程下原子操作（如 i++）不加以注意，也容易出现线程安全的问题。但总的来说，对于并发实体对数据的访问以及操作的相对顺序，则需要从原子性、有序性以及可见性三个方面进行考虑。j.u.c 包下的并发工具类和并发容器也是需要花时间去掌握的，这些理论知识后继章节都会一一进行介绍。

➦ 常见面试题

1. 简述多线程通信机制。
2. 简述 JMM 机制，以及它为什么会带来线程安全的问题?
3. 什么是指令重排序? 如何解决重排序带来的线程安全问题?
4. 简述 happens-before 规则。
5. 简述 JMM 与 happens-before 的关系。

第3章 Java并发关键字

通过第 2 章，我们对并发编程的基础理论体系有了基本的认识，并发编程是在持续解决“线程安全”的问题，也是一直在和数据的并发访问带来的数据竞争问题作斗争。第 2 章对并发基础理论进行解析后，我们了解了“为什么会产生线程安全”这个问题。那么如何解决这个问题呢？ Java 并发体系中有哪些好的底层工具呢？在 Java 并发编程模型中，最绕不开的就是 Java 并发关键字，本章将会针对 Java 并发关键字进行详细地分析。

3.1 深入理解synchronized

3.1.1 synchronized简介

在学习本节之前，先通过一段代码来看一个现象。

```
public class synchronizedDemo implements Runnable {
    private static int count = 0;

    public static void main(String[] args) {
        for (int i = 0; i < 10; i++) {
            Thread thread = new Thread(new synchronizedDemo());
            thread.start();
        }
        try {
            Thread.sleep(500);
        } catch (InterruptedException e) {
            e.printStackTrace();
        }
        System.out.println("result: " + count);
    }

    @Override
    public void run() {
        for (int i = 0; i < 1000000; i++)
            count++;
    }
}
```

上述示例代码中开启了 10 个线程，每个线程都累加了 1000000 次，如果结果正确，累加总数就应该是10×1000000＝10000000。可是尽管代码运行多次，结果却都不是这个数，且每次的运行结果都不一样。这是为什么呢？有什么好的解决方案吗？

第 2 章深入分析了 Java 内存模型，数据线程安全主要来源于基于 JMM 设计导致的在主内存和线程的工作内存中的数据可见性问题以及指令重排序导致的问题。

线程运行时拥有自己的栈空间，执行时会在自身的栈空间中运行。如果多线程间没有共享的数据，也就是说多线程间若没有协作完成一件事情，那么多线程有可能不会发挥其优势，不能带来巨大的价值。那么共享数据的线程安全问题怎样处理？很自然的想法就是每个线程依次去读写这个共享变量，这样就不会有任何数据安全的问题，因为每个线程所操作的都是当前最新版本的数据。

Java 关键字 synchronized 就具备控制数据访问的相对顺序，让每个线程都能够“依次排队”操作共享变量的功能。但是这种同步机制效率相对较低，经过底层一系列的策略优化，目前 synchronized 在性能上以及并发效率上已经得到了显著的提升，同时 synchronized 还是其他并发容器实现的基础，由此可见，对 synchronized 进行深入解析是十分有必要的。

3.1.2 synchronized实现原理

在 Java 代码中，synchronized 可用在代码块和方法中。下面用表 3.1 列出 synchronized 的使用场景。

表3.1 synchronized的使用场景

使用位置	作用范围	被锁的对象	示例代码

方法	实例方法	类的实例对象	public synchronized void method() {
			  ...
			}

	静态方法	类对象	public static synchronized void method1() {
			  ...
			}

代码块	实例对象	类的实例对象	synchronized (this) {
			  ...
			}

	class对象	类对象	synchronized (SynchronizedScopeDemo.class)
			{
			  ...
			}

	任意实例对象object	实例对象object	final String lock = "";
			synchronized (lock) {
			  ...
			}

synchronized 可以使用在方法中，也可以使用在代码块中，方法包括实例方法和静态方法，分别锁的是类的实例对象和类对象。而使用在代码块中，根据锁的目标对象也可以分为三种，具体参见表 3.1。这里需要注意的是，如果锁的是类对象，尽管 new 多个实例对象，也依然会被锁住。synchronized 的使用很简单，那么它背后的原理以及实现机制是怎样的呢？

1. 对象锁（monitor）机制

现在来进一步分析 synchronized 的具体底层实现，一个简单的示例代码如下。

```
public class SynchronizedDemo {
    public static void main(String[] args) {
        synchronized (SynchronizedDemo.class) {
            System.out.println("hello synchronized！");
        }
    }
}
```

上述代码通过 synchronized“锁住”当前类对象来进行同步，将 Java 代码进行编译之后，可通过 javap -v SynchronizedDemo.class 查看对应的 main() 方法的代码。

```
public static void main(java.lang.String[]);
    descriptor: ([Ljava/lang/String;)V
    flags: ACC_PUBLIC, ACC_STATIC
    Code:
      stack=2, locals=3, args_size=1
        0: ldc         #2    // class com/codercc/chapter3/SynchronizedDemo
        2: dup
        3: astore_1
        4: monitorenter
        5: getstatic   #3    // Field java/lang/System.out:Ljava/io/PrintStream;
        8: ldc         #4    // String hello synchronized！
        10: invokevirtual    #5    // Method java/io/PrintStream.println:
                                      (Ljava/lang/String;)V
        13: aload_1
        14: monitorexit
        15: goto          23
        18: astore_2
        19: aload_1
        20: monitorexit
        21: aload_2
        22: athrow
        23: return
```

重要的字节码已经在原字节码文件中进行了标注，再进入 synchronized 同步块中，需要通过 monitorenter 指令获取到对象的 monitor（也可称为对象锁）后才能继续执行，在处理完对应的方法后，通过 monitorexit 指令释放所持有的 monitor，以便其他并发实体进行获取。后续代码执行到第 15 行的 goto 语句，进而转去执行第 23 行的 return 指令，方法成功执行后会退出。另外，在方法异常的情况下，如果 monitor 不进行释放，对其他被阻塞的并发实体来说，就没有机会获取到 monitor 了，系统会形成死锁状态，但显然这样是不合理的。

因此，针对异常的情况，会执行到第 20 行通过指令 monitorexit 释放 monitor 锁，接着通过第 22 行的指令 athrow 抛出对应的异常。从字节码指令分析中可以看出，使用 synchronized 是具备隐式加锁和释放锁的操作便利性的，并且针对异常情况也做了释放锁的处理。

每个对象都存在一个与之关联的 monitor，线程对 monitor 持有的方式以及时机决定了 synchronized 的锁状态以及状态升级方式。monitor 可通过 C++ 中的 ObjectMonitor 实现，我们可以通过 openjdk hotspot 链接下载 openjdk 中 hotspot 版本的源码，具体文件路径为 src\share\vm\runtime\objectMonitor.hpp，具体源码如下。

```
// initialize the monitor, exception the semaphore, all other fields
// are simple integers or pointers
ObjectMonitor() {
  _header       = NULL;
  _count        = 0;
  _waiters      = 0,
  _recursions   = 0;
  _object       = NULL;
  _owner        = NULL;
  _WaitSet      = NULL;
  _WaitSetLock  = 0 ;
  _Responsible  = NULL ;
  _succ         = NULL ;
  _cxq          = NULL ;
  FreeNext      = NULL ;
  _EntryList    = NULL ;
  _SpinFreq     = 0 ;
  _SpinClock    = 0 ;
  OwnerIsThread = 0 ;
  _previous_owner_tid = 0;
}
```

从 ObjectMonitor 的结构中可以看出，它主要用 _WaitSet 和 _EntryList 两个队列保存 ObjectWaiter 对象，每个阻塞等待获取锁的线程都会被封装成 ObjectWaiter 对象进行入队操作，与此同时，获取到锁资源的线程会进行出队操作。另外，_owner 会指向当前持有 ObjectMonitor 对象的线程。等待获取锁以及获取锁出队的示意图如图 3.1 所示。

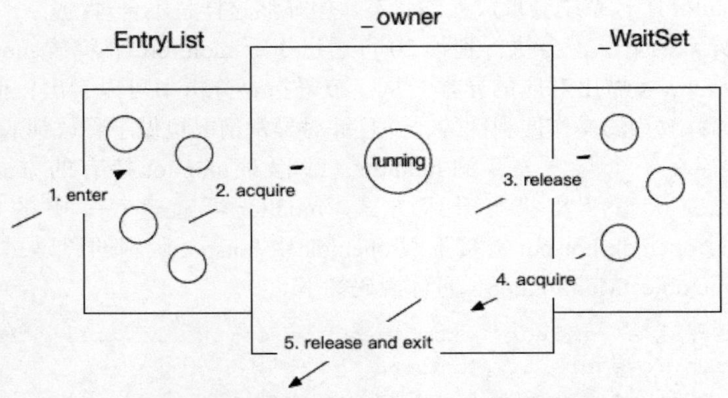

图 3.1　等待获取锁以及获取锁出队的示意图

当多个线程想要获取锁时，首先会进入 _EntryList 队列，其中一个线程获取到对象的 monitor 后，对 monitor 而言就会将 _owner 变量设置为当前线程，并且 monitor 维护的计数器会加 1。如果当前线程执行完后退出，monitor 中的 _owner 变量就会清空并且让计数器减 1，这样就能让其他线程竞争到 monitor。另外，如果调用了 wait() 方法，当前线程就会进入 _WaitSet 中等待被唤醒，如果被唤醒并且执行退出，也会对状态量进行重置，以便其他线程能够获取到 monitor。

从线程状态变化的角度来看，如果要想进入同步块或执行同步方法，都需要先获取到对象的 monitor，如果获取不到，就会变更为 BLOCKED 状态，具体过程如图 3.2 所示。

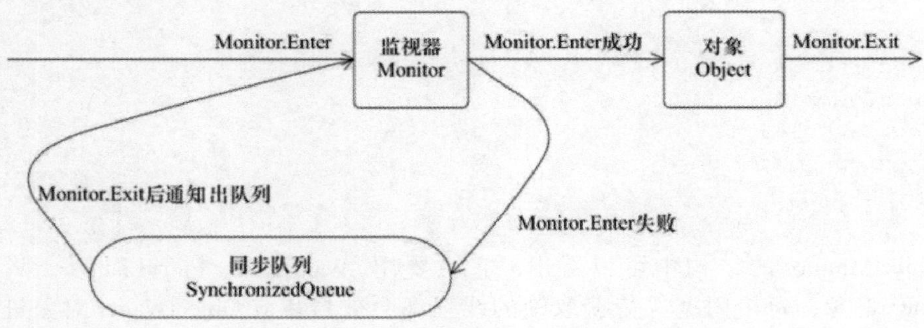

图 3.2　线程状态的变更

从图 3.2 中可以看出，任意线程对 Object 的访问，首先要获得 Object 的 monitor，如果获取失败，该线程就会进入同步队列，线程状态会变为 BLOCKED。等 monitor 持有者释放后，在同步队列中的线程才会有机会重新获取 monitor，继续执行代码。

2. synchronized的happens-before关系

第 2 章分析过 happens-before 规则，其中有一条就是 monitor 锁规则：对同一个 monitor 的解锁 happens-before 于对该 monitor 的加锁。为了进一步了解 synchronized 的并发语义，下面通过示例代码分析这条 happens-before 规则，示例代码如下。

```
public class MonitorDemo {
    private int a = 0;

    public synchronized void writer() {     // 1
        a++;                                // 2
    }                                       // 3

    public synchronized void reader() {     // 4
        int i = a;                          // 5
    }                                       // 6
}
```

在第 5 步操作中读取到的变量 a 的值是多少呢？这就需要通过 happens-before 规则进行分析，上述示例代码中的 happens-before 关系如图 3.3 所示。

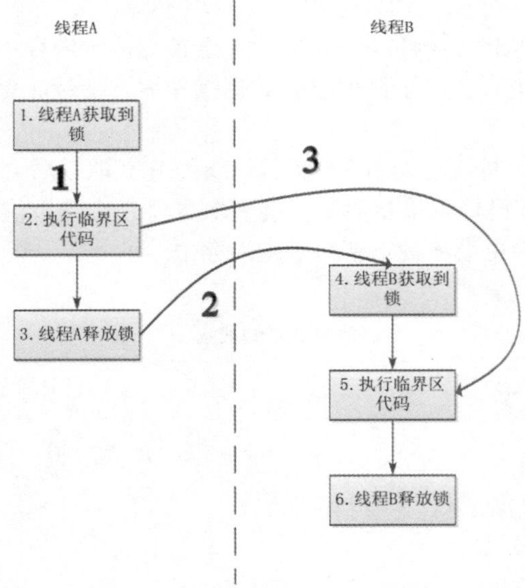

图3.3　happens-before关系图

在图 3.3 中，每个箭头代表两个节点之间的 happens-before 关系，线条 1 是通过**程序顺序规则**推导出来的，线条 2 是通过**监视器锁规则**推导出线程 A 释放锁 happens-before 线程 B 加锁的，线条 3 则是通过**传递性规则**进一步推导的 happens-before 关系。最终得到的结论是操作 2 happens-before 操作 5，通过这个关系可以得出什么呢？

根据 happens-before 规则：如果 A happens-before B，则 A 的执行结果对 B 可见。那么在上述示例代码中，线程 A 先对共享变量 a 进行加 1 操作，由操作 2 happens-before 操作 5 的关系可知线程 A 的执行结果对线程 B 可见，即线程 B 所读取到的变量 a 的值为 1。

3. 锁获取和锁释放的内存语义

第 2 章对 JMM 进行总结，将 JMM 的核心分为两部分：**happens–before 规则以及内存抽象模型**。我们前面分析了 synchronized 的 happens-before 关系，接下来看看基于 Java 内存抽象模型的 synchronized 的内存语义，具体如图 3.4 所示。

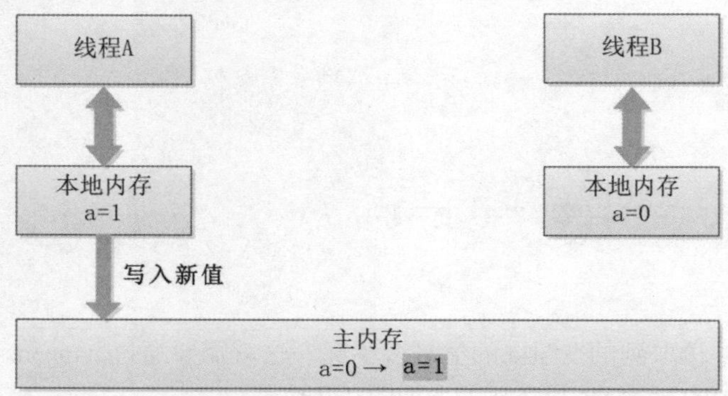

图3.4 内存语义初始状态

针对线程 A 的操作，从图 3.4 可以看出线程 A 会首先从主内存中读取共享变量 a=0，然后将该变量复制到线程本地内存。基于该值进行数据操作后，变量 a 变为 1，最后会将值写入主内存中。

对于线程 B 而言，其执行流程如图 3.5 所示。线程 B 获取锁后会强制从主内存中读取共享变量 a 的值，而此时变量 a 已经是最新值了。接下来线程 B 会将该值复制到工作内存中进行操作，同样地，执行完操作后也会将其重新写入主内存中。

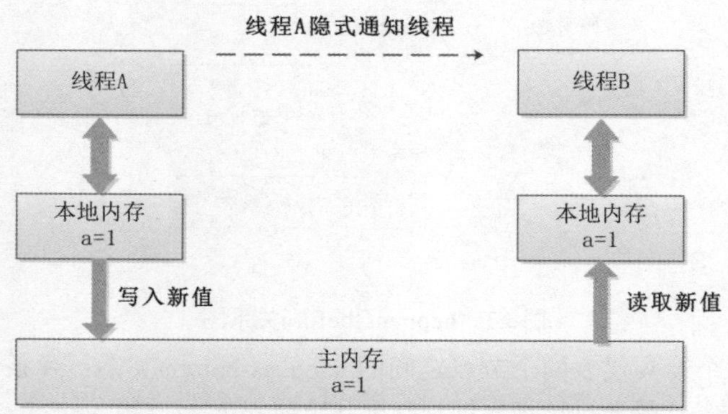

图3.5 内存语义示意

从横向来看，线程 A 和线程 B 都是基于主内存中的共享变量互相感知到对方的数据操作，并基于共享变量完成并发实体中的协同工作，整个过程就好像线程 A 给线程 B 发送了一个数据变更的“通知”，这种通信机制就是基于共享内存的并发模型结构。

通过上面的讨论，读者对 synchronized 应该有了一定了解，它最大的特征就是在同一时刻只有一个线程能够获得对象 monitor，从而确保当前线程能够执行到相应的同步逻辑，对线程而言会表现为**互斥性（排他性）**。当然，这种同步方式会有效率相对低下的弊端，既然同步流程不能发生改变，那么能不能让每次获取锁的速度更快或降低阻塞等待的概率呢？也就是**通过**

局部的优化提升系统整体的并发同步效率。例如去收银台付款的场景，之前的方式是顾客都去排队结账，然后用纸币付款，收银员找零。甚至有些人付款时还需要先从包里拿出钱包再拿出钱，这个过程是比较耗时的。针对付款的流程，可以通过线上化的手段进行优化。现在顾客只需要通过支付宝扫描二维码就可以完成付款了，也省去了收银员找零的时间。尽管整个付款场景还是需要排队，但是因为付款（类似于获取锁、释放锁）环节的优化导致耗时大大缩短，对收银台（系统整体并发效率）而言操作效率得到了极大的提升。如此类比，如果能对锁操作过程进行优化，可能也会对并发效率带来一定的提升。

那么，针对 synchronized 的优化是怎样做的呢？在进一步分析之前，需要先了解两个概念：CAS 操作和 Java 对象头。

3.1.3　CAS操作

1. 什么是CAS

synchronized 是一种悲观锁策略，它**假设每次执行临界区代码都会产生冲突，所以当前线程在获取到锁的同时也会阻塞其他线程获取该锁**。而 CAS 操作（又称为无锁操作）是一种**乐观锁策略**，它假设所有线程访问共享资源时不会出现冲突，既然不会出现冲突，自然就不会阻塞其他线程的操作，因此线程不会出现阻塞停顿的状态。如果出现冲突了怎么办？无锁操作是使用比较交换方式（compare and swap，CAS）鉴别线程是否出现冲突，出现冲突就重试当前操作直到没有冲突为止。

2. CAS的操作过程

CAS 的操作过程可以通俗地理解为 CAS(V，O，N)：

（1）V 为内存地址存放的实际值；

（2）O 为预期的值（旧值）；

（3）N 为更新的新值。

当 V 和 O 相同时，也就是旧值和内存中实际的值相同时，表明该值没有被其他线程更改，即该旧值 O 就是目前最新的值了，自然可以将新值 N 赋值给 V。反之，若 V 和 O 不相同，表明该值已经被其他线程改过，则该旧值 O 不是最新版本的值，所以不能将新值 N 赋给 V。当多个线程并发使用 CAS 操作一个变量时，只有一个线程会成功，并成功更新，余者会失败。失败的线程会重新尝试，当然也可以选择挂起线程。

CAS 的实现需要硬件指令集的支撑，在 JDK1.5 后虚拟机才可以使用处理器提供的 CMPXCHG 指令实现。

3. synchronized与CAS的比较

元老级的 synchronized（未优化前）最主要的问题是采用了悲观锁策略，即在存在线程竞争的情况下会出现线程阻塞和唤醒锁带来的性能问题，因为这是一种互斥同步（阻塞同步）。

CAS 则是采用乐观锁策略，而并不是武断地将线程挂起，当 CAS 操作失败后，失败的线程会进行一定的尝试，而非等待唤醒操作，因此它也叫作非阻塞同步。这是两者主要的区别。

4. CAS的应用场景

在j.u.c包中利用CAS实现的类有很多，可以说是支撑起整个concurrency包实现的基石工具。例如，在Lock实现中会有CAS改变state变量一级在atomic包中的实现类，这几乎都是用CAS实现的。但是CAS在使用过程中会存在一些常见的问题。

（1）ABA问题

因为CAS会检查旧值有没有变化，这里存在这样一个有意思的问题。例如，一个旧值*A*变成了*B*，然后再变成*A*，刚好在做CAS时检查发现旧值并没有变化，依然为*A*，但实际上旧值的确发生了变化。解决方案：可以沿袭数据库中常用的乐观锁方式，添加一个版本号，原来的变化路径$A \rightarrow B \rightarrow A$就变成了$1A \rightarrow 2B \rightarrow 3A$。在Java 1.5后的atomic包中提供了AtomicStampedReference能解决ABA问题，解决思路与上文类似。

（2）自旋时间过长

使用CAS这种非阻塞同步的方式，当出现数据竞争时就会通过自旋操作进行下一次尝试，如果这里自旋时间过长，那么对性能是会有很大消耗的。如果JVM能支持处理器提供的pause指令，那么在效率上会有一定的提升。

（3）只能保证一个共享变量的原子操作

当对一个共享变量执行操作时，CAS能保证其原子性；当对多个共享变量进行操作时，CAS不能保证其整体的原子性。有一个解决方案是利用对象整合多个共享变量，即一个类中的成员变量就是这几个共享变量，然后对这个对象做CAS操作就可以保证其原子性。另外，j.u.c包中atomic提供的AtomicReference可以保证引用对象之间的原子性。

3.1.4 Java对象头

1. 内存布局

HotSpot虚拟机中对象的内存布局如图3.6所示，对象的内存布局主要分为3块区域：对象头（Header）、实例数据（Instance Data）和对齐填充（Padding）。

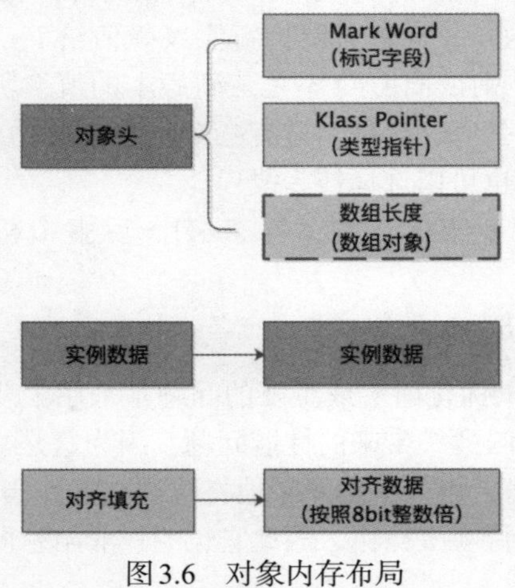

图3.6 对象内存布局

（1）Mark Word（标记字段）：该区域主要用于存储一系列的标志位，如对象的哈希值、轻量级锁的标记位、偏向锁标记位、分代年龄等。

（2）Klass Pointer：Class 对象的类型指针，在 jdk 1.8 中默认开启指针压缩后，其长度为 4B，关闭指针压缩（-XX:-UseCompressedOops）后，其长度为 8B。指向的位置是对象对应的 Class 对象（对应的元数据对象）的内存地址。

（3）数组长度：如果对象是一个数组，那么对象头还需要有额外的空间用于存储数组的长度。

（4）对象实例数据：包括对象的所有成员变量，大小由各个成员变量决定，如 byte 占 1B（8b），int 占 4B（32b）。

（5）对齐填充：为了满足虚拟机规范以及系统底层操作的高效性，HotSpot 虚拟机的内存管理系统要求对象的起始地址必须是 8B 的整数倍，如果对象内存未达到这个要求，就会进行内存填充以达到该大小要求。

为了验证对象的内存布局，可以借助 openjdk 提供的 jol-core 工具输出内存布局信息进行验证。在工程中引入 maven 依赖：

```
<dependency>
    <groupId>org.openjdk.jol</groupId>
    <artifactId>jol-core</artifactId>
    <version>0.14</version>
</dependency>
```

验证代码如下。

```
public class Car {

    /**
     * 是否年审过
     */
    private boolean isChecked;

    /**
     * 品牌
     */
    private String brand;

    /**
     * 价格
     */
    private Double price;

    public String getBrand() {
        return brand;
    }

    public void setBrand(String brand) {
        this.brand = brand;
```

```
    }

    public Double getPrice() {
        return price;
    }

    public void setPrice(Double price) {
        this.price = price;
    }

    public boolean isChecked() {
        return isChecked;
    }

    public void setChecked(boolean checked) {
        isChecked = checked;
    }

    public static void main(String[] args) {
        System.out.println(VM.current().details());
        Car car = new Car();
        System.out.println(car + "十六进制 hashCode: " + Integer.toHexString
        (car.hashCode()));
        System.out.println(ClassLayout.parseInstance(car).toPrintable());
    }
}
```

通过使用 jol-core 输出的内存布局信息如图 3.7 所示。

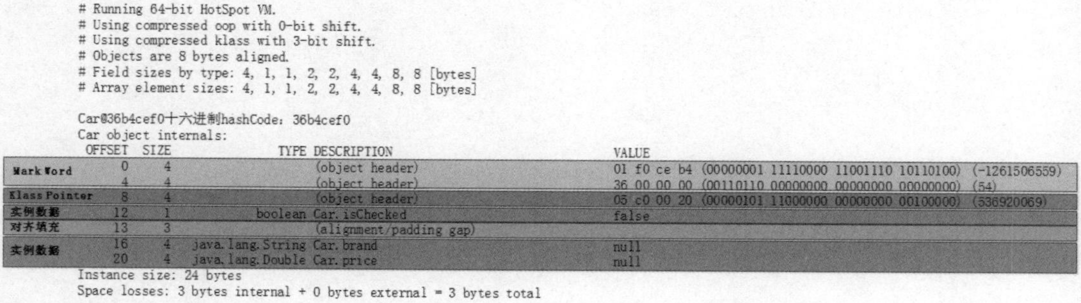

```
# Running 64-bit HotSpot VM.
# Using compressed oop with 0-bit shift.
# Using compressed klass with 3-bit shift.
# Objects are 8 bytes aligned.
# Field sizes by type: 4, 1, 1, 2, 2, 4, 4, 8, 8 [bytes]
# Array element sizes: 4, 1, 1, 2, 2, 4, 4, 8, 8 [bytes]

Car@36b4cef0十六进制hashCode: 36b4cef0
Car object internals:
               OFFSET  SIZE                TYPE DESCRIPTION               VALUE
Mark Word           0     4                     (object header)           01 f0 ce b4 (00000001 11110000 11001110 10110100) (-1261506559)
                    4     4                     (object header)           36 00 00 00 (00110110 00000000 00000000 00000000) (54)
Klass Pointer       8     4                     (object header)           05 c0 00 20 (00000101 11000000 00000000 00100000) (536920069)
实例数据           12     1             boolean Car.isChecked             false
对齐填充           13     3                     (alignment/padding gap)
实例数据           16     4    java.lang.String Car.brand                 null
                   20     4    java.lang.Double Car.price                 null
Instance size: 24 bytes
Space losses: 3 bytes internal + 0 bytes external = 3 bytes total
```

图3.7　内存布局信息（1）

如图 3.7 所示，Mark Word 部分一共占 8B，另外 Klass Pointer 也占 4B。Car 中的成员变量字段 isChecked、brand、price 分别占 1B、4B、4B。另外，由于占据的内存大小并不是 8 的整数倍，因此需要进行填充。在 JVM 参数中指针压缩是默认开启的，通过设置 JVM 参数 -XX:-UseCompressedOops 将指针压缩关闭后，再查看对象的内存布局，具体如图 3.8 所示。

```
# Running 64-bit HotSpot VM.
# Objects are 8 bytes aligned.
# Field sizes by type: 8, 1, 1, 2, 2, 4, 4, 8, 8 [bytes]
# Array element sizes: 8, 1, 1, 2, 2, 4, 4, 8, 8 [bytes]

Car@36b4cef0十六进制hashCode: 36b4cef0
Car object internals:
              OFFSET  SIZE               TYPE DESCRIPTION                 VALUE
MarkWord           0     4                    (object header)             01 f0 ce b4 (00000001 11110000 11001110 10110100) (-1261506559)
                   4     4                    (object header)             36 00 00 00 (00110110 00000000 00000000 00000000) (54)
KlassPointer       8     4                    (object header)             18 0a 1a 17 (00011000 00001010 00011010 00010111) (387582488)
                  12     4                    (object header)             00 00 00 00 (00000000 00000000 00000000 00000000) (0)
实例数据          16     1            boolean Car.isChecked               false
对齐填充          17     7                    (alignment/padding gap)
实例数据          24     8   java.lang.String Car.brand                   null
                  32     8   java.lang.Double Car.price                   null
Instance size: 40 bytes
Space losses: 7 bytes internal + 0 bytes external = 7 bytes total
```

图3.8　内存布局信息（2）

在关闭指针压缩后，Mark Word 部分依然占 8B，但是 Klass Pointer 由原来的 4B 变成了 8B。另外，变量字段所占内存的大小也发生了变化，如 brand 字段由原来的 4B 变成了 8B，因此理论上开启指针压缩后大约可以节省 50% 的内存空间。另外，关于对象的 hashCode，也可以从 Mark Word 中找到对应的标志量，这里涉及一个内存中字节序的概念，一般分为两类：big-endian（大端模式）和 little-endian（小端模式），定义如下。

（1）little-endian：低位字节排放在内存的低地址端，高位字节排放在内存的高地址端。

（2）big-endian：高位字节排放在内存的低地址端，低位字节排放在内存的高地址端。

通过 ByteOrder.nativeOrder() 函数可以获取对应的字节序，在本例中小端模式具体的 hashCode 对应关系如图 3.9 所示。

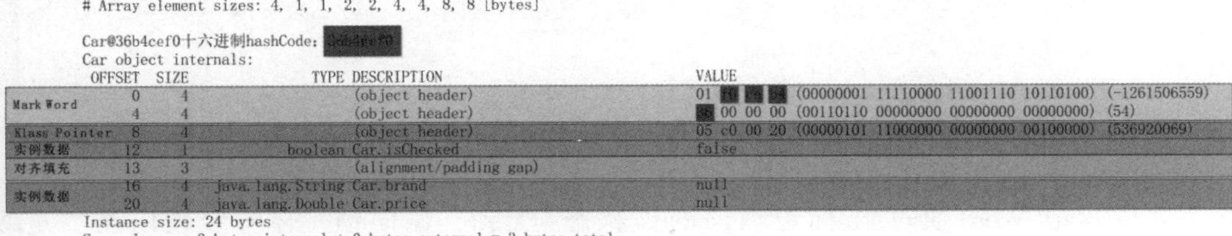

```
# Running 64-bit HotSpot VM.
# Using compressed oop with 0-bit shift.
# Using compressed klass with 3-bit shift.
# Objects are 8 bytes aligned.
# Field sizes by type: 4, 1, 1, 2, 2, 4, 4, 8, 8 [bytes]
# Array element sizes: 4, 1, 1, 2, 2, 4, 4, 8, 8 [bytes]

Car@36b4cef0十六进制hashCode: 36b4cef0
Car object internals:
              OFFSET  SIZE               TYPE DESCRIPTION                 VALUE
Mark Word          0     4                    (object header)             01 f0 ce b4 (00000001 11110000 11001110 10110100) (-1261506559)
                   4     4                    (object header)             36 00 00 00 (00110110 00000000 00000000 00000000) (54)
Klass Pointer      8     4                    (object header)             05 c0 00 20 (00000101 11000000 00000000 00100000) (536920069)
实例数据          12     1            boolean Car.isChecked               false
对齐填充          13     3                    (alignment/padding gap)
实例数据          16     4   java.lang.String Car.brand                   null
                  20     4   java.lang.Double Car.price                   null
Instance size: 24 bytes
Space losses: 3 bytes internal + 0 bytes external = 3 bytes total
```

图3.9　hashCode

如图 3.9 所示，对象的 hashCode 为 36b4cef0，根据小端字节序的排列规则，就像是“倒过来”一样，为 f0 ce b4 36。

2. Mark Word

为进一步提升 synchronized 的并发效率，在底层的实现层面会进行很多优化，而不同的锁状态、分代年龄以及 hashCode 等标记字段则会在对象头进行标记，这就需要我们深入了解对象头中 Mark Word 的标记方式。要想从 openjdk 的源码中寻找答案，可以通过 openjdk hotspot

链接下载 openjdk hotspot 版本的源码。

Mark Word 部分的实现主要放在 src\share\vm\oops\markOop.hpp 文件中，源码如下。

```
// Bit-format of an object header (most significant first, big
endian layout below):
//
//  32 bits:
//  --------
// hash:25 ------------>| age:4    biased_lock:1 lock:2 (normal object)
// JavaThread*:23 epoch:2 age:4    biased_lock:1 lock:2 (biased object)
// size:32 ------------------------------------------>| (CMS free block)
// PromotedObject*:29 ---------->| promo_bits:3 ----->| (CMS promoted object)
//
//  64 bits:
//  --------
//  unused:25 hash:31 -->| unused:1 age:4 biased_lock:1 lock:2 (normal
    object)
//  JavaThread*:54 epoch:2 unused:1 age:4 biased_lock:1 lock:2 (biased
    object)
//  PromotedObject*:61 --------------------->| promo_bits:3 ----->| (CMS
    promoted object)
//  size:64 ----------------------------------------------------->| (CMS
    free block)
//
//  unused:25 hash:31 -->| cms_free:1 age:4 biased_lock:1 lock:2 (COOPs
    && normal object)
//  JavaThread*:54 epoch:2 cms_free:1 age:4 biased_lock:1 lock:2 (COOPs
    && biased object)
//  narrowOop:32 unused:24 cms_free:1 unused:4 promo_bits:3 ----->| (COOPs
    && CMS promoted object)
//  unused:21 size:35 -->| cms_free:1 unused:7 ------------------>| (COOPs
    && CMS free block)
```

64 位 Mark Word 的详细描述如图 3.10 所示。

64 位 Mark Word 通过 2b 标记当前的锁状态：无锁、偏向锁、轻量级锁以及重量级锁。在上一个 Car 对象示例中对象布局 Mark Word 为 00000000 00000000 00000000 00110110 10110100 11001110 11110000 00000001，因为 Car 对象没有使用任何锁操作，处于无锁状态，因此，最后 3 位分别用 0 表示是否偏向锁、用 01 表示锁标志位为无锁状态。

锁状态	25b	31b	1b	4b	1b	2b
			cms_free	分代年龄	是否偏向锁	锁标志位
无锁状态	unused	hashCode	unused	age	0	01
偏向锁	ThreadID(54b)	epoch (2b)	unused	age	1	01
轻量级锁	指向线程栈中的Lock Record指针(62b)					00
重量级锁	指向ObjectMonitor指针(62b)					10
GC	空(62b)					11

图3.10　Mark Word的详细描述

3.1.5　synchronized优化

为了减少获得锁和释放锁带来的性能消耗，之后在实现上引入了“偏向锁”和“轻量级锁”策略，并且锁的状态也分成了无锁状态、偏向锁状态、轻量级锁状态以及重量级锁状态，代表不同的并发竞争情况，通过更加细颗粒度的区分以及不同的升级策略能够对加锁和释放锁的性能带来更大的提升。

1. 偏向锁

HotSpot 的作者经过研究，发现**锁在大多数情况下不存在竞争，而且总是由同一线程多次获得，为了让锁能够被同一个线程以更低的成本获得，就引入了偏向锁机制**。偏向锁的加锁和释放锁流程如图 3.11 所示。

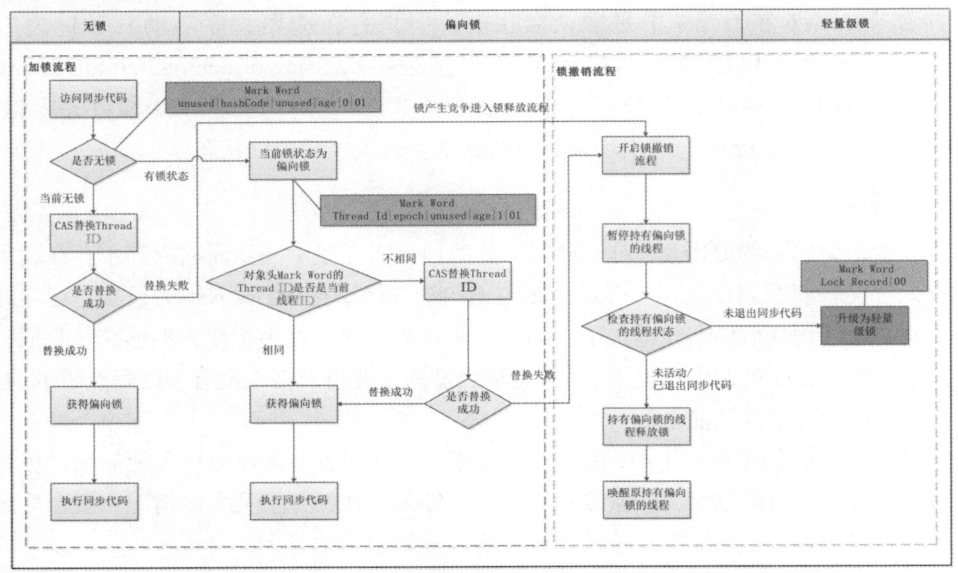

图3.11　偏向锁加锁和释放锁流程

（1）偏向锁的获取。

当一个线程访问同步块并获取锁时，会在对象头的 Mark Word 和栈帧的锁记录中存储锁偏向的线程 ID，后续线程如果需要获取锁，会与保存的线程 ID 进行比较，获取锁的主要步骤如下。

①判断锁状态，先检测 Mark Word 是否为可偏向状态，即是否为偏向锁 1，同时锁标识位为 01。

②若为可偏向状态，则测试线程 ID 是否为当前线程 ID。如果是，就执行步骤⑤，否则执行步骤③。

③如果线程 ID 不为当前线程 ID，则通过 CAS 操作竞争锁替换 Thread ID。如果竞争成功，就会将 Mark Word 的线程 ID 替换为当前线程 ID，否则执行步骤④。

④通过 CAS 竞争锁失败，说明当前存在多线程资源竞争的情况，则会执行锁撤销流程。

⑤执行同步逻辑。

（2）偏向锁的撤销。

偏向锁使用了一种**等到竞争出现才释放锁**的机制，所以当其他线程尝试竞争偏向锁时，持有偏向锁的线程才会释放锁。持有偏向锁的线程需要等待全局安全点（在这个时间点上没有正在执行的字节码），才会暂停拥有偏向锁的线程，转去检查其他线程的线程状态。如果线程不处于活动状态，就会将对象头设置为无锁状态，表示锁资源已经释放。如果线程仍然活跃，要么栈中的锁记录对象头的 Mark Word，要么重新偏向于其他线程，要么升级到轻量级锁。

（3）如何关闭偏向锁。

偏向锁在 Java 6 和 Java 7 中是默认启用的，但是它在应用程序启动几秒钟之后才会被激活，如有必要，可以使用 JVM 参数关闭延迟：-XX:BiasedLockingStartupDelay=0。如果确定应用程序中的锁在大部分情况下处于竞争状态，可以通过 JVM 参数关闭偏向锁：-XX:-UseBiasedLocking=false，当出现锁竞争时默认会进入轻量级锁状态。

2. 轻量级锁

引入轻量级锁的主要原因是：对于绝大部分的锁，它在整个同步周期内都不存在竞争，可能是线程能够交替获取到锁执行。轻量级锁与偏向锁的区别在于：偏向锁的设置是建立在大多数锁是由同一个线程获取的假设前提下，而轻量级锁则是建立在多个线程能够交替获取，且彼此出现竞争的概率很低的假设前提下。引入轻量级锁的主要目的是在没有多线程竞争的前提下，降低使用重量级锁带来的性能消耗。

触发轻量级锁的条件是：当关闭偏向锁功能或多个线程竞争偏向锁导致偏向锁升级为轻量级锁，Mark Word 的结构也变为轻量级锁的结构。如果存在锁并发竞争的情况，就会导致轻量级锁升级为重量级锁。轻量级锁加锁和释放锁的流程如图 3.12 所示。

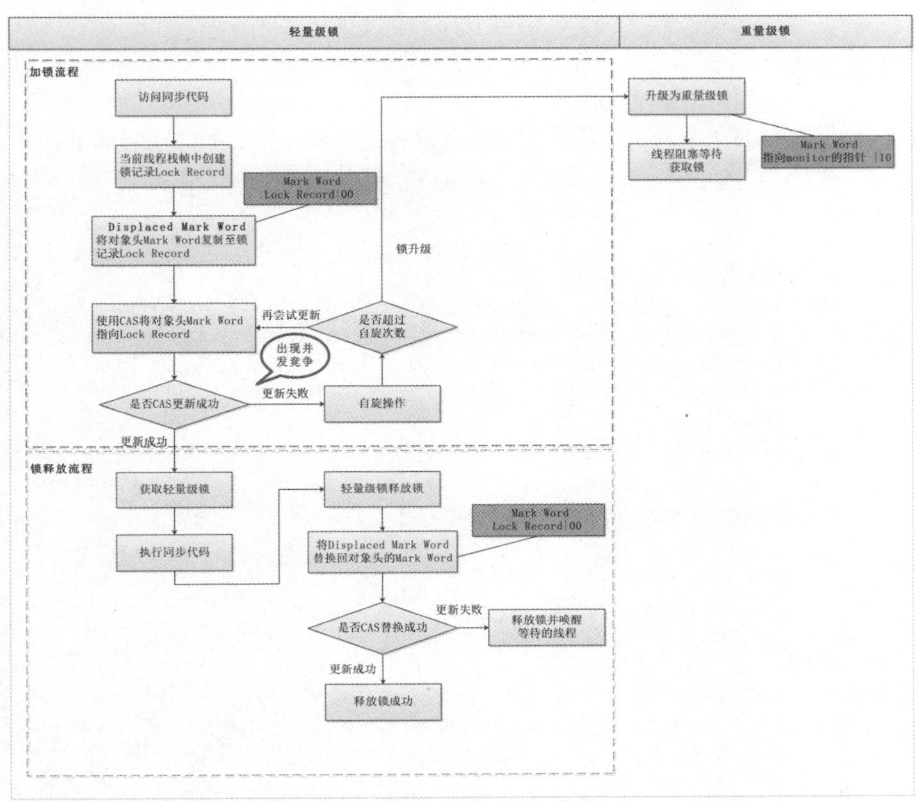

图3.12 轻量级锁加锁和释放锁的流程

(1)加锁

①线程在执行同步块之前，JVM会先在当前线程的栈桢中创建用于存储锁记录的空间Lock Record，并将对象目前的Mark Word复制至Lock Record（官方为这份副本加了一个Displaced前缀，即Displaced Mark Word）。

②利用CAS操作尝试将对象的Mark Word更新为指向Lock Record的指针。如果CAS操作成功，表示竞争到锁，就将锁标志位变为00，表示轻量级锁状态，并可以执行同步操作；如果失败则执行步骤③。

③如果CAS操作失败，就通过自旋尝试获取，自旋到一定的次数仍然未成功，说明该锁对象已经被其他线程抢占了，这时轻量级锁需要膨胀为重量级锁，锁标志位变为10，后面等待的线程将会进入阻塞状态。

(2)解锁

轻量级解锁时，会使用原子的CAS操作将Displaced Mark Word替换回到对象头，如果成功，就表示没有竞争发生并释放锁。如果替换失败，说明有其他线程尝试获取该锁，锁已经膨胀为重量级锁，则需要唤醒阻塞等待的线程。

3.1.6 具体示例

经过上面的讲解，3.1 节开头的代码现象就可以得到解决。更正后的代码如下。

```
public class synchronizedDemo implements Runnable {
    private static int count = 0;

    public static void main(String[] args) {
        for (int i = 0; i < 10; i++) {
            Thread thread = new Thread(new synchronizedDemo());
            thread.start();
        }
        try {
            Thread.sleep(500);
        } catch (InterruptedException e) {
            e.printStackTrace();
        }
        System.out.println("result: " + count);
    }

    @Override
    public void run() {
        synchronized (synchronizedDemo.class) {
            for (int i = 0; i < 1000000; i++)
                count++;
        }
    }
}
```

上述示例代码中开启 10 个线程，每个线程都在原值的基础上累加了 1000000 次，最终正确的结果为 10 × 1000000= 10000000。这里能够计算出正确的结果是因为在做累加操作时使用了同步代码块，这样就能保证每个线程所获得共享变量的值都是当前最新的值。如果不使用同步，就可能出现虽然线程 A 累加了，但线程 B 做累加操作时仍使用原来的“脏值”数据，从而导致累加的计算结果错误。这里使用 synchronized 根据内存语义就能够保障每个线程在工作内存中都是最新值，因此最终的计算结果就是正确的。

3.2 volatile解析

3.2.1 volatile简介

3.1 节深入分析了并发关键字 synchronized，在并发关键字中还有一大“神器”——volatile，它和 synchronized 各有其独特之处，本节将为读者揭开其面纱。

Java 内存模型定义了每个线程会将共享变量从主内存复制到工作内存中，然后执行引擎会基于工作内存中的数据进行操作处理。线程在工作内存中进行操作后何时会写到主内存中呢？这个时机对普通变量来说是没有规定的，而 Java 虚拟机针对 volatile 变量给出了“特殊”的约定，线程对 volatile 变量的修改会立刻被其他线程所感知，即不会出现数据“脏读”的现象，从而保证了数据的“可见性”。

3.2.2　volatile实现原理

volatile 是怎样实现的呢？例如一个很简单的 Java 代码：

```
instance = new Instancce()            //instance是volatile变量
```

在生成汇编代码时，会在 volatile 修饰的共享变量进行写操作时多出 Lock 前缀的指令，为了能够满足数据可见性，Lock 指令肯定有神奇的作用，那么 Lock 前缀的指令在多核处理器下会发现什么事情呢？

（1）将当前处理器缓存的数据写回系统内存。

（2）这个写回内存的操作会使其他 CPU 中缓存了该内存地址的数据无效。

为了提高执行处理的速度以及匹配不同硬件读取数据的速率，处理器不直接与内存进行通信，而是先将系统内存的数据读到内部缓存（L1、L2 或 L3）再进行操作，但操作完不知道何时会重写到内存。如果对声明了 volatile 的变量进行写操作，JVM 就会向处理器发送一条有 Lock 前缀的指令，将这个变量所在缓存行的数据写回到系统内存。但是即使写回到内存，如果其他处理器缓存的值还是旧的，再执行计算操作就会有问题。因此，在有多个处理器的情况下，为了保证各个处理器的缓存是一致的，就需要缓存一致性的协议来保证。处理器可以通过查探在总线上传播的数据来检查自己缓存的值是否过期，当处理器发现自己缓存行对应的内存地址被修改，会将当前处理器的缓存行设置为无效状态，当处理器对这个数据进行修改操作时，会重新从系统内存中把数据读到处理器缓存中。因此，经过分析可以得出如下结论。

（1）Lock 前缀的指令会引起处理器将缓存的数据写回内存。

（2）一个处理器的缓存数据写回到内存会导致其他处理器的缓存数据失效。

（3）当处理器发现本地缓存数据失效后，就会从内存中重读该变量数据，即可以获取该变量的当前最新值。

这样，针对 volatile 变量，通过这样的机制就使每个线程都能获得该变量的最新值。

3.2.3　volatile的happens-before关系

经过上面的分析，我们已经知道了 volatile 变量可以通过缓存一致性协议保证每个线程都能获得最新值，即满足数据的“可见性”。按照第 2 章内容，Java 并发模型主要包含以下内容。

（1）两大核心：JMM 内存模型（主内存和工作内存）和 happens-before 规则。

（2）三条性质：原子性、可见性和有序性。

针对 volatile 的分析也按照这种思路展开，首先研究 volatile 的 happens-before 规则。在

happens-before 规则中有一条是 volatile 变量规则：**对一个 volatile 域的写 happens-before 于任意后续对这个 volatile 域的读**。下面结合具体的代码，看看线程执行 reader() 方法时变量 flag 的值是多少？利用这条 happens-before 规则进行推导。

```
public class VolatileExample {
    private int a = 0;
    private volatile boolean flag = false;
    public void writer(){
        a = 1;                    //1
        flag = true;              //2
    }
    public void reader(){
        if(flag){                 //3
            int i = a;            //4
        }
    }
}
```

上述实例代码对应的 happens-before 关系如图 3.13 所示。

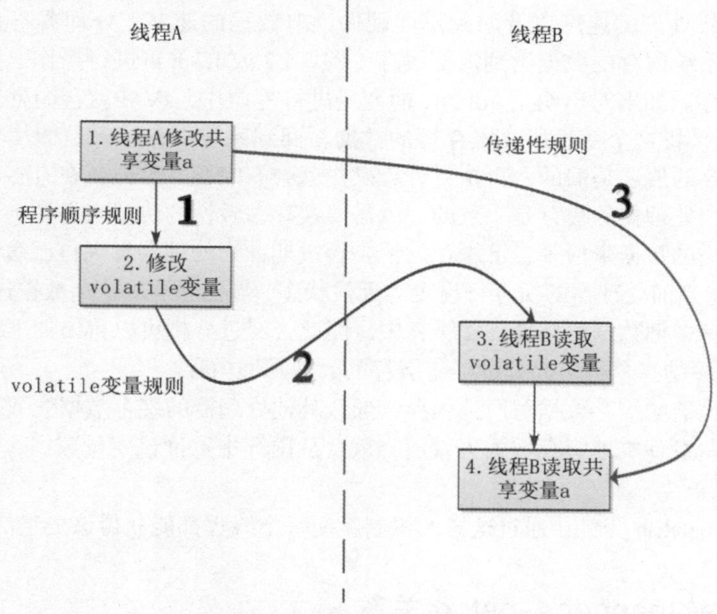

图3.13 happens-before关系

在图 3.13 中，每个箭头都代表一个 happens-before 关系，线条 1 表示线程 A 是根据程序顺序规则推导出来的，线条 2 表示线程 B 是根据 volatile 变量的写 happens-before 于任意后续对 volatile 变量的读推导出来的，而线条 3 则是根据传递性规则推导出来的。因此，2 happens-before 3。同样根据 happens-before 规则定义可以得知如果 A happens-before B，则 A 的执行结果对 B 可见，也就是说当线程 A 将 volatile 变量 flag 更改为 true 后线程 B 能够迅速感知到。

3.2.4　volatile的内存语义

分析完 happens-before 关系后，现在就来进一步分析 volatile 的内存语义，还是以上面的代码为例，假设线程 A 先执行 writer() 方法，线程 B 随后执行 reader() 方法，初始时线程的本地内存中 flag 和 a 都是初始状态，线程 A 执行 volatile 写后的状态如图 3.14 所示。

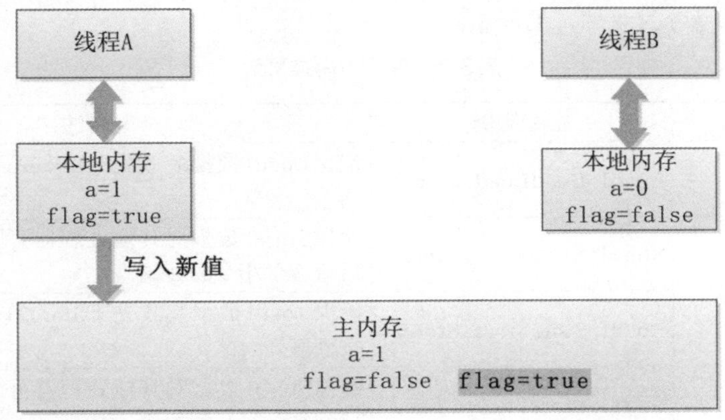

图3.14　内存信息

当 volatile 变量写后，由于缓存一致性协议，对线程 B 而言，本地内存中共享变量就会置为失效的状态，因此线程 B 需要再从主内存中读取该变量的最新值。线程 B 读取同一个 volatile 变量的内存变化如图 3.15 所示。

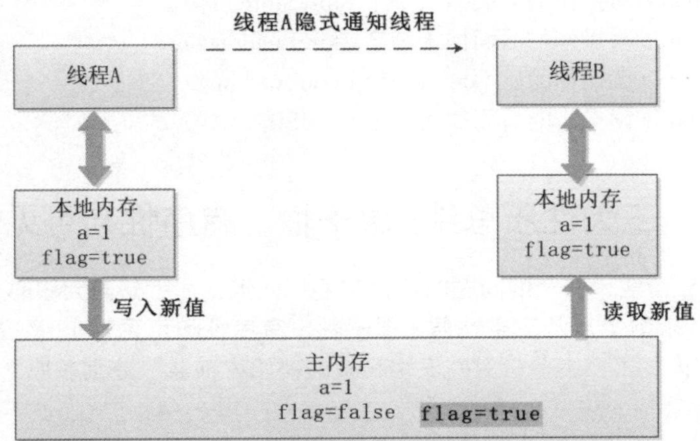

图3.15　内存变化示意图

从横向来看，线程 A 和线程 B 之间进行了一次隐式通信，线程 A 在写入 volatile 变量时，实际上就像是给线程 A 发送了一个消息，告诉线程 B 它现在的值都是旧的了，线程 B 读这个

volatile 变量时就像是接收了线程 A 刚刚发送的消息。既然是旧的值，那么线程 B 该怎么办呢？自然就只能去主内存获取新值。

同时，JMM 也规定为了能够进一步优化性能，在不改变并发语义的前提下允许 JVM 厂商进行编译器以及处理器指令的重排序完成指令的批处理以达到提升性能的效果，为了实现 volatile 的内存语义，自然就需要在特殊场景下能够禁止指令重排序，那么如何做到的呢？答案就是增加内存屏障。

常见的内存屏障分为 4 种，见表 3.2。

表3.2 常见的内存屏障

屏障类型	指令实例	备注
LoadLoad Barriers	Load1; LoadLoad; Load2	确保Load1数据装载先于Load2以及所有后续装载指令的装载
StoreStore Barriers	Store1; StoreStore; Store2	确保Store1数据对其他处理器可见先于Store2以及后续存储指令的存储
LoadStore Barriers	Load1; StoreStore; Store2	确保Load1数据装载先于Store2以及后续的存储指令刷新到内存
StoreLoad Barriers	Store1; StoreStore; Load2	确保Store1数据对其他处理器可见先于Load2以及后续装载指令的装载

编译器在生成字节码时会通过插入具体的内存屏障的方式禁止特殊场景下的重排序，从而确保 volatile 语义的正确性。但是对于编译器，要想找到一个“最简单”的指令插入方式是不太容易的，因此 JMM 只能在保证语义正确性的前提下尽可能最小化插入内存屏障的总数，具体的策略如下。

（1）在每个 volatile 写操作的前面插入一个 StoreStore 屏障。

（2）在每个 volatile 写操作的后面插入一个 StoreLoad 屏障。

（3）在每个 volatile 读操作的后面插入一个 LoadLoad 屏障。

（4）在每个 volatile 读操作的后面插入一个 LoadStore 屏障。

3.3 三大性质总结：原子性、有序性和可见性

在并发编程中分析线程安全的问题时往往需要切入点，那就是**两大核心（JMM 内存模型和 happens-before 规则）以及三条性质（原子性、有序性和可见性）**。关于 synchronized 和 volatile 前面已经讨论过了，本节将对并发编程中的“两大神器”分别在原子性、有序性和可见性方面做整体的比较。

3.3.1 原子性

原子性是指一个操作是不可中断的，要么全部执行成功，要么全部执行失败，有着“同生

共死”的感觉。即使在多个线程并发执行时，一个操作一旦开始，就不会被其他线程所干扰。下面先来看看哪些是原子操作，哪些不是原子操作，以便大家能有一个直观的印象。

```
int a = 10;              //1
a++;                     //2
int b=a;                 //3
a = a+1;                 //4
```

上面 4 条语句中只有第 1 条语句是原子操作，将 10 赋值给线程工作内存的变量 a。而语句 2 实际上包含了 3 个操作：①读取变量 a 的值；②对 a 进行加 1 的操作；③将计算后的值再赋值给变量 a，而这 3 个操作无法构成原子操作。对语句 3 和语句 4 进行分析后，同理可得这两条语句不具备原子性。当然，Java 内存模型中定义的 8 个操作都是原子的、不可再分的。

（1）lock（锁定）：作用于主内存中的变量，它把一个变量标识为一个线程独占的状态。

（2）unlock（解锁）：作用于主内存中的变量，它把一个处于锁定状态的变量释放出来，释放后的变量才可以被其他线程锁定。

（3）read（读取）：作用于主内存中的变量，它把主内存中一个变量的值传送到线程的工作内存中，以便后面的 load 操作使用。

（4）load（载入）：作用于工作内存中的变量，它把 read 操作从主内存中得到的变量值放入工作内存的变量副本中。

（5）use（使用）：作用于工作内存中的变量，它把工作内存中一个变量的值传递给执行引擎，每当虚拟机遇到一个需要使用变量的值的字节码指令时就会执行这个操作。

（6）assign（赋值）：作用于工作内存中的变量，它把一个从执行引擎接收到的值赋给工作内存的变量，每当虚拟机遇到一个给变量赋值的字节码指令时就会执行这个操作。

（7）store（存储）：作用于工作内存中的变量，它把工作内存中一个变量的值传送到主内存中，以便随后的 write 操作使用。

（8）write（写入）：作用于主内存中的变量，它把 store 操作从工作内存中得到的变量的值放入主内存的变量中。

上面的这些指令操作是相当底层的，可以作为扩展知识来掌握。那么，如何理解这些指令呢？例如，把一个变量从主内存复制到工作内存中就需要执行 read 和 load 操作，将工作内存同步到主内存中就需要执行 store 和 write 操作。注意，Java 内存模型只是要求上述两个操作是顺序执行的，而不是连续执行的。也就是说，read 和 load 之间可以插入其他指令，store 和 writer 之间也可以插入其他指令。例如，对主内存中的 a 和 b 进行访问，就会出现这样的操作顺序：read a、read b、load b、load a。由原子性变量操作 read、load、use、assign、store 以及 write，可以认为基本数据类型的读 / 写操作具备原子性。

1. synchronized

上面一共介绍了 8 种原子操作，前面 6 种原子操作可以满足基本数据类型的读 / 写操作具备原子性。如果还需要针对更多数据类型的数据操作，就可以使用 lock 和 unlock 原子操作。尽管 JVM 没有把 lock 和 unlock 开放给我们使用，但 JVM 将更高层次的 monitorenter 指令和 monitorexit 指令开放给我们使用了，对应到 Java 代码中就是 synchronized 关键字，也就是说，

synchronized 满足原子性。

2. volatile

先来看这样一个例子：

```
public class VolatileExample {
    private static volatile int counter = 0;

    public static void main(String[] args) {
        for (int i = 0; i < 10; i++) {
            Thread thread = new Thread(new Runnable() {
                @Override
                public void run() {
                    for (int i = 0; i < 10000; i++)
                        counter++;
                }
            });
            thread.start();
        }
        try {
            Thread.sleep(1000);
        } catch (InterruptedException e) {
            e.printStackTrace();
        }
        System.out.println(counter);
    }
}
```

开启 10 个线程，每个线程都自加 10000 次，如果不出现线程安全的问题，最终的结果应该是 $10 \times 10000 = 100000$。可是，运行多次都是不等于 100000 的结果，问题在于 volatile 并不能保证原子性。在前面说过，counter++ 并不是一个原子性操作，它包含了 3 个步骤：①读取变量 counter 的值；②对 counter 的值加 1；③将新值赋值给变量 counter。如果线程 A 读取 counter 到工作内存后，其他线程对这个值已经做了自增操作，那么线程 A 的这个值自然就是一个过期的值。因此，总结果必然会是不等于 100000 的。如果要让 volatile 保证原子性，就必须符合以下两条规则。

（1）运算结果并不依赖于变量的当前值，或者确保只有一个线程能够修改变量的值。

（2）变量不需要与其他的状态变量共同参与不变约束。

3.3.2 有序性

1. synchronized

synchronized 语义表示锁在同一时刻只能由一个线程进行获取，当锁被占用后，其他线程只能等待。因此，synchronized 语义就要求线程在读 / 写共享变量时只能“串行”执行，因此 synchronized 具有有序性。

2. volatile

根据 JMM 的规定，为了优化性能，编译器和处理器会进行指令重排序。也就是说，Java 程序的有序性可以总结为：**如果在本线程内观察，所有的操作都是有序的；如果从一个线程观察另一个线程，所有的操作都是无序的**。在单例模式的实现上，有一种双重检验锁定的方式（Double-checked Locking），代码如下。

```
public class Singleton {
    private Singleton() { }
    private volatile static Singleton instance;
    public Singleton getInstance(){
        if(instance==null){
            synchronized (Singleton.class){
                if(instance==null){
                    instance = new Singleton();
                }
            }
        }
        return instance;
    }
}
```

这里为什么要加 volatile 呢？先来分析一下不加 volatile 的情况。有问题的语句是：

```
instance = new Singleton();
```

这条语句实际上包含了 3 个操作：①分配对象的内存空间；②初始化对象；③设置 instance 指向刚分配的内存地址。但由于存在重排序的问题，可能有如图 3.16 所示的执行顺序。

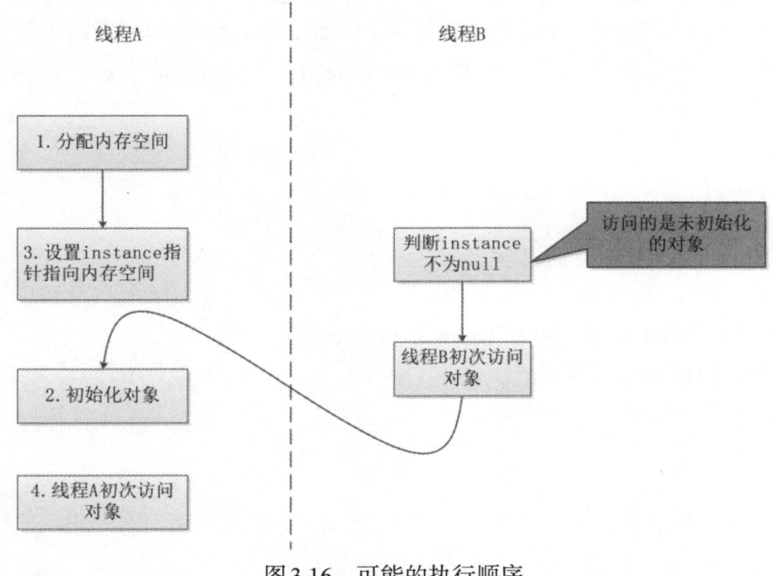

图3.16　可能的执行顺序

如果操作 2 和操作 3 进行了重排序，线程 B 进行判断时 if(instance==null)，结果会为 false，而实际上这个 instance 并没有初始化成功，显而易见，对线程 B 来说，之后的操作就是错误的。而用 volatile 修饰就可以禁止操作 2 和操作 3 重排序，从而避免上述情况。volatile 包含禁止指令重排序的语义，因此具有有序性。

3.3.3 可见性

可见性是指当一个线程修改了共享变量后，其他线程能够立即可见这个修改。通过之前对 synchronzed 内存语义的分析，当线程获取锁时会从主内存中获取共享变量的最新值，从而使 synchronized 具有可见性。同样的，在对 volatile 的分析中，会通过在指令中添加 Lock 指令来实现内存的可见性，因此 volatile 也同样具有可见性。

通过比较 synchronized 和 volatile 在原子性、可见性以及有序性方面的情况可以看出，synchronized 具备原子性、有序性和可见性，而 volatile 只具备有序性和可见性，而不具备原子性。

3.4 本章小结

本章主要介绍了多线程并发场景下常用的两大关键字：synchronized 和 volatile，并且结合第 2 章介绍的 JMM 内存模型和 happens-before 规则两大理论基础，深入分析了这两个关键字的同步语义以及 happens-before 的推演。这两大关键字在整个并发体系中占有极重的分量，后续将介绍的同步组件中其底层实现原理大多也需要借助这两大关键字，所以要想深刻地理解并发知识体系，首先就要深刻地理解这两大关键字。除此之外，在并发体系中时常会提到原子性、可见性和有序性这三大性质，本章也针对 synchronized 和 volatile 基于这三大性质做了横向的比较。

➦ 常见面试题

1. 简述 synchronized 的对象锁机制。
2. 简述 synchronized 锁优化。
3. 简述 volatile 的同步语义与推演 happens-before 规则。
4. volatile 是如何保障有序性的？
5. 什么是原子性、可见性与有序性？

第三部分　并发工具

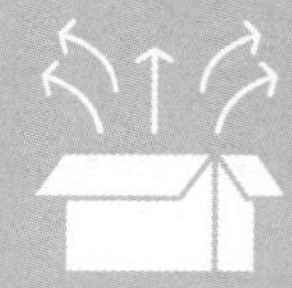

第4章　解密Lock体系

在并发编程中，我们一直以来要解决的问题都是多个并发实体对共享资源的变更带来的线程安全问题，开发者可通过控制多个并行实体对共享资源的访问顺序有效地解决此类问题。无论是操作系统还是 Java 编程语言，都提供了相应的锁工具给开发者使用。例如，使用 synchronized 关键字可以完成资源的并发访问控制，为开发者带来了极大的便利性。此外，java.util.concurrent（j.u.c）并发包中也为开发者提供了 API 级别的 Lock 接口以及丰富的 Lock 实现类。相较于 synchronized 关键字级别的锁，这两者的差异点是什么呢？Lock 具备什么样的优缺点呢？整个 Lock 体系的实现原理是什么？这些内容都是相当重要的，它们构成了 j.u.c 包中并发容器以及并发工具类的底层基石，本章将详细介绍整个 Lock 体系。

4.1　初识Lock体系与AbstractQueuedSynchronizer

j.u.c 包中提供了丰富的并发组件供开发者使用，开发者需要深刻理解 j.u.c 的实现体系，才能正确地使用这些并发组件，以及避免一些极其隐晦的并发场景下的业务错误。另外，在 j.u.c 包中的 Lock 体系有一个核心的关键类：AbstractQueuedSynchronizer（AQS），用于维护线程对共享资源访问时的同步状态，并且维护线程进入以及离开同步队列的相关操作。读者在理解 Lock 体系之前，需要先从底层去了解 AQS，再对上层的 API 进行了解，这样才能对整个 Lock 体系有一个深刻的理解。

4.1.1　concurrent体系

在并发编程场景中，Doug Lea（道格·利）大师为我们提供了大量实用和高性能的工具类。要想对并发编程有一个比较体系化的认识，就需要先对这些工具类源码进行理解。图 4.1 所示就是 j.u.c 的包结构。

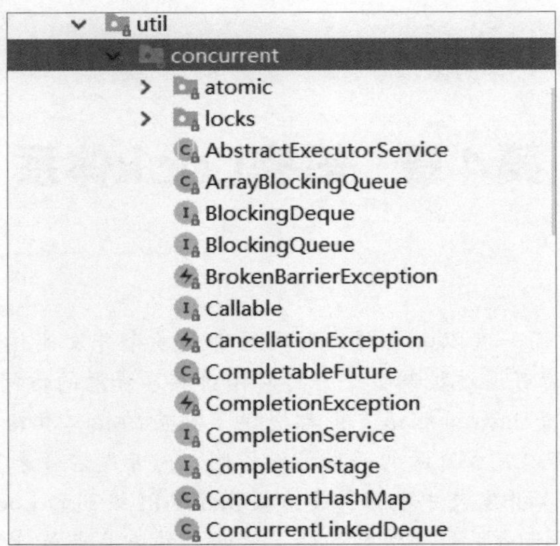

图4.1 j.u.c包结构

从整个包目录来看，其中包含了两个子包：atomic 和 locks，这两个子包是整个并发体系的基础。atomic 包提供了一些原子操作类，而 locks 包则提供了各种同步组件维护线程的同步状态。除此之外，concurrent 包中还有阻塞队列 Queue、线程池 executors 和各种并发容器，这些都可以理解为 j.u.c 包为开发者提供的并发工具。这些并发工具在一定程度上保障了并发线程的安全，开发者能够十分方便地使用它们解决现实的业务场景。当然，整个底层实现也依赖于 volatile、synchronized 以及 CAS 等一些底层关键字。抽象来看，整个 j.u.c 体系结构如图 4.2 所示。

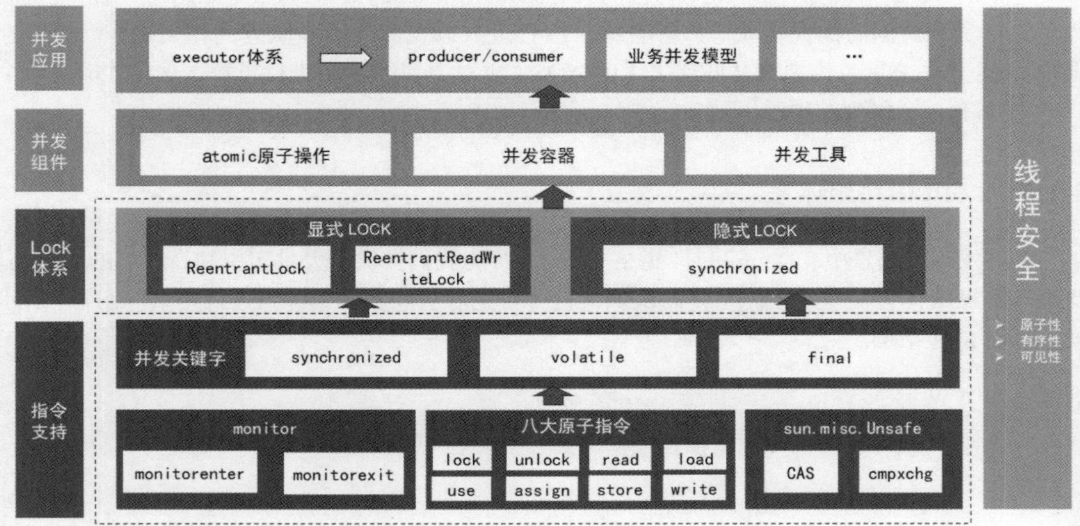

图4.2 j.u.c体系结构

4.1.2 Lock简介

Lock 可用来控制多个并发实体对共享变量的访问相对顺序，以及确保并发下线程的安全。在 Lock 接口出现之前，Java 程序主要是靠 synchronized 关键字实现锁功能的，而 Java SE5 之后，并发包中增加了 Lock 接口，它提供了与 synchronized 一样的锁功能。虽然它**失去了像 synchronize 关键字隐式加锁解锁的便捷性，但是却拥有了锁获取和释放的可操作性、可中断地获取锁以及超时获取锁等多种 synchronized 关键字所不具备的同步特性**。通常显式使用 Lock 的形式如下。

```
Lock Lock = new ReentrantLock();
Lock.Lock();
try{
    ...
}finally{
    Lock.unLock();
}
```

需要注意的是，synchronized 同步块执行完成或遇到异常时锁会自动释放，而 Lock 必须调用 unLock() 方法释放锁，因此要在 finally 块中释放锁。

1. Lock接口

表 4.1 列举了 Lock 接口定义的方法。

表4.1 Lock接口定义的方法

方　法	作　用
void Lock()	获取锁
void LockInterruptibly() throws InterruptedException	获取锁的过程能够响应中断
boolean tryLock()	非阻塞式响应中断能立即返回，获取锁返回true，反之返回fasle
boolean tryLock(long time, TimeUnit unit) throws InterruptedException	在超时或未中断的情况下能够获取锁
Condition newCondition()	获取与Lock绑定的等待通知组件，当前线程必须获得了锁才能进行等待，进行等待时会先释放锁，当再次获取锁时才能从等待队列中退出

以上是 Lock 接口中提供的 5 个方法，也是 API 级别的锁提供的锁特性。在 Lock 实现类中最常用的就是 ReentrantLock。

```
public class ReentrantLock implements Lock, java.io.Serializable
```

ReentrantLock 实现了 Lock 接口及锁特性，但它具体是怎样实现的呢？通过阅读 ReentrantLock 源码，我们会很惊讶地发现，ReentrantLock 并没有多少代码，另外它有一个很明显的特点：基本上所有方法的实现实际上都是调用了其静态内存类 Sync 中的方法，而 Sync

类继承了 AQS。因此可以看出，要想理解 ReentrantLock，关键核心在于对队列同步器 AQS 的理解。

2. 初识AQS

关于 AQS，源码中有十分具体的解释。

```
Provides a framework for implementing bLocking Locks and related
  synchronizers (semaphores, events, etc) that rely on
  first-in-first-out (FIFO) wait queues.  This class is designed to
  be a useful basis for most kinds of synchronizers that rely on a
  single atomic {@code int} value to represent state. Subclasses
  must define the protected methods that change this state, and which
  define what that state means in terms of this object being acquired
  or released.  Given these, the other methods in this class carry
  out all queuing and bLocking mechanics. Subclasses can maintain
  other state fields, but only the atomically updated {@code int}
  value manipulated using methods {@link #getState}, {@link
  #setState} and {@link #compareAndSetState} is tracked with respect
  to synchronization.

  <p>Subclasses should be defined as non-public internal helper
  classes that are used to implement the synchronization properties
  of their enclosing class.Class
  {@code AbstractQueuedSynchronizer} does not implement any
  synchronization interface.Instead it defines methods such as
  {@link #acquireInterruptibly} that can be invoked as
  appropriate by concrete Locks and related synchronizers to
  implement their public methods.
```

AQS 是用来构建锁和其他同步组件的基础框架，它的实现主要依赖一个 int 成员变量表示同步状态以及通过一个 FIFO 队列构成等待队列。它的子类必须重写 AQS 的几个改变同步状态的 protected 方法实现各个同步组件（如 ReentrantLock 等满足线程安全性的工具）的同步语义。AQS 内部的其他方法主要实现了线程的阻塞时入队排队以及获取到锁资源后出队释放锁的机制，其中状态的更新会用到 getState()、setState() 和 compareAndSetState() 这 3 个方法。

AQS 子类被推荐定义为自定义同步组件的静态内部类，AQS 自身没有实现任何锁的方法，它仅仅是定义了若干同步状态的获取和释放方法供自定义同步组件使用。AQS 既支持独占式获取同步状态，也支持共享式获取同步状态，这样就可以方便地实现不同类型的同步组件。

AQS 是实现锁（也可以是任意同步组件）的关键，在同步组件的实现中引用 AQS，利用 AQS 的底层实现完成同步组件的业务语义。我们可以这样理解二者的关系。

（1）Lock（或其他的同步组件）是面向开发者使用的，它定义了使用者与 Lock 的交互接口，目的是让使用者通过 API 就能高效地完成并发编程，具体的底层原理和实现对开发者而言是隐藏的，解除了开发者必须理解底层原理的负担。

（2）AQS 主要是面向同步组件开发者的，AQS 简化了实现同步组件的过程，屏蔽了同步状态的管理、线程的排队以及等待和唤醒等底层操作。

锁和同步器很好地隔离了使用者和实现者所需关注的领域。

3. AQS的设计模式

AQS 的实现主要是使用模板方法设计模式，通过模板方法来控制对组件内部的可变状态的流转。下面以 ReentrantLock 为例，看一下具体的实现流程。

AQS 中需要重写的 tryAcquire() 方法如下：

```
protected boolean tryAcquire(int arg) {
   throw new UnsupportedOperationException();
}
```

ReentrantLock 中的 NonfairSync（继承 AQS）会重写该方法：

```
protected final boolean tryAcquire(int acquires) {
    return nonfairTryAcquire(acquires);
}
```

而最终 AQS 执行入队时会调用模板方法 acquire():

```
public final void acquire(int arg) {
    if (!tryAcquire(arg) &&
         acquireQueued(addWaiter(Node.EXCLUSIVE), arg))
       selfInterrupt();
}
```

执行 acquire() 方法后最终会调用 tryAcquire() 方法，而此时 tryAcquire() 方法已被 NonfairSync 重写，并且最终通过重写实现的是 ReentrantLock 的同步语义。整体上，这就是使用 AQS 的方式，大家在弄懂这点后就容易理解 Lock 的实现了，具体可归纳为以下几点。

（1）同步组件（如 ReentrantLock 等满足线程安全性的工具都被称为同步组件）的实现依赖于同步器 AQS。对同步组件的实现，推荐通过继承 AQS 的静态内部类的方式来实现。

（2）AQS 采用模板方法进行设计，AQS 的 protected 方法需要由继承 AQS 的子类进行重写实现，通过重写逻辑实现同步组件的不同业务场景下的同步语义。

AQS 负责同步状态的管理、线程的排队以及等待和唤醒这些底层操作，而 Lock 等同步组件主要专注于实现同步语义来满足不同的并发场景。同时，在重写 AQS 方法时，可能会用到 AQS 提供的 getState()、setState() 以及 compareAndSetState() 等方法修改同步状态。

AQS 提供的可重写方法如表 4.2 所示。

表4.2 AQS提供的可重写方法

方 法	作 用
protected boolean tryAcquire(int arg)	独占式获取同步状态
protected boolean tryRelease(int arg)	释放独占式获取的同步状态
protected int tryAcquireShared(int arg)	共享式获取同步状态
protected boolean tryReleaseShared(int arg)	释放共享式获取的同步状态
protected boolean isHeldExclusively()	当前资源是否被当前线程独占式占有

那么，在实现同步组件时 AQS 提供的模板方法主要分为 3 类。

（1）独占式获取与释放同步状态，如表 4.3 所示。

表4.3 独占式锁模板方法

方法	作用
public final void acquire(int arg)	独占式获取同步状态，会调用被重写的tryAcquire()方法
public final void acquireInterruptibly(int arg)	同acquire()方法独占式获取同步状态，但是能响应中断，被中断后会抛出InterruptedException
public final boolean tryAcquireNanos(int arg, long nanosTimeout)	在acquireInterruptibly()方法的基础上增加了超时时间的限制
public final boolean release(int arg)	释放独占式锁同步状态，并唤醒等待的线程

（2）共享式获取与释放同步状态，如表 4.4 所示。

表4.4 共享式锁模板方法

方法	作用
public final void acquireShared(int arg)	共享式获取同步状态，会调用被重写的tryAcquire Shared()方法
public final void acquireSharedInterruptibly(int arg)	同acquireShared()方法独占式获取同步状态，但是能响应中断，被中断后会抛出InterruptedException
public final boolean tryAcquireSharedNanos(int arg, long nanosTimeout)	在acquireSharedInterruptibly()方法的基础上增加了超时时间的限制
public final boolean releaseShared(int arg)	释放共享式锁同步状态，并唤醒等待的线程

（3）查询同步队列中等待线程的情况，如表 4.5 所示。

表4.5 同步队列相关的模板方法

方法	作用
public final Collection<Thread> getQueuedThreads()	获取在同步队列上的线程集合
public final int getQueueLength()	获取同步队列的长度

4.1.3 自定义同步组件实现示例

下面使用一个例子进一步理解 AQS 的使用，这个例子也是来源于 AQS 源码中的 example，具体如下。

```
class Mutex implements Lock, java.io.Serializable {
```

```
// 继承 AQS 的静态内存类
// 重写方法
private static class Sync extends AbstractQueuedSynchronizer {

    protected boolean isHeldExclusively() {
        return getState() == 1;
    }

    // 如果当前线程的锁状态为 0，表示线程正处于无锁状态，因此可以获取到锁资源
    public boolean tryAcquire(int acquires) {
        assert acquires == 1;
        if (compareAndSetState(0, 1)) {
            setExclusiveOwnerThread(Thread.currentThread());
            return true;
        }
        return false;
    }

    // 如果当前线程已获取到锁，可将锁状态标志置为 0 以释放锁资源
    protected boolean tryRelease(int releases) {
        assert releases == 1;
        if (getState() == 0) throw new IllegalMonitorStateException();
        setExclusiveOwnerThread(null);
        setState(0);
        return true;
    }


    Condition newCondition() {
        return new ConditionObject();
    }


    private void readObject(ObjectInputStream s)
        throws IOException, ClassNotFoundException {
        s.defaultReadObject();
        setState(0);
    }
}

// The sync object does all the hard work. We just forward to it.
private final Sync sync = new Sync();
//使用同步器的模板方法实现自己的同步语义
public void Lock() {
    sync.acquire(1);
}
```

```
    public boolean tryLock() {
        return sync.tryAcquire(1);
    }

    public void unLock() {
        sync.release(1);
    }

    public Condition newCondition() {
        return sync.newCondition();
    }

    public boolean isLocked() {
        return sync.isHeldExclusively();
    }

    public boolean hasQueuedThreads() {
        return sync.hasQueuedThreads();
    }

    public void LockInterruptibly() throws InterruptedException {
        sync.acquireInterruptibly(1);
    }

    public boolean tryLock(long timeout, TimeUnit unit)
            throws InterruptedException {
        return sync.tryAcquireNanos(1, unit.toNanos(timeout));
    }
}
```

Mutex 是实现独占式获取锁的同步组件，锁资源只能被获取一次。通过重写 tryAcquire() 方法可保证同步状态只能被设置为 1，且同步组件只能被一个线程所持有。接下来，通过一个 demo 使用 Mutex 组件。

```
public class MutextDemo {
    private static Mutex mutex = new Mutex();

    public static void main(String[] args) {
        for (int i = 0; i < 10; i++) {
            Thread thread = new Thread(() -> {
                mutex.Lock();
                try {
                    Thread.sleep(3000);
                } catch (InterruptedException e) {
                    e.printStackTrace();
                } finally {
                    mutex.unLock();
                }
```

```
                });
                thread.start();
            }
        }
    }
```

debug 执行情况如图 4.3 所示。

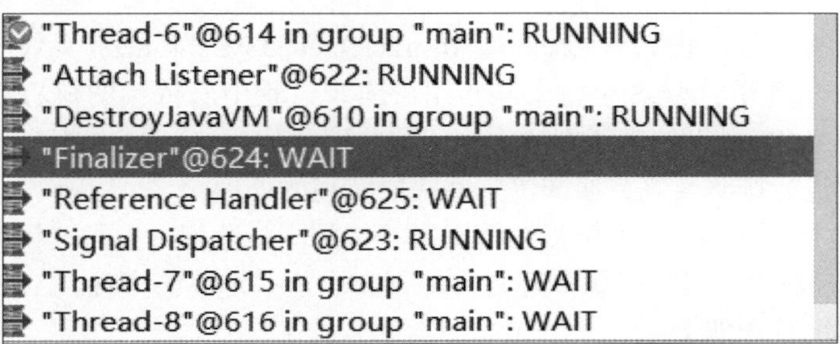

图4.3 Mutex debug视图

这个例子实现了独占锁的语义，在同一个时刻只允许一个线程占有锁。MutextDemo 新建了 10 个线程，分别睡眠 3s。从执行情况可以看出当前 Thread-6 正在执行占有锁，而 Thread-7、Thread-8 等其他线程处于等待状态。按照推荐的方式，Mutex 定义了一个继承 AQS 的静态内部类 Sync，并且重写了 AQS 的 tryAcquire() 等方法，而对于 state 的更新也是利用了 setState()、getState() 以及 compareAndSetState() 这 3 个方法。实现 Lock 接口中的方法也是调用了 AQS 提供的模板方法。

从这个例子可以很清楚地看出，在同步组件的实现上主要是利用了 AQS，而 AQS“屏蔽”了线程排队以及同步状态的底层实现，通过 AQS 的模板方法可以很方便地供同步组件的实现者进行调用。而对于使用者，只需要调用同步组件提供的方法实现并发编程即可，无须关注复杂的底层细节，才能够更加高效地聚焦上层的业务开发。

经过上面的分析，实现一个同步组件有以下两个主要步骤。

（1）实现同步组件时，推荐定义继承 AQS 的静态内存类，并重写需要的 protected 的方法，实现同步组件自身特有的同步语义。

（2）要实现同步组件的同步语义可以借助 AQS 提供的模板方法，但在实际执行过程中 AQS 的模板方法会调用被重写的方法（也称为“钩子”方法）。

从整体来看，整个实现过程通过重写独占式或共享式获取锁同步状态的方法，告诉 AQS 怎样判断当前同步状态是否成功获取或是否成功释放。同步组件更多的是针对并发场景，为使用者提供便捷、高效、可用的并发功能。这句话比较抽象，举例来说，上面的 Mutex 例子通过了 tryAcquire() 方法实现自己的同步语义，在该方法中如果当前同步状态为 0（即该同步组件没有被任何线程获取），当前线程可以获取组件，同时将状态更改为 1 并返回 true，否则该组件已被线程占用并返回 false。很显然，该同步组件只能在同一时刻被线程占用，Mutex 专注于获取释放的逻辑实现自己想要表达的同步语义。

4.2 深入理解AbstractQueuedSynchronizer

4.2.1 AbstractQueuedSynchronizer简介

通过对 4.1 节的学习，我们对 Lock 和 AbstractQueuedSynchronizer（AQS）有了初步的认识。在同步组件的实现中，AQS 是整个同步组件实现过程中所依赖的核心底层类，同步组件的实现者通过使用 AQS 提供的模板方法实现了同步组件的语义。AQS 则实现了对同步状态的管理、对阻塞线程进行排队及等待通知等一些底层实现的处理。

AQS 的核心包括两个方面：①维护线程阻塞等待的同步队列、独占式锁的获取和释放以及共享锁的获取；②释放以及可中断锁和超时等待锁获取这些特性的实现。AQS 所提供的高频使用的模板方法，归纳整理如下。

1. 独占式锁

```
void acquire(int arg)//独占式获取同步状态，如果获取失败则插入同步队列进行等待
void acquireInterruptibly(int arg)//与acquire()方法相同，但在同步队列中进行等待时可以检测是否中断
boolean tryAcquireNanos(int arg, long nanosTimeout)//在acquireInterruptibly()方法的基础上增加了超时等待功能，在超时时间内没有获得同步状态返回false
boolean release(int arg)//释放同步状态，该方法会唤醒在同步队列中的下一个节点
```

2. 共享式锁

```
void acquireShared(int arg)//共享式获取同步状态，它与独占式的区别在于同一时刻会有多个线程获取同步状态
void acquireSharedInterruptibly(int arg)//在acquireShared()方法的基础上增加了能响应中断的功能
boolean tryAcquireSharedNanos(int arg, long nanosTimeout)//在acquireSharedInterruptibly()方法的基础上增加了超时等待的功能
boolean releaseShared(int arg)//共享式释放同步状态
```

要想深入掌握 AQS 的底层实现，就需要对 AQS 提供的几个模板方法进行深入研究，如 AQS 内部维护的同步队列是怎样的运行机制、AQS 如何对同步状态进行管理等内容。

4.2.2 同步队列

当共享资源被某个线程占用时，其他请求该资源的线程将会被阻塞，从而进入同步队列。就数据结构而言，队列的实现方式大多是通过数组的形式，另外一种则是通过链表的形式。AQS 中的同步队列就是通过链表的形式实现的。在学习的同时，大家可能会有这样的疑问：

（1）节点的数据结构是什么样的？

（2）队列是单向还是双向的？

（3）队列是带头节点还是不带头节点的？

下面通过源码一层层地分析这些问题，并从源码中找到答案。

1. Node节点

AQS 有一个静态内部类 Node，它有这样一些属性：

```
volatile int waitStatus     // 节点状态
volatile Node prev          // 前驱节点
volatile Node next;         // 后继节点
volatile Thread thread;     // 加入同步队列的线程引用
Node nextWaiter;            // 等待队列中的下一个节点
```

节点的状态如下：

```
int CANCELLED = 1           // 节点从同步队列中取消
int SIGNAL = -1             //后继节点的线程处于等待状态,如果当前节点释放同步状态,
会通知后继节点，使后继节点的线程能够运行
int CONDITION = -2          // 当前节点进入等待队列中
int PROPAGATE = -3          // 表示下一次共享式同步状态的获取将会无条件传播下去
int INITIAL = 0             // 初始状态
```

2. 同步队列的结构

通过对节点属性的分析，可以看出每个节点都拥有前驱节点以及后继节点，显然同步队列是一个双向节点。下面执行一段 demo，通过 debug 观察同步队列的数据结构。

```
public class LockDemo {
    private static ReentrantLock lock = new ReentrantLock();

    public static void main(String[] args) {
        for (int i = 0; i < 5; i++) {
            Thread thread = new Thread(() -> {
                lock.lock();
                try {
                    Thread.sleep(10000);
                } catch (InterruptedException e) {
                    e.printStackTrace();
                } finally {
                    lock.unlock();
                }
            });
            thread.start();
        }
    }
}
```

上述示例代码中开启了 5 个线程，先获取锁再睡眠 10s，这里让线程睡眠是想模拟当线程无法获取锁时进入同步队列的情况。当 Thread-4（本例中的最后一个线程）获取锁失败后进入同步队列时，debug 运行时的状态如图 4.4 所示。

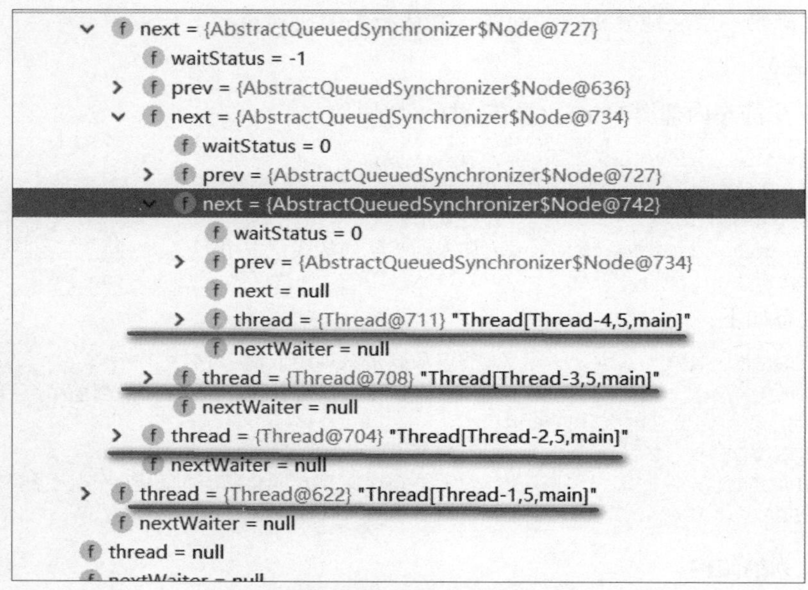

图4.4 debug视图

从图 4.4 中可以看到，Thread-0 先获得锁后进行睡眠，其他线程（Thread-1、Thread-2、Thread-3 以及 Thread-4）获取锁失败进入同步队列。同时还可以很清楚地看到，每个节点都有两个域：prev（前驱）和 next（后继），并且每个节点还有获取同步状态失败的线程引用数据以及线程等待的状态信息。另外，AQS 中有两个重要的成员变量：

```
private transient volatile Node head;
private transient volatile Node tail;
```

也就是说，AQS 会通过头尾指针管理同步队列，同时实现对获取锁失败的线程进行入队，释放锁时对同步队列中的线程进行通知等核心方法，如图 4.5 所示。

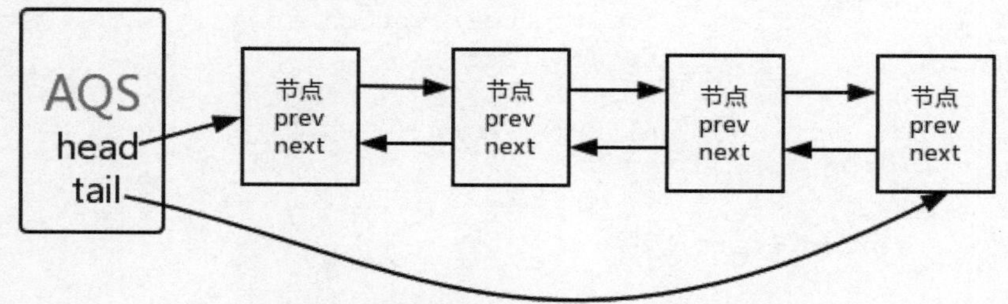

图4.5 同步队列示意图

通过对源码走读的方式进行理解，对于本节最开始提出的问题已经有如下结论。

（1）AQS 维护的同步队列中的数据节点，在源代码中通过静态内部类 Node 进行表达，Node 节点持有当前节点的同步状态以及前驱、后继节点。

（2）AQS 维护的同步队列是一个双向队列，AQS 通过持有头尾指针管理同步队列。

那么，还剩下最后一个问题：AQS 维护的同步队列中是否具有头节点（哨兵节点）？一般而言，为了解决队列入队出队操作时存在的边界问题，可能会通过构造头节点（即不含具体值的节点）统一边界问题带来的特殊性，以降低其复杂度。这个问题涉及队列的初始化操作，需要通过阅读线程获取资源失败后入队操作的源码才能找到答案。

4.2.3　独占锁

1. 独占锁的获取（acquire()方法）

前面我们通过看源码和 debug 的方式进一步了解了 AQS 的底层原理，这里还是以上面的 demo 为例，调用 lock() 方法获取独占式锁。获取失败就将当前线程加入同步队列，成功则表示获取到锁资源，线程继续执行。而 lock() 方法实际上会调用 AQS 的 acquire() 方法，acquire() 方法的源码如下。

```
public final void acquire(int arg) {
        // 先看同步状态是否获取成功，如果成功，则方法执行结束
        // 如果失败，则会先调用 addWaiter() 方法，后调用 acquireQueued() 方法
        if (!tryAcquire(arg) &&
            acquireQueued(addWaiter(Node.EXCLUSIVE), arg))
            selfInterrupt();
}
```

在尝试获取锁资源时，首先通过 tryAcquire() 方法判断当前线程是否能够获取到资源，如果能够成功获取，则方法执行结束；如果不能成功获取，则会进行线程入队的操作。

当线程获取独占式锁失败后，就会将当前线程加入同步队列，那么加入队列的方式是怎样的呢？接下来就应该研究一下 addWaiter() 和 acquireQueued() 方法。addWaiter() 方法的源码如下。

```
private Node addWaiter(Node mode) {
        // 1. 将当前线程构建成 Node 类型
        Node node = new Node(Thread.currentThread(), mode);
        // Try the fast path of enq; backup to full enq on failure
        // 2. 当前尾节点是否为 null
        Node pred = tail;
        if (pred != null) {
            // 2.2 将当前节点以尾插入的方式插入同步队列中
            node.prev = pred;
            if (compareAndSetTail(pred, node)) {
                pred.next = node;
                return node;
            }
        }
        // 2.1. 当前同步队列尾节点为 null，说明当前线程是第一个加入同步队列进行等待的线程
        enq(node);
        return node;
}
```

程序的逻辑主要分为以下两部分。

（1）当前同步队列的尾节点为 null，说明当前节点可以进行入队操作，这里是通过调用 enq() 方法完成入队操作的。

（2）当前同步队列的尾节点不为 null，则采用尾插入（compareAndSetTail() 方法）的方式入队。另外，还会有一个问题，如果 if (compareAndSetTail(pred, node)) 为 false 怎么办？会继续执行 enq() 方法，同时 compareAndSetTail() 方法是一个 CAS 操作。通常来说，如果 CAS 操作失败，就会继续自旋进行重试。

经过分析后发现，enq() 方法可能承担着两个任务：①在当前同步队列尾节点为 null 时进行入队操作；②在队列初始化后完成节点的初次入队，以及 CAS 插入尾节点失败后继续自旋进行重试。下面继续分析 enq() 方法的源码以寻找答案。enq() 方法的源码如下。

```
private Node enq(final Node node) {
        for (;;) {
            Node t = tail;
             if (t == null) { // Must initialize
                 //1. 构造头节点
                 if (compareAndSetHead(new Node()))
                     tail = head;
             } else {
                 // 2. 尾插入，CAS 操作失败后继续自旋进行重试
                 node.prev = t;
                 if (compareAndSetTail(t, node)) {
                     t.next = node;
                     return t;
                 }
             }
        }
}
```

通过源码可以看出，当尾节点为 null 时，会首先创建头节点（哨兵节点）。带头节点与不带头节点相比，会在入队和出队的操作中获得更大的便捷性，因此同步队列选择了带头节点的链式存储结构，在这里也找到在 4.2.2 节中提到的第 3 个问题的答案了。

那么带头节点的队列初始化时机是什么时候？自然是在 tail 为 null 时，即当前线程第一次插入同步队列时。compareAndSetTail(t, node) 方法会利用 CAS 操作设置尾节点，如果 CAS 操作失败，会在 for (;;) 循环中自旋不断进行重试，直至成功返回为止。因此，对 enq() 方法可以做这样的总结：

（1）如果当前线程节点是第一个插入同步队列的节点，通过调用 compareAndSetHead(new Node()) 方法，可以完成同步队列的头节点的初始化；

（2）通过尾插入的方式完成节点首次入队操作，当 CAS 操作失败后，会通过自旋不断尝试 CAS 尾插入节点，直至成功为止。

至此，我们清楚了解了获取独占式锁失败的线程包装成节点后插入同步队列的过程。那么紧接着会有下一个问题，在同步队列中的节点（线程）会做什么事情来保证自己能够获得独占

式锁呢？带着这样的问题，我们就来看看 acquireQueued() 方法，从方法名就可以知道这个方法的作用是排队获取锁的过程，源码如下。

```
final boolean acquireQueued(final Node node, int arg) {
        boolean failed = true;
        try {
            boolean interrupted = false;
            for (;;) {
                // 1. 获得当前节点的先驱节点
                final Node p = node.predecessor();
                // 2. 当前节点能否获取独占式锁
                // 2.1 如果当前节点的先驱节点是头节点并且成功获取同步状态，即可获
                      得独占式锁
                if (p == head && tryAcquire(arg)) {
                    setHead(node);
                    //释放前驱节点
                    p.next = null; // help GC
                    failed = false;
                    return interrupted;
                }
                // 2.2 获取锁失败，线程进入等待状态等待获取独占式锁
                if (shouldParkAfterFailedAcquire(p, node) &&
                    parkAndCheckInterrupt())
                    interrupted = true;
            }
        } finally {
            if (failed)
                cancelAcquire(node);
        }
}
```

具体的逻辑可以查看代码中的注释，整体来看这又是一个自旋的过程（for (;;)），代码首先获取当前节点的先驱节点，如果先驱节点是头节点并且成功获得同步状态（if (p == head && tryAcquire(arg))），则当前节点所指向的线程就能够获取锁。反之，获取锁失败的话就会执行 shouldParkAfterFailedAcquire() 方法进入等待状态，整体示意图如图 4.6 所示。

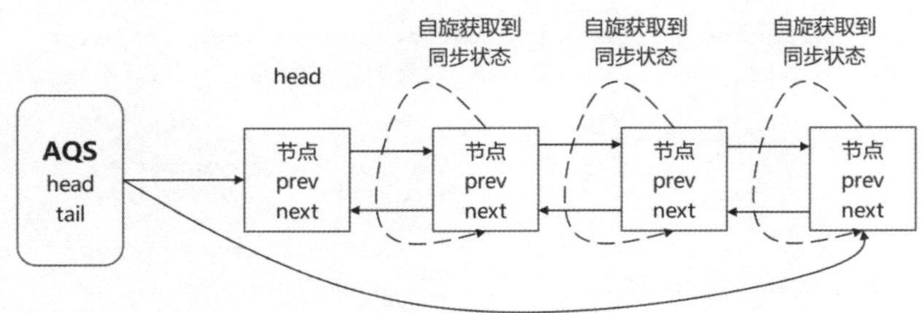

图4.6　同步队列节点自旋获取同步状态示意图

获取到锁资源出队操作的逻辑如下。

```
setHead(node);
//释放前驱节点
p.next = null; // help GC
failed = false;
return interrupted;
```

setHead() 方法的源码如下。

```
private void setHead(Node node) {
    head = node;
    node.thread = null;
    node.prev = null;
}
```

将当前节点通过 setHead() 方法设置为队列的头节点，然后将之前头节点的 next 域设置为 null、pre 域设置为 null，即与队列断开，这时节点无任何引用，方便 GC 对内存进行回收，其示意图如图 4.7 所示。

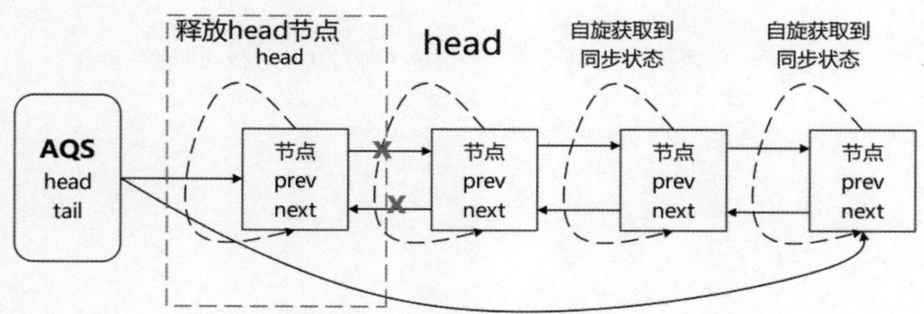

图4.7　获取到同步状态出队

那么，当获取锁失败时会调用 shouldParkAfterFailedAcquire() 方法和 parkAndCheckInterrupt() 方法。shouldParkAfterFailedAcquire() 方法的源码如下。

```
private static boolean shouldParkAfterFailedAcquire(Node pred, Node node) {
    int ws = pred.waitStatus;
    if (ws == Node.SIGNAL)
        /*
         * This node has already set status asking a release
         * to signal it, so it can safely park.
         */
        return true;
    if (ws > 0) {
        /*
         * Predecessor was cancelled. Skip over predecessors and
         * indicate retry.
         */
```

```
        do {
            node.prev = pred = pred.prev;
        } while (pred.waitStatus > 0);
        pred.next = node;
    } else {
        /*
         * waitStatus must be 0 or PROPAGATE. Indicate that we
         * need a signal, but don't park yet. Caller will need to
         * retry to make sure it cannot acquire before parking.
         */
        compareAndSetWaitStatus(pred, ws, Node.SIGNAL);
    }
    return false;
}
```

shouldParkAfterFailedAcquire() 方法主要是使用 compareAndSetWaitStatus(pred,ws,Node.SIGNAL) 的 CAS 操作将节点状态由 INITIAL 设置为 SIGNAL。如果设置状态失败，则会继续用 acquireQueued() 方法通过 for(;;) 完成自旋操作，继续重试。直至 compareAndSetWaitStatus() 方法设置节点状态为 SIGNAL 时，shouldParkAfterFailedAcquire() 方法返回 true，才会执行 parkAndCheckInterrupt() 方法，该方法的源码如下。

```
private final boolean parkAndCheckInterrupt() {
        //使该线程阻塞
        LockSupport.park(this);
        return Thread.interrupted();
}
```

该方法的关键是会调用 LockSupport.park() 方法（关于 LockSupport，会在后面的章节进行讲解），该方法是用来阻塞当前线程的。通过以上分析，acquireQueued() 方法在自旋过程中主要完成了以下两件事情：

（1）自旋过程中，如果当前节点的前驱节点是头节点，并且能够获得同步状态，该方法调用结束就退出，表示当前线程获取到同步资源；

（2）自旋过程中如果获取锁失败，先将节点状态设置为 SIGNAL，后调用 LockSupport.park() 方法使当前线程阻塞，然后等待被唤醒。

经过上面的分析，独占式锁的获取过程也就是 acquire() 方法的执行流程如图 4.8 所示。

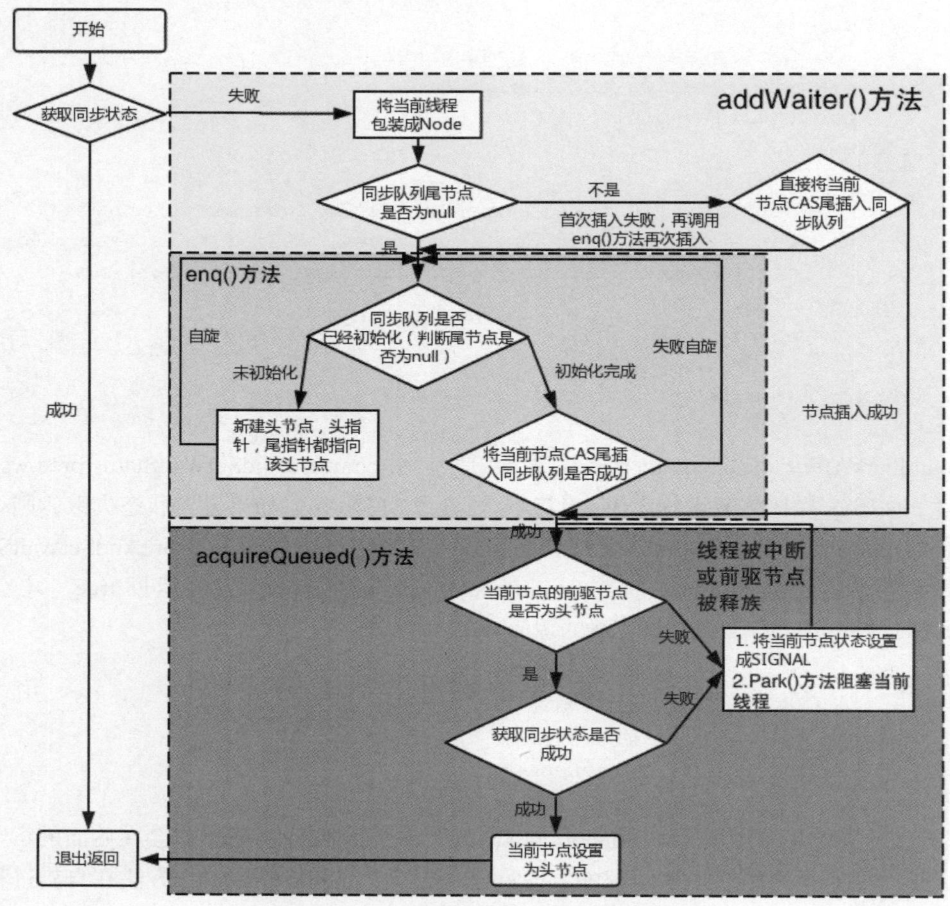

图 4.8 acquire()方法的执行流程图

2. 独占锁的释放（release()方法）

在理解了锁获取的流程后，锁释放的流程相对而言就比较容易理解了，具体源代码如下。

```
public final boolean release(int arg) {
        if (tryRelease(arg)) {
            Node h = head;
            if (h != null && h.waitStatus != 0)
                unparkSuccessor(h);
            return true;
        }
        return false;
}
```

这段代码的逻辑就比较容易理解了，如果同步状态释放成功（tryRelease() 方法返回 true），才会执行 if 块中的代码，当 head 指向的头节点不为 null 并且该节点的状态值不为 0，才会执行 unparkSuccessor() 方法。unparkSuccessor() 方法的源码如下。

```
private void unparkSuccessor(Node node) {
    /*
     * If status is negative (i.e., possibly needing signal) try
     * to clear in anticipation of signalling.  It is OK if this
     * fails or if status is changed by waiting thread.
     */
    int ws = node.waitStatus;
    if (ws < 0)
        compareAndSetWaitStatus(node, ws, 0);

    /*
     * Thread to unpark is held in successor, which is normally
     * just the next node.  But if cancelled or apparently null,
     * traverse backwards from tail to find the actual
     * non-cancelled successor.
     */
    //头节点的后继节点
    Node s = node.next;
    if (s == null || s.waitStatus > 0) {
        s = null;
        // 从后向前找第一个等待获取同步状态的节点
        for (Node t = tail; t != null && t != node; t = t.prev)
            if (t.waitStatus <= 0)
                s = t;
}
// 后继节点不为null，并且是在等待获取同步状态的节点
if (s != null)
        LockSupport.unpark(s.thread);
}
```

源码的关键信息可以查看注释，主要有两种场景：①只有头节点（末尾的 if 判断不会生效），因此不存在是否唤醒后继节点的操作；②队列中存在部分节点已经获取到同步状态了，那么就需要从后向前找到距离头节点最近的正在等待获取同步状态的节点，通过调用 LockSupport.unpark() 方法唤醒该节点的后继节点所引用的线程。因此，每次锁释放后就会唤醒队列中该节点的后继节点所引用的线程，从而进一步可以佐证获得锁的过程是一个 FIFO（先进先出）的过程。

本节通过对源码的分析，帮助读者了解了 AQS 同步队列入队以及出队的操作，这是 AQS 实现中最复杂的部分。读者在深入理解这些底层原理后，在以后的并发编程中才能够做到融会贯通。现在对整体流程做一下总结。

（1）线程获取锁失败，线程被封装成 Node 进行入队操作，核心方法为 addWaiter() 和 enq()，同时 enq() 方法完成对同步队列的头节点初始化工作、节点首次入队操作以及 CAS 操作失败后的重试工作。

（2）线程获取锁是一个自旋的过程，当且仅当当前节点的前驱节点是头节点并且成功获得同步状态时，节点出队即该节点引用的线程获得锁。不满足上述条件时，就会调用

LockSupport.park() 方法使线程阻塞。

（3）释放锁时会通过 LockSupport.unpark() 方法唤醒后继节点。

整体来说，在获取同步状态时，AQS 维护一个同步队列，获取同步状态失败的线程会加入队列进行自旋。移除队列（或停止自旋）的条件是前驱节点为头节点并且成功获得了同步状态。在释放同步状态时，同步器会调用 unparkSuccessor() 方法唤醒后继节点。

3. 可中断式获取锁（acquireInterruptibly()方法）

Lock 相较于 synchronized 失去了隐式加锁和释放锁的便利性，但是 Lock 增加了响应中断以及超时等待的特性。这些 Lock 的特性是如何实现的呢？带着这样的疑问，我们继续通过阅读源代码的方式了解这些底层原理。

响应中断式锁通过调用 lock.lockInterruptibly() 方法，会在底层调用 AQS 的 acquireInterruptibly() 方法，源码如下。

```
public final void acquireInterruptibly(int arg)
        throws InterruptedException {
    if (Thread.interrupted())
        throw new InterruptedException();
    if (!tryAcquire(arg))
        //线程获取锁失败
        doAcquireInterruptibly(arg);
}
```

在获取同步状态失败后，就会调用 doAcquireInterruptibly() 方法，源码如下。

```
private void doAcquireInterruptibly(int arg)
    throws InterruptedException {
    //将节点插入同步队列中
    final Node node = addWaiter(Node.EXCLUSIVE);
    boolean failed = true;
    try {
        for (;;) {
            final Node p = node.predecessor();
            //获取锁出队
            if (p == head && tryAcquire(arg)) {
                setHead(node);
                p.next = null; // help GC
                failed = false;
                return;
            }
            if (shouldParkAfterFailedAcquire(p, node) &&
                parkAndCheckInterrupt())
                //线程中断抛异常
                throw new InterruptedException();
        }
    } finally {
        if (failed)
```

```
            cancelAcquire(node);
        }
    }
```

具体逻辑可以查看代码注释，在理解第一部分 acquire() 方法的原理后，再看这段代码就会觉得相当简单。它们的基本逻辑几乎是一致的，唯一的区别就是当 parkAndCheckInterrupt() 方法返回 true 时说明当前线程被中断了，同时会抛出被中断异常。

4. 超时等待式获取锁（tryAcquireNanos()方法）

通过调用 lock.tryLock(timeout,TimeUnit) 方法达到超时等待获取锁的效果，该方法会在出现以下三种情况时返回：

（1）在超时时间内，当前线程成功获取了锁；

（2）当前线程在超时时间内被中断；

（3）超时时间结束，仍未获得锁返回 false。

该方法会调用 AQS 的 tryAcquireNanos() 方法，具体源码如下。

```
public final boolean tryAcquireNanos(int arg, long nanosTimeout)
        throws InterruptedException {
    if (Thread.interrupted())
        throw new InterruptedException();
    return tryAcquire(arg) ||
        //实现超时等待的效果
        doAcquireNanos(arg, nanosTimeout);
}
```

很显然，这段源码最终是靠 doAcquireNanos() 方法实现超时等待的效果，具体源码如下。

```
private boolean doAcquireNanos(int arg, long nanosTimeout)
        throws InterruptedException {
    if (nanosTimeout <= 0L)
        return false;
    //1. 根据超时时间和当前时间计算出截止时间
    final long deadline = System.nanoTime() + nanosTimeout;
    final Node node = addWaiter(Node.EXCLUSIVE);
    boolean failed = true;
    try {
        for (;;) {
            final Node p = node.predecessor();
            //2. 当前线程获得锁资源，进行出队操作
            if (p == head && tryAcquire(arg)) {
                setHead(node);
                p.next = null; // help GC
                failed = false;
                return true;
            }
            // 3.1 重新计算超时时间
            nanosTimeout = deadline - System.nanoTime();
```

```
                // 3.2 已经超时返回 false
                if (nanosTimeout <= 0L)
                    return false;
                // 3.3 线程阻塞等待
                if (shouldParkAfterFailedAcquire(p, node) &&
                    nanosTimeout > spinForTimeoutThreshold)
                    LockSupport.parkNanos(this, nanosTimeout);
                // 3.4 线程被中断，抛出异常
                if (Thread.interrupted())
                    throw new InterruptedException();
            }
        } finally {
            if (failed)
                cancelAcquire(node);
        }
    }
```

上述程序的逻辑如图 4.9 所示。

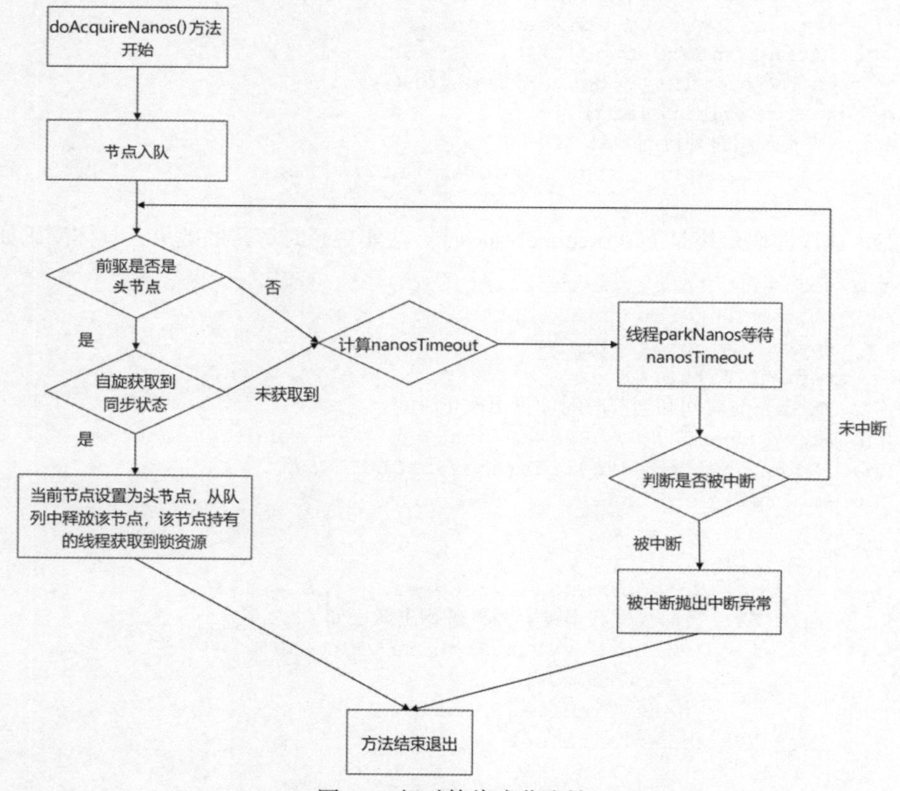

图 4.9　超时等待式获取锁

上述程序的实现逻辑和独占锁中可响应中断式获取锁的实现流程基本一致，唯一的不同在于获取锁失败后对超时时间的处理上。首先按照现在时间和超时时间计算出理论上的截止时间，如当前时间是 8h 10min，超时时间是 10min，那么根据 deadline = System.nanoTime() + nanosTimeout 计算出刚好达到超时时间的系统时间就是 8h 10min+10min = 8h 20min。然后根据 deadline - System.nanoTime() 就可以判断出是否已经超时。例如，当前系统时间是 8h 30min，显而易见，已经超过了理论上的系统时间 8h 20min，deadline - System.nanoTime() 计算出来的结果就是一个负数，自然会在执行 3.2 步的 if 判断时返回 false。如果还没有超时，即执行 3.2 步的 if 判断时返回 true，就会继续执行 3.3 步调用 LockSupport.parkNanos() 方法使当前线程阻塞，同时在 3.4 步增加了对中断的检测，若检测出被中断，就直接抛出被中断异常。

4.2.4　共享锁

1. 共享锁的获取（acquireShared()方法）

与分析独占式锁的方式一样，本小节同样会对源码进行分析以掌握共享式锁的底层原理。共享锁的获取方法为 acquireShared()，源码如下。

```
public final void acquireShared(int arg) {
    if (tryAcquireShared(arg) < 0)
        doAcquireShared(arg);
}
```

这段源码的逻辑很容易理解，首先调用 tryAcquireShared() 方法，返回值是 int 类型，当返回值大于或等于 0 时方法结束，表明已成功获取锁，否则表明获取同步状态失败，即该节点所引用的线程获取锁失败，然后会继续向下执行 doAcquireShared() 方法，该方法的源码如下。

```
private void doAcquireShared(int arg) {
    final Node node = addWaiter(Node.SHARED);
    boolean failed = true;
    try {
        boolean interrupted = false;
        for (;;) {
            final Node p = node.predecessor();
            if (p == head) {
                int r = tryAcquireShared(arg);
                if (r >= 0) {
                    // 当该节点的前驱节点是头节点且成功获取同步状态
                    setHeadAndPropagate(node, r);
                    p.next = null; // help GC
                    if (interrupted)
                        selfInterrupt();
                    failed = false;
                    return;
                }
            }
            if (shouldParkAfterFailedAcquire(p, node) &&
                parkAndCheckInterrupt())
```

```
                interrupted = true;
            }
        } finally {
            if (failed)
                cancelAcquire(node);
        }
    }
```

有了上述分析独占式锁的理论基础，对共享式锁的原理分析就是非常简单的一件事。其整体逻辑几乎和独占式锁的获取一模一样，只不过这里的自旋过程中能够退出的条件是当前节点的前驱节点是头节点并且 tryAcquireShared(arg) 方法的返回值大于或等于 0，才能成功获得同步状态。

2. 共享锁的释放（releaseShared()方法）

共享锁的释放在 AQS 中会调用 releaseShared() 方法，源码如下。

```
public final boolean releaseShared(int arg) {
    if (tryReleaseShared(arg)) {
        doReleaseShared();
        return true;
    }
    return false;
}
```

当成功释放同步状态之后，tryReleaseShared() 会继续执行 doReleaseShared() 方法。

```
private void doReleaseShared() {
    /*
     * Ensure that a release propagates, even if there are other
     * in-progress acquires/releases. This proceeds in the usual
     * way of trying to unparkSuccessor of head if it needs
     * signal. But if it does not, status is set to PROPAGATE to
     * ensure that upon release, propagation continues.
     * Additionally, we must loop in case a new node is added
     * while we are doing this. Also, unlike other uses of
     * unparkSuccessor, we need to know if CAS to reset status
     * fails, if so rechecking.
     */
    for (;;) {
        Node h = head;
        if (h != null && h != tail) {
            int ws = h.waitStatus;
            if (ws == Node.SIGNAL) {
                if (!compareAndSetWaitStatus(h, Node.SIGNAL, 0))
                    continue;            // loop to recheck cases
                unparkSuccessor(h);
            }
            else if (ws == 0 &&
```

```
                    !compareAndSetWaitStatus(h, 0, Node.PROPAGATE))
                continue;                          // loop on failed CAS
        }
        if (h == head)                             // loop if head changed
            break;
    }
}
```

这段方法与独占式锁的释放过程有些许不同，在共享式锁的释放过程中，对于能够支持多个线程同时访问的并发组件，必须保证多个线程能够安全地释放同步状态，这里采用 CAS 保证，当 CAS 操作失败，执行 continue，在下一次循环中进行重试。

3. 可中断式获取共享锁（acquireSharedInterruptibly()方法）

acquireSharedInterruptibly() 方法的源码如下。

```
public final void acquireSharedInterruptibly(int arg)
        throws InterruptedException {
    if (Thread.interrupted())
        throw new InterruptedException();
    if (tryAcquireShared(arg) < 0)
        doAcquireSharedInterruptibly(arg);
}
```

如果当前线程被中断，会直接抛出被中断异常；如果没有发生中断，则会尝试获取到同步状态，如果获取到同步状态则方法正常结束。反之，没有获取到同步状态，则会执行 doAcquireSharedInterruptibly() 方法，源码如下。

```
private void doAcquireSharedInterruptibly(int arg)
    throws InterruptedException {
    final Node node = addWaiter(Node.SHARED);
    boolean failed = true;
    try {
        for (;;) {
            final Node p = node.predecessor();
            if (p == head) {
                int r = tryAcquireShared(arg);
                if (r >= 0) {
                    setHeadAndPropagate(node, r);
                    p.next = null; // help GC
                    failed = false;
                    return;
                }
            }
            if (shouldParkAfterFailedAcquire(p, node) &&
                parkAndCheckInterrupt())
                throw new InterruptedException();
        }
```

```
    } finally {
        if (failed)
            cancelAcquire(node);
    }
}
```

该方法的逻辑和 doAcquireShared() 方法的逻辑基本一致，两处代码的比较如图 4.10 所示。

```
private void doAcquireShared(int arg) {

    final Node node = addWaiter(Node.SHARED);
    boolean failed = true;
    try {
        boolean interrupted = false;
        for (;;) {
            final Node p = node.predecessor();
            if (p == head) {
                int r = tryAcquireShared(arg);
                if (r >= 0) {
                    setHeadAndPropagate(node, r);
                    p.next = null; // help GC
                    if (interrupted)
                        selfInterrupt();
                    failed = false;
                    return;
                }
            }
            if (shouldParkAfterFailedAcquire(p, node) &&
                parkAndCheckInterrupt())
                interrupted = true;
        }
    } finally {
        if (failed)
            cancelAcquire(node);
    }
}
```

```
private void doAcquireSharedInterruptibly(int arg)
    throws InterruptedException {
    final Node node = addWaiter(Node.SHARED);
    boolean failed = true;
    try {

        for (;;) {
            final Node p = node.predecessor();
            if (p == head) {
                int r = tryAcquireShared(arg);
                if (r >= 0) {
                    setHeadAndPropagate(node, r);
                    p.next = null; // help GC


                    failed = false;
                    return;
                }
            }
            if (shouldParkAfterFailedAcquire(p, node) &&
                parkAndCheckInterrupt())
                throw new InterruptedException();
        }
    } finally {
        if (failed)
            cancelAcquire(node);
    }
}
```

图4.10　doAcquireShared()和doAcquireSharedInterruptibly()方法的代码比较

两个方法的差异点在于：doAcquireShared() 方法不响应中断，当判断当前线程被中断后，会继续执行 selfInterrupt() 方法。但用 doAcquireSharedInterruptibly() 方法判断线程中断后，会抛出 InterruptedException。

4. 超时等待式获取共享锁（tryAcquireSharedNanos()方法）

超时等待式获取共享锁与超时等待式获取独占锁的逻辑基本一致，只有一点差别，读者可以将两者进行对比以便于理解。tryAcquireSharedNanos() 方法的源码如下。

```
public final boolean tryAcquireSharedNanos(int arg, long nanosTimeout)
        throws InterruptedException {
    if (Thread.interrupted())
        throw new InterruptedException();
    return tryAcquireShared(arg) >= 0 ||
        doAcquireSharedNanos(arg, nanosTimeout);
}
```

程序的逻辑很容易理解，当获取共享锁失败后，就会执行 doAcquireSharedNanos() 方法完成等待获取共享锁的过程，源码如下。

```
private boolean doAcquireSharedNanos(int arg, long nanosTimeout)
        throws InterruptedException {
```

```
        if (nanosTimeout <= 0L)
            return false;
        final long deadline = System.nanoTime() + nanosTimeout;
        final Node node = addWaiter(Node.SHARED);
        boolean failed = true;
        try {
            for (;;) {
                final Node p = node.predecessor();
                if (p == head) {
                    int r = tryAcquireShared(arg);
                    if (r >= 0) {
                        setHeadAndPropagate(node, r);
                        p.next = null; // help GC
                        failed = false;
                        return true;
                    }
                }
                nanosTimeout = deadline - System.nanoTime();
                if (nanosTimeout <= 0L)
                    return false;
                if (shouldParkAfterFailedAcquire(p, node) &&
                    nanosTimeout > spinForTimeoutThreshold)
                    LockSupport.parkNanos(this, nanosTimeout);
                if (Thread.interrupted())
                    throw new InterruptedException();
            }
        } finally {
            if (failed)
                cancelAcquire(node);
        }
    }
```

代码的整体逻辑与超时获取独占式锁的核心方法 doAcquireNanos() 的逻辑基本相同，两者的细微差异如图 4.11 所示。

从图 4.11 中可以很清楚地看出，两者的差异仅仅体现在两点：①获取同步状态的方式不同，独占式锁是通过 tryAcquire() 方法，而共享式锁是通过 tryAcquireShared() 方法，这是由两个同步组件本身不同的同步语义导致的；②两者获取到同步状态后对头节点以及节点状态处理的方式不同。但这两点差异都是由两个同步组件本身所实现的同步语义不同导致的，对超时等待的特性的实现方式，包括对超时时间的判断和自旋等待的处理流程并没有太大的区别（整体流程可参见 4.2.3 节）。

```
private boolean doAcquireSharedNanos(int arg, long nanosTimeout)
        throws InterruptedException {
    if (nanosTimeout <= 0L)
        return false;
    final long deadline = System.nanoTime() + nanosTimeout;
    final Node node = addWaiter(Node.SHARED);
    boolean failed = true;
    try {
        for (;;) {
            final Node p = node.predecessor();
            if (p == head) {
                int r = tryAcquireShared(arg);
                if (r >= 0) {
                    setHeadAndPropagate(node, r);
                    p.next = null; // help GC
                    failed = false;
                    return true;
                }
            }
            nanosTimeout = deadline - System.nanoTime();
            if (nanosTimeout <= 0L)
                return false;
            if (shouldParkAfterFailedAcquire(p, node) &&
                nanosTimeout > spinForTimeoutThreshold)
                LockSupport.parkNanos(this, nanosTimeout);
            if (Thread.interrupted())
                throw new InterruptedException();
        }
    } finally {
        if (failed)
            cancelAcquire(node);
    }
}
```

```
private boolean doAcquireNanos(int arg, long nanosTimeout)
        throws InterruptedException {
    if (nanosTimeout <= 0L)
        return false;
    final long deadline = System.nanoTime() + nanosTimeout;
    final Node node = addWaiter(Node.EXCLUSIVE);
    boolean failed = true;
    try {
        for (;;) {
            final Node p = node.predecessor();
            if (p == head && tryAcquire(arg)) {
                setHead(node);


                p.next = null; // help GC
                failed = false;
                return true;

            }
            nanosTimeout = deadline - System.nanoTime();
            if (nanosTimeout <= 0L)
                return false;
            if (shouldParkAfterFailedAcquire(p, node) &&
                nanosTimeout > spinForTimeoutThreshold)
                LockSupport.parkNanos(this, nanosTimeout);
            if (Thread.interrupted())
                throw new InterruptedException();
        }
    } finally {
        if (failed)
            cancelAcquire(node);
    }
}
```

图4.11　doAcquireNanos()和doAcquireSharedNanos()方法的代码比较

4.3　深入理解ReentrantLock

ReentrantLock（重入锁）是实现 Lock 接口的一个类，也是在实际编程中使用频率很高的一个锁。ReentrantLock 最大的特点是支持重入性，能够对共享资源重复加锁，即当前线程获取锁资源后再次获取该锁不会被阻塞。同样，通过 synchronized 也可以隐式支持重入性，synchronized 通过持有锁的标志位表达锁资源的持有情况，线程获取锁资源后可通过自增以及自减的方式实现重入。与此同时，ReentrantLock 还支持公平锁和非公平锁两种方式。要想完全弄懂 ReentrantLock，需要理解两个要点：**重入性的实现原理；公平锁和非公平锁**。

4.3.1　重入性的实现原理

要想实现重入性，需要解决两个问题：①在线程获取锁时，如果持有锁资源的线程是当前线程，则直接再次获取成功；②由于锁会被获取 n 次，那么只有锁在被释放同样的 n 次之后，该锁才算是完全释放成功。

从 4.1 节中的介绍可以知道，如果需要实现一个同步组件，则通过 AQS 提供的模板方法实现同步语义即可。针对第一个问题，我们来看看 ReentrantLock 是怎样实现的。

以非公平锁为例，判断当前线程能否获得锁，核心方法为 nonfairTryAcquire()，源码如下。

```
final boolean nonfairTryAcquire(int acquires) {
    final Thread current = Thread.currentThread();
```

```
        int c = getState();
        //1. 如果该锁未被任何线程占有，则该锁能被当前线程获取
        if (c == 0) {
            if (compareAndSetState(0, acquires)) {
                setExclusiveOwnerThread(current);
                return true;
            }
        }
        //2.若被占有，就会继续检查占有线程是否是当前线程
        else if (current == getExclusiveOwnerThread()) {
            // 3. 再次获取，计数加 1
            int nextc = c + acquires;
            if (nextc < 0) // overflow
                throw new Error("Maximum lock count exceeded");
            setState(nextc);
            return true;
        }
        return false;
    }
```

具体的代码逻辑可以查看注释，为了支持重入性，第 2 步增加了处理逻辑，如果该锁已经被线程占有了，会继续检查占有线程是否为当前线程。如果是，同步状态加 1 并返回 true，表示可以再次获取成功。每次重新获取都会对同步状态进行加 1 的操作。那么释放锁时的处理思路是怎样的呢？下面依然以非公平锁为例，核心方法为 tryRelease()，源码如下。

```
    protected final boolean tryRelease(int releases) {
        //1. 同步状态减 1
        int c = getState() - releases;
        if (Thread.currentThread() != getExclusiveOwnerThread())
            throw new IllegalMonitorStateException();
        boolean free = false;
        if (c == 0) {
            //2. 只有当同步状态为 0 时，锁才算是成功被释放，返回 true
            free = true;
            setExclusiveOwnerThread(null);
        }
        // 3. 锁未被完全释放，返回 false
        setState(c);
        return free;
    }
```

具体的代码逻辑请看注释，需要注意的是，重入锁的释放必须等到同步状态为 0 时锁才算成功释放，否则就说明锁仍未被释放。如果锁被获取 *n* 次，释放了 *n*–1 次，则该锁未被完全释放，返回 false，只有被释放 *n* 次才算完全释放，返回 true。理解了 ReentrantLock 重入性的实现原理，也就是理解了同步语义的第一条。

4.3.2 公平锁与非公平锁

ReentrantLock 支持两种锁：公平锁和非公平锁。“公平”是针对获取锁而言的，**如果一个锁是公平的，那么锁的获取顺序就应该符合请求上的绝对时间顺序，满足 FIFO**。ReentrantLock 的构造方法无参时是构造非公平锁，源码如下。

```
public ReentrantLock() {
    sync = new NonfairSync();
}
```

另外，ReentrantLock 还提供了一种方式，可传入一个布尔值，布尔值为 true 时是公平锁，为 false 时是非公平锁，源码如下。

```
public ReentrantLock(boolean fair) {
    sync = fair ? new FairSync() : new NonfairSync();
}
```

在上面非公平锁获取时（nonfairTryAcquire() 方法），只是简单地获取了当前状态，做了一些逻辑处理，并没有考虑到当前同步队列中线程等待的情况。下面来看看公平锁的处理逻辑，其核心方法如下。

```
protected final boolean tryAcquire(int acquires) {
    final Thread current = Thread.currentThread();
    int c = getState();
    if (c == 0) {
        if (!hasQueuedPredecessors() &&
            compareAndSetState(0, acquires)) {
            setExclusiveOwnerThread(current);
            return true;
        }
    }
    else if (current == getExclusiveOwnerThread()) {
        int nextc = c + acquires;
        if (nextc < 0)
            throw new Error("Maximum lock count exceeded");
        setState(nextc);
        return true;
    }
    return false;
  }
}
```

这段代码的逻辑与 nonfairTryAcquire 基本一致，唯一的不同在于增加了 hasQueuedPredecessors 的逻辑判断。通过方法名就可知道该方法是**用来判断当前节点在同步队列中是否有前驱节点的，如果有前驱节点，说明有线程比当前线程更早请求资源，根据公平性，当前线程请求资源失败**；如果没有前驱节点，才有做后面的逻辑判断的必要性。公平锁每次都是由同步队列中的第一个节点获取到锁，而非公平锁则不一定，有可能刚释放锁的线程下一次能继续获取到锁。

4.3.3　公平锁与非公平锁的比较

公平锁中，每次获取到锁的都是同步队列中的第一个节点，保证了请求资源在时间上的绝对顺序；而非公平锁中，有可能刚释放锁的线程下一次能继续获取到该锁，导致有的线程可能永远也无法获取到锁，造成“饥饿”现象。

公平锁为了保证时间上的绝对顺序，需要频繁地进行上下文切换；而非公平锁会降低一定的上下文切换，降低性能开销。因此，ReentrantLock 默认选择非公平锁，就是为了减少一部分上下文切换，保证了系统更大的吞吐量。

4.4　深入理解ReentrantReadWriteLock

4.4.1　读写锁的介绍

如何在并发场景中解决线程安全的问题呢？在实际的业务开发中，几乎都会高频率地使用独占式锁解决并发场景问题，比如使用 Java 提供的 synchronized 关键字或 concurrents 包中实现了 Lock 接口的 ReentrantLock。它们都是独占式获取锁，也就是在同一时刻只有一个线程能够获取锁。而在一些业务场景中，大部分只是读数据，写数据的场景很少。如果仅仅是读数据，并不会影响数据的正确性，而如果在这种业务场景下依然使用独占式锁，很显然这将是出现性能瓶颈的地方，由于并发性不够好，会严重降低系统的吞吐量。针对这种读多写少的情况，Java 还提供了另外一个实现 Lock 接口的 ReentrantReadWriteLock（读写锁）。在分析 WriteLock 和 ReadLock 的互斥性时，可以分别按照 WriteLock 与 WriteLock 之间、WriteLock 与 ReadLock 之间和 ReadLock 与 ReadLock 之间三种情况进行分析。从读写锁的互斥性来看，读写锁允许同一时刻被多个读线程访问，但是在写线程访问时，所有的读线程和其他写线程都会被阻塞。

读写锁有哪些特性呢？参照 jdk 文档对 ReentrantReadWriteLock 的解释，这里先做一个简单的归纳总结。

（1）公平性选择：支持非公平性（默认）和公平的锁获取方式，吞吐量还是非公平优于公平。

（2）重入性：支持重入，读锁获取后还能再次获取，但是当所有写锁未释放前，读锁是不能再重入获取到的。写锁获取之后能够再次获取写锁，同时也能够获取读锁。

（3）锁降级：遵循获取写锁、获取读锁、再释放写锁的次序，写锁能够降级为读锁。

要想彻底地理解读写锁，必须能够理解以下几个问题。

（1）读写锁是怎样实现分别记录读锁和写锁状态的？

（2）写锁是怎样获取和释放的？

（3）读锁是怎样获取和释放的？

带着这三个疑问，下面依然通过阅读源码的方式了解底层的设计原理。

4.4.2 写锁详解

1. 写锁的获取

同步组件的实现聚合了同步器（AQS），并通过重写同步器中的方法实现同步组件的同步语义。写锁的实现也采用了这种方式。在同一时刻写锁不能被多个线程所获取，很显然写锁是独占式锁，而实现写锁的同步语义是通过重写 AQS 中的 tryAcquire() 方法实现的，源码如下。

```
protected final boolean tryAcquire(int acquires) {
    /*
     * Walkthrough:
     * 1. If read count nonzero or write count nonzero
     *    and owner is a different thread, fail.
     * 2. If count would saturate, fail. (This can only
     *    happen if count is already nonzero.)
     * 3. Otherwise, this thread is eligible for lock if
     *    it is either a reentrant acquire or
     *    queue policy allows it. If so, update state
     *    and set owner.
     */
    Thread current = Thread.currentThread();
    // 1. 获取写锁当前的同步状态
    int c = getState();
    // 2. 获取写锁获取的次数
    int w = exclusiveCount(c);
    if (c != 0) {
        // (Note: if c != 0 and w == 0 then shared count != 0)
        // 3.1 当读锁已被读线程获取，或者当前线程不是已获取写锁的线程
        // 当前线程获取写锁失败
        if (w == 0 || current != getExclusiveOwnerThread())
            return false;
        if (w + exclusiveCount(acquires) > MAX_COUNT)
            throw new Error("Maximum lock count exceeded");
        // Reentrant acquire
        // 3.2 当前线程获取写锁，支持可重复加锁
        setState(c + acquires);
        return true;
    }
    // 3.3 写锁未被任何线程获取，当前线程可获取写锁
    if (writerShouldBlock() ||
        !compareAndSetState(c, c + acquires))
        return false;
    setExclusiveOwnerThread(current);
    return true;
}
```

源码中有一个地方我们需要重点关注：exclusiveCount(c) 方法，该方法的源码如下。

```
static int exclusiveCount(int c) { return c & EXCLUSIVE_MASK; }
```

其中，EXCLUSIVE_MASK 被定义为 static final int EXCLUSIVE_MASK = (1 << SHARED_SHIFT)-1。也就是说，EXCLUSIVE _MASK 为 1 左移 16 位然后减 1，即为 0x0000FFFF。而 exclusiveCount() 方法是将同步状态（state 为 int 类型）与 0x0000FFFF 相与，即取同步状态的低 16 位。

那么低 16 位代表什么呢？根据 exclusiveCount() 方法的注释，它代表独占式锁被获取的次数，即写锁被获取的次数。现在我们可以得出一个结论：同步状态的低 16 位是用来表示写锁的获取次数的。同时，还有一个方法值得我们注意：

```
static int sharedCount(int c){ return c >>> SHARED_SHIFT; }
```

该方法可以获取读锁被获取的次数，它主要是将同步状态（int c）右移 16 次，即取同步状态的高 16 位，现在我们又可以得出另外一个结论：同步状态的高 16 位是用来表示读锁被获取的次数的。

那么，至此就可以解答本小节开始提出的第一个问题：读写锁是怎样实现分别记录读锁和写锁状态的？其示意图如图 4.12 所示。

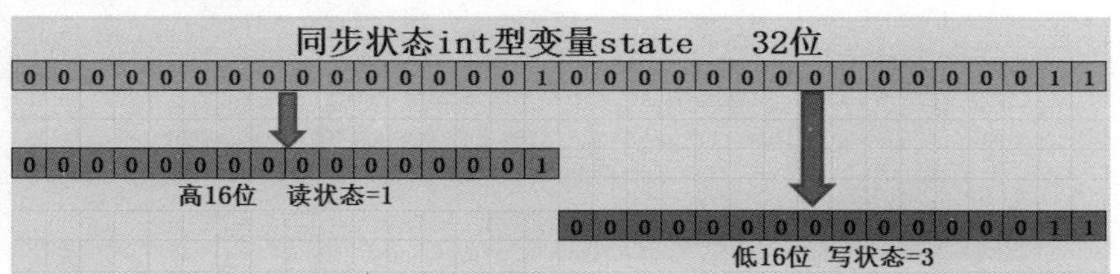

图4.12　读写状态的标记

因此，写锁的 tryAcquire() 方法的主要逻辑为：当读锁已经被读线程获取或写锁已经被其他写线程获取，则写锁获取失败；否则，写锁获取成功并支持重入，增加写状态。

2. 写锁的释放

写锁释放的实现主要通过 AQS 的 tryRelease() 方法，源码如下。

```
protected final boolean tryRelease(int releases) {
    if (!isHeldExclusively())
        throw new IllegalMonitorStateException();
    //1. 同步状态减去写状态
    int nextc = getState() - releases;
    //2. 当前写状态是否为 0，为 0 则释放写锁
    boolean free = exclusiveCount(nextc) == 0;
    if (free)
        setExclusiveOwnerThread(null);
    //3. 不为 0 则更新同步状态
    setState(nextc);
    return free;
}
```

源码的实现逻辑请看注释，不难理解，与 ReentrantLock 基本一致。这里需要注意的是，要减少写状态（int nextc = getState()–releases;），只需要用当前同步状态直接减去写状态即可，原因正是我们刚才所说的写状态是由同步状态的低 16 位表示的。

4.4.3 读锁详解

1. 读锁的获取

在理解了写锁的基础上，再来深入理解读锁的底层原理是一件比较容易的事情。读锁是共享锁，即同一时刻该锁可以被多个读线程获取，获取锁的过程彼此不是互斥的。按照之前对 AQS 的介绍，共享式同步组件的同步语义需要通过重写 AQS 的 tryAcquireShared() 方法和 tryReleaseShared() 方法实现。读锁的获取方法如下。

```
protected final int tryAcquireShared(int unused) {
    /*
     * Walkthrough:
     * 1. If write lock held by another thread, fail.
     * 2. Otherwise, this thread is eligible for
     *    lock wrt state, so ask if it should block
     *    because of queue policy. If not, try
     *    to grant by CASing state and updating count.
     *    Note that step does not check for reentrant
     *    acquires, which is postponed to full version
     *    to avoid having to check hold count in
     *    the more typical non-reentrant case.
     * 3. If step 2 fails either because thread
     *    apparently not eligible or CAS fails or count
     *    saturated, chain to version with full retry loop.
     */
    Thread current = Thread.currentThread();
    int c = getState();
    //1. 如果写锁已经被获取并且获取写锁的线程不是当前线程，当前线程获取读锁失败，返回 -1
    if (exclusiveCount(c) != 0 &&
        getExclusiveOwnerThread() != current)
        return -1;
    int r = sharedCount(c);
    if (!readerShouldBlock() &&
        r < MAX_COUNT &&
        //2. 当前线程获取读锁
        compareAndSetState(c, c + SHARED_UNIT)) {
        //3. 下面的代码可实现一些新增的功能，如 getReadHoldCount() 方法
        可用来获取读锁的次数
        if (r == 0) {
            firstReader = current;
            firstReaderHoldCount = 1;
```

```
        } else if (firstReader == current) {
            firstReaderHoldCount++;
        } else {
            HoldCounter rh = cachedHoldCounter;
            if (rh == null || rh.tid != getThreadId(current))
                cachedHoldCounter = rh = readHolds.get();
            else if (rh.count == 0)
                readHolds.set(rh);
            rh.count++;
        }
        return 1;
    }
    //4. 处理第 2 步操作失败的情况
    return fullTryAcquireShared(current);
}
```

代码的主要逻辑可以参照注释。需要注意的是，当写锁被其他线程获取后，读锁获取失败；否则，获取成功后还会利用 CAS 更新同步状态。另外，由于同步状态的高 16 位表示读锁被获取的次数，因此在获取到读锁时会加上 SHARED_UNIT（(1 << SHARED_SHIFT) 即 0x00010000）。如果 CAS 失败或已获取读锁的线程再次获取读锁时，可以通过 fullTryAcquireShared() 方法实现。

2. 读锁的释放

读锁的释放可以通过 tryReleaseShared() 方法实现，源码如下。

```
protected final boolean tryReleaseShared(int unused) {
    Thread current = Thread.currentThread();
    // 前面是为了实现 getReadHoldCount 等新功能
    if (firstReader == current) {
        // assert firstReaderHoldCount > 0;
        if (firstReaderHoldCount == 1)
            firstReader = null;
        else
            firstReaderHoldCount--;
    } else {
        HoldCounter rh = cachedHoldCounter;
        if (rh == null || rh.tid != getThreadId(current))
            rh = readHolds.get();
        int count = rh.count;
        if (count <= 1) {
            readHolds.remove();
            if (count <= 0)
                throw unmatchedUnlockException();
        }
        //4. 处理第 2 步操作失败的情况
        --rh.count;
    }
```

```
        for (;;) {
            int c = getState();
            // 读锁释放，将同步状态减去读状态即可
            int nextc = c - SHARED_UNIT;
            if (compareAndSetState(c, nextc))
                // Releasing the read lock has no effect on readers,
                // but it may allow waiting writers to proceed if
                // both read and write locks are now free.
                return nextc == 0;
        }
    }
```

代码的主要逻辑请参考注释，读锁和写锁的释放流程基本一致，在维护的同步状态中减去读标志位即可。

4.4.4 锁降级

读写锁支持锁降级，并且遵循获取写锁、获取读锁、再释放写锁的次序，写锁能够降级为读锁。但读写锁不支持锁升级。在 ReentrantWriteReadLock 源码中对锁降级给出一个示例，具体代码如下。

```
class CachedData {
  Object data;
  volatile boolean cacheValid;
  final ReentrantReadWriteLock rwl = new ReentrantReadWriteLock();
  void processCachedData() {
    rwl.readLock().lock();
    if (!cacheValid) {
      // Must release read lock before acquiring write lock
      rwl.readLock().unlock();
      rwl.writeLock().lock();
      try {
        // Recheck state because another thread might have
        // acquired write lock and changed state before we did.
        if (!cacheValid) {
          data = ...
          cacheValid = true;
        }
        // Downgrade by acquiring read lock before releasing write lock
        rwl.readLock().lock();
      } finally {
        rwl.writeLock().unlock(); // Unlock write, still hold read
      }
    }
    try {
      // 如果不进行锁降级操作，则可能存在数据并发的安全问题
```

```
        use(data);
      } finally {
        rwl.readLock().unlock();
      }
    }
  }
```

cacheValid 是一个 volatile 变量，在数据层面上对多个线程都有可见性的要求，也就是说，对数据的处理变更都能被多个线程感知到。线程先获取到读锁后读取到状态标志量 cacheValid 为 false，随后会进行数据初始化操作。线程释放了读锁后，又获取写锁完成数据操作并且更新了 cacheValid 状态，由于当前线程持有写锁，所以此时其他线程会阻塞在读锁和写锁的 lock() 方法上等待获取到锁资源。当前线程完成数据操作后会继续获取读锁、随后释放写锁，这一整个过程就是锁降级的过程。

那么锁降级的意义是什么呢？在第 2 步获取到读锁后，由于读写锁的互斥性可以保证其他线程无法获取到写锁继续更新数据，从而保障了在当前线程的锁程里调用 use(data) 时数据是最新的，满足了数据的一致性和准确性。可以参考如下例子。

```
public class RwlDegrade {
    private static ReentrantReadWriteLock reentrantReadWriteLock = new|
reentrantReadWriteLock();
    private static ReentrantReadWriteLock.WriteLock writeLock =
reentrantReadWriteLock.writeLock();
    private static ReentrantReadWriteLock.ReadLock readLock =
reentrantReadWriteLock.readLock();
    private static int data = 0;

    private static void processData() {
        writeLock.lock();
        try {
            // 获取到写锁后进行数据处理
            System.out.println(Thread.currentThread().getName() + " get
        data:" + data);
            data++;
        } finally {
            writeLock.unlock();
        }
        try {
            // 模拟使用数据
            TimeUnit.SECONDS.sleep(1);
            System.out.println(Thread.currentThread().getName() + " process
        data:" + data);
        } catch (InterruptedException e) {
            e.printStackTrace();
        }
    }
```

```
    private static void degradeProcessData() {
        writeLock.lock();
        try {
            // 获取到写锁后进行数据处理
            System.out.println(Thread.currentThread().getName() + " get
        data:" + data);
            data++;
            // 关键的一步
            readLock.lock();
        } finally {
            writeLock.unlock();
        }
        try {
            // 使用数据
            TimeUnit.SECONDS.sleep(1);
            System.out.println(Thread.currentThread().getName() +
        " process data:" + data);
        } catch (InterruptedException e) {
            e.printStackTrace();
        } finally {
            readLock.unlock();
        }
    }

    public static void main(String[] args) {
        for (int i = 0; i < 10; i++) {
            Thread thread = new Thread(RwlDegrade::processData);
            thread.start();
        }
    }

}
// 使用 processData() 方法时输出为
Thread-0 get data:0
Thread-0 process data:10
...
// 使用 degradeProcessData() 方法时输出为
Thread-0 get data:0
Thread-0 process data:1
...
```

通过上述示例代码可以清楚地看出，若当前线程不获取读锁，则数据可能会被其他线程获取到读锁后进行修改，导致当前线程使用的不是最新的数据。而严格按照锁降级的方式，再添加获取到读锁的操作后，就能够将数据维持到最新的数据视图，保障当前线程处理范围内不会出现数据并发安全的问题。

4.5 condition等待通知机制

4.5.1 condition简介

任何一个Java对象都天然继承于Object类，线程间的通信往往会应用到Object类的几个方法，如wait()、wait(long timeout)、wait(long timeout, int nanos)、notify()及notifyAll()。同样，在Lock体系下依然会用同样的方法实现等待/通知机制。从整体上来看，Object的wait()和notify()/notifyAll()是与对象监视器配合完成线程间的等待/通知机制，而condition则是与Lock配合完成等待/通知机制。前者是Java底层级别的，而后者是语言级别的，具有更高的可控制性和扩展性。两者除了在使用方式上有所不同外，在功能特性上也有很多的不同：

（1）condition支持不响应中断，而Object方式不支持；

（2）condition支持多个等待队列（new多个condition对象），而Object方式只能支持一个；

（3）condition支持超时时间的设置，而Object不支持。

参照Object类的wait()和notify()/notifyAll()方法，condition也提供了同样的方法。

1. 针对Object的wait()方法

```
void await() throws InterruptedException//当前线程进入等待状态，如果其他线程调用了condition的signal()或signalAll()方法，则当前线程获取锁后会用await()方法返回，如果在等待状态中被中断就会抛出被中断异常
long awaitNanos(long nanosTimeout)//当前线程进入等待状态直到被通知中断或超时
boolean await(long time, TimeUnit unit)throws InterruptedException//同第2种，支持自定义时间单位
boolean awaitUntil(Date deadline) throws InterruptedException//当前线程进入等待状态直到被通知中断或到了某个时间
```

2. 针对Object的notify()/notifyAll()方法

```
void signal()//唤醒一个等待在condition上的线程，可以将该线程从等待队列中移动到同步队列中
void signalAll()//能够唤醒所有等待在condition上的线程
```

4.5.2 condition实现原理分析

1. 等待队列数据结构

本节依然会通过阅读底层源码的方式，进一步深入讲解condition机制的底层实现原理。创建一个condition对象可通过lock.newCondition()方法，而这个方法实际上是创建一个ConditionObject对象，该类是AQS的一个内部类。为什么说ConditionObject是属于AQS的一个内部类呢？

4.5.1节分析过condition是要和锁配合使用的，也就是说，condition和锁是绑定在一起

的，而锁的实现原理又依赖于 AQS，自然 ConditionObject 作为 AQS 的内部类是为了让锁与 condition 的底层实现收敛在一起，这是完全合理的，也符合软件设计中高内聚的设计原则。

从 4.2 节可以知道，AQS 内部维护了一个同步队列，如果是独占式锁，所有获取锁资源失败的线程都会插入到同步队列中。condition 也是使用同样的方式，内部维护了一个等待队列，所有调用 condition.await() 方法的线程都会加入等待队列，并且线程状态转换为等待状态。另外，注意 ConditionObject 中有两个成员变量：

```
/** First node of condition queue. */
private transient Node firstWaiter;
/** Last node of condition queue. */
private transient Node lastWaiter;
```

通过源码可以看出，ConditionObject 可通过持有等待队列的头尾指针管理等待队列，节点依然是复用了 AQS 中的 Node 类。Node 类有这样一个属性：

```
//后继节点
Node nextWaiter;
```

由于 Node 类仅仅只维护了一个后继节点的属性，这也进一步说明等待队列是一个单向队列，而 AQS 中维护的同步队列是一个双向队列。接下来将通过示例代码验证同步队列是一个单向队列的猜想。示例代码如下。

```
public static void main(String[] args) {
    for (int i = 0; i < 10; i++) {
        Thread thread = new Thread(() -> {
            lock.lock();
            try {
                condition.await();
            } catch (InterruptedException e) {
                e.printStackTrace();
            }finally {
                lock.unlock();
            }
        });
        thread.start();
    }
}
```

上述示例代码中新建了 10 个线程，每个线程都是先获取到锁，然后调用 condition.await() 方法释放锁，并将当前线程加入等待队列中。通过 debug 控制，当走到第 10 个线程时查看 firstWaiter，即等待队列中的头节点，debug 视图如图 4.13 所示。

从图中可以清楚地看到：

（1）调用 condition.await() 方法后线程依次尾插入等待队列中，图 4.13 中队列的线程引用依次为 Thread-0，Thread-1，Thread-2，…，Thread-8；

（2）等待队列是一个单向队列。

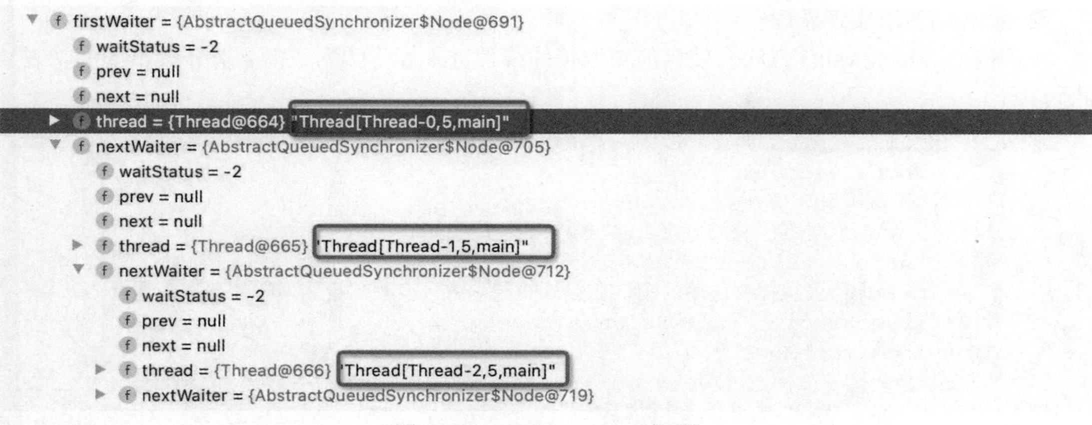

图4.13　condition debug视图

通过上面的分析，可以得出 condition 等待队列的结构示意图，如图 4.14 所示。

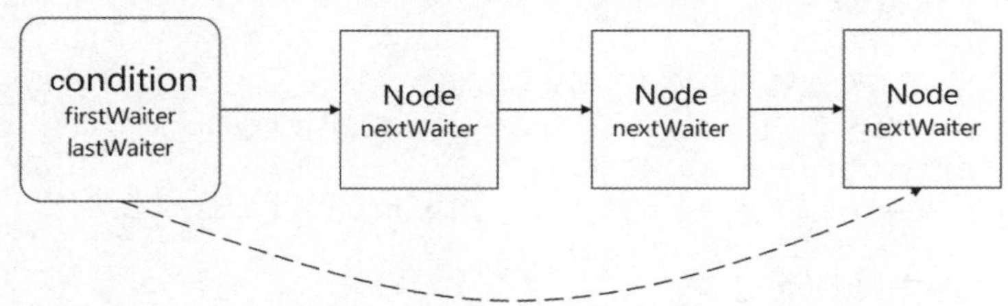

图4.14　condition等待队列的结构示意图

还有一点需要注意，我们可以多次调用 lock.newCondition() 方法创建多个 condition 对象，也就是说一个锁可以持有多个等待队列，而对 Object 类而言，仅仅只能拥有一个同步队列和一个等待队列，而并发包中的锁拥有一个同步队列和多个等待队列，如图 4.15 所示。

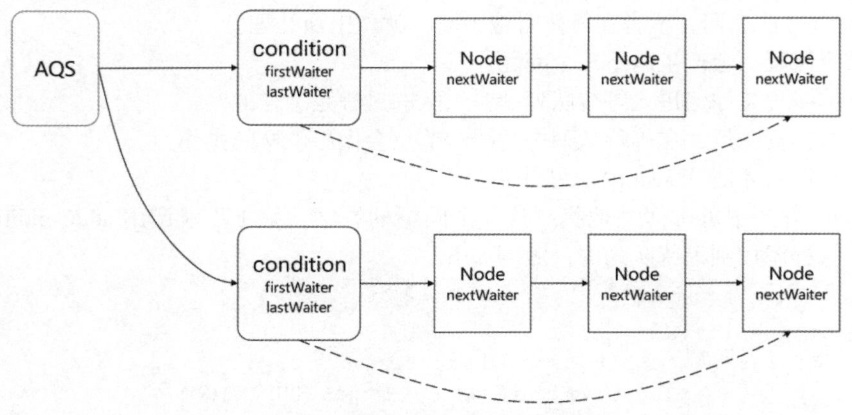

图4.15　多个condition队列示意图

2. await()方法实现原理

调用 condition.await() 方法会使当前获取锁的线程进入等待队列，接下来分析 await() 方法，源码如下。

```
public final void await() throws InterruptedException {
    if (Thread.interrupted())
        throw new InterruptedException();
    // 1. 将当前线程包装成 Node，尾插入等待队列中
    Node node = addConditionWaiter();
    // 2. 释放当前线程所占用的锁，在释放的过程中会唤醒同步队列中的下一个节点
    int savedState = fullyRelease(node);
    int interruptMode = 0;
    while (!isOnSyncQueue(node)) {
        // 3. 当前线程进入等待状态
        LockSupport.park(this);
        if ((interruptMode = checkInterruptWhileWaiting(node)) != 0)
            break;
    }
    // 4. 自旋等待获取到同步状态（即获取到锁）
    if (acquireQueued(node, savedState) && interruptMode != THROW_IE)
        interruptMode = REINTERRUPT;
    if (node.nextWaiter != null) // clean up if cancelled
        unlinkCancelledWaiters();
    // 5. 处理被中断的情况
    if (interruptMode != 0)
        reportInterruptAfterWait(interruptMode);
}
```

代码的主要逻辑参见注释，当前线程调用 condition.await() 方法后，会在释放锁后加入等待队列，直至被 signal/signalAll 后才会把当前线程从等待队列移至同步队列。之后获得了锁后才会用 await() 方法返回，或者在等待时被中断，就做中断处理。

针对整个流程，会产生以下几个问题：

（1）当前线程是如何进入等待队列的？入队的过程是怎样的？

（2）释放锁资源后，在等待队列中的线程节点会做出怎样的操作？

（3）线程如何才能从 await() 方法中退出？

在 await() 方法中可以清楚地找到这 3 个问题的答案，第 1 步就调用 addConditionWaiter() 方法将当前线程添加到等待队列中，源码如下。

```
private Node addConditionWaiter() {
    Node t = lastWaiter;
    // If lastWaiter is cancelled, clean out.
    if (t != null && t.waitStatus != Node.CONDITION) {
        unlinkCancelledWaiters();
        t = lastWaiter;
    }
    //将当前线程包装成 Node
```

```
    Node node = new Node(Thread.currentThread(), Node.CONDITION);
    if (t == null)
        firstWaiter = node;
    else
        // 尾插入
        t.nextWaiter = node;
    // 更新 lastWaiter
    lastWaiter = node;
    return node;
}
```

整体流程是先将当前节点包装成 Node，如果等待队列的 firstWaiter 为 null（等待队列为空队列），就将 firstWaiter 指向当前的 Node；否则，更新 lastWaiter（尾节点）即可。也就是通过尾插入的方式将当前线程封装的 Node 插入等待队列中，同时可以看出等待队列是一个不带头节点的链式队列。**AQS 维护的同步队列是一个带头节点的链式队列，而等待队列是不带头节点的，这是两者之间的一个显著区别**。将当前节点插入等待队列之后，会使当前线程释放锁（可由 fullyRelease() 方法实现），源码如下。

```
final int fullyRelease(Node node) {
    boolean failed = true;
    try {
        int savedState = getState();
        if (release(savedState)) {
            // 成功释放同步状态
            failed = false;
            return savedState;
        } else {
            // 不成功释放同步状态，抛出异常
            throw new IllegalMonitorStateException();
        }
    } finally {
        if (failed)
            node.waitStatus = Node.CANCELLED;
    }
}
```

整体流程是先调用 AQS 的模板方法 release() 释放 AQS 的同步状态，并且唤醒在同步队列中头节点的后继节点引用的线程，如果释放成功，则正常返回，否则就抛出异常。到目前为止，这两段代码已经解决了前两个问题了，还剩下最后一个问题，怎样从 await() 方法退出？现在回过头来看，await() 方法有以下一段逻辑：

```
while (!isOnSyncQueue(node)) {
    // 3. 当前线程进入等待状态
    LockSupport.park(this);
    if ((interruptMode = checkInterruptWhileWaiting(node)) != 0)
        break;
}
```

显而易见，当线程第一次调用 condition.await() 方法时，会进入 while() 循环中，然后通过 LockSupport.park(this) 方法使当前线程进入等待状态。那么，要想退出 await() 方法，第一个前提条件是要先退出这个 while 循环，出口就只剩下两处：①逻辑走到 break，退出 while 循环；② while 循环中的逻辑判断为 false。

再看代码，出现第一种情况的条件是当前等待的线程被中断，代码会走到 break 退出。第二种情况是当前节点被移动到了同步队列中（即有另外的线程调用了 condition 的 signal() 或 signalAll() 方法），while 循环中的逻辑判断为 false 时，结束 while 循环。

总结下来，就是当前线程被中断或调用 condition.signal() 及 condition.signalAll() 方法使当前节点移动到同步队列，这是当前线程退出 await() 方法的前提条件。当退出 while 循环后，就会调用 acquireQueued(node, savedState) 方法进入同步队列中（在 4.2 节中详细梳理过这个方法的流程），该方法的作用是在自旋过程中线程不断尝试获取同步状态，直至成功（线程获取到锁）。

这样也说明了退出 await() 方法的前提是已经获得了 condition 引用的锁。到目前为止，前面的三个问题都通过源码找到了答案。整体流程如图 4.16 所示。

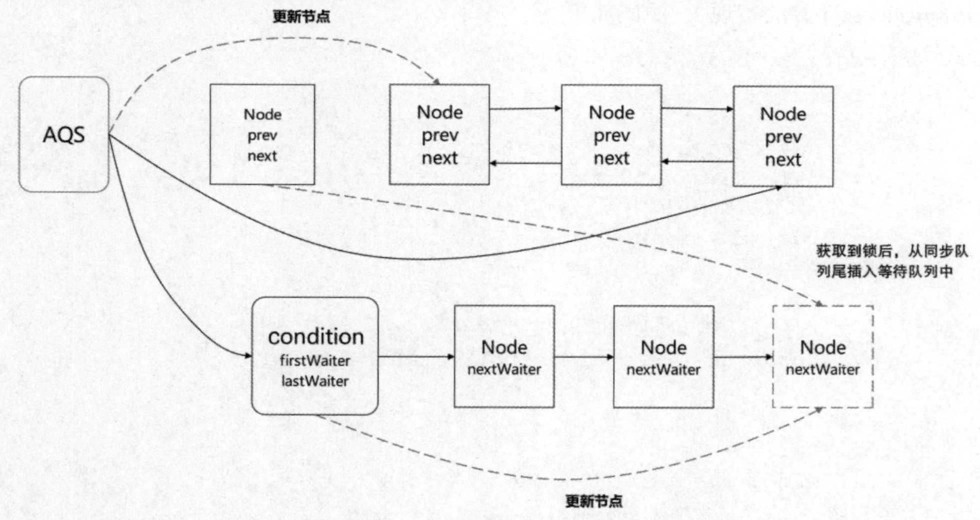

图4.16　await()方法示意图

如图 4.16 所示，调用 condition.await() 方法的线程必须是已经获得了锁，也就是当前线程是同步队列中的头节点。调用该方法后会使当前线程所封装的 Node 尾插入等待队列中。

condition 还额外支持了超时机制，使用者可调用 api：awaitNanos() 以及 awaitUtil() 方法。这两个方法的实现原理与 AQS 中的 tryAcquire() 方法如出一辙，关于 tryAcquire() 方法，读者可以仔细阅读 4.2 节。

3. 不响应中断的支持

要想不响应中断，可以调用 condition.awaitUninterruptibly() 方法，源码如下。

```
public final void awaitUninterruptibly() {
    Node node = addConditionWaiter();
```

```
    int savedState = fullyRelease(node);
    boolean interrupted = false;
    while (!isOnSyncQueue(node)) {
        LockSupport.park(this);
        if (Thread.interrupted())
            interrupted = true;
    }
    if (acquireQueued(node, savedState) || interrupted)
        selfInterrupt();
}
```

这个方法与上面的await()方法基本一致，只不过减少了对中断的处理，并省略了用reportInterruptAfterWait()方法抛出被中断的异常。

4.5.3 signal/signalAll实现原理

1. signal()方法的实现原理

调用condition的signal()/signalAll()方法，可以将等待队列中等待时间最长的节点移动到同步队列中，使该节点能够有机会获得锁。由于等待队列是先进先出（FIFO）的，所以等待队列的头节点必然是等待时间最长的节点，也就是每次调用condition的signal()方法将头节点移动到同步队列中。signal()方法的源码如下。

```
public final void signal() {
    //1. 先检测当前线程是否已获取锁
    if (!isHeldExclusively())
        throw new IllegalMonitorStateException();
    //2. 获取等待队列中的第一个节点，之后的操作都是针对这个节点的
    Node first = firstWaiter;
    if (first != null)
        doSignal(first);
}
```

signal()方法首先会检测当前线程是否已获取锁，如果没有获取锁，会直接抛出异常；如果获取到锁，就得到了等待队列的头指针引用的节点，之后调用的doSignal()方法也是基于该节点的。下面来看看doSignal()方法，源码如下。

```
private void doSignal(Node first) {
    do {
        if ( (firstWaiter = first.nextWaiter) == null)
            lastWaiter = null;
         //1. 将头节点从等待队列中移除
        first.nextWaiter = null;
         //2. While 循环中 transferForSignal() 方法对头节点做真正的处理
    } while (!transferForSignal(first) &&
             (first = firstWaiter) != null);
}
```

代码的具体逻辑参见注释，真正对头节点做处理的逻辑在 transferForSignal() 方法中，源码如下。

```
final boolean transferForSignal(Node node) {
    /*
     * If cannot change waitStatus, the node has been cancelled.
     */
    //1. 更新状态为 0
    if (!compareAndSetWaitStatus(node, Node.CONDITION, 0))
        return false;
    /*
     * Splice onto queue and try to set waitStatus of predecessor to
     * indicate that thread is (probably) waiting. If cancelled or
     * attempt to set waitStatus fails, wake up to resync (in which
     * case the waitStatus can be transiently and harmlessly wrong).
     */
    //2. 将该节点移入同步队列
    Node p = enq(node);
    int ws = p.waitStatus;
    if (ws > 0 || !compareAndSetWaitStatus(p, ws, Node.SIGNAL))
        LockSupport.unpark(node.thread);
    return true;
}
```

关键逻辑请看注释，这段代码主要做了以下两件事情：

（1）将头节点的状态由 CONDITION 置为 0；

（2）调用 enq() 方法，将该节点尾插入同步队列中，关于 enq() 方法，在 4.2 节已经深入分析过，感兴趣的读者可以查看该节的内容。

由此可以得出结论，调用 condition 的 signal() 方法的前提条件是当前线程已经获取锁，该方法会使等待队列中的头节点（即等待时间最长的那个节点）移入同步队列，而移入同步队列后才有机会使等待线程被唤醒，即从 await() 方法中的 LockSupport.park(this) 方法中返回，之后才有机会调用 await() 方法的线程成功退出。signal() 方法的执行示意图如图 4.17 所示。

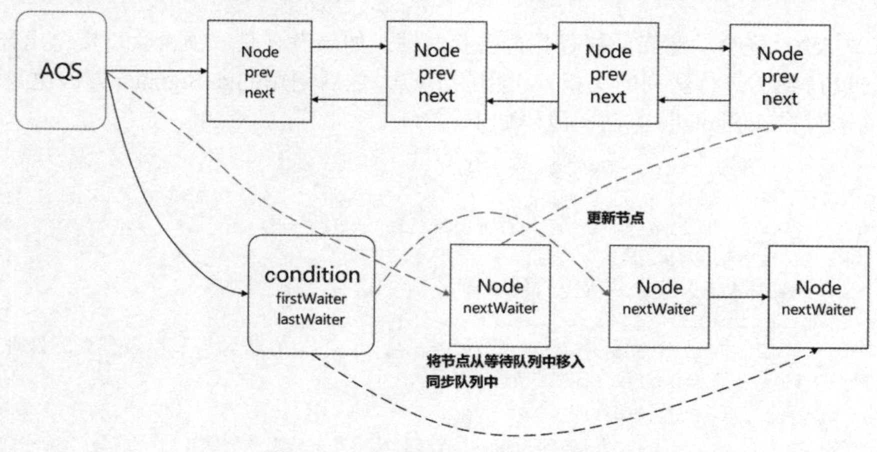

图4.17　signal()方法的执行示意图

2. signalAll()方法的实现原理

signalAll() 与 signal() 方法的区别主要体现在 doSignalAll() 方法上，我们在理解 doSignal() 方法的基础上再去理解 doSignalAll() 方法就会容易很多。doSignalAll() 方法的源码如下。

```
private void doSignalAll(Node first) {
    lastWaiter = firstWaiter = null;
    do {
        Node next = first.nextWaiter;
        first.nextWaiter = null;
        transferForSignal(first);
        first = next;
    } while (first != null);
}
```

该方法是将等待队列中的每个节点都移入同步队列中，使每个节点引用的线程能够有机会从同步队列中获取到锁资源，能够利用 await() 方法退出。

3. await()与signal()/signalAll()的结合

本节开始时提到过等待 / 通知机制，使用 condition 提供的 await() 和 signal()/signalAll() 方法就可以实现这种机制，而这种机制能够解决的最经典的问题就是“生产者 - 消费者问题”，关于“生产者 - 消费者问题”，我们会在后续并发实践的章节中进行详细分析，这是业务高频使用的经典模式。await()、signal()/signalAll() 方法就像一个开关控制着线程 A（等待方）和线程 B（通知方），两者的关系如图 4.18 所示。

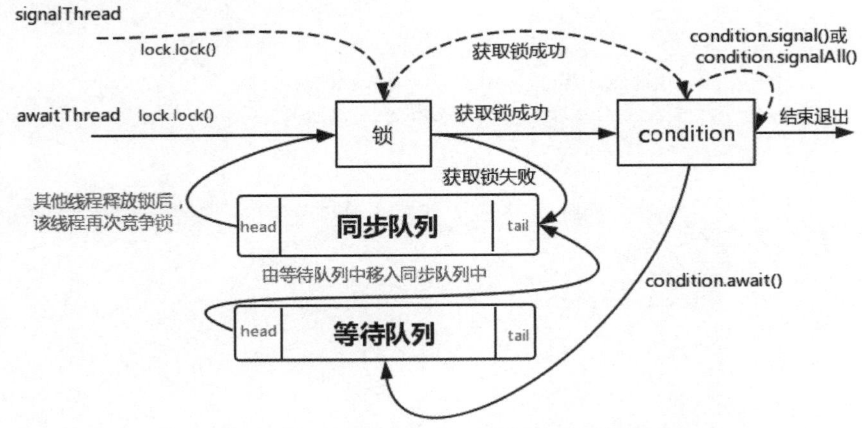

图4.18 await()和signal()的关系示意图

如图 4.18 所示，awaitThread 线程先通过 lock.lock() 方法获取锁，成功后调用 condition.await() 方法进入等待队列；而另一个线程 signalThread 通过 lock.lock() 方法获取锁，成功后调用 condition.signal() 或 signalAll() 方法，使 awaitThread 线程能够有机会移入同步队列中，当其他线程释放锁后使 awaitThread 线程能够有机会获取锁，从而使 awaitThread 线程能够从 await() 方法中退出并执行后续操作。如果 awaitThread 获取锁失败，则会直接进入同步队列。

4. 使用示例

关于 await() 与 signal() 方法的具体应用，可通过以下示例代码进行详细了解。

```
public class AwaitSignal {
    private static ReentrantLock lock = new ReentrantLock();
    private static Condition condition = lock.newCondition();
    private static volatile boolean flag = false;

    public static void main(String[] args) {
        Thread waiter = new Thread(new waiter());
        waiter.start();
        Thread signaler = new Thread(new signaler());
        signaler.start();
    }

    static class waiter implements Runnable {

        @Override
        public void run() {
            lock.lock();
            try {
                while (!flag) {
                    System.out.println(Thread.currentThread().getName()+
" 当前条件不满足等待 ");
                    try {
                        condition.await();
                    } catch (InterruptedException e) {
                        e.printStackTrace();
                    }
                }
                System.out.println(Thread.currentThread().getName()+
" 接收到通知，条件满足 ");
            } finally {
                lock.unlock();
            }
        }
    }

    static class signaler implements Runnable {

        @Override
        public void run() {
            lock.lock();
            try {
                flag = true;
                condition.signalAll();
```

```
            } finally {
                lock.unlock();
            }
        }
    }
}
```

输出结果为：

```
Thread-0 当前条件不满足等待
Thread-0 接收到通知，条件满足
```

上述代码开启了两个线程：waiter 和 signaler。waiter 线程开始执行时，由于条件不满足，执行 condition.await() 方法使该线程进入等待状态的同时释放锁，signaler 线程获取到锁之后更新了状态条件，并在通知所有的等待线程后释放锁。这时 waiter 线程获取到锁，并且由于 signaler 线程更改了条件，此时对于 waiter 来说条件满足，可以继续执行。

4.6　LockSupport工具

4.6.1　LockSupport简介

4.2 节介绍了 AQS 的底层实现，并深入分析了 Lock 的各种具体实现，如 ReentrantLock 以及 ReentReadWriteLocks。在分析 condition 底层机制原理时，发现它们在最底层都会调用 LockSupport.park() 和 LockSupport.unpark() 方法。那么这么多同步组件都会用到的 LockSupport 到底是一个怎样的类？

LockSupport 位于 java.util.concurrent.locks 包下，该类的方法并不是很多。LockSupport 是线程的阻塞原语，用以阻塞线程和唤醒线程。每个使用 LockSupport 的线程都会与一个许可相关联，如果该许可可用，并且可在线程中使用，则应在调用 park() 方法后立即返回，否则可能阻塞线程。如果许可尚不可用，则可以调用 unpark() 方法使其可用，并有机会被其他线程获取到。注意，许可不可重入，也就是说只能调用一次 park() 方法，否则会一直阻塞。

4.6.2　LockSupport中的方法

LockSupport 中的方法不多，下面对这些方法做一个总结。

1.阻塞线程

```
void park()//阻塞当前线程，如果调用 unpark() 方法或当前线程被中断，可使用 park() 方法返回
void park(Object blocker)//功能同 void park() 方法，入参增加一个 Object 对象，用来记录导致线程阻塞的阻塞对象，以便进行问题排查
void parkNanos(long nanos)//阻塞当前线程，最长不超过 nanos 纳秒，增加了超时返回
```

```
的特性
    void parkNanos(Object blocker, long nanos)//功能同void parkNanos(long nanos)方法，入参增加一个Object对象，用来记录导致线程阻塞的阻塞对象，以便进行问题排查
    void parkUntil(long deadline)//阻塞当前线程
    void parkUntil(Object blocker, long deadline)//功能同void parkUntil(long deadline)方法，入参增加一个Object对象，用来记录导致线程阻塞的阻塞对象，以便进行问题排查
```

2.唤醒线程

```
void unpark(Thread thread)//唤醒处于阻塞状态的指定线程
```

实际上，LockSupport 阻塞和唤醒线程的功能是依赖于 sun.misc.Unsafe 的，这是一个很底层的类，如 park() 方法的功能实现是靠 unsafe.park() 方法，这是一个 native 方法。我们在第 1 章介绍如何启动一个线程的原理时，介绍了 JNI 机制调用的是操作系统的底层方法。这里，unsafe 依然是通过 JNI 机制实现的。

另外，在阻塞线程这一系列方法中，还有一个很有意思的现象，每个方法都会新增一个带有 Object 的阻塞对象的重载方法。那么增加了一个 Object 对象的入参会有什么不同呢？下面来看 dump 线程的信息。

调用 park() 方法的 dump 线程：

```
"main" #1 prio=5 os_prio=0 tid=0x02cdcc00 nid=0x2b48 waiting on
condition [0x00d6f000]
    java.lang.Thread.State: WAITING (parking)
         at sun.misc.Unsafe.park(Native Method)
         at java.util.concurrent.locks.LockSupport.park(LockSupport.java:304)
         at learn.LockSupportDemo.main(LockSupportDemo.java:7)
```

调用 park(Object blocker) 方法的 dump 线程：

```
"main" #1 prio=5 os_prio=0 tid=0x0069cc00 nid=0x6c0 waiting on
condition [0x00dcf000]
    java.lang.Thread.State: WAITING (parking)
         at sun.misc.Unsafe.park(Native Method)
         - parking to wait for  <0x048c2d18> (a java.lang.String)
         at java.util.concurrent.locks.LockSupport.park(LockSupport.java:175)
         at learn.LockSupportDemo.main(LockSupportDemo.java:7)
```

从上面分别调用两个方法后的 dump 线程信息看出，带 Object 的 park() 方法相较于无参的 park() 方法会增加 parking to wait for <0x048c2d18> (a java.lang.String) 的信息，这种信息就类似于记录"问题现场"，有助于工程人员迅速发现问题、解决问题。

需要注意的是，如果使用 synchronzed 阻塞了线程，dump 线程中会有具体的阻塞状态信息。Java 5 在推出 LockSupport 时遗漏了这一点，随后在 Java 6 版本中进行了补充。还有一个不同点是 synchronzed 会让线程阻塞，线程会进入 BLOCKED 状态，而调用 LockSupprt() 方法阻塞线程后，会使线程进入 WAITING 状态。

4.6.3　使用示例

下面用一个简单的代码示例讲解 LockSupport 的应用，具体示例代码如下。

```
public class LockSupportDemo {
    public static void main(String[] args) {
        Thread thread = new Thread(() -> {
            LockSupport.park();
            System.out.println(Thread.currentThread().getName() + "被唤醒");
        });
        thread.start();
        try {
            Thread.sleep(3000);
        } catch (InterruptedException e) {
            e.printStackTrace();
        }
        LockSupport.unpark(thread);
    }
}
```

thread 线程调用 LockSupport.park() 方法会使 thread 线程阻塞，当 main 线程睡眠 3s 后可通过 LockSupport.unpark(thread) 方法唤醒 thread 线程，thread 线程被唤醒后会继续执行后续操作。另外，还有一点值得关注的是，使用 LockSupport.unpark(thread) 方法可以指定线程对象唤醒指定的线程。

4.7　本章小结

本章分析了 Lock 体系，主要是通过分析源码的方式了解其底层原理，读者只有在深入了解了源码的执行机制以及原理后，在后续的实际开发中才能避免产生故障。整个 Lock 体系是并发同步组件实现的底层基石，而 AQS 是构成整个体系的核心关键。

AQS 通过提供模板方法的方式高效地实现了同步组件的同步语义，其整个体系的设计是非常巧妙的。另外，对于同步队列和等待队列的封装，以及两者入队和出队之间的协作，这些实现的细节及构思都相当巧妙，开发者在日常开发中是完全可以学习借鉴的。“源码是最好的学习”，这句话也是业界公认的，“站在巨人的肩膀上”去学习前辈们的精妙设计和代码编程风格是极其高效的一种学习方式。另外，读者在阅读源码时要带着问题去读，并到源码中寻找问题的答案。所以，本章展示了阅读源码的高效路径，为各位读者构建出这样的分析思维，只有具备这种思维模式，才能在面对各种技术问题时做到举一反三、融会贯通。

最后，本章讲解了各种 Lock 以及 condition 的等待 / 通知机制，这也是业务开发中高频使用的 API，本章对这些核心的类以及方法也做了深入的分析。通过深入浅出地解密 Lock 的“探险”过程，让各位读者都能收获颇丰。

常见面试题

1. 简述 AQS 的设计思路以及如何创建一个同步组件?
2. AQS 如何维护同步状态以及完成同步队列的入队出队的过程?
3. ReentrantLock 是如何实现重入性的?
4. 简述 condition 的 await() 和 signal() 方法的等待通知实现原理。
5. 简述 LockSupport 的使用场景。

第5章 深入解析并发容器

通过第 4 章的分析源码，读者对 Lock 体系有了比较深刻的理解，在整个并发编程体系中 Lock 相当于并发编程的基石，同步组件能够满足高并发性以及高性能都离不开对 Lock 的熟练使用。但是在业务开发中经常面对各种业务场景，需要使各种数据结构（如 list、map 和 queue 等数据类型）解决不同的业务问题。如果是在并发场景中，这类常规的数据结构是不具备线程安全特性的，开发者编程时需要为这些常用的数据结构进行封装，花费大量的时间去解决线程安全问题，很显然这并不是一种效率很高的开发方式。因此，j.u.c 为开发者提供了大量满足线程安全的并发容器，供开发者高效地进行业务开发。这些并发容器在设计和实现上都是相当巧妙的，其设计思想也可以用在其他业务系统设计上以及更多的场景中。本章将着重对并发容器的实现原理进行深入分析。

5.1 深入解析ConcurrentHashMap

5.1.1 ConcurrentHashMap简介

使用 HashMap 时，在多线程情况下扩容会出现 CPU 接近 100% 的情况，因为 HashMap 并不是线程安全的，这时可以使用 Java 体系中古老的 hashtable 类，该类中的方法几乎都采用 synchronized 进行线程安全的控制。可想而知，在高并发的情况下，每次只有一个线程能够获取对象监视器锁，这样的并发性能的确不令人满意。另外也可以通过 Collections 的 Map<K,V> synchronizedMap(Map<K,V>m) 将 HashMap 包装成一个线程安全的 map。例如，synchronzedMap 的 put() 方法源码如下：

```
public V put(K key, V value) {
    synchronized (mutex) {return m.put(key, value);}
}
```

实际上，synchronizedMap 的实现依然是采用 synchronized 独占式锁进行线程安全的并发控制的。同样，这种方案的性能也是不太令人满意的。针对这种境况，Doug Lea 大师不遗余力地为开发者创造了一些线程安全的并发容器，让每个 Java 开发人员备感幸福。相对于 HashMap，ConcurrentHashMap 就是线程安全的 map，它是利用了锁分段的思想提高了并发度。ConcurrentHashMap 在 JDK 1.6 版本和 1.8 版本上有很多的不同，对这两个版本进行横向比较，可以发现 JDK 1.6 版本的关键核心点有两点：

（1）由于 segment 继承了 ReentrantLock，因此每个 segment 都具备线程安全的特性；

（2）segment 维护了哈希表的若干个桶，每个桶均由 HashEntry 构成链表。

而 JDK 1.8 的 ConcurrentHashMap 有了很大的变化，仅仅是代码量就增加了很多。JDK 1.8 版本舍弃了 segment，并且大量使用了 synchronized 以及 CAS 无锁操作以保证 ConcurrentHashMap 操作的线程安全性。它为什么不用 ReentrantLock 而是使用 synchronzied 呢？因为 synchronzied 做了很多的优化，包括偏向锁、轻量级锁以及重量级锁的锁升级机制，提升锁的高并发性以及加锁和释放锁的效率。因此，使用 synchronized 相较于 ReentrantLock 的性能会持平甚至在某些情况下更优。另外，底层数据结构改变为数组 + 链表 + 红黑树的数据形式。

5.1.2 关键属性及类

在了解 ConcurrentHashMap 的具体实现前，我们需要系统地看一下几个关键的地方。ConcurrentHashMap 的关键属性如下。

```
table volatile Node<K,V>[] table; //装载 Node 的数组，作为 ConcurrentHashMap 的数据容器，采用懒加载的方式，直到第一次插入数据时才会进行初始化操作，数组的大小总为 2 的幂次方
nextTable volatile Node<K,V>[] nextTable; //扩容时使用，平时为 null，只有在扩容时才为非 null
sizeCtl volatile int sizeCtl; //该属性可用来控制 table 数组的大小，根据是否初始化和是否正在扩容分成几种情况：①当值为负数时，如果为 -1 表示正在初始化，如果为 -N 则表示当前正有 N-1 个线程进行扩容操作。②当值为正数时，如果当前数组为 null 表示 table 正在初始化过程中，如果为 sizeCtl 则表示需要新建数组的长度。若已经初始化了，则表示当前数据容器（table 数组）的可用容量。③当值为 0 时，即数组长度为默认初始值
sun.misc.Unsafe U //在 ConcurrentHashMapde 的实现中可以看到大量的 U.compareAndSwapXXXX() 方法去修改 ConcurrentHashMap 的一些属性，这些操作能够保障线程安全
```

sun.misc.Unsafe 提供的这些能够保障线程安全的方法，实际上是利用了 CAS 算法保证了线程安全性，这是**一种乐观锁策略，假设每次操作都不会产生冲突，当且仅当冲突发生时再去尝试**。而 CAS 操作依赖于现代处理器指令集，通过底层 CMPXCHG 指令实现。CAS(V,O,N) 的核心思想为：若当前变量实际值 V 与期望的旧值 O 相同，则表明该变量没有被其他线程修改，因此可以安全地将新值 N 赋值给变量；若当前变量实际值 V 与期望的旧值 O 不相同，则表明该变量已经被其他线程做了处理，此时将新值 N 赋给变量的操作就是不安全的，再次进行重试直至能够赋值成功或者超时退出。而在大量的同步组件和并发容器的实现中使用 CAS 是通过 sun.misc.Unsafe 类实现的，该类提供了一些可以直接操控内存和线程的底层操作。该成员变量的获取是在静态代码块中：

```
static {
    try {
        U = sun.misc.Unsafe.getUnsafe();
        ...
```

```
    } catch (Exception e) {
        throw new Error(e);
    }
}
```

ConcurrentHashMap 中的关键内部类如下。

（1）Node。Node 类实现了 Map.Entry 接口，主要是用来存放 key-value 对，并且具有 next 域。

```
static class Node<K,V> implements Map.Entry<K,V> {
        final int hash;
        final K key;
        volatile V val;
        volatile Node<K,V> next;
        ...
}
```

另外，可以看出很多属性都是用 volatile 进行修饰的，也就是为了保证内存的可见性。

（2）TreeNode。 树节点，继承于承载数据的 Node 类。而红黑树的操作是针对 TreeBin 类的，从该类的注释中也可以看出，TreeBin 会将 TreeNode 进行再次封装。

```
**
 * Nodes for use in TreeBins
 */
static final class TreeNode<K,V> extends Node<K,V> {
        TreeNode<K,V> parent;  // red-black tree links
        TreeNode<K,V> left;
        TreeNode<K,V> right;
        TreeNode<K,V> prev;    // needed to unlink next upon deletion
        boolean red;
        ...
}
```

（3）TreeBin。 这个类并不负责包装用户的 key 和 value 信息，而是包装了很多 TreeNode 节点。

```
static final class TreeBin<K,V> extends Node<K,V> {
        TreeNode<K,V> root;
        volatile TreeNode<K,V> first;
        volatile Thread waiter;
        volatile int lockState;
        // values for lockState
        static final int WRITER = 1; // set while holding write lock
        static final int WAITER = 2; // set when waiting for write lock
        static final int READER = 4; // increment value for setting read lock
        ...
}
```

（4）ForwardingNode。在扩容时才会出现的特殊节点，其 key、value、hash 全部为 null，并用 nextTable 指针引用新的 table 数组。

```
static final class ForwardingNode<K,V> extends Node<K,V> {
    final Node<K,V>[] nextTable;
    ForwardingNode(Node<K,V>[] tab) {
        super(MOVED, null, null, null);
        this.nextTable = tab;
    }
    ...
}
```

5.1.3 CAS相关操作

上面提到在 ConcurrentHashMap 中会大量使用 CAS 修改它的属性和一些操作。因此，在理解 ConcurrentHashMap 的方法前，我们需要了解下面几个常用的利用 CAS 算法保障线程安全的操作。

（1）tabAt()。该方法可用来获取 table 数组中索引为 i 的 Node 元素。

```
    static final <K,V> Node<K,V> tabAt(Node<K,V>[] tab, int i) { return
(Node<K,V>)U.getObjectVolatile(tab, ((long)i << ASHIFT) + ABASE); }
```

（2）casTabAt()。该方法可利用 CAS 操作设置 table 数组中索引为 i 的元素。

```
    static final <K,V> boolean casTabAt(Node<K,V>[] tab, int i, Node<K,V>
c, Node<K,V> v) { return U.compareAndSwapObject(tab, ((long)i << ASHIFT) +
ABASE, c, v); }
```

（3）setTabAt()。该方法可用来设置 table 数组中索引为 i 的元素。

```
    static final <K,V> void setTabAt(Node<K,V>[] tab, int i, Node<K,V> v) {
U.putObjectVolatile(tab, ((long)i << ASHIFT) + ABASE, v); }
```

5.1.4 深入分析核心方法

在熟悉上面的核心信息之后，接下来就来看看几个常用的方法是怎样实现的。

1. 实例构造器方法

使用 ConcurrentHashMap 的第一件事自然是创建一个 ConcurrentHashMap 对象，它提供了以下构造器方法。

```
// 1. 构造一个空的 map，即 table 数组还未初始化，默认大小为 16
ConcurrentHashMap()
// 2. 给定 map 的大小
ConcurrentHashMap(int initialCapacity)
// 3. 给定一个 map
ConcurrentHashMap(Map<? extends K, ? extends V> m)
// 4. 给定 map 的大小以及加载因子
ConcurrentHashMap(int initialCapacity, float loadFactor)
// 5. 给定 map 大小、加载因子以及并发度（预计同时操作数据的线程）
```

```
ConcurrentHashMap(int  initialCapacity,float  loadFactor,  int
concurrencyLevel)
```

ConcurrentHashMap 一共提供了 5 种构造器方法，具体使用请看注释。我们来看看第 2 种构造器，即传入指定大小时的情况，该构造器源码如下。

```
public ConcurrentHashMap(int initialCapacity) {
    //1. 小于 0 直接抛异常
    if (initialCapacity < 0)
        throw new IllegalArgumentException();
    //2. 判断是否超过了允许的最大值，若超过则取最大值，否则就对该值做进一步处理
    int cap = ((initialCapacity >= (MAXIMUM_CAPACITY >>> 1)) ?
        MAXIMUM_CAPACITY :
        tableSizeFor(initialCapacity + (initialCapacity >>> 1) + 1));
    //3. 赋值给 sizeCtl
    this.sizeCtl = cap;
}
```

这段代码的逻辑较易理解，如果传入指定值小于 0 就直接抛出异常，如果传入指定值大于所允许的最大值就取最大值；否则，就对指定值做进一步处理。最后将 cap 赋值给 sizeCtl，关于 sizeCtl 请看上面的说明。当调用构造器方法之后，sizeCtl 的大小就代表了 ConcurrentHashMap 的大小，即 table 数组长度。tableSizeFor() 方法做了哪些事情呢？源码如下。

```
/**
 * Returns a power of two table size for the given desired capacity.
 * See Hackers Delight, sec 3.2
 */
private static final int tableSizeFor(int c) {
    int n = c - 1;
    n |= n >>> 1;
    n |= n >>> 2;
    n |= n >>> 4;
    n |= n >>> 8;
    n |= n >>> 16;
    return (n < 0) ? 1 : (n >= MAXIMUM_CAPACITY) ? MAXIMUM_CAPACITY : n + 1;
}
```

该方法会将调用构造器方法时指定值的大小转换为一个 2 的幂次方数，也就是说 ConcurrentHashMap 的大小一定是 2 的幂次方，如当指定大小为 18 时，为了满足 2 的幂次方特性，实际上 concurrentHashMapd 的大小为 2^5（32）。需要注意的是，调用构造器方法时并未构造出 table 数组（可以理解为 ConcurrentHashMap 的数据容器），只是计算出了 table 数组的长度，当第一次向 ConcurrentHashMap 插入数据时才真正完成初始化创建 table 数组的工作。

2. initTable()方法

initTable() 方法的具体源码如下。

```
private final Node<K,V>[] initTable() {
    Node<K,V>[] tab; int sc;
```

```
        while ((tab = table) == null || tab.length == 0) {
            if ((sc = sizeCtl) < 0)
                       // 1. 保证只有一个线程正在进行初始化操作
                Thread.yield(); // lost initialization race; just spin
            else if (U.compareAndSwapInt(this, SIZECTL, sc, -1)) {
                try {
                    if ((tab = table) == null || tab.length == 0) {
                           // 2. 得出数组的大小
                        int n = (sc > 0) ? sc : DEFAULT_CAPACITY;
                        @SuppressWarnings("unchecked")
                           // 3. 这里才真正开始初始化数组
                        Node<K,V>[] nt = (Node<K,V>[])new Node<?,?>[n];
                        table = tab = nt;
                           // 4. 计算数组中可用的大小：数组实际大小 n× 加载因子 0.75
                        sc = n - (n >>> 2);
                    }
                } finally {
                    sizeCtl = sc;
                }
                break;
            }
        }
        return tab;
    }
```

代码的逻辑请见注释，还可能存在一种情况，多个线程同时执行到这个方法时，为了保证能够正确地初始化，在第 1 步会通过 if 进行判断，若当前已经有一个线程正在初始化，即 sizeCtl 值变为 –1，这时若其他线程通过 if 判断为 true，就调用 Thread.yield() 方法让出 CPU 时间片，让其他线程先运行。正在进行初始化的线程会调用 U.compareAndSwapInt() 方法将 sizeCtl 改为 –1，即正在初始化的状态。另外还需要注意的是，在第 4 步会进一步计算数组中可用的大小，即为数组实际大小 n 乘以加载因子 0.75。这里为何乘以 0.75？ 0.75 可表示为 3/4，这里 n – (n >>> 2) 也就刚好是 n–(1/4)n=(3/4)n，就相当于最后取值为总容量乘以 0.75 的加载因子系数。

如果选择无参构造器，这里在 new Node 数组时会使用默认大小 DEFAULT_CAPACITY(16)，然后乘以加载因子 0.75，即为 12，也就是说数组的可用大小为 12。

3. put()方法

ConcurrentHashMap 最常用的应该是 put() 和 get() 方法，我们先来看看 put() 方法是怎样实现的。调用 put() 方法时，具体是由 putVal() 方法实现的，源码如下。

```
    /** Implementation for put and putIfAbsent */
    final V putVal(K key, V value, boolean onlyIfAbsent) {
        if (key == null || value == null) throw new NullPointerException();
      //1. 计算 key 的哈希值
        int hash = spread(key.hashCode());
        int binCount = 0;
```

```
    for (Node<K,V>[] tab = table;;) {
        Node<K,V> f; int n, i, fh;
          //2.如果当前 table 没有被初始化,先调用 initTable() 方法对 tab 进行初始化
        if (tab == null || (n = tab.length) == 0)
            tab = initTable();
          //3. tab 中索引为 i 的位置的元素为 null,则直接使用 CAS 将值插入即可
        else if ((f = tabAt(tab, i = (n - 1) & hash)) == null) {
            if (casTabAt(tab, i, null,
                new Node<K,V>(hash, key, value, null)))
                break;        // no lock when adding to empty bin
        }
          //4. 当前正在扩容
        else if ((fh = f.hash) == MOVED)
            tab = helpTransfer(tab, f);
        else {
            V oldVal = null;
            synchronized (f) {
                if (tabAt(tab, i) == f) {
                    //5. 当前为链表,在链表中插入新的键值对
                    if (fh >= 0) {
                        binCount = 1;
                        for (Node<K,V> e = f;; ++binCount) {
                            K ek;
                            if (e.hash == hash &&
                                ((ek = e.key) == key ||
                                 (ek != null && key.equals(ek)))) {
                                oldVal = e.val;
                                if (!onlyIfAbsent)
                                    e.val = value;
                                break;
                            }
                            Node<K,V> pred = e;
                            if ((e = e.next) == null) {
                                pred.next = new Node<K,V>(hash, key,
                                   value, null);
                                break;
                            }
                        }
                    }
                             // 6.当前为红黑树,将新的键值对插入红黑树
                    else if (f instanceof TreeBin) {
                        Node<K,V> p;
                        binCount = 2;
                        if ((p = ((TreeBin<K,V>)f).putTreeVal(hash, key,
                            value)) != null) {
                            oldVal = p.val;
                            if (!onlyIfAbsent)
```

```
                            p.val = value;
                        }
                    }
                }
            }
            // 7.插入完键值对后，再根据实际大小看是否需要转换为红黑树
            if (binCount != 0) {
                if (binCount >= TREEIFY_THRESHOLD)
                    treeifyBin(tab, i);
                if (oldVal != null)
                    return oldVal;
                break;
            }
        }
    }
    //8.对当前容量大小进行检查，如果超过了临界值（实际大小 × 加载因子），就需要扩容
    addCount(1L, binCount);
    return null;
}
```

Put() 方法的代码有点长，按照上面的分解步骤一步步来看。从整体而言，为了解决线程安全的问题，ConcurrentHashMap 使用了 synchronzied 和 CAS 的方式。ConcurrentHashMap table 结构如图 5.1 所示。

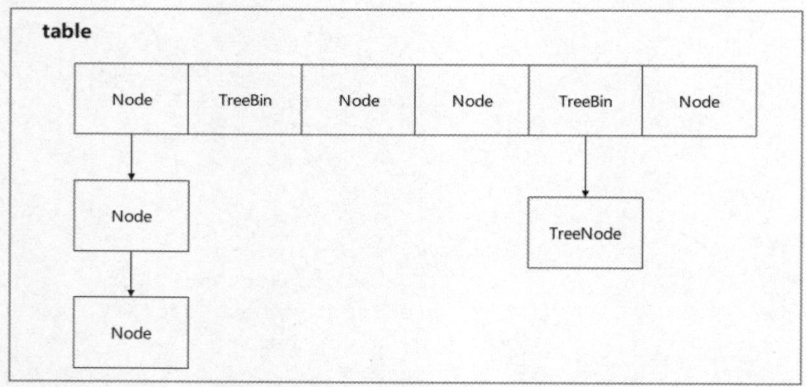

图5.1　ConcurrentHashMap table结构

ConcurrentHashMap 是一个哈希桶数组，不出现哈希冲突时，每个元素都均匀地分布在哈希桶数组中。**当出现哈希冲突时，通过链地址的方式解决哈希冲突的问题，将哈希值相同的节点构成链表的形式，称为“拉链法”**。另外，在 JDK 1.8 版本中为了防止拉链过长，当链表的长度大于 8 时会把链表转换为红黑树。table 数组中的每个元素实际上是单链表的头节点或红黑树的根节点。当插入键值对时首先应该定位到要插入的桶，即插入 table 数组的索引 i 处。那么怎样计算得出索引 i 呢？当然是根据 key 的 hashCode 值。整个 put() 方法的关键步骤如下。

（1）利用 Spread() 方法降低哈希冲突的概率，计算节点哈希值。

对于一个哈希表，哈希值分散得不够均匀会大大增加哈希冲突的概率，从而影响哈希表的性能。因此，要通过 spread() 方法进行了一次重哈希，减小哈希冲突的可能性。Spread() 方法的源码如下。

```
static final int spread(int h) {
    return (h ^ (h >>> 16)) & HASH_BITS;
}
```

该方法主要是将 key 的 hashCode 的低 16 位与高 16 位进行异或运算，这样不仅能够使哈希值分散均匀，减小哈希冲突的概率，而且只用到了异或运算，在性能开销上也能兼顾，做到平衡的 trade-off。

（2）初始化 table。

第 2 步会判断当前 table 数组是否初始化了，没有就调用 initTable() 方法进行初始化。

（3）是否可直接赋值到 table 数组。

从图 5.1 中可以看出还存在这样一种情况，插入值待插入的位置刚好在的 table 数组为 null，这时就可以直接将值插入。那么怎样根据哈希值确定在 table 中待插入的索引 i 呢？很显然，可以通过哈希值与数组长度的取模操作，确定新值插入到数组的哪个位置。而之前提过 ConcurrentHashMap 的大小总是 2 的幂次方，(n−1) & hash 运算等价于对长度 n 取模，也就是 hash%n。但是，位运算比取模运算的效率要高很多，Doug Lea 大师在设计并发容器时也算是将性能优化到了极致，令人钦佩。

确定好数组的索引 i 后，就可以调用 tabAt() 方法（该方法在 5.1.3 小节已经说明）获取该位置上的元素了，如果当前节点 f 为 null，还可以直接用 casTabAt() 方法将新值插入。

（4）当前 ConcurrentHashMap 是否正在扩容。

如果当前节点不为 null，且该节点为特殊节点（forwardingNode），就说明当前 ConcurrentHashMap 正在进行扩容操作。关于扩容操作，之后会作为一个具体的方法进行讲解。那么怎样确定当前节点是不是特殊的节点呢？可通过该节点的哈希值是否等于 −1（MOVED）来判断，代码为 (fh = f.hash) == MOVED，对于 MOVED 的解释源码中也写得很清楚了。

```
static final int MOVED = -1; // hash for forwarding nodes
```

（5）当 table[i] 为链表的头节点，在链表中插入新值。

当 table[i] 不为 null、也不为 forwardingNode，且当前节点 f 的哈希值大于 0（fh >= 0）时，说明当前节点 f 为当前桶的所有节点组成的链表的头节点。那么接下来，要想向 ConcurrentHashMap 中插入新值，也就是向这个链表中插入新值，可以通过 synchronized (f) 的方式进行加锁以实现线程安全性。向链表中插入节点的部分代码如下。

```
if (fh >= 0) {
    binCount = 1;
    for (Node<K,V> e = f;; ++binCount) {
        K ek;
        // 找到哈希值相同的 key，覆盖旧值即可
        if (e.hash == hash &&((ek = e.key) == key ||
```

```
                (ek != null && key.equals(ek)))) {
              oldVal = e.val;
              if (!onlyIfAbsent)
                  e.val = value;
              break;
          }
          Node<K,V> pred = e;
          if ((e = e.next) == null) {
              // 如果到链表末尾仍未找到，则直接将新值插入链表末尾即可
              pred.next = new Node<K,V>(hash, key, value, null);
              break;
          }
      }
  }
```

这部分代码很好理解，就是分成两种情况：①在链表中如果找到了与待插入的键值对的key相同的节点，直接覆盖即可；②如果直到链表末尾都没有找到，直接将待插入的键值对追加到链表的末尾即可。

（6）当 table[i] 为红黑树的根节点，在红黑树中插入新值。

按照之前的数组+链表的设计方案，这里存在一个问题，即使加载因子和哈希算法设计得再合理，也免不了会出现链表过长的情况，一旦出现链表过长，甚至在极端情况下，查找一个节点会出现时间复杂度为 $O(n)$ 的情况，就会严重影响 ConcurrentHashMap 的性能。于是，在 JDK 1.8 版本中，对数据结构做了进一步的优化，引入了红黑树。而当链表长度太长（默认超过 8）时，链表就转换为红黑树，利用红黑树的数据结构特点能够快速提高 ConcurrentHashMap 的性能，其中会用到红黑树的插入、删除以及查找等算法。当 table[i] 为红黑树的根节点时的操作如下。

```
if (f instanceof TreeBin) {
    Node<K,V> p;
    binCount = 2;
    if ((p = ((TreeBin<K,V>)f).putTreeVal(hash, key,value)) != null) {
        oldVal = p.val;
        if (!onlyIfAbsent)
            p.val = value;
    }
}
```

首先在 if 中通过 f instanceof TreeBin 判断当前 table[i] 是否为 TreeBin，这也正好验证了在上面介绍时说的 TreeBin 会对 TreeNode 做进一步封装，对红黑树进行操作时针对的是 TreeBin 而不是 TreeNode。这段代码很简单，是调用 putTreeVal() 方法向红黑树插入新节点的。同样的逻辑，如果在红黑树中存在与待插入键值对的 key 相同（哈希值相等并且 equals() 方法判断为 true）的节点，就覆盖旧值，否则向红黑树追加新节点。

（7）根据当前节点个数进行调整。

当完成数据新节点的插入之后，会进一步对当前链表大小进行调整，这部分代码如下。

```
if (binCount != 0) {
    if (binCount >= TREEIFY_THRESHOLD)
        treeifyBin(tab, i);
    if (oldVal != null)
        return oldVal;
    break;
}
```

如果当前链表节点个数大于或等于 8（TREEIFY_THRESHOLD），就会调用 treeifyBin() 方法将 tablel[i]（第 i 个散列桶）拉链转换为红黑树。

至此，关于 put() 方法的逻辑就介绍完了，现在来做一些总结。

（1）对于每个放入的值，首先利用 spread() 方法对 key 的 HashCode 进行一次哈希计算，通过 spread() 方法能够使哈希值分布得更加均匀，从而降低哈希冲突的概率。

（2）如果当前 table 数组还未初始化，就先将 table 数组进行初始化操作。

（3）如果这个位置是 null，就使用 CAS 操作直接插入。

（4）如果这个位置存在节点，说明发生了哈希碰撞，首先判断这个节点的类型。如果该节点 fh==MOVED，说明数组正在进行扩容。

（5）如果是链表节点（fh>0），则得到的节点就是哈希值相同的节点组成的链表的头节点。需要依次向后遍历确定这个新加入的值的所在位置。如果遇到 key 相同的节点，则只需要覆盖该节点的 value 值即可；否则就依次向后遍历，直到遍历到达链表尾插入的这个节点。

（6）如果这个节点的类型是 TreeBin，可直接调用红黑树的插入方法插入新的节点。

（7）插入完节点之后再次检查链表长度，如果长度大于 8，就把这个链表转换为红黑树。

（8）对当前容量大小进行检查，如果超过了临界值（实际大小 × 加载因子），就需要扩容。

4. get()方法

了解了 put() 方法，再来看 get() 方法就很容易了，通过逆向思维，将 put 的操作“反过来”可以达到取值的目的。get() 方法的源码如下。

```
public V get(Object key) {
    Node<K,V>[] tab; Node<K,V> e, p; int n, eh; K ek;
    // 1. 重哈希
    int h = spread(key.hashCode());
    if ((tab = table) != null && (n = tab.length) > 0 &&
        (e = tabAt(tab, (n - 1) & h)) != null) {
        // 2. table[i] 桶节点的 key 与查找的 key 相同，则直接返回
        if ((eh = e.hash) == h) {
            if ((ek = e.key) == key || (ek != null && key.equals(ek)))
                return e.val;
        }
        // 3. 当前节点哈希小于 0 说明为树节点，在红黑树中查找即可
        else if (eh < 0)
```

```
            return (p = e.find(h, key)) != null ? p.val : null;
        while ((e = e.next) != null) {
        //4. 从链表中查找，查找到就返回该节点的 value，否则返回 null
            if (e.hash == h &&
                ((ek = e.key) == key || (ek != null && key.equals(ek))))
                return e.val;
        }
    }
    return null;
}
```

代码的逻辑请看注释，主要流程总结如下。

（1）首先看当前的哈希桶数组节点（即 table[i]）是否为查找的节点，若是，就直接返回。

（2）若不是，则继续看它是不是树节点。节点的哈希值是否小于 0？如果小于 0，就说明它是树节点。如果是树节点，就在红黑树中查找节点；如果不是树节点，那就只剩下为链表的形式的这种可能性了。向后遍历查找节点，若查找到，返回节点的 value 即可；若没有查找到，就返回 null。

5. transfer()方法

当 ConcurrentHashMap 容量不足时，需要对 table 进行扩容。这个方法的基本思想与 HashMap 是很像的，但是由于它是支持并发扩容的，所以要复杂得多。原因是它支持多线程进行扩容操作而并没有加锁。这样做不仅仅是为了满足 ConcurrentHashMap 的要求，还希望利用并发处理减少扩容带来的时间影响。transfer() 方法的源码如下。

```
private final void transfer(Node<K,V>[] tab, Node<K,V>[] nextTab) {
    int n = tab.length, stride;
    if ((stride = (NCPU > 1) ? (n >>> 3) / NCPU : n) < MIN_TRANSFER_STRIDE)
        stride = MIN_TRANSFER_STRIDE; // subdivide range
        //1. 新建 Node 数组，容量为之前的 2 倍
    if (nextTab == null) {            // initiating
        try {
            @SuppressWarnings("unchecked")
            Node<K,V>[] nt = (Node<K,V>[])new Node<?,?>[n << 1];
            nextTab = nt;
        } catch (Throwable ex) {      // try to cope with OOME
            sizeCtl = Integer.MAX_VALUE;
            return;
        }
        nextTable = nextTab;
        transferIndex = n;
    }
    int nextn = nextTab.length;
    //2. 新建 forwardingNode 引用
    ForwardingNode<K,V> fwd = new ForwardingNode<K,V>(nextTab);
    boolean advance = true;
    boolean finishing = false; // to ensure sweep before committing nextTab
```

```
for (int i = 0, bound = 0;;) {
    Node<K,V> f; int fh;
    // 3. 确定遍历中的索引 i
    while (advance) {
        int nextIndex, nextBound;
        if (--i >= bound || finishing)
            advance = false;
        else if ((nextIndex = transferIndex) <= 0) {
            i = -1;
            advance = false;
        }
        else if (U.compareAndSwapInt
                 (this, TRANSFERINDEX, nextIndex,
                  nextBound = (nextIndex > stride ?
                               nextIndex - stride : 0))) {
            bound = nextBound;
            i = nextIndex - 1;
            advance = false;
        }
    }
    //4.将原数组中的元素复制到新数组中
    //4.5 for循环退出，扩容结束修改 sizeCtl 属性
    if (i < 0 || i >= n || i + n >= nextn) {
        int sc;
        if (finishing) {
            nextTable = null;
            table = nextTab;
            sizeCtl = (n << 1) - (n >>> 1);
            return;
        }
        if (U.compareAndSwapInt(this, SIZECTL, sc = sizeCtl, sc - 1)){
            if ((sc - 2) != resizeStamp(n) << RESIZE_STAMP_SHIFT)
                return;
            finishing = advance = true;
            i = n; // recheck before commit
        }
    }
    //4.1 当前数组中第 i 个元素为 null，用 CAS 设置为特殊节点 forwardingNode（可以
   理解为占位符）
    else if ((f = tabAt(tab, i)) == null)
        advance = casTabAt(tab, i, null, fwd);
    //4.2 如果遍历到 forwardingNode 节点，说明这个点已被处理过了，直接跳过即可
   （这里是控制并发扩容的核心）
    else if ((fh = f.hash) == MOVED)
        advance = true; // already processed
    else {
        synchronized (f) {
```

```
                    if (tabAt(tab, i) == f) {
                        Node<K,V> ln, hn;
                        if (fh >= 0) {
                            //4.3 处理当前节点为链表的头节点的情况
                            int runBit = fh & n;
                            Node<K,V> lastRun = f;
                            for (Node<K,V> p = f.next; p != null; p = p.next) {
                                int b = p.hash & n;
                                if (b != runBit) {
                                    runBit = b;
                                    lastRun = p;
                                }
                            }
                            if (runBit == 0) {
                                ln = lastRun;
                                hn = null;
                            }
                            else {
                                hn = lastRun;
                                ln = null;
                            }
                            for (Node<K,V> p = f; p != lastRun; p = p.next) {
                                int ph = p.hash; K pk = p.key; V pv = p.val;
                                if ((ph & n) == 0)
                                    ln = new Node<K,V>(ph, pk, pv, ln);
                                else
                                    hn = new Node<K,V>(ph, pk, pv, hn);
                            }
                           // 在 nextTable 的 i 位置上插入一个链表
                           setTabAt(nextTab, i, ln);
                           // 在 nextTable 的 i+n 的位置上插入另一个链表
                           setTabAt(nextTab, i + n, hn);
                           // 在 table 的 i 位置上插入 forwardNode 节点，表示已处理过该节点
                           setTabAt(tab, i, fwd);
                           // 设置 advance 为 true，返回到上面的 while 循环中，就可以
                           执行 i-- 操作
                           advance = true;
                        }
                        //4.4 处理当前节点是 TreeBin 的情况，操作和上面的类似
                        else if (f instanceof TreeBin) {
                            TreeBin<K,V> t = (TreeBin<K,V>)f;
                            TreeNode<K,V> lo = null, loTail = null;
                            TreeNode<K,V> hi = null, hiTail = null;
                            int lc = 0, hc = 0;
                            for (Node<K,V> e = t.first; e != null; e = e.next){
                                int h = e.hash;
                                TreeNode<K,V> p = new TreeNode<K,V>
```

```
                        (h, e.key, e.val, null, null);
                    if ((h & n) == 0) {
                        if ((p.prev = loTail) == null)
                            lo = p;
                        else
                            loTail.next = p;
                        loTail = p;
                        ++lc;
                    }
                    else {
                        if ((p.prev = hiTail) == null)
                            hi = p;
                        else
                            hiTail.next = p;
                        hiTail = p;
                        ++hc;
                    }
                }
                ln = (lc <= UNTREEIFY_THRESHOLD) ? untreeify(lo) :
                    (hc != 0) ? new TreeBin<K,V>(lo) : t;
                hn = (hc <= UNTREEIFY_THRESHOLD) ? untreeify(hi) :
                    (lc != 0) ? new TreeBin<K,V>(hi) : t;
                setTabAt(nextTab, i, ln);
                setTabAt(nextTab, i + n, hn);
                setTabAt(tab, i, fwd);
                advance = true;
            }
        }
    }
}
}
}
```

代码逻辑参见注释，整个扩容操作分为两个部分。

第一部分是构建一个 nextTable，它的容量是原来的两倍，这个操作是单线程完成的。新建 table 数组的代码为 Node<K,V>[] nt = (Node<K,V>[])new Node<?,?>[n << 1]，在原容量大小的基础上右移一位。

第二部分就是将原来 table 中的元素复制到 nextTable 中，主要是遍历复制的过程。根据运算得到当前遍历的数组的位置 i，然后利用 tabAt() 方法获得 i 位置的元素后再进行判断：

（1）如果这个位置为空，就在原 table 中的 i 位置放入 forwardNode 节点，这是触发并发扩容的关键点；

（2）如果这个位置是 Node 节点（fh>=0），通过 fh & n 对原链表节点进行标记然后构造反序链表，把它们分别放在 nextTable 的 i 和 i+n 的位置上；

（3）如果当前节点是 TreeBin 类型，说明当前节点已经转换成了红黑树结构。同样的需要通过遍历节点进行节点转移操作，最后通过 CAS 把 ln 设置到新数组的 i 位置以及将 hn 设置到

i+n 位置。需要注意的是，扩容后要对容器长度进行判断，如果 lo 和 hi 的元素个数小于等于 UNTREEIFY_THRESHOLD（默认为 6），就需要通过 untreeify 方法将之转换成 Node 类型的链表结构。

遍历过所有的节点后就完成了复制工作，这时让 nextTable 作为新的 table，并且更新 sizeCtl 为扩容后总容量乘以 0.75 系数后的值，整个过程就是扩容全过程。设置为新容量的 0.75 倍的代码为 sizeCtl = (n << 1) – (n >>> 1)。仔细体会下，是不是很巧妙？ n<<1 相当于 n 右移一位，表示 n 的 2 倍，即 2n（扩容后的预估总容量）; n>>>1 相当于右移一位，表示 n 除以 2，即 0.5n，然后两者相减为 2n – 0.5n=1.5n，最后的结果就刚好等于新容量的 3/4，即 2n*0.75=1.5n。操作示意图如图 5.2 所示。

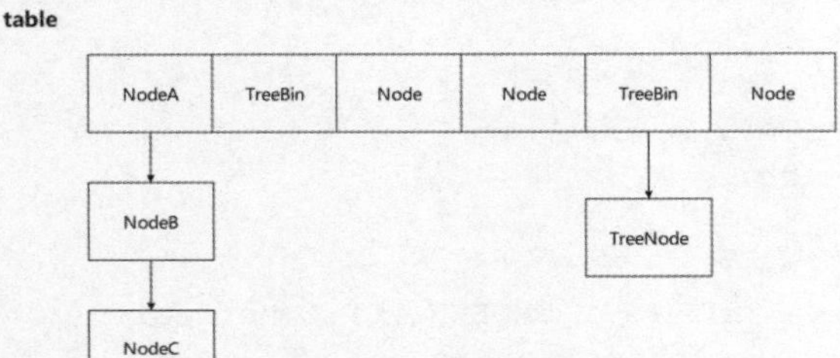

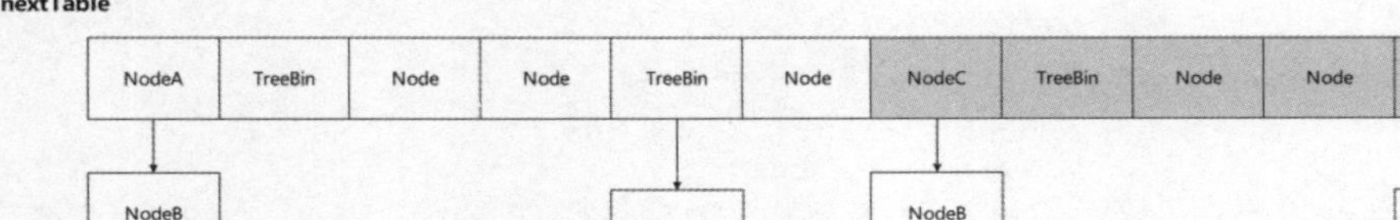

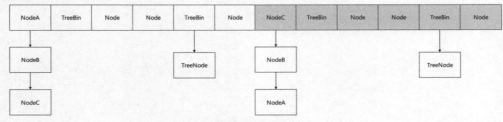

图 5.2　操作示意图

6. 与size相关的一些方法

对于 ConcurrentHashMap，这个 table 中到底装了多少东西，其实不确定，因为不可能在调用 size() 方法时像 GC 的“stop the world”一样让其他线程都停下来去统计，因此对整体的容量只能进行一个预估。对于这个估计值，ConcurrentHashMap 也是大费周章才计算出来的。

为了统计元素个数，ConcurrentHashMap 定义了一些变量和一个内部类：

```
/**
 * A padded cell for distributing counts.  Adapted from LongAdder
 * and Striped64.  See their internal docs for explanation.
 */
@sun.misc.Contended static final class CounterCell {
    volatile long value;
    CounterCell(long x) { value = x; }
```

```
    }

    /******************************************/

    /**
     * 实际上保存的是 HashMap 中的元素个数，利用 CAS 锁进行更新，
     但不用返回当前 HashMap 的元素个数

     */
    private transient volatile long baseCount;
    /**
     * Spinlock (locked via CAS) used when resizing and/or creating
CounterCells
     */
    private transient volatile int cellsBusy;

    /**
     * Table of counter cells. When non-null, size is a power of 2
     */
    private transient volatile CounterCell[] counterCells;
```

mappinGCount() 方法与 size() 方法类似，从给出的注释来看，应该使用 mappinGCount() 方法代替 size() 方法。两个方法都没有直接返回 baseCount ，而是统计一次这个值，这个值其实也是一个大概的数值，因为可能在统计时还有其他线程正在执行插入或删除操作。

```
    public int size() {
        long n = sumCount();
        return ((n < 0L) ? 0 :
                (n > (long)Integer.MAX_VALUE) ? Integer.MAX_VALUE :
                (int)n);
    }
     /**
     * Returns the number of mappings. This method should be used
     * instead of {@link #size} because a ConcurrentHashMap may
     * contain more mappings than can be represented as an int. The
     * value returned is an estimate; the actual count may differ if
     * there are concurrent insertions or removals.
     *
     * @return the number of mappings
     * @since 1.8
     */
    public long mappinGCount() {
        long n = sumCount();
        return (n < 0L) ? 0L : n; // ignore transient negative values
    }

     final long sumCount() {
        CounterCell[] as = counterCells; CounterCell a;
```

```
        long sum = baseCount;
        if (as != null) {
            for (int i = 0; i < as.length; ++i) {
                if ((a = as[i]) != null)
                    sum += a.value;//所有 counter 的值求和
            }
        }
        return sum;
    }
```

在 put() 方法结尾处调用了 addCount() 方法，把当前 ConcurrentHashMap 的元素个数加 1，这个方法一共做了两件事：更新 baseCount 的值和检测是否进行扩容。

```
    private final void addCount(long x, int check) {
        CounterCell[] as; long b, s;
        // 利用 CAS 方法更新 baseCount 的值
        if ((as = counterCells) != null ||
            !U.compareAndSwapLong(this, BASECOUNT, b = baseCount, s = b + x)) {
            CounterCell a; long v; int m;
            boolean uncontended = true;
            if (as == null || (m = as.length - 1) < 0 ||
                (a = as[ThreadLocalRandom.getProbe() & m]) == null ||
                !(uncontended =U.compareAndSwapLong(a, CELLVALUE,
                v = a.value, v + x))) {
                fullAddCount(x, uncontended);
                return;
            }
            if (check <= 1)
                return;
            s = sumCount();
        }
        // 如果 check 值大于或等于 0，就检验是否需要进行扩容操作
        if (check >= 0) {
            Node<K,V>[] tab, nt; int n, sc;
            while (s >= (long)(sc = sizeCtl) && (tab = table) != null &&
                    (n = tab.length) < MAXIMUM_CAPACITY) {
                int rs = resizeStamp(n);
                //
                if (sc < 0) {
                    if ((sc >>> RESIZE_STAMP_SHIFT) != rs || sc == rs + 1 ||
                        sc == rs + MAX_RESIZERS || (nt = nextTable) == null ||
                        transferIndex <= 0)
                        break;
                        // 如果已经有其他线程在执行扩容操作
                    if (U.compareAndSwapInt(this, SIZECTL, sc, sc + 1))
                        transfer(tab, nt);
                }
                // 当前线程是唯一的或第一个发起扩容的线程，此时 nextTable=null
```

```
                else if (U.compareAndSwapInt(this, SIZECTL, sc,
                    (rs << RESIZE_STAMP_SHIFT) + 2))
                    transfer(tab, null);
                s = sumCount();
            }
        }
    }
```

5.1.5 总结

JDK 1.8 之前的 ConcurrentHashmap 主要通过将数据容器拆解成多个 segment，来降低锁粒度，这样可以进一步提升并发性能。在 put 值时为了保障线程安全需要将 segment 锁住再来获取值，但是在 get 值时并不需要加锁。当要统计全局时（如 size），首先会尝试多次计算 modcount 来确定在多次的计算过程中是否有其他线程进行了修改操作，如果没有，就直接返回 size；如果有，则需要依次锁住所有的 segment 来计算。

JDK 1.8 之前 put 定位节点时要先定位到具体的 segment，然后再在 segment 中定位到具体的桶。而 JDK 1.8 摒弃了 segment 臃肿的设计，直接针对 table 数组中的每个桶，进一步减小了锁粒度，并且防止拉链过长导致性能下降，当链表长度大于 8 时则采用红黑树的数据结构进一步提升数据访问的性能。

主要设计上的变化有以下几点：

（1）不采用 segment，而是采用更加细粒度的 Node 节点，降低锁粒度，提升容器整体的并发特性和性能；

（2）设计了 MOVED 状态，在 resize 的过程中，可以由多线程并发协助完成容器的扩容；

（3）进一步通过无锁算法 CAS 操作完成对节点的数据操作，提升性能和并发度；

（4）采用 synchronized 解决线程安全的问题，而不是 ReentrantLock。

5.2 CopyOnWriteArrayList详解

5.2.1 CopyOnWriteArrayList简介

众所周知，ArrayList 并不是线程安全的，当读线程在读取 ArrayList 时，如果有写线程在写数据，基于 fast-fail 机制，就会抛出 ConcurrentModificationException 异常，也就是说 ArrayList 并不是一个线程安全的容器。当然，可以用 vector 或 Collections 的静态方法将 ArrayList 包装成一个线程安全的类，但是这些方式都是采用 Java 关键字 synchronzied 对方法进行修饰，利用独占式锁保证线程安全的。而独占式锁在同一时刻只有一个线程能够获取到对象监视器，很显然这种方式的并发效率并不高。

回到业务场景中，你会发现很多业务往往是读多写少的，如系统配置的信息，除了在初始进行系统配置时需要写入数据，大部分时刻的其他模块对系统信息只需要进行读取。同样的场景还有业务白名单及黑名单的配置信息，只需要读取名单配置，然后检测当前用户是否在该配置范围内即可。此外，还有很多类似的业务场景，它们也都是属于读多写少的场景。在这种情况下，使用 vector 或 Collections 的转换方式就不太合理了，因为尽管多个读线程从同一个数据容器中读取数据，但是读线程并不会修改数据容器中的数据，因此不会存在数据线程安全的问题。很自然，我们会联想到 ReenTrantReadWriteLock，通过读写分离的思想，使读读之间不会阻塞。如果一个列表能够做到被多个读线程读取，性能就会大大提升。但是，如果仅仅是将列表通过读写锁进行再次封装，由于读写锁的特性，当写锁被写线程获取后，读写线程依然会被阻塞。

因此，如果仅仅使用读写锁对列表进行封装，仍然会存在读线程在读数据时被阻塞的情况。如果想进一步提升列表的读效率，如何保障读线程无论何时都不会被阻塞就成了实现的突破口。

Doug Lea 大师提供的 CopyOnWriteArrayList 容器，可以保证线程安全以及读读之间在任何时候都不会被阻塞，因此，CopyOnWriteArrayList 被广泛应用于很多业务场景中。下面介绍 CopyOnWriteArrayList 的底层实现机制，帮助读者了解其实现原理。

5.2.2 COW的设计思想

回到上面所说的，如果简单地使用读写锁，在写锁被获取之后，读写线程会被阻塞，只有当写锁被释放后，读线程才有机会获取到锁并读到最新的数据。站在读线程的角度来看，就是要求读线程在任何时候都能获取到最新的数据，需要满足数据实时性。

既然需要对读取数据进行优化，那么必然就会涉及设计上的权衡，需要牺牲某一方面的特性去提升另一方面的性能。通常而言，在技术设计上不会存在一种完美的机制能够让所有的特性都得到提升，所以会从技术实现的角度进行权衡。针对数据读取的场景，在并发场景下对列表数据的读取，可以通过牺牲数据实时性满足数据的最终一致性。而 CopyOnWriteArrayList 就是通过 Copy-On-Write（COW，写时复制）的思想，以及延时更新的策略实现数据的最终一致性，并且能够保证读线程间不阻塞，进一步提升并发效率。

对 COW 通俗的理解是向一个容器添加元素时，不是直接向当前容器添加，而是先将当前容器进行复制（Copy），然后向复制的、新的容器中添加元素，添加完元素之后再将原容器的引用指向新的容器。所以，CopyOnWrite 容器也是一种读写分离的思想，延时更新的策略是在写数据时写入新的数据容器中，而读数据是读的历史数据副本，因此就会存在一个无法读取到最新数据的数据不一致的窗口，放弃数据实时性达到数据的最终一致性。

5.2.3 CopyOnWriteArrayList实现原理

下面通过看源码的方式来理解 CopyOnWriteArrayList，实际上 CopyOnWriteArrayList 内部维护的是一个数组：

```
/** The array, accessed only via getArray/setArray. */
```

```
private transient volatile Object[] array;
```

并且该数组引用是被 volatile 修饰的，注意这里修饰的仅仅是**数组引用**，在后面我们会对隐藏的设计技巧进行解读。对列表来说，最关心的就是读写数据的处理，分别对应 get() 和 add() 方法的实现。

1.get()方法的实现原理

get() 方法的源码如下。

```
public E get(int index) {
    return get(getArray(), index);
}
/**
 * Gets the array.  Non-private so as to also be accessible
 * from CopyOnWriteArraySet class.
 */
final Object[] getArray() {
    return array;
}
private E get(Object[] a, int index) {
    return (E) a[index];
}
```

可以看出，get() 方法的实现非常简单，这几乎就是一个"单线程"程序，没有对多线程添加任何的线程安全控制，也没有加锁和 CAS 操作等，原因是所有的读线程只会读取数据容器中的数据，并不会进行修改。

2.add()方法的实现原理

再来看如何添加数据。add() 方法的源码如下。

```
public boolean add(E e) {
    final ReentrantLock lock = this.lock;
    //1. 使用 Lock，保证写线程在同一时刻只有一个
    lock.lock();
    try {
        //2. 获取旧数组引用
        Object[] elements = getArray();
        int len = elements.length;
        //3. 创建新的数组，并将旧数组的数据复制到新数组中
        Object[] newElements = Arrays.copyOf(elements, len + 1);
        //4. 向新数组中添加新的数据
        newElements[len] = e;
        //5. 将旧数组引用指向新的数组
        setArray(newElements);
        return true;
    } finally {
        lock.unlock();
    }
```

```
}
```

add() 方法的逻辑也比较容易理解，数据实际上是写入了新的数据容器中。需要注意的是，在写数据时采用 ReentrantLock 能保证同一时刻只有一个写线程正在进行数组的复制。如果没有这个约束，内存中可能会有多份被复制的数据。

前面说过，数组引用是用 volatile 修饰的，根据 volatile 的 happens-before 规则，写线程对数组引用的修改对读线程是可见的，因此将旧的数组引用指向新的数组引用这一步操作就可以保证后续读线程是从新的数据容器中读取最新的数据。

add() 方法核心代码如下。

```
1.Object[] elements = getArray();
2.int len = elements.length;
3.Object[] newElements = Arrays.copyOf(elements, len + 1);
4.newElements[len] = e;
5.setArray(newElements);
```

add() 方法示意图如图 5.3 所示。

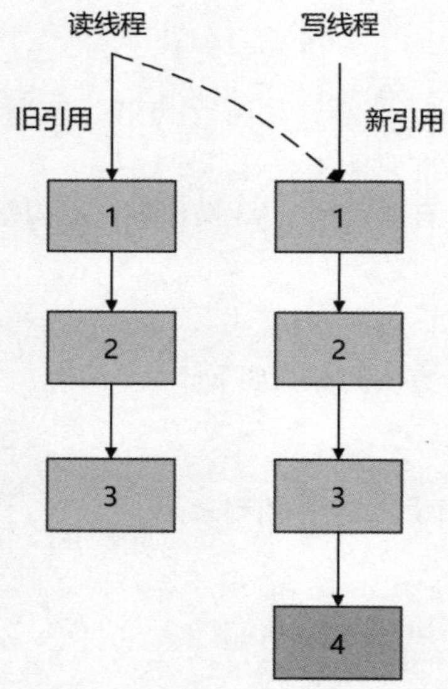

图 5.3　add()方法示意图

数组中已存在数据 1、2 和 3，现在写线程想向数据容器中添加数据 4，但当第 5 步未执行之前，读线程读取的数据依然是旧数据引用维护的旧数组数据，即 1、2 和 3。第 5 步执行之后，读线程才会读取最新的数据引用的数组数据，即 1、2、3 和 4。

这里 volatile 修饰的仅仅只是数组引用，数组中元素的修改是不能保证其可见性的。因此，COW 采用新旧两个数据容器维护写前和写后的两份数据，并通过第 5 行代码将数组引用指向新的数组引用，保障读线程读到的是最新的数据。

CopyOnWrite 容器有很多优点，但同时也存在两个问题，即内存扩大问题和数据一致性问题。大家在使用时需要注意。

（1）内存扩大问题

因为 CopyOnWrite 的写时复制机制，所以在进行写操作时内存中会同时驻扎两份对象的内存，如果这些对象占用的内存比较大，那么会导致内存占用空间瞬间增加，甚至有可能导致 GC 问题，严重影响性能。

（2）数据一致性问题

CopyOnWrite 容器只能保证数据的最终一致性，不能保证数据的实时一致性。在对数据实时性要求很高的业务场景中使用 CopyOnWrite 容器是不合适的。

5.2.4　总结

COW 和读写锁都是通过读写分离的思想实现的，但两者还是有些不同，下面对两者进行比较。

1. 相同点

（1）两者都是通过读写分离的思想实现的。

（2）读线程间是互不阻塞的。

2. 不同点

（1）读写锁追求的是数据的完全一致性，因此在写锁获取后，读线程会存在阻塞获取锁的过程来保障数据在任何时刻都是最新的数据。

（2）COW 则是牺牲数据实时性保证数据最终一致性，读线程对最新数据是延时感知的。

5.3　ConcurrentLinkedQueue解析

5.3.1　ConcurrentLinkedQueue简介

单线程编程中经常会用到一些集合类，如 ArrayList 和 HashMap 等，但是这些类都不是线程安全的类。在技术面试中也经常会有一些考点，如 ArrayList 不是线程安全的，那为什么说 Vector 是线程安全的呢？实际上，保障 Vector 线程安全的方式是非常“简单粗暴”的在方法上使用 synchronized 独占锁，将多线程执行变成“串行化”控制并发访问的相对顺序。

也可以使用 Collections.synchronizedList(List<T> list) 方法将 ArrayList 转换成线程安全的，但这种转换方式依然是通过 synchronized 修饰方法实现的，很显然这不是一种高效的方式。

同时，队列这种数据结构也是业务开发中常用的一种数据结构，为了解决线程安全的问题，Doug Lea 大师为开发者准备了 ConcurrentLinkedQueue 这个线程安全的队列。

1. Node节点

要想深入了解 ConcurrentLinkedQueue，自然得先从队列的节点看起，明白它的底层数据结构。Node 类的源码如下。

```
private static class Node<E> {
        volatile E item;
        volatile Node<E> next;
        ...
}
```

Node 节点主要包含两个域：一个是数据域 item；另一个是 next 指针域，用于指向下一个节点从而构成链式队列。并且，两个域都是用 volatile 进行修饰的，保证内存可见性。

另外，ConcurrentLinkedQueue 含有两个成员变量：

```
private transient volatile Node<E> head;
private transient volatile Node<E> tail;
```

这说明 ConcurrentLinkedQueue 是通过持有头尾指针进行队列管理的。调用无参构造器时，其源码如下：

```
public ConcurrentLinkedQueue() {
    head = tail = new Node<E>(null);
}
```

head 和 tail 指针会指向一个 item 域为 null 的节点，此时 ConcurrentLinkedQueue 的初始状态如图 5.4 所示。

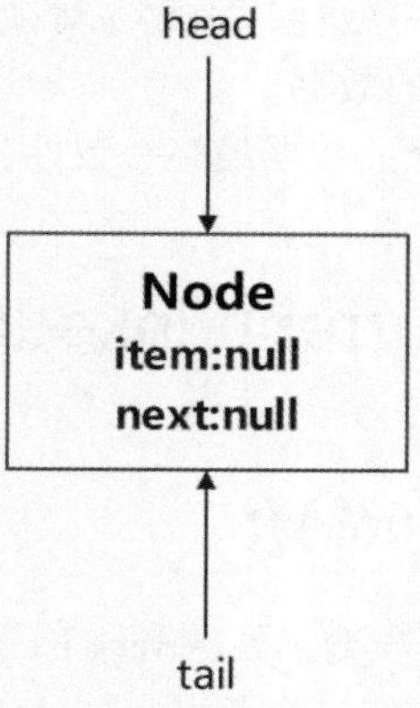

图5.4　ConcurrentLinkedQueue的初始状态

如图 5.4 所示，head 和 tail 指向的是同一个节点 Node，该节点 item 域为 null、next 域为 null。

2. Node的CAS操作

在队列中进行出队以及入队时，免不了会对节点进行操作，在并发场景中就很容易出现线程安全的问题。可以看出，当处理器指令集能够支持 CMPXCHG 指令后，在 Java 源码中涉及并发处理时都会使用 CAS 操作。同样地，在 ConcurrentLinkedQueue 中对 Node 的 CAS 操作有以下几个。

```
//更改 Node 中的数据域 item
```

```
boolean casItem(E cmp, E val) {
    return UNSAFE.compareAndSwapObject(this, itemOffset, cmp, val);
}
//更改Node中的指针域next
void lazySetNext(Node<E> val) {
    UNSAFE.putOrderedObject(this, nextOffset, val);
}
//更改Node中的指针域next
boolean casNext(Node<E> cmp, Node<E> val) {
    return UNSAFE.compareAndSwapObject(this, nextOffset, cmp, val);
}
```

可以看出，这些方法的实现实际上是通过调用 UNSAFE 实例的方法进行的。该类经常被用来调用系统底层方法。

5.3.2　offer()方法

对于一个队列，插入需要满足 FIFO 特性，所以总是在队列最末尾插入元素，从队列的队头读取（移除）元素。要想能够彻底弄懂 ConcurrentLinkedQueue，最好是从 offer() 方法和 poll() 方法开始理解。关于 offer() 方法，实际上存在以下几种场景。

（1）单 offer 线程。

（2）多 offer 线程。

（3）线程 offer 和线程 poll 并发：这种情况比较特殊，需要结合两类操作的相对速率进行分析，因此可以再细化成以下两种场景。

①当 offer 的速度快于 poll 时，就会导致队列长度越来越长，由于 offer 节点总是在队尾，而 poll 节点总是在队列头部，就会导致 offer 线程和 poll 线程两者并无“交集”，也就是说两类线程间不会相互影响。这种情况站在相对速率的角度来看，也就是一个“单线程 offer”场景，并不会产生数据线程安全的问题。

②当 poll 的速度快于 offer 时，也就是队头取数据的速度快于队尾添加节点的速度，导致的结果就是队列长度会越来越短，offer 线程和 poll 线程间会出现“交集”，在那一时刻就可以称为 offer 线程和 poll 线程会存在并发操作的节点，这个节点称为“临界点”。在该节点 offer 线程和 poll 线程必定相互影响，会带来并发操作的数据线程安全问题。根据在临界点时 offer 和 poll 发生的相对顺序又可从两个角度去思考。

a）执行顺序为 offer → poll → offer，即表现为当 offer 线程在 Node1 后插入 Node2 时，此时 poll 线程已经将 Node1 删除，这种情况需要在 offer 方法中考虑。

b）执行顺序可能为 poll → offer → poll，即表现为当 poll 线程准备删除的节点为 null 时（队列为空队列），在 offer 线程中插入一个节点可使队列变为非空队列，这种情况是需要在 poll 方法中考虑的。

先看一段代码：

```
1. ConcurrentLinkedQueue<Integer> queue = new ConcurrentLinkedQueue<>();
```

```
queue.offer(1);
queue.offer(2);
```

创建一个 ConcurrentLinkedQueue 实例，先 offer 1 再 offer 2，使用 jdb 工具进行调试，offer() 方法的源码如下。

```
public boolean offer(E e) {
1.      checkNotNull(e);
2.      final Node<E> newNode = new Node<E>(e);

3.      for (Node<E> t = tail, p = t;;) {
4.          Node<E> q = p.next;
5.          if (q == null) {
6.              // p is last node
7.              if (p.casNext(null, newNode)) {
                  // Successful CAS is the linearization point
                  // for e to become an element of this queue,
                  // and for newNode to become "live".
8.                  if (p != t) // hop two nodes at a time
9.                      casTail(t, newNode);  // Failure is OK.
10.                 return true;
              }
              // Lost CAS race to another thread; re-read next
          }
11.         else if (p == q)
              // We have fallen off list.  If tail is unchanged, it
              // will also be off-list, in which case we need to
              // jump to head, from which all live nodes are always
              // reachable.  Else the new tail is a better bet.
12.             p = (t != (t = tail)) ? t : head;
            else
              // Check for tail updates after two hops.
13.             p = (p != t && t != (t = tail)) ? t : q;
      }
}
```

1. 单offer线程场景下的offer原理

如图 5.5 所示，先从单线程 offer 的视角分析 offer 1 的过程，第 1 行代码会对 e 是否为 null 进行判断，如果为 null 就直接抛出空指针异常。第 2 行代码将 e 包装成一个 Node 类。第 3 行代码为 for 循环语句，只有初始化条件，没有循环结束条件，这种方式是“自旋”操作的通用写法。在方法体满足条件后退出，如果自旋 CAS 操作失败，就在 for 循环中不断重试直至成功。

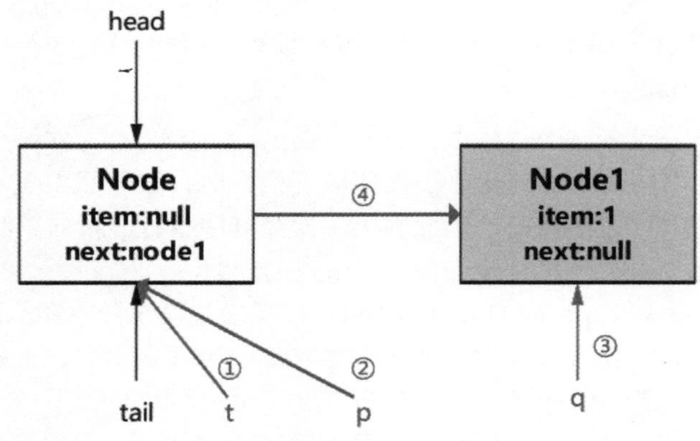

图5.5　单线程offer示意图

首先，实例变量t被初始化为tail，p被初始化为t，即tail。为了方便下面的理解，p被认为是在队列进行数据操作时的真正尾节点，tail不一定指向对象真正的尾节点，因为在ConcurrentLinkedQueue中tail是被延迟更新的。

代码执行到第3行时，t和p分别指向初始化时创建的item域为null以及next域为null的Node。第4行变量q被赋值为null，第5行if判断为true后在第7行使用casNext将插入的Node设置为当前队列尾节点p的next节点，如果CAS操作失败，此次循环结束，在下次循环中进行重试。

CAS操作成功后会执行到第8行，此时由于p == t，if判断为false后会直接返回true。此时队列的队尾节点应该变为Node1（即q节点）了，但是此时队列的tail或t节点都还没有更新到当前最新的队尾节点，如果成功插入1，则ConcurrentLinkedQueue的状态如图5.5所示。此时队列的尾节点应该为Node1，而tail指向的节点依然还是Node，这说明tail是延迟更新的。

如图5.6所示，接下来继续看offer2的情况，很显然，此时第4行q指向的节点不为null，而是指向了Node1。因此，在第5行if判断为false以及在第11行if判断为false后，代码会走到第13行。

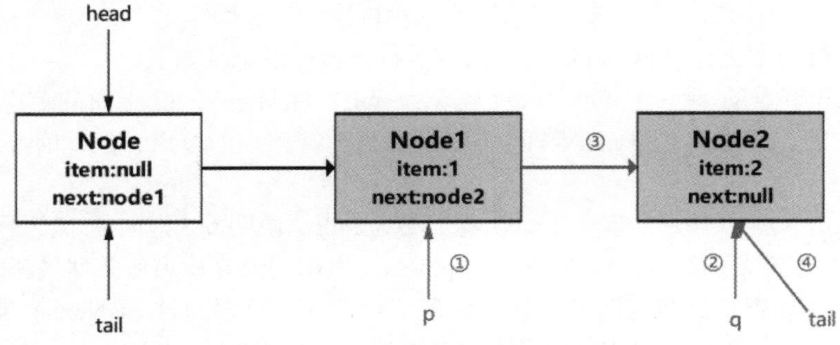

图5.6　offer2数据执行示意图

再次插入节点时会产生一个问题，此时 tail 并不是指向队列真正的尾节点，那么在插入节点之前，就应该找到队列当前的尾节点后才能继续插入。因此，第 13 行代码就是找出队列真正的尾节点，具体代码如下：

```
p = (p != t && t != (t = tail)) ? t : q;
```

继续分析这段代码，这段代码在单线程环境下执行时，很显然由于 p==t，p 会被赋值为 q。而此时 q 已经指向了节点 Node1，因此在第一次循环中指针 p 指向了队列真正的队尾节点 Node1，这样就解决了寻找当前队列最新的队尾节点的问题。

在下一次循环中第 4 行 q 指向的节点为 null，接下来在第 5 行中 if 判断为 true，第 7 行通过 casNext() 方法设置 p 节点的 next 为当前新增的 Node。到了第 8 行，此时 p!=t，第 8 行 if 判断为 true 后就会通过 casTail(t, newNode) 将当前节点 Node 设置为队列的队尾 tail 节点。从这里可以看出，队列的队尾节点实际上会在下一次新增节点时被更新，这段逻辑就可以合理地证明 tail 引用是延迟更新的。

新增数据后，队列的状态如图 5.6 所示。此时 tail 指向的节点变为 Node2，如果 casTail 失败，这里不需要重试的原因是 offer 核心逻辑主要是通过 p 的 next 节点 q(Node<E> q = p.next) 决定逻辑走向的，casTail 执行失败时状态示意图如图 5.7 所示。

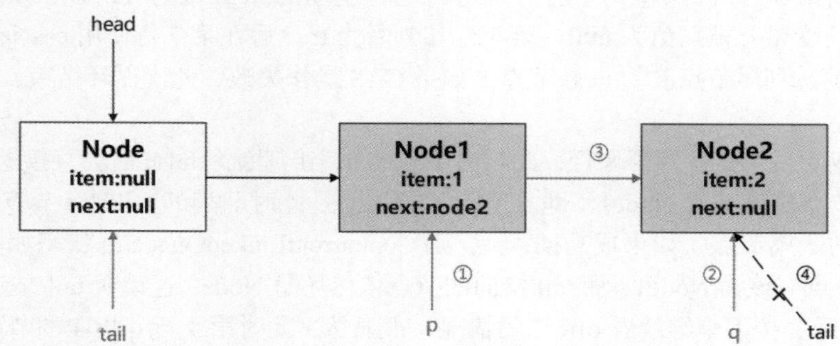

图 5.7　casTail执行失败时的状态示意图

如图 5.7 所示，如果 casTail 设置 tail 失败，即 tail 还是指向 Node 节点，无非就是在下一次插入数据时再通过第 13 行的代码寻找队尾节点后再执行插入操作。

从单线程执行角度进行分析，offer() 方法的执行逻辑可以总结如下。

（1）如果 tail 节点的下一个节点（next 域）为 null，说明当前 tail 指向的节点即为队列真正的队尾节点，因此就可以通过 casNext() 方法插入当前待插入的节点，但此时 tail 并未变化，如图 5.5 所示。

（2）如果 tail 节点的下一个节点（next 域）不为 null，说明 tail 指向的节点不是队列真正的队尾节点，那么就需要通过 q（Node<E> q = p.next）引用向前寻找当前队列最新的队尾节点。

（3）通过上一步查找到当前队列最新的队列节点后，就可以通过 casNext() 方法插入当前待插入的数据节点，并通过 casTail 方式更新 tail 引用，如图 5.6 所示。

但是在线程并发的场景下是如何解决的呢？一起来看 p = (p != t && t != (t = tail)) ? t : q; 这

行代码，在单线程中一直不会将 p 赋值为 t，可在源码中为什么会这么写呢？肯定是另有深意，了解其深意，在多线程并发的场景下就能找到背后的设计原理。

2. 多offer线程场景下的offer原理

当多个 offer 线程插入数据时，t != (t = tail) 这个操作并非一个原子操作，在并发场景下有一种情况，如图 5.8 所示。

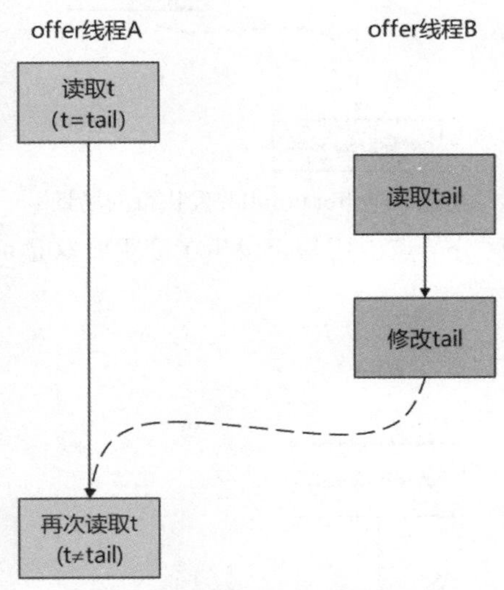

图 5.8　tail被并发更新的场景

假设线程 A 先将 t 赋值为 tail 节点，若线程 B 刚好在这个时候 offer 一个 Node 后，就会修改 tail 指针。由于 tail 节点已经被并发更新了，线程 A 在判断 t 节点是否为 tail 节点时（t != (t = tail)）就会判断为 true。与此同时，按照图 5.6 列举出的场景，t 所指向的节点也会发生变化，此时对线程 A 而言执行 p != t 就会判断为 true，最终 p 引用指向了 t 引用的节点。对线程 A 而言，这样才算是定位到队列真正的队尾节点了，接下来就可以执行 offer 操作插入新的数据。

3. offer线程和poll线程并发时的offer原理

从 offer 方法的源码来看，到目前为止只剩下第 11 行的代码没有进行分析，我们大致可以猜想到，这行代码应该就是用来解决 offer 线程和 poll 线程并发时的数据操作。对队列这种数据结构而言，获取数据是在队头节点进行的操作，而插入数据则是对队尾节点进行的操作，因此若是这两种操作存在并发问题，基本只会存在队头或队尾节点上。针对 offer 的操作，若是两种数据操作能够“相互影响”，基本也只会在队头节点上才会发生。

图 5.9 所示为本节开头讨论过的并发竞争线程，其执行顺序为 offer → poll → offer。当 offer 线程和 poll 线程存在 offer → poll → offer 相对执行顺序时，offer 线程准备插入数据节点 Node1，此时 poll 线程删除了数据节点 Node 会导致节点引用发生了变更，而此时 offer 线程继续新增 Node1 时就需要处理引用发生变更后的情况。

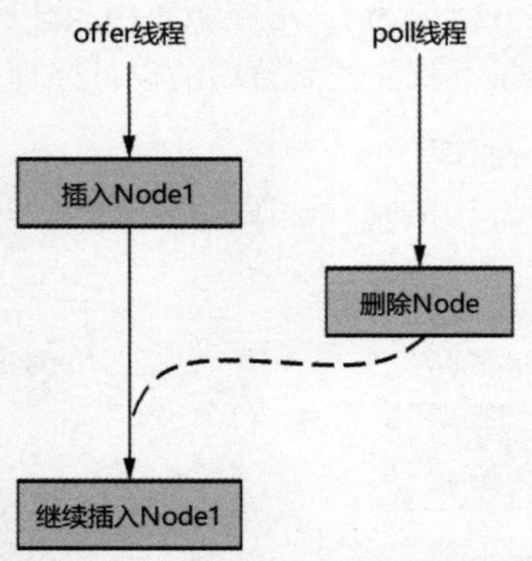

图 5.9　offer和poll并发执行的场景

在 offer() 方法中，如何区分节点引用是否发生了变更？这是可以通过验证 p==q 的逻辑完成的，整个过程如图 5.10 所示。

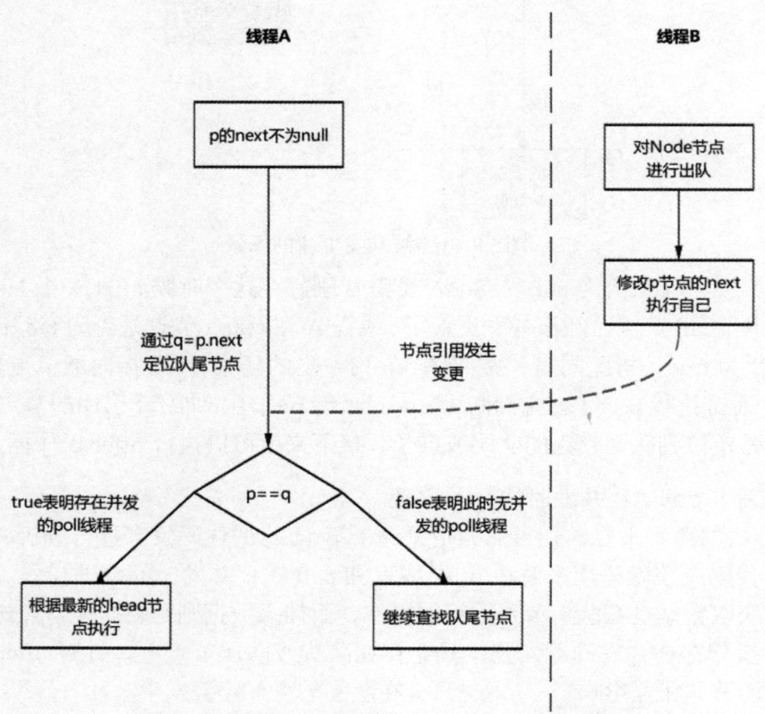

图 5.10　在offer()方法中处理poll并发的场景

如图 5.10 所示，从初始状态开始分析线程 A，判断 tail 存在 next 节点后会通过引用 q 向前寻找队列真正的队尾节点，当执行到判断 if (p == q) 时，线程 B 执行了 poll 操作。如图 5.11 所示，对于线程 B，删除首个数据节点时会将 head 节点的 next 域指向自己（具体的 poll 流程将在 5.3.3 节进行分析），且此时的 head 节点也会发生变更。因此，对于线程 A，在执行判断

if (p == q) 时就判断为 true，进而继续执行 p = (t != (t = tail)) ? t : head，由于 tail 指针没有发生改变，所以 p 被赋值为 head，重新从当前最新的 head 节点开始完成插入操作。

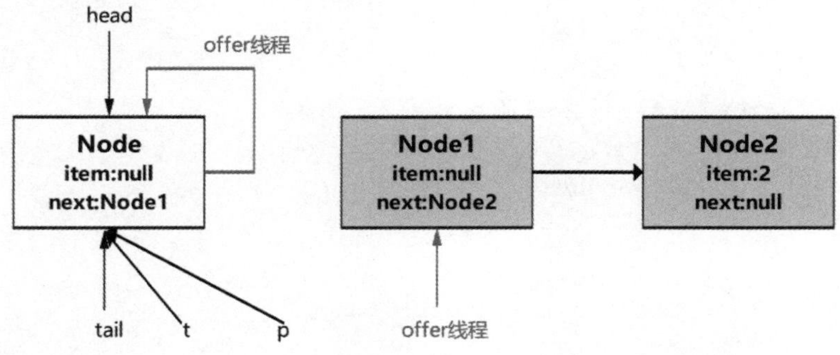

图5.11　引用状态变更过程

5.3.3　poll()方法

与 offer() 方法的分析思路一样，poll 操作共有如下 3 种场景。

（1）单 poll 线程。

（2）多 poll 线程。

（3）线程 poll 和线程 offer 并发。因为 offer 和 poll 线程操作的数据位置是不同的，因此也需要结合这两种操作的相对速率来思考，同时参照 5.3.2 节中对 offer() 方法的详细分析，具体可归并到如下场景。

①当 poll 的速率慢于 offer 时：这种场景转换到 offer 的视角下，就是等同于 offer 的速率快于 poll 的速率，因此可以归并到 offer 的场景分析中，并且已经得到了解答。

②当 poll 的速率快于 offer 时：就是删除数据的速度超过了插入数据的速度，导致队列中的数据越来越少，最终就会导致 poll 线程在队头节点出现并发场景，这种场景同样在 5.3.2 节中进行了分析。从 offer 和 poll 的并发操作时序上看，会存在两种时序：一种执行顺序为 offer → poll → offer，这种场景已在 offer 方法中进行了分析；另一种执行顺序为 poll → offer → poll，这种场景就需要在 poll 方法中处理。

和 offer() 方法一样，只有在多线程 poll 场景下，以及 poll 和 offer 并发的情况下才会存在共享数据资源竞争的并发数据安全问题。

1.单poll线程场景下的poll原理

poll() 方法的源码如下。

```
public E poll() {
    restartFromHead:
    1. for (;;) {
    2.     for (Node<E> h = head, p = h, q;;) {
    3.         E item = p.item;
```

```
4.          if (item != null && p.casItem(item, null)) {
              // Successful CAS is the linearization point
              // for item to be removed from this queue.
5.              if (p != h) // hop two nodes at a time
6.                  updateHead(h, ((q = p.next) != null) ? q : p);
7.              return item;
            }
8.          else if ((q = p.next) == null) {
9.              updateHead(h, p);
10.              return null;
            }
11.          else if (p == q)
12.              continue restartFromHead;
            else
13.              p = q;
        }
    }
}
```

poll 场景的初始状态如图 5.12 所示。

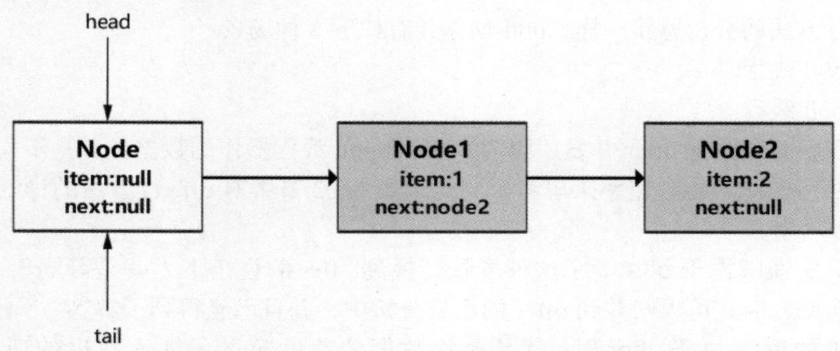

图 5.12　poll场景的初始状态

由于 head 指向的是队列的哨兵节点（item 域为 null），因此如果需要获取数据，那么首先就应该**定位到具有可用数据的首个数据节点**（Node1），那么这个过程是怎样的呢？

poll 寻址队列首个数据节点的过程如图 5.13 所示，首先通过第 2 行代码将 p 和 h 都指向了当前队列的 head 节点，然后通过第 3 行代码获取 p 节点的 item，由于当前 p 节点也指向了 head 节点，很显然此时 item 为 null。紧接着，第 4 行代码 item != null 的判断为 false，继续向下执行到第 8 行代码，通过 (q = p.next) == null 的逻辑将 q 指向了 p 的下一个节点，并且此时 q 不为 null 导致判断为 false。继续向下执行到第 11 行代码，由于 p 和 q 指向不同的引用，因此最终执行到了第 13 行代码将 p 指向了 q。需要注意的是，此时 q 的 item 域并不为 null，也就是说，到目前为止已经查找到了当前队列“可删除”的数据节点。

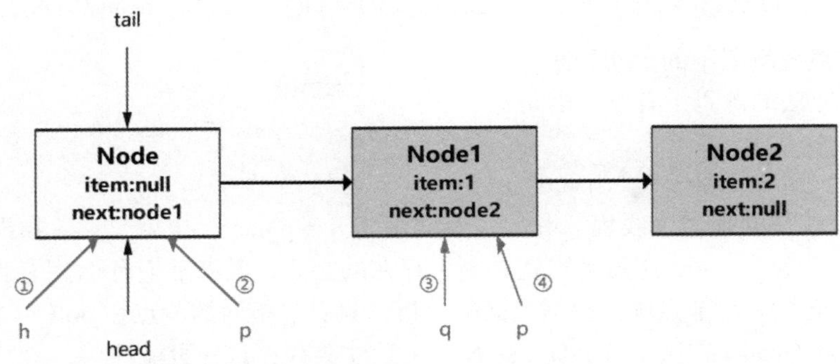

图5.13 poll寻址首个数据节点的过程

在第一次循环中查找到了队列的首个数据节点，如图5.14所示，接下来就会在第二次循环中进行真正的数据删除。在执行到第4行代码时 item != null 判断为 true，就会通过 p.casItem(item, null) 操作将 p 节点的 item 域置为 null（相当标记该删除节点）。接下来执行第5行代码，p != h 判断为 true 后，就会执行 updateHead(h, ((q = p.next) != null) ? q : p) 完成 head 引用的更新。updateHead() 方法的源码如下。

```
final void updateHead(Node<E> h, Node<E> p) {
    if (h != p && casHead(h, p))
        h.lazySetNext(h);
}
```

该方法主要是通过 casHead() 方法将队列的 head 指向 Node2，并且通过 h.lazySetNext() 方法将 Node 的 next 域指向它自己，最后通过第7行代码返回 Node1 的值。

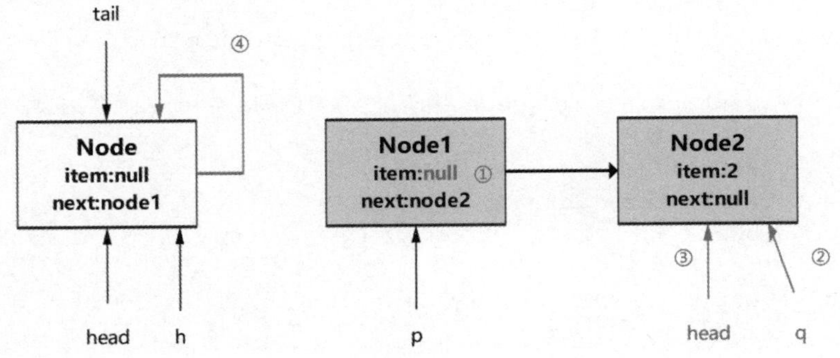

图5.14 删除数据的过程

以上分析是基于单 poll 线程执行的角度，整个 poll 执行思路的总结如下。

（1）如果当前 head、h 和 p 指向的节点的 item 不为 null，说明该节点为队列的首个数据节点，这时只需要通过 casItem() 方法将 item 域设置为 null 后，返回当前数据节点的 item 值即可。

（2）如果当前 head、h 和 p 指向的节点的 item 为 null，那么就需要寻址到队列可供删除的首个数据节点。可通过让 q 指向 p 的下一个节点（q = p.next）来进行试探，直至找到首个数据节点为止。找到节点后，就进行取数并通过 updateHead() 方法进行 head 引用更新。

2. 多poll线程场景下的poll原理

在 poll() 方法的源码中有以下语句：

```
else if (p == q)
    continue restartFromHead;
```

这一部分就是处理多个线程 poll 的场景，由于 q = p.next，也就是说 q 指向的是 p 的下一个节点，那么看起来 p==q 这段逻辑就是毫无存在的必要，其背后有什么用意呢？什么情况下会使 p 和 q 指向同一个节点呢？根据上面的分析，只有 p 指向的节点在 poll 时才转变为哨兵节点（通过 updateHead() 方法中的 h.lazySetNext）后才会存在这种可能性。

假设当线程 A 在执行第 8 行代码后准备继续向下执行，此时线程 B 已经执行完 poll() 方法，并将 p 指向的节点转换为哨兵节点，且 head 指向的节点已发生了改变。所以线程 A 就会出现 p==q 的判断，通过后需要从 restartFromHead 处执行，保证使用的是最新的 head。

3. poll线程和offer线程并发时的poll原理

通过 5.3.3 节的分析可知，在 poll 线程和 offer 线程并发时，在 poll() 方法中需要处理的并发相对时序为 poll → offer → poll。

若是存在这样一种情况：当前队列为空队列，线程 A 准备执行 poll 操作，但是此时线程 B 执行 offer 后线程 A 再执行 poll。那么此时线程 A 返回的是 null 还是线程 B 刚插入的最新的那个节点呢？

代码如下：

```
public static void main(String[] args) {
    Thread thread1 = new Thread(() -> {
        Integer value = queue.poll();
        System.out.println(Thread.currentThread().getName() + " poll 的值
    为：" + value);
        System.out.println("queue 当前是否为空队列：" + queue.isEmpty());
    });
    thread1.start();
    Thread thread2 = new Thread(() -> {
        queue.offer(1);
    });
    thread2.start();
}
```

输出结果如下：

```
Thread0 poll 的值为：null queue 当前是否为空队列：false
```

通过 debug 控制线程 thread1 和线程 thread2 的执行顺序，thread1 先执行到第 8 行代码 if ((q = p.next) == null)，由于此时队列为空队列，if 判断为 true 后进入 if 块。此时先让 thread1 暂停，然后 thread2 进行 offer 插入值为 1 的节点后，thread2 执行结束。再让 thread1 执行，这时 thread1 并没有进行重试，而是代码继续向下走返回 null，尽管此时队列由于 thread2 已经插入了值为 1 的新节点。所以输出结果为 thread0 线程 poll 获取的数据 null，但是队列并不是空队列。因此，在判断队列是否为空队列时，不能通过线程在 poll 时返回的是 null 进行判断的，但是可以通过 isEmpty() 方法进行判断。

5.3.4　HOPS的设计

通过上面对 offer() 和 poll() 方法的分析，可以发现 tail 和 head 是延迟更新的，具体过程分别如图 5.15 和图 5.16 所示。

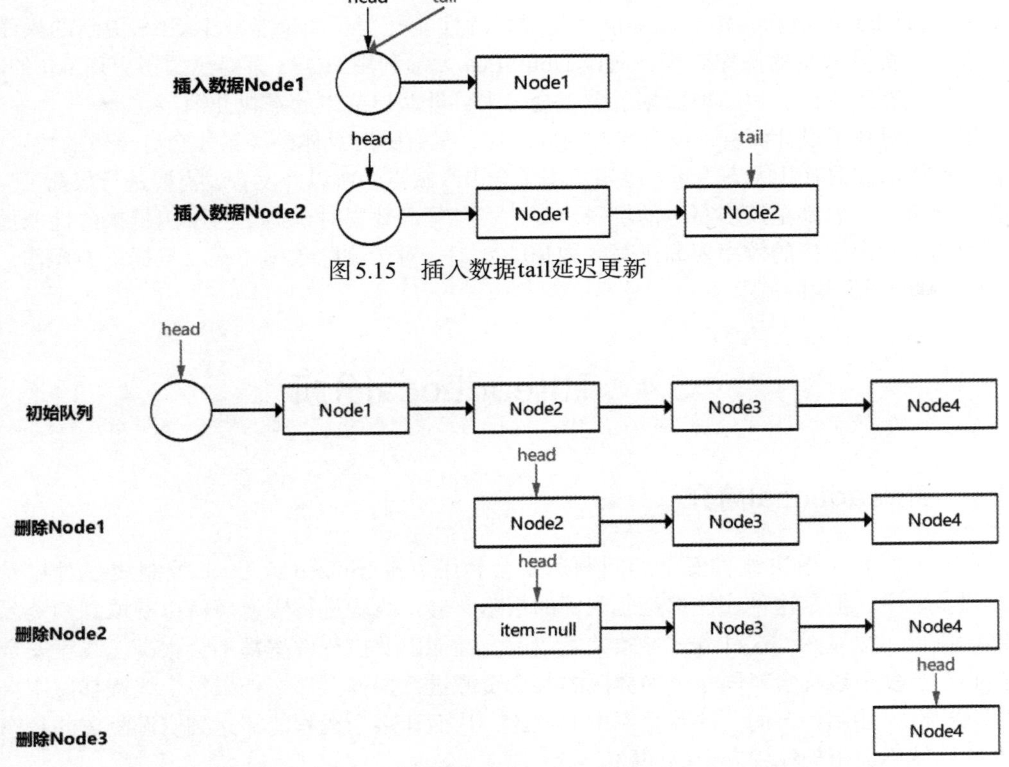

图 5.15　插入数据tail延迟更新

图 5.16　删除数据head延迟更新

1. tail更新触发时机

当 tail 指向的节点的下一个节点为 null 时，也就是说当前队列状态就可以直接插入新的数据，因此直接插入节点即可不更新 tail。当 tail 指向的节点的下一个节点不为 null 时，就需要找到队列“真正”的队尾节点，执行队列寻址队尾节点的操作，直至找到队尾节点后插入新的数据节点并通过 casTail() 方法进行 tail 更新。

2. head更新触发时机

当 head 指向的节点的 item 域为 null 时，就需要找到队列的首个数据节点，并完成数据删除操作，之后通过 updateHead() 方法完成对 head 引用的更新。当 head 指向的节点中的 item 域不为 null 时，只需要删除节点，并不需要更新 head 引用。

通过上面的分析可以看出，tail 以及 head 是被延迟更新的，是“跳跃”着隔着一个节点进行更新的。这么做的意图是什么呢？在源码中对于更新引用中会有注释：hop two nodes at a time，这种延迟更新的策略简称为 HOPS 设计。

假设让 tail 永远作为队列的队尾节点，那么在插入数据时就只需要通过 tail 完成数据的插入，代码的实现逻辑很简单，但是这样做存在的缺点是，如果有大量入队的操作，每次都要执行 CAS 进行 tail 的更新，汇总起来也会是很大的性能开销。如果能减少 CAS 更新的操作，无疑可以大大提升入队的操作效率，所以 Doug Lea 大师利用 HOPS 策略延缓了更新 tail 的时机。但是延迟更新引用后，再新增数据节点也会带来寻址队尾节点的查找开销。

因此，对技术设计而言，没有绝对的好与坏，只有针对具体的场景才会有合适的技术方案，并且每种技术方案有其优势的同时也避免不了会引入缺点，所以开发者就需要进行权衡了。对数据容器而言，一般都是读多写少的场景。因此，在写入数据时延迟更新引用带来的性能提升就是可观的，确保了读的效率要高于写入数据的效率。对于删除数据（获取数据）的操作，采用 HOPS 策略也是同样的道理。

5.4 ThreadLocal分析

5.4.1 ThreadLocal简介

在并发编程中解决线程安全的问题通常会利用 synchronzed 或 Lock 控制线程对临界区资源的同步顺序，但是这种往往都是悲观锁的策略，会让线程进行阻塞等待以获取到锁资源后才能继续执行，很显然，这种方式导致并发效率、性能以及执行效率都不会很高。线程安全问题的核心在于**多个线程会对同一个临界区的共享资源进行操作**。那么如果每个线程都使用自己的“数据资源”，使用各自的资源互相不影响彼此，从而让多个线程能够达到资源隔离的状态，理论上这样就不会出现线程安全的问题。

事实上，这就是一种“空间换时间”的方案，每个线程都会拥有自己的“数据资源”，无疑内存空间会迅速增大。但是，对每个并发实体而言不再需要通过同步的手段控制各自访问数据资源的相对时序，也就能大大减少线程间互相阻塞等待的情况，从而从整体上提升程序的执行效率和业务系统的吞吐量。

虽然 ThreadLocal 并不在 java.util.concurrent 包中，而是在 java.lang 包中，但我们更倾向于把它当作一种并发容器（虽然真正存放数据的是 ThreadLoclMap）进行归类。从 ThreadLocal 这个类名可以理解，表示线程的“本地变量”即每个线程都拥有该变量副本，达到“人手一份”的效果，每个并发实体各用各自的数据资源，这样就可以避免彼此的资源竞争问题。

5.4.2 ThreadLocal实现原理

要想深入理解 ThreadLocal 的实现原理，就必须先了解它的几个核心方法，包括怎样存放数据以及怎样获取数据等。

1. set()方法

通过 set() 方法可以保存数据。

```
void set(T value)
```

set() 方法可设置在当前线程中 ThreadLocal 变量的值，该方法的源码如下。

```
public void set(T value) {
    //1. 获取当前线程实例对象
    Thread t = Thread.currentThread();
    //2. 通过当前线程实例获取到 ThreadLocalMap 对象
    ThreadLocalMap map = getMap(t);
    if (map != null)
        //3. 如果 map 不为 null，则以当前 threadLocal 实例为 key，值为 value 进行存入
        map.set(this, value);
    else
        //4.map 为 null，则新建 ThreadLocalMap 并存入 value
        createMap(t, value);
}
```

set() 方法的逻辑很清晰，具体请看上面的注释。通过源码可知 value 存放在 ThreadLocalMap 中，先把它理解为一个普通的 map 即可。也就是说，数据 value 是真正地存放在了 ThreadLocalMap 这个容器中，并且是以当前 ThreadLocal 实例为 key。先简单地看下 ThreadLocalMap 是什么，有了简单的认识就方便后续再进行剖析。

那么 ThreadLocalMap 是怎样来的？是通过 getMap(t) 获取的。

```
ThreadLocalMap getMap(Thread t) {
    return t.threadLocals;
}
```

该方法直接返回的是当前线程对象 t 的一个成员变量 threadLocals。

```
/* ThreadLocal values pertaining to this thread. This map is maintained
 * by the ThreadLocal class. */
ThreadLocal.ThreadLocalMap threadLocals = null;
```

也就是说，ThreadLocalMap 的引用是作为 Thread 的一个成员变量，是被 Thread 进行维护的。回过头再来看看 set() 方法，当 map 为 null 时会调用 createMap(t,value) 方法。

```
void createMap(Thread t, T firstValue) {
    t.threadLocals = new ThreadLocalMap(this, firstValue);
}
```

该方法是创建一个 ThreadLocalMap 实例对象，然后以当前 ThreadLocal 实例作为 key

以及值为 value 存放到 ThreadLocalMap 中，之后再将当前线程对象的 threadLocals 赋值为 ThreadLocalMap。

现在来对 set() 方法进行总结。

（1）通过当前线程对象 Thread 获取它所维护的 ThreadLocalMap。

（2）若 ThreadLocalMap 不为 null，则将 ThreadLocal 实例为 key、值为 value 的键值对存入 ThreadLocalMap。

（3）若 ThreadLocalMap 为 null，就新建 ThreadLocalMap，然后将以 ThreadLocal 为 key、值为 value 的键值对存入即可。

2. get()方法

```
T get()
```

get() 方法可获取当前线程中 ThreadLocal 变量的值，源码如下。

```
public T get() {
    //1. 获取当前线程的实例对象
    Thread t = Thread.currentThread();
    //2. 获取当前线程的 ThreadLocalMap
    ThreadLocalMap map = getMap(t);
    if (map != null) {
        //3. 获取 map 中当前 ThreadLocal 实例为 key 的值的 entry
        ThreadLocalMap.Entry e = map.getEntry(this);
        if (e != null) {
            @SuppressWarnings("unchecked")
            //4. 若当前 Entry 不为 null，就返回相应的值 value
            T result = (T)e.value;
            return result;
        }
    }
    //5. 若 map 为 null 或 entry 为 null，可通过该方法进行初始化，并返回该方法的 value
    return setInitialValue();
}
```

理解 set() 方法的逻辑后，再去理解 get() 方法，只需要带着逆向思维去看就好。代码逻辑请看注释，另外看下 setInitialValue() 方法主要做了些什么事情？

```
private T setInitialValue() {
    T value = initialValue();
    Thread t = Thread.currentThread();
    ThreadLocalMap map = getMap(t);
    if (map != null)
        map.set(this, value);
    else
        createMap(t, value);
    return value;
}
```

这个方法的逻辑和 set() 方法几乎一致。但最值得关注的是 initialValue() 方法。

```
protected T initialValue() {
    return null;
}
```

这个方法是用 protected 修饰的，也就是说继承 ThreadLocal 的子类可重写该方法进行赋值初始数据。关于 get() 方法的总结如下。

（1）通过当前线程对象 Thread 实例获取到它所维护的 ThreadLocalMap。

（2）以当前 ThreadLocal 实例为 key 获取该 map 中的键值对（Entry），若 Entry 不为 null，则返回 Entry 的 value。

（3）如果获取的 ThreadLocalMap 为 null 或 Entry 为 null，就以当前 ThreadLocal 为 key、value 为初始值存入 map，并返回初始值。

3. remove()方法

```
void remove()
public void remove() {
    //1. 获取当前线程的 ThreadLocalMap
    ThreadLocalMap m = getMap(Thread.currentThread());
    if (m != null)
        //2. 从 map 中删除以当前 ThreadLocal 实例为 key 的键值对
        m.remove(this);
}
```

get() 和 set() 方法实现了存数据和读数据的操作，在常规的数据操作中常用的操作还有删除数据。使用 remove() 方法可从 map 中删除数据，先获取与当前线程相关联的 ThreadLocalMap，然后从 map 中删除 ThreadLocal 实例为 key 的键值对即可。

5.4.3 ThreadLocalMap详解

从上面的分析中可以知道，数据都是放在 ThreadLocalMap 中的，而实际上 ThreadLocal 的 get()、set() 以及 remove() 方法都是通过 ThreadLocalMap 的 getEntry()、set() 以及 remove() 方法实现的。如果想彻底地弄懂 ThreadLocal 的实现原理，势必要对 ThreadLocalMap 做一番钻研。

1. Entry数据结构

ThreadLocalMap 是 ThreadLocal 的一个静态内部类，它和大多数容器一样内部维护了一个数组。ThreadLocalMap 内部维护了一个 Entry 类型的 table 数组。

```
/**
 * The table, resized as necessary.
 * table.length MUST always be a power of two.
 */
private Entry[] table;
```

通过注释可以看出，table 数组的长度为 2 的幂。接下来看下 Entry 是什么。

```
static class Entry extends WeakReference<ThreadLocal<?>> {
    /** The value associated with this ThreadLocal. */
```

```
    Object value;

    Entry(ThreadLocal<?> k, Object v) {
        super(k);
        value = v;
    }
}
```

Entry 是一个以 ThreadLocal 为 key、以 Object 为 value 的键值对。需要注意的是，这里的 ThreadLocal 是弱引用，因为 Entry 继承了 WeakReference。在 Entry 的构造方法中，调用了 super(k) 方法就会将 ThreadLocal 实例包装成一个 WeakReferenece。引用链示意图如图 5.17 所示。

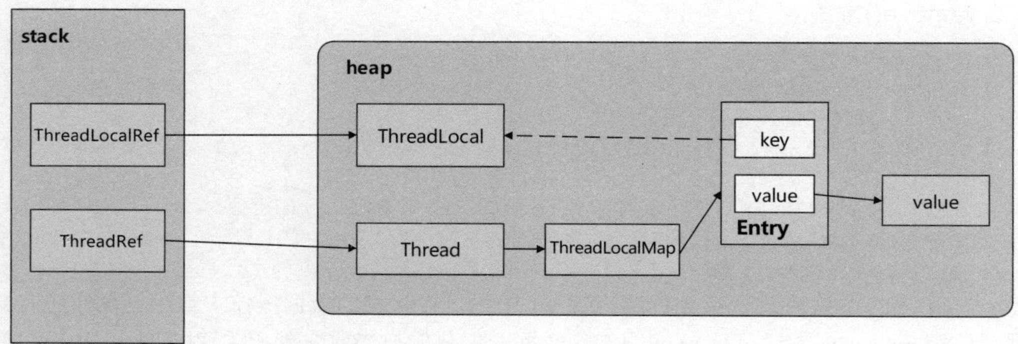

图5.17　引用链示意图

图 5.17 中的实线表示强引用、虚线表示弱引用。每个线程实例都可以通过 ThreadLocal 获取到 ThreadLocalMap，而 ThreadLocalMap 实际上是一个以 ThreadLocal 实例为 key、值为对象 value 的 Entry 数组。为 ThreadLocal 变量赋值，实际上就是把以当前 ThreadLocal 实例为 key、值为 value 的 Entry 存放到 ThreadLocalMap 中。

需要注意的是，Entry 中的 key 是弱引用，此时 ThreadLocal 的外部强引用被置为 null(threadLocalInstance=null)，当发生系统 GC 时，根据可达性分析，这个 ThreadLocal 实例就没有任何一条链路能够引用到它，它势必会被回收。这样一来 ThreadLocalMap 中就会出现 key 为 null 的 Entry，也无法访问这些 key 为 null 的 Entry 中维护的 value。如果当前线程迟迟不结束，这些 key 为 null 的 Entry 的 value 就会一直存在一条强引用链：Thread ref → Thread → ThreaLocalMap → Entry → value，永远无法回收还会造成内存泄漏。

如果当前 Thread 运行结束，ThreadLocal、ThreadLocalMap 以及 Entry 没有引用链可达，最终都会被系统回收。但在实际开发中会使用线程池去维护线程的创建和复用，线程为了复用是不会主动结束的。所以，ThreadLocal 的内存泄漏问题也是我们需要思考和注意的问题。

2. set()方法

与 ConcurrentHashMap 或 HashMap 等容器一样，ThreadLocalMap 也是采用哈希表进行实现的。在理想状态下，哈希函数可以将关键字均匀地分散到数组的不同位置，而不会出现两个关键字哈希值相同（假设关键字数量小于数组的大小）的情况。但是在实际使用中可能会出现多个关键字哈希值相同的情况（被映射到数组的同一个位置），这种情况就称为哈希冲突。为了解决哈希冲突，可采用两种方式：**分离链表法（Separate Chaining）和开放地址法（Open Addressing）**。

（1）分离链表法

如图 5.18 所示，分离链表法是使用链表解决哈希冲突的，首先将哈希值相同的元素都保存到一个链表中，然后在查询时找到元素所在的链表头节点，之后遍历链表查找对应的元素。这一方法的典型实现是 HashMap 或 ConcurrentHashMap 的拉链法。

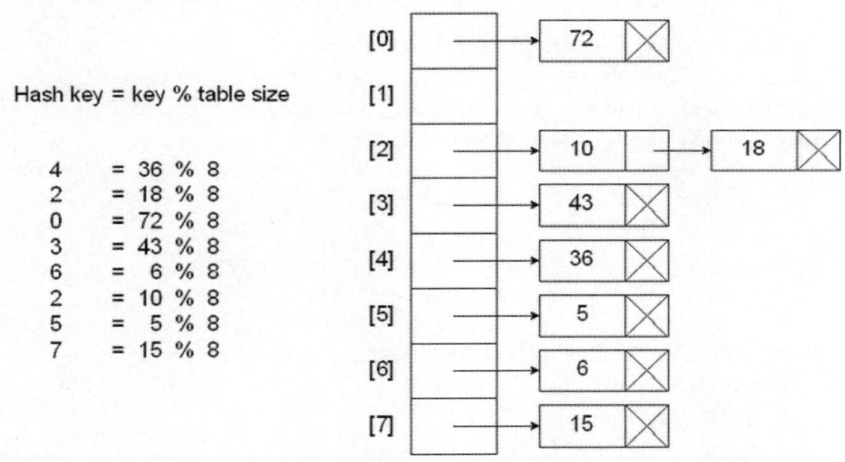

图 5.18 拉链法示意图

（2）开放地址法

如图 5.19 所示，开放地址法不会创建链表，当关键字哈希到的索引位置已经被另外一个关键字占用时，就会尝试在数组中寻找其他的数据单元，直到找到一个空的数据单元后再存放当前数据。探测数组空单元的寻址方式有很多，最简单的是线性探测法。线性探测法就是从冲突的数组单元开始，依次向后搜索空单元。若是到了数组尾部，就再从头开始搜索一遍（环形查找）。

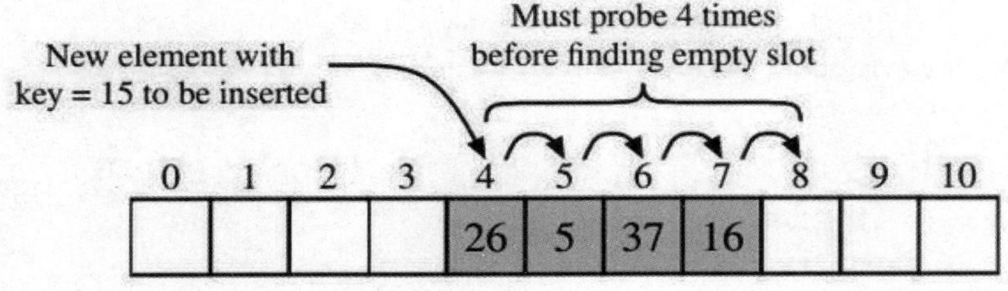

图 5.19 开放地址法示意图

如图 5.19 所示，假设存在一个 key 为 15 的数据需要被插入进去，通过哈希定位到数组索引为 4 的位置，但是该位置上已经存放了其他的数据，这时就需要继续向后查找一个空的位置来存放数据，由于数组索引4、5、6、7中都已经存放了数据元素，所以就需要“跳过”4个数据位至数组索引为8的位置来存放当前数据。

ThreadLocalMap使用开放地址法处理哈希冲突，而HashMap使用分离链表法处理哈希冲突。之所以采用不同的方式，主要是因为在ThreadLocalMap中的哈希值分散得十分均匀，很少会出现冲突，采用线性探测法的成本会更低。并且ThreadLocalMap经常需要清除无用的对象，使用纯数组更加方便。

再回过头来看一下set()方法，源码如下。

```
private void set(ThreadLocal<?> key, Object value) {

    // We don't use a fast path as with get() because it is at
    // least as common to use set() to create new entries as
    // it is to replace existing ones, in which case, a fast
    // path would fail more often than not.

    Entry[] tab = table;
    int len = tab.length;
    //根据 ThreadLocal 的 hashCode 确定 Entry 应该存放的位置
    int i = key.threadLocalHashCode & (len-1);

    //采用开放地址法，哈希冲突时使用线性探测
    for (Entry e = tab[i];
         e != null;
         e = tab[i = nextIndex(i, len)]) {
        ThreadLocal<?> k = e.get();
        //覆盖旧 Entry
        if (k == key) {
            e.value = value;
            return;
        }
        //当 key 为 null 时，说明 ThreadLocal 强引用已经被释放了，那么就无法再通过
        这个 key 获取 ThreadLocalMap 中对应的 Entry，这里就存在内存泄漏的可能性
        if (k == null) {
            //用当前插入的值替换这个 key 为 null 的脏 Entry
            replaceStaleEntry(key, value, i);
            return;
        }
    }
    //新建 Entry 并插入到 table 中 i 处
    tab[i] = new Entry(key, value);
    int sz = ++size;
    //插入后再次清除一些 key 为 null 的脏 Entry，如果大于阈值就需要扩容
    if (!cleanSomeSlots(i, sz) && sz >= threshold)
        rehash();
}
```

set() 方法的关键部分参见代码中的注释，这里有几个核心点值得进一步剖析。

① ThreadLocal 的 hashCode。

```
private final int threadLocalHashCode = nextHashCode();
private static final int HASH_INCREMENT = 0x61c88647;
private static AtomicInteger nextHashCode =new AtomicInteger();
/** * Returns the next hash code. */
private static int nextHashCode() {
   return nextHashCode.getAndAdd(HASH_INCREMENT);
}
```

从上述代码中可以清楚地看到，ThreadLocal 实例的 hashCode 是通过 nextHashCode() 方法实现的，该方法实际上是用一个 AtomicInteger 加上 0x61c88647 来实现的。0x61c88647 这个数是有特殊意义的，它能够保证哈希表的每个哈希桶都能够均匀分布，这就是 Fibonacci Hashing。Fibonacci Hashing 能够保证值均匀分布，所以 ThreadLocal 才选择使用开放地址法解决哈希冲突的问题。

②怎样确定插入哈希表中的位置？具体源码如下。

```
key.threadLocalHashCode & (len-1)
```

同 HashMap 和 ConcurrentHashMap 等数据容器的方式一样，利用当前 key（即 ThreadLocal 实例）的 hashCode 与哈希表大小进行与计算，因为哈希表大小总是为 2 的幂，所以与计算等同于一个取模的过程，这样就可以通过 key 分配到具体的哈希桶中。这样做是因为位运算的执行效率远远高于取模运算。

③怎样解决哈希冲突呢？当索引到的哈希桶已经被“占用”后，就会通过 nextIndex(i, len) 继续寻找下一个为 null 的哈希桶。该方法的代码为 ((i + 1 < len) ? i + 1 : 0)，也就是不断向后进行线性探测，直至哈希表末尾时才会再从 0 开始进行探测。

④如何处理脏数据（StaleEntry）？在分析 ThreadLocal、ThreadLocalMap 及 Entry 的引用链关系时，我们知道使用 ThreadLocal 可能存在内存泄漏的情况。在源码中，这种 key 为 null 的 Entry 称为 Stale Entry，直译为不新鲜的 Entry，这里可把它理解为“脏数据”。

Josh Bloch 和 Doug Lea 大师考虑到了这种情况，在使用 set() 方法寻址时会通过 replace StaleEntry() 方法解决 Stale Entry 的问题。另外，在插入 Entry 时也会通过 cleanSomeSlots 解决脏数据的问题。

⑤如何进行扩容？几乎和大多数容器一样，ThreadLocalMap 也有扩容机制，那么它的 threshold 又是怎样确定的呢？

```
private int threshold; // Default to 0
    /**
     * The initial capacity -- MUST be a power of two.
     */
    private static final int INITIAL_CAPACITY = 16;

    ThreadLocalMap(ThreadLocal<?> firstKey, Object firstValue) {
        table = new Entry[INITIAL_CAPACITY];
```

```
        int i = firstKey.threadLocalHashCode & (INITIAL_CAPACITY - 1);
        table[i] = new Entry(firstKey, firstValue);
        size = 1;
        setThreshold(INITIAL_CAPACITY);
    }

    /**
     * Set the resize threshold to maintain at worst a 2/3 load factor.
     */
    private void setThreshold(int len) {
        threshold = len * 2 / 3;
    }
```

在第一次为 ThreadLocal 进行赋值时会创建初始大小为 16 的 ThreadLocalMap，然后通过 setThreshold() 方法设置 threshold，其值为当前哈希数组的长度乘以 2/3，也就是说加载因子为 2/3。加载因子是衡量哈希表密集程度的一个参数。加载因子越大，说明哈希表被装载得越多，出现哈希冲突的可能性越大。反之，则被装载得越少，出现哈希冲突的可能性越小。但是，加载因子过小，说明内存使用率不高，所以加载因子的取值应该考虑到内存使用率和哈希冲突概率的一个平衡，如 HashMap 或 ConcurrentHashMap 的加载因子都为 0.75。ThreadLocalMap 初始大小为 16，加载因子为 2/3，所以哈希表的可用大小为 16 × 2/3=10，即哈希表的可用容量为 10。

从 set() 方法中可以看出，当哈希表的 size 大于 threshold 时，会通过 resize() 方法进行扩容。

```
/**
 * Double the capacity of the table.
 */
private void resize() {
    Entry[] oldTab = table;
    int oldLen = oldTab.length;
    //新数组为原数组的 2 倍
    int newLen = oldLen * 2;
    Entry[] newTab = new Entry[newLen];
    int count = 0;

    for (int j = 0; j < oldLen; ++j) {
        Entry e = oldTab[j];
        if (e != null) {
            ThreadLocal<?> k = e.get();
            //遍历过程中如果遇到脏数据，直接令 value 为 null，有助于 value 能够被回收
            if (k == null) {
                e.value = null; // Help the GC
            } else {
                //重新确定 Entry 在新数组的位置，然后进行插入
                int h = k.threadLocalHashCode & (newLen - 1);
                while (newTab[h] != null)
```

```
                    h = nextIndex(h, newLen);
                newTab[h] = e;
                count++;
            }
        }
    }
    // 设置新哈希表的 threshold 和 size 属性
    setThreshold(newLen);
    size = count;
    table = newTab;
}
```

扩容时新建一个大小为原来数组长度 2 倍的数组，然后遍历旧数组中的 Entry 并将其插入新的哈希数组中。另外，在扩容的过程中针对脏 Entry 会赋值 value 为 null，以便能够被垃圾回收器回收，解决隐藏的内存泄漏问题。

3. getEntry()方法

getEntry() 方法的源码如下。

```
private Entry getEntry(ThreadLocal<?> key) {
    //1. 确定在哈希数组中的位置
    int i = key.threadLocalHashCode & (table.length - 1);
    //2. 根据索引 i 获取 Entry
    Entry e = table[i];
    //3. 满足条件就返回 Entry
    if (e != null && e.get() == key)
        return e;
    else
        //4. 未查找到满足条件的 Entry，额外做的处理
        return getEntryAfterMiss(key, i, e);
}
```

方法逻辑可以看代码注释，若当前定位的 Entry 的 key 和查找的 key 相同，就直接返回这个 Entry，否则需要通过 getEntryAfterMiss() 方法做进一步处理。

getEntryAfterMiss() 方法的源码如下。

```
private Entry getEntryAfterMiss(ThreadLocal<?> key, int i, Entry e) {
    Entry[] tab = table;
    int len = tab.length;

    while (e != null) {
        ThreadLocal<?> k = e.get();
        if (k == key)
            // 找到和查询到 key 相同的 Entry 就返回
            return e;
        if (k == null)
            // 解决脏 Entry 的问题
            expungeStaleEntry(i);
```

```
            else
                //继续向后环形查找
                i = nextIndex(i, len);
            e = tab[i];
        }
        return null;
    }
```

这个方法同样很好理解，它主要是通过 nextIndex() 方法继续向后环形查找的。如果找到和查询的 key 相同的 Entry 就直接返回；如果在查找过程中遇到脏 Entry，就使用 expungeStaleEntry() 方法进行处理。

到目前为止，为了解决潜在的内存泄漏问题，使用 set()、resize() 以及 getEntry() 这些方法都能对这些脏 Entry 进行处理，可见为了尽可能解决这个问题，几乎无时无刻不在努力。

4. remove()方法

```
/**
 * Remove the entry for key.
 */
private void remove(ThreadLocal<?> key) {
    Entry[] tab = table;
    int len = tab.length;
    int i = key.threadLocalHashCode & (len-1);
    for (Entry e = tab[i];
         e != null;
         e = tab[i = nextIndex(i, len)]) {
        if (e.get() == key) {
            //将entry的key置为null
            e.clear();
            //将该entry的value也置为null
            expungeStaleEntry(i);
            return;
        }
    }
}
```

方法逻辑可以查看代码注释，通过向后环形查找到与指定 key 相同的 Entry 后，先通过 clear() 方法将 key 置为 null，使其转换为一个脏 Entry，然后调用 expungeStaleEntry() 方法进行处理。

5.4.4 ThreadLocal的使用场景

ThreadLocal 不是用来解决多线程间协作的场景的，站在数据资源的角度，实质上数据是放在每个 Thread 实例引用的 ThreadLocalMap 中，也就是说每个不同的线程都拥有专属于自己的数据容器（ThreadLocalMap），彼此之间不受影响，起到数据资源隔离的效果。

因此，ThreadLocal 只适用于**共享对象会造成线程安全**的业务场景，解决思路就是将数据对象维护在各自的线程空间中，用不对外暴露的方式缩小作用域。例如，hibernate 中通过 ThreadLocal 管理 Session 就是一个典型的案例，不同的请求线程（用户）均拥有自己的 Session，若将 Session 共享出去被多线程访问，必然会带来线程安全问题。

例如，SimpleDateFormat.parse() 方法就存在线程安全问题，可以尝试使用 ThreadLocal 包装 SimpleDateFormat，让该对象实例不被多线程共享。

```
public class ThreadLocalDemo {
    private static ThreadLocal<SimpleDateFormat> sdf = new ThreadLocal<>();

    public static void main(String[] args) {
        ExecutorService executorService = Executors.newFixedThreadPool(10);
        for (int i = 0; i < 100; i++) {
            executorService.submit(new DateUtil("2019-11-25 09:00:" + i % 60));
        }
    }

    static class DateUtil implements Runnable {
        private String date;

        public DateUtil(String date) {
            this.date = date;
        }

        @Override
        public void run() {
            if (sdf.get() == null) {
                sdf.set(new SimpleDateFormat("yyyy-MM-dd HH:mm:ss"));
            } else {
                try {
                    Date date = sdf.get().parse(this.date);
                    System.out.println(date);
                } catch (ParseException e) {
                    e.printStackTrace();
                }
            }
        }
    }
}
```

如果当前线程不持有 SimpleDateformat 对象实例，那么就新建一个并把它设置到当前线程中，如果已经持有就直接使用。另外，从 if (sdf.get() == null){...}else{...} 可以看出，为每个线程分配一个 SimpleDateformat 对象实例是从应用层面（业务代码逻辑）去保证的。ThreadLocal 可能存在内存泄漏问题，使用完之后，最好调用 remove() 方法将这个变量移除，就像在使用数据库连接一样，应及时关闭连接。

5.5 ThreadLocal内存泄漏问题分析

5.5.1 造成内存泄漏的原因

ThreadLocal 可以解决对象不能被多线程共享访问的问题，通过 ThreadLocal.set() 方法将对象实例保存在每个线程自己所拥有的 ThreadLocalMap 中，这样每个线程使用自己的对象实例，彼此不受影响，从而解决了对象在被共享访问时带来的线程安全问题。如果将同步机制和 ThreadLocal 做一个横向比较，同步机制就是通过控制线程访问共享对象的顺序，而 ThreadLocal 就是为每个线程分配一个该对象，各用各的，互不影响。例如，现在有 100 名同学需要填写一张表格，同步就相当于只有一支笔，A 使用完这支笔后给 B，B 使用完这支笔后给 C，……，而老师控制着这支笔的使用顺序，使同学之间不会产生冲突。使用 ThreadLocal 就相当于老师直接准备了 100 支笔，这样每个同学都使用自己的笔，同学之间就不会产生冲突。

很显然，这是两种不同的思路，同步机制“以时间换空间”，由于每个线程在同一时刻共享对象只能被一个线程访问，造成整体上响应时间增加，但是对象只占有一份数据空间，因此牺牲了时间效率换来了空间效率。而 ThreadLocal 则是每个线程都拥有自己独立的数据空间，自然而然内存使用量就会大大增加，但是时间效率提高了很多，牺牲了空间效率换来时间效率，即“空间换时间”。

ThreadLocal、ThreadLocalMap 及 Entry 之间的关系如图 5.20 所示，实线代表强引用，虚线代表弱引用，如果 ThreadLocal 没有一条引用链路可达，那么在进行垃圾回收时势必会被回收，因此 Entry 就存在 key 为 null 的情况，无法通过一个 key 为 null 去访问到该 Entry 维护的数据域 value。最终会导致在引用关系上存在这样一条引用链：ThreadRef → Thread → ThreadLocalMap → Entry → valueRef → valueMemory，在垃圾回收时进行可达性分析会被判断为 value 可达，从而不会被回收，但是该 value 永远不能被访问到，这样就导致了内存泄漏。

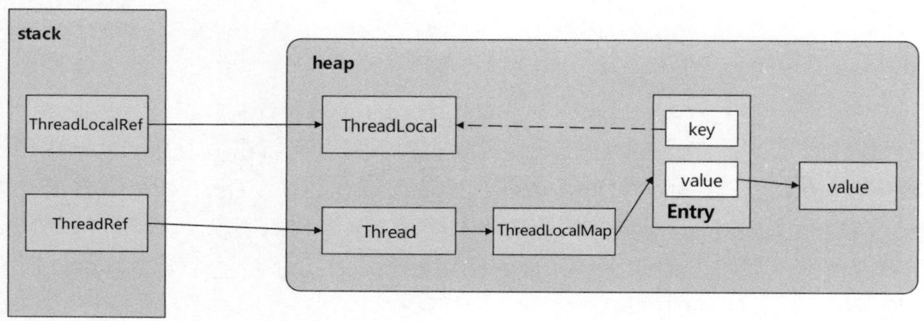

图 5.20　引用链示意图

5.5.2　已经做出改进

实际上，为了解决ThreadLocal潜在的内存泄漏问题，Josh Bloch和Doug Lea大师已经做了一些改进。在ThreadLocal的set()和get()方法中都有相应的处理。下文为了便于叙述，针对key为null的Entry，源码中注释为stale entry，直译为不新鲜的entry，这里就称为脏Entry。例如，ThreadLocalMap的set()方法：

```
private void set(ThreadLocal<?> key, Object value) {

    // We don't use a fast path as with get() because it is at
    // least as common to use set() to create new entries as
    // it is to replace existing ones, in which case, a fast
    // path would fail more often than not.

    Entry[] tab = table;
    int len = tab.length;
    int i = key.threadLocalHashCode & (len-1);

    for (Entry e = tab[i];
            e != null;
            e = tab[i = nextIndex(i, len)]) {
        ThreadLocal<?> k = e.get();

        if (k == key) {
            e.value = value;
            return;
        }

        if (k == null) {
            replaceStaleEntry(key, value, i);
            return;
        }
    }

    tab[i] = new Entry(key, value);
    int sz = ++size;
    if (!cleanSomeSlots(i, sz) && sz >= threshold)
        rehash();
}
```

在该方法中针对脏Entry做了如下处理。

（1）如果当前table[i]!=null，说明存在哈希冲突，需要向后环形查找，若在查找过程中遇到脏Entry就通过replaceStaleEntry()方法进行处理。

（2）如果当前table[i]==null，说明新的Entry可以直接插入，但是插入后会调用cleanSomeSlots()方法检测并清除脏Entry。

对脏 Entry 的搜索清理工作，绕不开表 5.1 中的 3 种方法，这 3 种方法在整个 map 操作的生命周期中都会承担搜索脏 Entry 以及清理的工作，尽可能地去解决潜在的内存泄漏的风险。

表 5.1　处理脏Entry的3种主要方法

方　法	作　用	具体效果
expungeStaleEntry()	清理staleSlot位置的脏Entry，然后继续向后搜索潜在的脏Entry并进行清理，直到遇到null节点（tab[i] == null）时停止	在搜索范围[staleSlot, i)内保障该区间里没有脏Entry存在
cleanSomeSlots()	从当前索引位i开始，进行log_2^n趟搜索及清理	从索引为i开始，清理搜索区间里潜在的脏Entry
replaceStaleEntry()	在set值过程中发现脏Entry存在于staleSlot位置，从staleSlot位置开始进行前向搜索，直到找到最前面的脏Entry节点所在的slotToExpunge位置。然后从staleSlot位置开始进行后向搜索，直到搜索到可覆盖的Entry位置或者null节点位置。如果前向搜索到脏Entry，就从slotToExpunge位置开始进行清理	在以slotToExpunge位置为起点的区间里清理潜在的脏Entry，完成值的替换

1. expungeStaleEntry()方法

在搜索过程中，若是遇到脏 Entry，就会调用 expungeStaleEntry() 方法清理脏 Entry。该方法的源码如下。

```
/**
 * Expunge a stale entry by rehashing any possibly colliding entries
 * lying between staleSlot and the next null slot.  This also expunges
 * any other stale entries encountered before the trailing null.  See
 * Knuth, Section 6.4
 *
 * @param staleSlot index of slot known to have null key
 * @return the index of the next null slot after staleSlot
 * (all between staleSlot and this slot will have been checked
 * for expunging).
 */
private int expungeStaleEntry(int staleSlot) {
    Entry[] tab = table;
    int len = tab.length;

    //1.清除当前脏Entry
    // expunge entry at staleSlot
    tab[staleSlot].value = null;
    tab[staleSlot] = null;
    size--;

    // Rehash until we encounter null
```

```
        Entry e;
        int i;
        //2. 向后环形继续查找，直到遇到table[i]==null时结束
        for (i = nextIndex(staleSlot, len);
             (e = tab[i]) != null;
             i = nextIndex(i, len)) {
            ThreadLocal<?> k = e.get();
            //3. 如果在向后搜索的过程中再次遇到脏Entry，同样会对其进行清理
            if (k == null) {
                e.value = null;
                tab[i] = null;
                size--;
            } else {
                //4. 处理rehash的情况
                int h = k.threadLocalHashCode & (len - 1);
                if (h != i) {
                    tab[i] = null;

                    // Unlike Knuth 6.4 Algorithm R, we must scan until
                    // null because multiple entries could have been stale.
                    while (tab[h] != null)
                        h = nextIndex(h, len);
                    tab[h] = e;
                }
            }
        }
        return i;
    }
```

方法逻辑请看代码注释，该方法主要做了以下几件事情。

（1）清理当前脏Entry，即将其value引用置为null，并且将table[staleSlot]也置为null。value置为null后该value域变为不可达，那么将会在下一次GC时被回收，同时table[staleSlot]为null，以便存放新的Entry。

（2）为了进一步避免内存泄漏问题，在遇到Entry不为null时，表示当前Entry是存在于哈希桶中的，这时就需要进一步校验是否是脏Entry的情况（即key为null），因此会从当前staleSlot位置向后环形搜索nextIndex()方法，直到遇到哈希桶（tab[i]）为null时退出。

（3）若在搜索过程再次遇到脏Entry，继续对其进行清理。

也就是说，该方法清理当前脏Entry后，并没有选择"闲下来"，而是继续向后搜索，若再次遇到脏Entry，继续对其进行清理，直到哈希桶（table[i]）为null时退出。

该方法执行完的结果为从**当前脏Entry（staleSlot）所在的索引位到返回的i位，这中间所有的Entry都不是脏Entry**。为什么遇到null时会退出呢？原因是存在脏Entry的前提条件是**当前哈希桶（table[i]）不为null，并且该Entry的key域为null，才可能会出现内存泄漏的情况**。如果遇到哈希桶为null，很显然它连成为脏Entry的前提条件都不具备。

了解expungeStaleEntry()方法后，现在对cleanSomeSlot()方法的整体流程进行总结。

（1）以当前新插入值的位置 i 处为起点，开始向后搜索脏 Entry，若在整个搜索过程中没有发现脏 Entry，就结束搜索并退出。

（2）若在搜索过程中遇到脏 Entry，就通过 expungeStaleEntry() 方法清理当前脏 Entry，并且该方法会返回下一个哈希桶 (table[i]) 为 null 的索引位置 i。之后重新令搜索起点为索引位置 i，n 为哈希表的长度，并再次扩大搜索范围进行$\log_2^n$次搜索。

下面用一个例子来介绍 cleanSomeSlot() 方法，假设当前 table 数组的情况如图 5.21 所示。

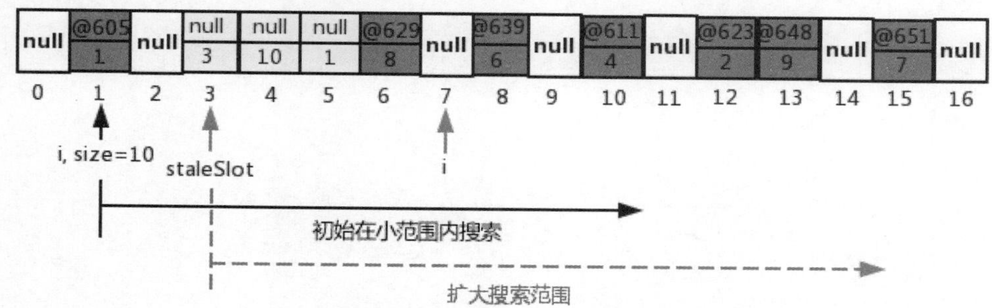

图 5.21　cleanSomeSlots()方法的执行示意图

（1）当前 n 等于哈希表的 size，即 n=10，将初始位置设为 i=1 后，在第一轮搜索过程中通过 nextIndex() 方法将索引 i 指向了索引为 2 的位置，此时 table[2] 为 null，这说明第一轮搜索未发现脏 Entry，则第一轮搜索结束，并进行第二轮搜索。

（2）在第二轮搜索中，先通过 nextIndex() 方法将索引 i=2 变为 i=3，当前 table[3]!=null 并且该 Entry 的 key 为 null，说明找到了一个脏 Entry，需要进行处理。先将 n 置为哈希表的长度 len，然后调用 expungeStaleEntry() 方法进行处理，该方法会将当前索引 i 为 3 的脏 Entry 清除（令 value 为 null，并且 table[3] 也为 null）。但是执行该方法后并不会"偷懒"，而是会继续向后进行搜索，会发现索引 i 为 4 和 5 的位置的 Entry 同样为脏 Entry，并会继续对脏 Entry 进行清理。直至执行到索引 i=7 时，此时哈希桶中 table[7] 为 null，满足退出条件，随后就以 i=7 返回。至此，第二轮搜索结束。

（3）由于在第二轮搜索中发现了脏 Entry，n 扩大为数组的长度 len。因此扩大搜索范围（增大循环次数）继续向后进行搜索。

（4）直到在整个搜索范围内都未发现脏 Entry，cleanSomeSlot() 方法才结束搜索并退出。

2. cleanSomeSlots()方法

源码如下。

```
/* @param i a position known NOT to hold a stale entry. The
 * scan starts at the element after i.
 *
 * @param n scan control: {@code log2(n)} cells are scanned,
 * unless a stale entry is found, in which case
 * {@code log2(table.length)-1} additional cells are scanned.
 * When called from insertions, this parameter is the number
```

```
     * of elements, but when from replaceStaleEntry, it is the
     * table length. (Note: all this could be changed to be either
     * more or less aggressive by weighting n instead of just
     * using straight log n. But this version is simple, fast, and
     * seems to work well.)
     *
     * @return true if any stale entries have been removed.
     */
    private boolean cleanSomeSlots(int i, int n) {
        boolean removed = false;
        Entry[] tab = table;
        int len = tab.length;
        do {
            i = nextIndex(i, len);
            Entry e = tab[i];
            if (e != null && e.get() == null) {
                n = len;
                removed = true;
                i = expungeStaleEntry(i);
            }
        } while ( (n >>>= 1) != 0);
        return removed;
    }
```

入参 i 表示插入 Entry 的位置 i。很显然，在上述情况（2）（table[i]==null）中，Entry 刚插入后，位置 i 很显然不是脏 Entry。

参数 n 主要用于扫描控制（Scan Control），在 while 中是通过 n 进行条件判断的，说明 n 就是用来控制扫描轮数（循环次数）的。在扫描过程中，如果没有遇到脏 Entry，整个扫描过程持续$\log_2^n$次，因为 n >>>= 1 为每次 n 右移一位，相当于 n 除以 2，因此要达到 n 就需要扫描$\log_2^n$次。如果在扫描过程中遇到脏 Entry，就会令 n 为当前哈希表的长度（n=len），再扫描$\log_2^n$次。注意，此时 n 增加是增加了循环次数，从而通过 nextIndex() 方法将向后搜索的范围扩大以便继续进行查找，这是一种“启发式”惰性策略，整体示意图如图 5.22 所示。

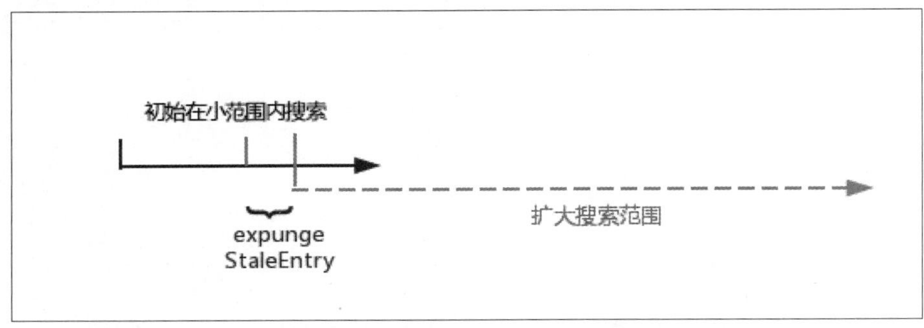

图 5.22 cleanSomeSlots()方法惰性选择策略

按照 *n* 的初始值，初始搜索范围为黑色实线部分。当遇到了脏 Entry，此时 *n* 变成了哈希数组的长度，如虚线所示会通过增加搜索次数来扩大搜索范围。如果在整个搜索过程没遇到脏 Entry，则搜索结束。采用“启发式”惰性探测的策略主要是为了达到时间效率上的平衡。

如果是在 set() 方法中插入新的 Entry 后调用［上述情况（2）］，*n* 为当前已经插入的 Entry 个数；如果是在 replaceSateleEntry() 方法中调用，*n* 为哈希桶的长度 len。

3. replaceStaleEntry()方法

源码如下。

```
/*
 * @param  key the key
 * @param  value the value to be associated with key
 * @param  staleSlot index of the first stale entry encountered while
 *         searching for key.
 */
private void replaceStaleEntry(ThreadLocal<?> key, Object value,
    int staleSlot) {
    Entry[] tab = table;
    int len = tab.length;
    Entry e;

    // Back up to check for prior stale entry in current run.
    // We clean out whole runs at a time to avoid continual
    // incremental rehashing due to garbage collector freeing
    // up refs in bunches (i.e., whenever the collector runs).

    //向前找到第一个脏 Entry
    int slotToExpunge = staleSlot;
    for (int i = prevIndex(staleSlot, len);
         (e = tab[i]) != null;
         i = prevIndex(i, len))
        if (e.get() == null)
1.          slotToExpunge = i;

    // Find either the key or trailing null slot of run, whichever
    // occurs first
    for (int i = nextIndex(staleSlot, len);
         (e = tab[i]) != null;
         i = nextIndex(i, len)) {
        ThreadLocal<?> k = e.get();

        // If we find key, then we need to swap it
        // with the stale entry to maintain hash table order.
        // The newly stale slot, or any other stale slot
        // encountered above it, can then be sent to expungeStaleEntry
        // to remove or rehash all of the other entries in run.
```

```
        if (k == key) {

            // 如果在向后环形查找过程中发现 key 相同的 Entry，就覆盖并和脏 Entry 进
               行交换
2.             e.value = value;
3.             tab[i] = tab[staleSlot];
4.             tab[staleSlot] = e;

            // Start expunge at preceding stale entry if it exists
            // 如果在查找过程中未发现脏 Entry，那么就以当前位置作为 cleanSomeSlots
            的起点
            if (slotToExpunge == staleSlot)
5.                slotToExpunge = i;
            // 搜索脏 Entry 并进行清理
6.             cleanSomeSlots(expungeStaleEntry(slotToExpunge), len);
            return;
        }

        // If we didn't find stale entry on backward scan, the
        // first stale entry seen while scanning for key is the
        // first still present in the run.
        // 如果向前未搜索到脏 Entry，而是在查找过程中遇到脏 Entry，后面就以这个位置
           作为起点执行 cleanSomeSlots() 方法
        if (k == null && slotToExpunge == staleSlot)
7.             slotToExpunge = i;
    }

    // If key not found, put new entry in stale slot
    // 如果在查找过程中没有找到可以覆盖的 Entry，就将新的 Entry 插入在脏 Entry
8.    tab[staleSlot].value = null;
9.    tab[staleSlot] = new Entry(key, value);

    // If there are any other stale entries in run, expunge them
10.    if (slotToExpunge != staleSlot)
        // 执行 cleanSomeSlots() 方法
11.        cleanSomeSlots(expungeStaleEntry(slotToExpunge), len);
}
```

方法逻辑请看代码注释，下面通过各种场景详细分析该方法的执行过程。首先看这部分的代码：

```
int slotToExpunge = staleSlot;
    for (int i = prevIndex(staleSlot, len);
         (e = tab[i]) != null;
         i = prevIndex(i, len))
        if (e.get() == null)
            slotToExpunge = i;
```

这部分代码先通过 prevIndex() 方法实现向前环形搜索脏 Entry 的功能，初始时 slotToExpunge 和 staleSlot 相同，若在搜索过程中发现了脏 Entry，就更新 slotToExpunge 为当前索引 i。

另外，replaceStaleEntry() 方法并不仅仅局限于处理当前已知的脏 Entry，它认为在出现**脏 Entry 的相邻位置也有很大概率出现脏 Entry**，所以为了一次处理到位，就需要继续向前环形搜索，找到可能存在的脏 Entry。

replaceStaleEntry() 方法从逻辑上看整体包含两部分：前向继续寻找存在脏 Entry 的位置；后向搜索到可覆盖值的 Entry。

前向搜索及后向搜索的场景可分为 4 种，如表 5.2 所示。

表 5.2　前向搜索以后向搜索的场景

前向搜索	后向搜索	
	找到可覆盖的Entry	未找到可覆盖的Entry
搜索到脏Entry	前向搜索到脏Entry，后向搜索到可覆盖的Entry	前向搜索到脏Entry，后向未搜索到可覆盖的Entry
未搜索到脏Entry	前向未搜索到脏Entry，后向搜索到可覆盖的Entry	前向未搜索到脏Entry，后向未搜索到可覆盖的Entry

1) 前向搜索到脏 Entry

（1）后向搜索到可覆盖的 Entry，情形如图 5.23 所示。

slotToExpunge 初始状态和 staleSlot 相同，当前向环形搜索遇到脏 Entry 时，在第 1 行代码中 slotToExpunge 会更新为当前脏 Entry 的索引 i，直到遇到哈希桶（table[i]）为 null 时前向搜索过程结束，找到最前置的脏 Entry 位置。

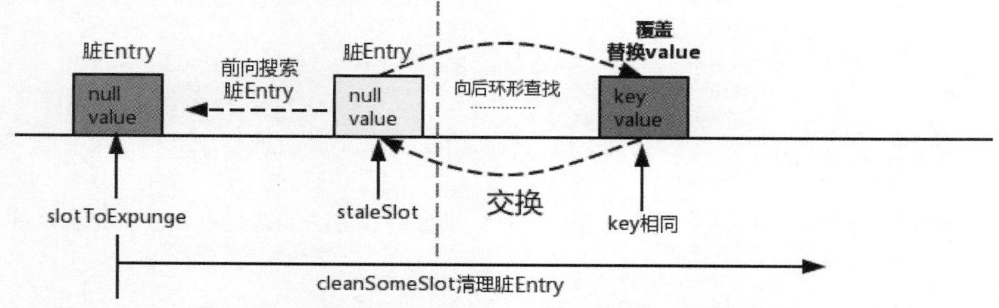

图 5.23　前向搜索到脏Entry，　后向搜索到可覆盖的Entry

在接下来的 for 循环中进行后向环形查找，若查找到了可覆盖的 Entry，第 2~4 行代码先覆盖当前位置的 Entry，然后再与 staleSlot 位置上的脏 Entry 进行交换。交换之后脏 Entry 就更换到了 i 处。因为在前向搜索中 slotToExpunge 索引已进行了更新，所以 slotToExpunge ！ = staleSlot 成立，这也导致在后向搜索进行值替换后 slotToExpunge 不会再进行更新，另外由于在前向搜索过程中 slotToExpunge 索引会被向前移动，所以再从 slotToExpunge 索引处清理的话，清理时搜索的范围会更广，这样也会清理得更加彻底。最后使用 cleanSomeSlots() 和 expungeStaleEntry() 方法从起点为 slotToExpunge 的位置开始进行清理。

（2）后向未搜索到可覆盖的 Entry，情形如图 5.24 所示。

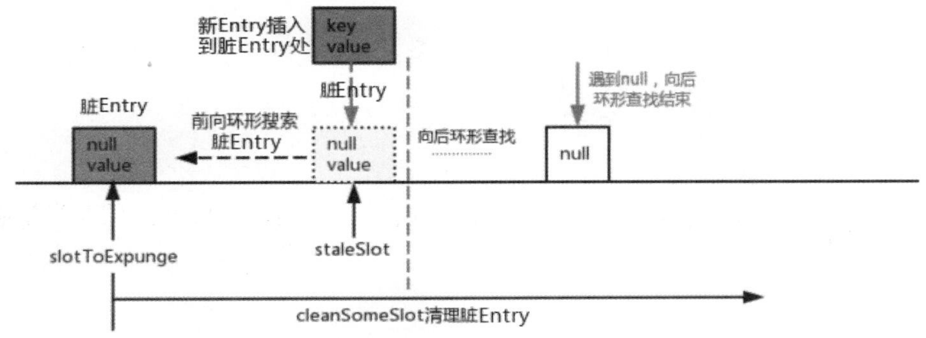

图5.24　前向搜索到脏Entry，　后向未搜索可覆盖的Entry

如图 5.24 所示，slotToExpunge 的初始状态和 staleSlot 相同，随后开始进行前向搜索，直至找到最前置的脏 Entry 索引位置 slotToExpunge。

在接下来的 for 循环中进行后向环形查找，整个查找过程中没有查找到可覆盖的 Entry，直到遇到空节点即哈希桶（table[i]）为 null 时，也就是说找到了可以插入新值的空间，整个后向环形查找过程才结束。之后通过第 8 行和第 9 行的代码，将新 Entry 直接放在 staleSlot 处即可，最后使用 cleanSomeSlots() 和 expungeStaleEntry() 方法从起点为 slotToExpunge 的位置开始进行清理。

2）前向未搜索到脏 Entry

（1）后向搜索到可覆盖的 Entry，情形如图 5.25 所示。

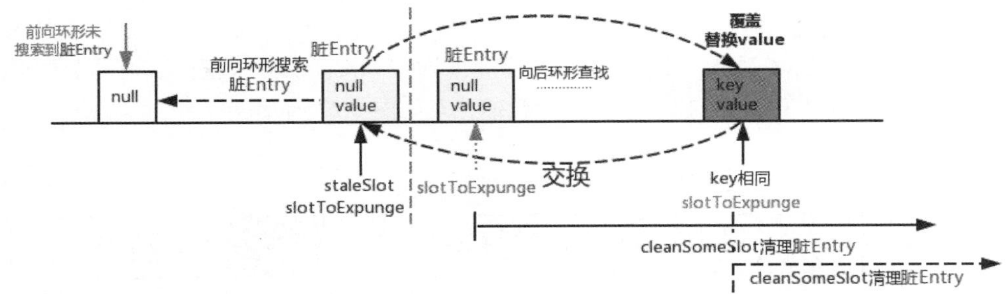

图5.25　前向未搜索到脏Entry，　后向搜索可覆盖的Entry

如图 5.25 所示，slotToExpunge 的初始状态和 staleSlot 相同，随后开始进行前向搜索，直至找到最前置的脏 Entry 索引位置 slotToExpunge。若在整个过程中未遇到脏 Entry，则 **slotToExpunge 的初始状态依旧和 staleSlot 相同**。

在接下来的 for 循环中进行后向环形查找，若遇到了脏 Entry，就通过第 7 行代码更新 slotToExpunge 为位置 i。若查找到了可覆盖的 Entry，第 2~4 行代码就先覆盖当前位置的 Entry，然后再与 staleSlot 位置上的脏 Entry 进行交换，交换之后脏 Entry 就更换到了 i 处。如果在整个查找过程中都没有遇到脏 Entry，则 slotToExpunge 依然和 staleSlot 一致，此时覆盖 value 以及发生 Entry 替换后，脏 Entry 被转换到了索引位 i 处，接着通过第 5 行代码将 slotToExpunge 更新至当前 i 处，最后使用 cleanSomeSlots() 和 expungeStaleEntry() 方法以 slotToExpunge 为起点开始进行清理脏 Entry 的操作。

（2）后向未搜索到可覆盖的 Entry，该情形如图 5.26 所示。

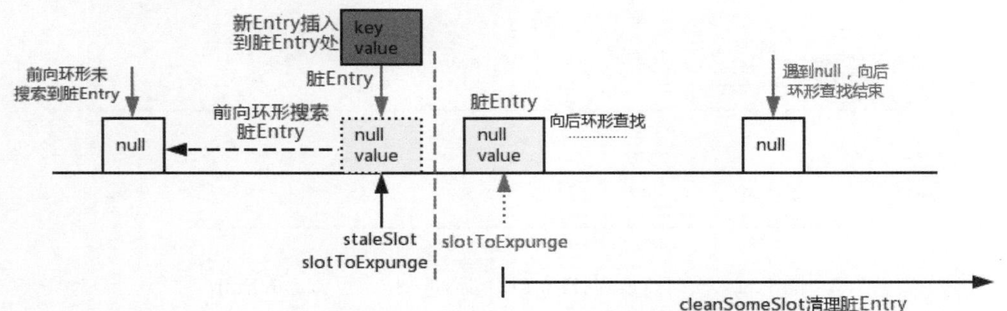

图5.26　前向未搜索到脏Entry，后向未搜索到可覆盖的Entry

如图 5.26 所示，slotToExpunge 的初始状态和 staleSlot 相同，随后开始进行前向搜索，直至找到最前置的脏 Entry 的索引位置 slotToExpunge。若在整个过程未遇到脏 Entry，slotToExpunge 的初始状态依旧和 staleSlot 相同。

在接下来的 for 循环中进行后向环形查找，若遇到了脏 Entry，就通过第 7 行代码更新 slotToExpunge 为位置 i。若没有查找到可覆盖的 Entry，直到遇到空节点即哈希桶（table[i]）为 null 时，整个后向环形查找过程才结束。接下来在第 8 行和第 9 行代码中，将插入的新 Entry 直接放在 staleSlot 处即可。另外，如果发现 slotToExpunge 被更新，则第 10 行代码 if 判断为 true，就使用 cleanSomeSlots() 和 expungeStaleEntry() 方法以 slotToExpunge 为起点开始进行清理脏 Entry 的操作。

下面用一个具体的实例进一步感受“**前向搜索到脏 Entry，后向未搜索到可覆盖的 Entry**”这种场景下 replaceStaleEntry 的执行过程，哈希桶状态如图 5.27 所示。

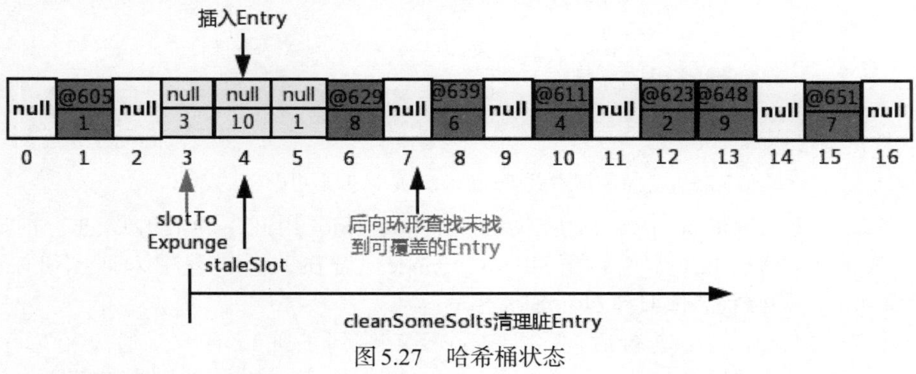

图5.27　哈希桶状态

如图 5.27 所示，当前的 staleSolt 为 i=4，首先进行前向搜索，当 i=3 时遇到脏 Entry，因此 slotToExpung 更新为 3。当 i=2 时，tabel[2] 为 null，因此前向搜索脏 Entry 的过程结束。

然后进行后向环形查找，直到 i=7 时遇到 table[7] 为 null，才结束后向查找过程，并且在该过程中并没有找到可以覆盖的 Entry。最后只能在 staleSlot（索引位为 4）处插入新 Entry，然后以 slotToExpunge（索引为 3）为起点进行脏 Entry 的清理。

当调用 threadLocal 的 get() 方法获取值时，若 table[i] 与所要查找的 key 不相同，就会继续通过 threadLocalMap 的 getEntryAfterMiss() 方法向后环形去查找，该方法源码如下。

```
private Entry getEntryAfterMiss(ThreadLocal<?> key, int i, Entry e) {
    Entry[] tab = table;
    int len = tab.length;

    while (e != null) {
        ThreadLocal<?> k = e.get();
        if (k == key)
            return e;
        if (k == null)
            expungeStaleEntry(i);
        else
            i = nextIndex(i, len);
        e = tab[i];
    }
    return null;
}
```

当 key==null 时，即遇到脏 Entry 也会调用 expungeStleEntry() 方法对脏 Entry 进行清理。调用 threadLocal.remove() 方法时，实际上却是调用 threadLocalMap 的 remove() 方法，该方法的源码如下。

```
private void remove(ThreadLocal<?> key) {
    Entry[] tab = table;
    int len = tab.length;
    int i = key.threadLocalHashCode & (len-1);
    for (Entry e = tab[i];
         e != null;
         e = tab[i = nextIndex(i, len)]) {
        if (e.get() == key) {
            e.clear();
            expungeStaleEntry(i);
            return;
        }
    }
}
```

从上述代码可以看出，当遇到了 key 为 null 的脏 Entry 时，也会调用 expungeStaleEntry() 方法清理脏 Entry。

从 set()、getEntry() 以及 remove() 方法可以看出，在 ThreadLocal 的生命周期中针对 ThreadLocal 存在的内存泄漏问题，都会通过 expungeStaleEntry()、cleanSomeSlots() 和 replaceStaleEntry() 这 3 个方法清理 key 为 null 的脏 Entry，以规避和降低内存泄漏的影响。

5.5.3 使用弱引用的原因

从图 5.20 可以看出 ThreadLocal、ThreadLocalMap 与 Entry 的引用关系，看起来 ThreadLocal 存在内存泄漏问题似乎是由 ThreadLocal 被弱引用修饰而导致的，并且在 ThreadLocal 操作的生命周期为了解决潜在的内存泄漏的风险做出了很多的努力。为什么要使用弱引用呢？

假设 ThreadLocal 使用的是强引用，开发者在业务代码中执行 threadLocalInstance==null 操作企图达到清理 ThreadLocal 实例的目的。但是因为 ThreadLocalMap 的 Entry 强引用 ThreadLocal，因此在 GC 时进行可达性分析依然会判断 ThreadLocal 的引用链可达，因此对 ThreadLocal 并不会进行垃圾回收，这样就无法真正达到业务逻辑的目的，从而出现业务逻辑错误。

如果使用弱引用，由于 Entry 弱引用 ThreadLocal，就可以通过 GC 达到真正释放 ThreadLocal 的目的，不会出现业务逻辑错误。尽管会出现内存泄漏问题，但是在 ThreadLocal 的生命周期内（set()、getEntry() 以及 remove()），都会尽最大的努力去避免潜在的内存泄漏问题。

从以上分析可以看出，使用弱引用，在 ThreadLocal 生命周期中会尽可能保证不出现内存泄漏问题，也可以保障业务逻辑的正确性。

5.5.4 Thread.exit()

当线程退出时会执行 exit() 方法，源码如下。

```
private void exit() {
    if (group != null) {
        group.threadTerminated(this);
        group = null;
    }
    /* Aggressively null out all reference fields: see bug 4006245 */
    target = null;
    /* Speed the release of some of these resources */
    threadLocals = null;
    inheritableThreadLocals = null;
    inheritedAccessControlContext = null;
    blocker = null;
    uncaughtExceptionHandler = null;
}
```

可以看出，当线程结束时，会令 threadLocals=null，也就意味着 GC 时就可以将 threadLocalMap 进行垃圾回收。换句话说，threadLocalMap 的生命周期实际上与 thread 的生命周期相同。

5.5.5 ThreadLocal最佳实践

本小节对 ThreadLocal 的内存泄漏做了很详细的分析，读者在理解了 ThreadLocal 内存泄漏的前因后果后，在实践中应该怎么做呢？

在业务开发中每次使用完 ThreadLocal 都应该调用它的 remove() 方法清除数据，遵守“用完立即释放”的开发原则。在使用线程池的情况下没有及时清理 ThreadLocal，不仅会造成内存泄漏的问题，更严重的是可能导致业务逻辑出现问题。因此，使用 ThreadLocal 最保险的方式就是“**用时申请 ThreadLocal 实例，用完立即销毁**”。

5.6 阻塞队列

5.6.1 阻塞队列简介

在实际编程中开发者会经常使用 JDK 的 Collection 集合框架中的各种容器类进行数据转换，如 List、Map 以及 Queue 数据结构。但是，这些数据结构大多数不是线程安全的，虽然可以通过 Collection 将这些数据结构转换为线程安全的数据容器，但因为这种转换的内部实现方式不是很高效，故而在真实的业务开发中使用得比较少。

为了解决这些数据容器线程安全的问题，Doug Lea 大师为开发者针对每个数据结构都构造了相应的满足线程安全的并发容器，如实现 List 接口的 CopyOnWriteArrayList、实现 Map 接口的 ConcurrentHashMap 以及实现 Queue 接口的 ConcurrentLinkedQueue 等。

并发编程模型最常用的就是生产者 - 消费者模式，针对生产者 - 消费者问题，一般会使用队列作为并发实体间协作的数据容器。通过生产者 - 消费者并发模型可以对各个模块的业务功能进行解耦，生产者实体“生产”出来的数据放置在数据容器中，而消费者只需要在数据容器中获取数据执行相应的业务操作即可。这样就可以保证生产者线程和消费者线程都聚焦在自身的业务逻辑中，彼此之间并不需要感知到对方的存在达到解耦的目的。

阻塞队列（BlockingQueue）被广泛使用在生产者 - 消费者问题中，其原因是 BlockingQueue 提供了可阻塞式的插入和移除的方法。当队列容器已满时，生产者线程会被阻塞，直到队列未满；当队列容器为空时，消费者线程会被阻塞，直至队列非空时为止。

5.6.2 基本操作

参考 JDK 1.8 的 API 文档，BlockingQueue 的基本操作见表 5.3。

表5.3 BlockingQueue基本操作

基本操作	抛异常	特殊值	阻 塞	超 时
插入数据	add(e)	offer(e)	put(e)	offer(e, time,unit)
删除数据	remove()	poll()	take()	poll(time, unit)
查看数据	element()	peek()	Not applicable	Not applicable

BlockingQueue 继承于 Queue 接口，在 Queue 接口下的基本操作如下。

（1）插入元素。

add(E e)：向队列插入数据，当队列已满时插入元素会抛出 IllegalStateException 异常。

offer(E e)：向队列插入数据时，插入成功则返回 true，否则返回 false。当队列已满时不会抛出异常。

（2）删除元素。

remove(Object o)：从队列中取出数据，成功则返回 true，否则返回 false。如果队列为空，则抛出 NoSuchElementException 异常。

poll()：删除数据，当队列为空时返回 null。

（3）查看元素。

element()：获取队头元素，如果队列为空，则抛出 NoSuchElementException 异常。

peek()：获取队头元素，如果队列为空，则返回 null。

BlockingQueue 的特性如下。

（1）插入数据。

put()：当阻塞队列容量已满时，向阻塞队列插入数据的线程会被阻塞直至阻塞队列有空余的容量可供使用。

offer(E e, long timeout, TimeUnit unit)：若阻塞队列已满，同样会阻塞插入数据的线程，直至阻塞队列有空余的地方。与 put() 方法不同的是，该方法会有一个超时时间，若超过当前给定的超时时间，插入数据的线程会退出。

（2）删除数据。

take()：当阻塞队列为空时，获取队头数据的线程会被阻塞。

poll(long timeout, TimeUnit unit)：当阻塞队列为空时，获取数据的线程会被阻塞。另外，如果被阻塞的线程超过了给定的时长，该线程会退出。

5.6.3 常用的BlockingQueue

实现 BlockingQueue 接口的有 ArrayBlockingQueue、LinkedBlockingQueue、PriorityBlocking-

Queue、SynchronousQueue、LinkedTransferQueue、LinkedBlockingDeque、DelayQueus 这几种常见的阻塞队列也是在实际编程中常用的，下面对这几种常见的阻塞队列进行说明。

1. ArrayBlockingQueue

ArrayBlockingQueue 是由数组实现的有界阻塞队列，该队列对元素的操作满足 FIFO（先进先出）特性，队列中的队头元素表示队列中存在时间最长的数据元素，而队尾元素则是当前队列中最新的数据元素。ArrayBlockingQueue 可作为“有界数据缓冲区”，供生产者插入数据到队列容器中并由消费者提取。

当队列容量满时，如果尝试将元素放入队列，将导致操作阻塞直至有空余的空间可供新增元素进行插入。另外，尝试从一个空队列中取一个元素也同样会被阻塞。

ArrayBlockingQueue 默认情况下不能保证线程访问队列的公平性。所谓公平性，是指严格按照线程等待的绝对时间顺序，即最先等待的线程能够最先访问 ArrayBlockingQueue。

非公平性则是指对 ArrayBlockingQueue 中的数据访问和线程阻塞等待的排序顺序两者并不绝对一致，因此就有可能存在长时间等待数据访问的线程依然处于等待状态。如果要保证队列的访问顺序是绝对有序的，自然就会降低系统整体的吞吐量。如果需要获得公平性的 ArrayBlockingQueue，可采用如下代码进行创建。

```
    private static ArrayBlockingQueue<Integer> blockingQueue = new
ArrayBlockingQueue<Integer>(10,true);
```

2. LinkedBlockingQueue

LinkedBlockingQueue 是用链表实现的有界阻塞队列，它同样满足 FIFO 的特性，与 ArrayBlockingQueue 相比它具有更高的吞吐量。为了防止 LinkedBlockingQueue 容量迅速增大，损耗大量内存，通常可在创建 LinkedBlockingQueue 对象时指定其大小，如果未指定，其容量就等于 Integer.MAX_VALUE。

3. PriorityBlockingQueue

PriorityBlockingQueue 是一个支持优先级的无界阻塞队列。默认情况下元素采用自然顺序进行排序，也可以通过自定义类实现的 compareTo() 方法指定元素的排序规则或在初始化时通过构造器参数 Comparator 指定排序规则。

4. SynchronousQueue

SynchronousQueue 的每个插入操作必须等待另一个线程进行相应的删除操作，因此 SynchronousQueue 实际上没有存储任何数据元素，因为只有线程在删除数据时其他线程才能插入数据。同样，只有当前有线程正在插入数据时，线程才能删除数据。SynchronousQueue 也可以通过构造器参数为其指定公平性。

5. LinkedTransferQueue

LinkedTransferQueue 是一个由链表数据结构构成的无界阻塞队列，由于该队列实现了 TransferQueue 接口，与其他阻塞队列相比，它主要有以下不同的方法，见表 5.4。

表5.4 LinkedTransferQueue的特性方法

方 法	方法作用
transfer(E e)	如果当前有线程(消费者)正在调用take()方法或可延时的poll()方法进行消费数据，生产者线程可以调用transfer()方法将数据传递给消费者线程。如果当前没有消费者线程，生产者线程就会将数据插入队尾，直到有消费者能够进行消费才能退出
tryTransfer(E e)	如果当前有消费者线程(调用take()方法或具有超时特性的poll()方法)正在消费数据，该方法可以将数据立即传送给消费者线程。如果当前没有消费者线程消费数据，就立即返回false。因此，transfer()方法必须等到有消费者线程消费数据时,生产者线程才能够返回；而tryTransfer()方法能够立即返回结果并退出
tryTransfer(E e,long timeout, imeUnit unit)	与transfer()方法的基本功能一样，只是增加了超时特性，如果数据在规定的超时时间内没有消费者进行消费，就返回false

6. LinkedBlockingDeque

LinkedBlockingDeque 是基于链表数据结构的有界阻塞双端队列，如果在创建对象时未指定大小，其默认大小就是 Integer.MAX_VALUE。与 LinkedBlockingQueue 相比，LinkedBlockingDeque 的不同点在于它具有双端队列的特性。参考 JDK 1.8 的 API 文档，LinkedBlockingDeque 的基本操作见表 5.5。

表5.5 LinkedBlockingDeque的基本操作

基本操作	抛异常	特殊值	阻 塞	超 时
头节点的操作				
插入数据	addFirst(e)	offerFirst(e)	putFirst(e)	offerFirst(e, time,unit)
删除数据	removeFirst()	pollFirst()	takeFirst()	pollFirst(time, unit)
查看数据	getFirst()	peekFirst()	Not applicable	Not applicable
基本操作	抛异常	特殊值	阻 塞	超 时
尾节点的操作				
插入数据	addLast(e)	offerLast(e)	putLast(e)	offerLast(e, time,unit)
删除数据	removeLast()	pollLast()	takeLast()	pollLast(time, unit)
查看数据	getLast()	peekLast()	Not applicable	Not applicable

LinkedBlockingDeque 的基本操作可分为 3 种类型：

（1）针对特殊情况抛出异常或返回特殊值，如 null 或 false ；

（2）当线程不满足操作条件时，线程会被阻塞直至条件满足；

（3）操作具有超时特性。

另外，LinkedBlockingDeque 实现了 BlockingDueue 接口，而 LinkedBlockingQueue 实现的是 BlockingQueue，参考 JDK 1.8 的 API 文档，这两个接口的主要区别见表 5.6。

表5.6　BlockingDueue和BlockingQueue的区别

BlockingQueue接口中的方法	BlockingDeque接口中的方法
插入数据	
add(e)	addLast(e)
offer(e)	offerLast(e)
put(e)	putLast(e)
offer(e, time, unit)	offerLast(e, time, unit)
删除数据	
remove()	removeFirst()
poll()	pollFirst()
take()	takeFirst()
poll(time, unit)	pollFirst(time, unit)
查看数据	
element()	getFirst()
peek(e)	peekFirst()

从表 5.6 可以看出，两个接口的功能是可以等价使用的，如 BlockingQueue 的 add() 方法和 BlockingDeque 的 addLast() 方法的主要功能是一样的。

7. DelayQueue

DelayQueue 是一个存放实现 Delayed 接口数据的无界阻塞队列，只有当数据对象的延时时间达到时才能从队列中获取该数据元素，用在缓存以及离线任务的业务场景中。所谓数据延时期满，是通过 Delayed 接口的 getDelay(TimeUnit.NANOSECONDS) 方法进行判定的，如果该方法的返回值小于或等于 0，就说明该数据元素的延时期已满。

5.7　ArrayBlockingQueue与LinkedBlockingQueue

5.7.1　ArrayBlockingQueue简介

为了在功能实现上尽可能解耦以达到高内聚低耦合的效果，常会使用并发容器存储多线程间的共享数据，这样不仅可以保证线程的安全，还可以简化各个线程的操作。例如，在生产者 - 消费者的问题中，可使用阻塞队列（BlockingQueue）作为数据容器。

对 BlockQueue 的基本使用可以参考 5.6 节的内容，本小节会对常见的 BlockQueue 的实现原理进行剖析，只有在深入理解其底层原理之后，才能在真正的业务开发中尽可能地避免一些常见的并发编程问题。本小节主要分析 ArrayBlockingQueue 和 LinkedBlockingQueue 的实现原理。

5.7.2 ArrayBlockingQueue实现原理

阻塞队列最核心的功能是能够**可阻塞式地插入和删除队列元素，**当前队列为空时会阻塞消费数据的线程，直至队列非空时才会通知消费者线程进行数据消费；当队列已满时，还会阻塞插入数据的线程，直至队列未满时通知生产者线程进行数据生产。

那么，多线程中消息通知机制最常用的是 Lock 的 condition 机制，关于 condition 的底层实现机制，之前在第 4 章已深入分析过，那么 ArrayBlockingQueue 的实现是不是也会采用 condition 的通知机制呢？

1. ArrayBlockingQueue的主要属性

ArrayBlockingQueue 的源码如下。

```
/** The queued items */
final Object[] items;

/** items index for next take, poll, peek or remove */
int takeIndex;

/** items index for next put, offer, or add */
int putIndex;

/** Number of elements in the queue */
int count;

/*
 * Concurrency control uses the classic two-condition algorithm
 * found in any textbook.
 */

/** Main lock guarding all access */
final ReentrantLock lock;

/** Condition for waiting takes */
private final Condition notEmpty;

/** Condition for waiting puts */
private final Condition notFull;
```

从源码中可以看出，ArrayBlockingQueue 内部是采用数组进行数据存储的（属性 items），为了保证线程安全，才会采用 ReentrantLock 解决共享资源的数据访问线程安全问题。

为了保证可阻塞式地插入 / 删除数据，才使用 condition 机制。当获取数据的消费者线程被阻塞时，会将该线程放入 notEmpty 等待队列中；当插入数据的生产者线程被阻塞时，会将该线程放入 notFull 等待队列中。另外，notEmpty 和 notFull 队列是在构造方法中进行创建的。

```
public ArrayBlockingQueue(int capacity, boolean fair) {
    if (capacity <= 0)
        throw new IllegalArgumentException();
    this.items = new Object[capacity];
    lock = new ReentrantLock(fair);
    notEmpty = lock.newCondition();
    notFull =  lock.newCondition();
}
```

接下来，看看可阻塞式的 put() 和 take() 方法是怎样实现的。

2. put()方法详解

put(E e) 方法的源码如下。

```
public void put(E e) throws InterruptedException {
    checkNotNull(e);
    final ReentrantLock lock = this.lock;
    lock.lockInterruptibly();
    try {
        //如果当前队列已满，就将线程移入 notFull 等待队列中
        while (count == items.length)
            notFull.await();
        //满足插入数据的要求，直接进行入队操作
        enqueue(e);
    } finally {
        lock.unlock();
    }
}
```

该方法的逻辑很简单，当队列已满时（count == items.length），就将线程移入 notFull 等待队列中。如果当前满足插入数据的条件，就可以直接调用 enqueue(e) 方法插入数据元素。enqueue() 方法的源码如下。

```
private void enqueue(E x) {
    // assert lock.getHoldCount() == 1;
    // assert items[putIndex] == null;
    final Object[] items = this.items;
    //插入数据
    items[putIndex] = x;
    if (++putIndex == items.length)
        putIndex = 0;
    count++;
    //通知消费者线程，当前队列中有数据可供消费
    notEmpty.signal();
}
```

enqueue() 方法的逻辑也很简单，首先插入数据，即向数组中添加数据（items[putIndex] = x），然后通知被阻塞的消费者线程当前队列中有数据可供消费（notEmpty.signal()）。

3. take()方法详解

take() 方法的源码如下。

```
public E take() throws InterruptedException {
    final ReentrantLock lock = this.lock;
    lock.lockInterruptibly();
    try {
        // 如果队列为空，没有数据，就将消费者线程移入等待队列中
        while (count == 0)
            notEmpty.await();
        // 获取数据
        return dequeue();
    } finally {
        lock.unlock();
    }
}
```

take() 方法主要做了以下两件事情：

（1）若当前队列为空，就将获取数据的消费者线程移入等待队列中；

（2）若队列不为空则获取数据，则调用 dequeue() 方法完成出队操作。

dequeue() 方法的源码如下。

```
private E dequeue() {
    // assert lock.getHoldCount() == 1;
    // assert items[takeIndex] != null;
    final Object[] items = this.items;
    @SuppressWarnings("unchecked")
    // 获取数据
    E x = (E) items[takeIndex];
    items[takeIndex] = null;
    if (++takeIndex == items.length)
        takeIndex = 0;
    count--;
    if (itrs != null)
        itrs.elementDequeued();
    // 通知被阻塞的生产者线程
    notFull.signal();
    return x;
}
```

dequeue() 方法也主要做了以下两件事情：

（1）获取队列中的数据，即获取数组中的数据元素（(E) items[takeIndex]）；

（2）通知 notFull 等待队列中的线程，使其由等待队列移入同步队列，能够有机会获得锁，并在执行成功后退出。

从以上分析可以看出，put() 和 take() 方法主要是通过 condition 的通知机制完成可阻塞式地插入数据及获取数据的。读者在理解了 ArrayBlockingQueue 后再去理解 LinkedBlockingQueue 就比较容易了。

5.7.3 LinkedBlockingQueue实现原理

LinkedBlockingQueue 是用链表实现的有界阻塞队列，当构造对象未指定队列大小时，队列的默认大小为 Integer.MAX_VALUE，这可以从它的构造方法中看出。

```
public LinkedBlockingQueue() {
    this(Integer.MAX_VALUE);
}
```

1. LinkedBlockingQueue的主要属性

LinkedBlockingQueue 的主要属性如下。

```
/** Current number of elements */
private final AtomicInteger count = new AtomicInteger();

/**
 * Head of linked list.
 * Invariant: head.item == null
 */
transient Node<E> head;

/**
 * Tail of linked list.
 * Invariant: last.next == null
 */
private transient Node<E> last;

/** Lock held by take, poll, etc */
private final ReentrantLock takeLock = new ReentrantLock();

/** Wait queue for waiting takes */
private final Condition notEmpty = takeLock.newCondition();

/** Lock held by put, offer, etc */
private final ReentrantLock putLock = new ReentrantLock();

/** Wait queue for waiting puts */
private final Condition notFull = putLock.newCondition();
```

从上述代码可以看出，LinkedBlockingQueue 与 ArrayBlockingQueue 的主要区别是，在插入数据和删除数据时分别是由两个不同的锁（takeLock 和 putLock）控制线程安全的。通过这两个锁生成了两个对应的 condition（notEmpty 和 notFull），可分别实现可阻塞式的插入和删除数据。另外，其中还采用了链表的数据结构实现队列，其 Node 节点的定义如下。

```
static class Node<E> {
    E item;
```

```
    /**
     * One of:
     * - the real successor Node
     * - this Node, meaning the successor is head.next
     * - null, meaning there is no successor (this is the last node)
     */
    Node<E> next;

    Node(E x) { item = x; }
}
```

2. put()方法详解

put() 方法的源码如下。

```
public void put(E e) throws InterruptedException {
    if (e == null) throw new NullPointerException();
    // Note: convention in all put/take/etc is to preset local var
    // holding count negative to indicate failure unless set.
    int c = -1;
    Node<E> node = new Node<E>(e);
    final ReentrantLock putLock = this.putLock;
    final AtomicInteger count = this.count;
    putLock.lockInterruptibly();
    try {
        /*
         * Note that count is used in wait guard even though it is
         * not protected by lock. This works because count can
         * only decrease at this point (all other puts are shut
         * out by lock), and we (or some other waiting put) are
         * signalled if it ever changes from capacity. Similarly
         * for all other uses of count in other wait guards.
         */
         //若队列已满，则阻塞当前线程，并将其移入等待队列
        while (count.get() == capacity) {
            notFull.await();
        }
         //入队操作，插入数据
        enqueue(node);
        c = count.getAndIncrement();
         //若队列满足插入数据的条件，就通知被阻塞的生产者线程
        if (c + 1 < capacity)
            notFull.signal();
    } finally {
        putLock.unlock();
    }
    if (c == 0)
```

```
        signalNotEmpty();
}
```

put() 方法的逻辑也同样很容易理解，基本上和 ArrayBlockingQueue 的 put() 方法逻辑相同。

3. take()方法详解

take() 方法的源码如下。

```
public E take() throws InterruptedException {
    E x;
    int c = -1;
    final AtomicInteger count = this.count;
    final ReentrantLock takeLock = this.takeLock;
    takeLock.lockInterruptibly();
    try {
          // 若当前队列为空，则阻塞当前线程，并将其移入等待队列，直至满足条件
        while (count.get() == 0) {
            notEmpty.await();
        }
          // 移除队头元素，获取数据
        x = dequeue();
        c = count.getAndDecrement();
        // 若当前满足移除元素的条件，就通知被阻塞的消费者线程
          if (c > 1)
            notEmpty.signal();
    } finally {
        takeLock.unlock();
    }
    if (c == capacity)
        signalNotFull();
    return x;
}
```

take() 方法的主要逻辑详见代码注释，它也是很容易理解的。

5.7.4 ArrayBlockingQueue与LinkedBlockingQueue的比较

ArrayBlockingQueue 和 LinkedBlockingQueue 是常用的两种阻塞队列，通过对这两类阻塞队列的分析，能让开发者在实际使用过程中避免很多问题，现在就对这两种阻塞队列进行比较和总结。

1. 相同点

ArrayBlockingQueue 和 LinkedBlockingQueue 都是通过 condition 通知机制实现可阻塞式插入及删除元素的，它们满足线程安全的特性。

2. 不同点

（1）ArrayBlockingQueue 底层采用了数组进行实现，而 LinkedBlockingQueue 则是采用了链表数据结构。

（2）使用的锁控制策略不同，ArrayBlockingQueue 插入和删除数据只采用了一个锁；而 LinkedBlockingQueue 则是在插入和删除数据时分别采用了 putLock 和 takeLock，通过锁分离的策略可以降低线程因无法获取到锁而进入 WAITING 状态的概率，从而提高了线程并发执行的效率以及系统整体的吞吐量。

5.7.5 LinkedBlockingQueue与ConcurrentLinkedQueue的比较

针对队列这种数据结构，在并发场景下，Doug Lea 大师为开发者提供了 LinkedBlockingQueue（BlockingQueue）和 ConcurrentLinkedQueue 工具。那么，这两者的异同点是什么呢？

1. 相同点

（1）两个数据容器都实现了 Queue 接口。

（2）内部都是通过 Node 节点存储的链式队列。

（3）两个数据容器都能够适用于并发场景。

2. 不同点

两者的不同点可参见表 5.7。

表 5.7 LinkedBlockQueue和ConcurrentLinkedQueue的不同点

差异点	LinkedBlockingQueue	ConcurrentLinkedQueue
队列特性	无界(可通过指定大小转换为有界)阻塞队列	无界非阻塞队列
阻塞性	阻塞队列且实现BlockingQueue	非阻塞队列
锁特性	使用putLock和takeLock锁分离方式的双锁策略	无锁策略，通过CAS操作完成节点引用更新

5.8 本章小结

本章主要介绍了常用的并发容器，如 Map、List 和 Queue 等数据结构都是开发中常用的数据结构，但是这些数据结构用在并发场景中都可能存在线程安全问题。比较幸运的是，针对高并发场景，j.u.c 包提供了能保证线程安全的并发容器来满足日常的业务开发，使开发者能够高效地聚焦在业务逻辑的开发上，而不需要花很多功夫去解决这类数据结构在并发下的数据安全问题，极大地提升了开发效率以及开发者编程的“幸福感”。另外，本章除了介绍这些外，还深入对源码进行了分析。通过对源码的分析我们能够知道，为了满足多线程高并发的场景，这些并发容器所采用的设计思想，而这些设计思想在很多业务生产系统中都可以借鉴。很多设计原则和底层思考的逻辑都是“万变不离其宗”，且大多数系统或技术组件的设计都是围绕“时空效率”进行权衡的。在并发场景下，数据容器的线程安全问题自然也逃不过这两者之间的权衡，也正是因为对这两者的不同的选择才产生了不同的解决方案。并发的线程安全问题总结起来就是**针对数据并发访问的竞争点的处理**，很显然有两个逻辑分支。

（1）时间换空间：如果追求空间效率牺牲时间效率，自然而言就是“直面问题”的解决方式，通过锁等同步工具进行并发线程间的访问相对顺序的控制来确保线程安全，因为同步工具的使用会造成同步阻塞等待，会牺牲时间效率，但是在内存的使用上并不会产生其他的额外空间，获得了空间效率上的优势。

（2）空间换时间：在自然生活中还有一种处理问题的方式是“**恰好不需要解决它**”，而是“聪明”地绕过去。既然并发的线程安全是临界区资源的数据访问竞争点，那么是不是只要不存在“竞争”就好了呢？将这种思想转换到技术领域，让多个并发实体间的数据资源通过“资源隔离”的手段就可以达到并发线程间彼此无感知，这样就不会存在“竞争点”，保障了数据线程的安全。而“资源隔离”则会导致内存使用的增加，从而失去了空间效率上的优势。

针对常用的并发容器，表 5.8 对它们的思想进行总结。

表 5.8　常见并发容器解决线程安全的思路

并发容器	线程安全的解决思路	时空效率	数据一致性
ConcurrentHashMap	针对共享数据的临界区资源，可通过synchronized及volatile保障并发实体对数据访问的线程安全，主要是通过**降低锁粒度**，在容器中只对最小颗粒度Node节点进行锁操作以提升容器的并发效率和吞吐量。同时，因为加锁的操作，因此从时空效率角度来看是通过牺牲数据操作的时间效率换取空间效率上内存使用率的大大提升，属于“**时间换空间**”的策略。因为锁的使用，在数据层面数据不会被延迟更新和感知，可以抽象定义为追求的是数据**强一致性**	时间换空间	强一致性
CopyOnWriteArrayList	在写数据时通过COW（写时复制）的策略确保数据并发写时不会存在线程安全的问题，同时因为COW在写时会开辟新的内存空间，实际上也就是通过“**资源隔离**”的方式规避并发访问的数据竞争点。从时空效率角度来看，由于扩大了内存使用，实际上就是通过牺牲空间效率换取数据访问的时间效率，属于“**时间换空间**”的策略。在数据层面上数据的更新是会被延迟感知的，是通过牺牲数据的强一致性而追求的“**最终一致性**”	空间换时间	最终一致性

续表

并发容器	线程安全的解决思路	时空效率	数据一致性
ConcurrentLinkedQueue	采用无锁的无界队列，主要通过HOPS策略延迟head以及tail的更新以提升数据容器的并发性能。该数据容器的实现思想不聚焦在时空效率的权衡上，而是通过HOPS的设计以及无锁CAS方式优化数据容器的并发性能。同时，通过volatile变量确保并发场景下数据的一致性	—	强一致性
ThreadLocal	主要是为了解决数据对象不能被线程共享的问题，通过将不可共享的数据的作用域范围缩小为每个单独的Thread，因此对每个Thread而言，其他Thread所维护的数据对象自然不会感知到，也就不会产生共享数据的竞争点，但是同时也就失去了线程间并发协作的便利。这在本质上是通过**“资源隔离”**的方式屏蔽数据线程安全问题的，从时空效率角度来看，使用的是**“空间换时间”**的思路，在数据层面通过每个Thread维护各自的数据资源，达到数据的**“强一致性”**	空间换时间	强一致性
ArrayBlockingQueue	通过使用ReentrantLock中的condition队列的等待通知机制，来进一步实现并发实体能够阻塞式等待的技术特性。在实现上，因为利用了锁，会存在阻塞等待的情况，因此从时空效率角度来看是通过牺牲数据操作的时间效率换取空间效率上内存使用率的提升，属于**“时间换空间”**的策略。同时，由于锁的使用，数据不会被延迟更新和感知，因此在数据层面是追求的数据**“强一致性”**	时间换空间	强一致性
LinkedBlockingQueue	解决思路和ArrayBlockingQueue基本一致，也是利用ReentrantLock解决数据竞争线程安全问题，因此从时空效率角度来看是通过牺牲数据操作的时间效率换取空间效率上内存使用率的提升，属于**“时间换空间”**的策略。同时，锁的使用导致数据不会被延迟更新和感知，因此在数据层面是追求的数据**“强一致性”**。但是，在锁模型的设计上，通过维护“两把锁”（takeLock和putLock）的**“锁分离”**的方式降低锁阻塞等待的概率，从而提升系统吞吐量和并发效率	时间换空间	强一致性

常见面试题

1. 简述 ConcurrentHashMap 的实现原理 。
2. 简述 COW 机制。
3. ConcurrentLinkedQueue 是如何实现线程安全的？
4. 简述 ThreadLocal 的实现原理以及产生内存泄漏的原因。
5. 简述阻塞队列 BlockingQueue。
6. ArrayBlockingQueue 与 LinkedBlockingQueue 有何区别？

第6章　Executor体系

线程对底层操作系统而言是十分“昂贵”的系统资源，如果没有一个十分好用且操作便利的管理线程工具，对实际开发而言就会带来不小的开发成本以及线程资源的维护成本。针对这个痛点，在 j.u.c 中为线程的管理以及资源的管理提供了 Executor 工具体系，开发者使用相应的 API 就能实现线程管理的功能，不用再花费很多精力去处理复杂且难以理解的线程资源管理任务，就可以聚焦在业务功能的实现上，这对开发者而言是极其友好的。因此，本章会对 Executor 体系进行解析，着重介绍常用的线程池管理的技术组件以及背后的原理。

6.1　线程池之ThreadPoolExecutor

6.1.1　线程池简介

在实际应用中，线程是很占用系统资源的，如果对线程管理不善，就很容易出现系统问题。因此，在大多数并发框架中都会使用线程池管理线程，使用线程池管理线程有以下几点好处。

（1）降低资源消耗：通过复用已存在的线程和减少线程关闭的次数，尽可能降低系统性能的损耗。

（2）提升系统响应速度：通过复用线程，从而节省创建线程的过程，因此整体上提升了系统的响应速度。

（3）提高线程的可管理性：线程是稀缺资源，如果无限制地创建，不仅会消耗系统资源，还会降低系统的稳定性。因此，需要线程池进行统一管理，尽可能优化效率以及性能。

6.1.2　线程池的工作原理

将一个并发任务提交给线程池后，线程池分配线程执行任务的过程如图 6.1 所示。

从图 6.1 可以看出，线程池执行所提交的任务过程主要有 3 个阶段。

（1）判断核心线程池（corePoolSize）的状态：先判断线程池中核心线程池的所有线程是否都在执行任务。如果不是，就新创建一个线程执行刚提交的任务；否则核心线程池中所有的线程都在执行任务，进入第（2）步。

（2）判断阻塞队列（workQueue）的状态：判断当前阻塞队列是否已满，如果未满，则将提交的任务放置在阻塞队列中；否则进入第（3）步。

（3）判断线程池（maximumPoolSize）线程的状态：判断线程池中所有的线程是否都在执行任务，如果没有，就创建一个新的线程来执行任务；否则交给饱和策略进行处理。

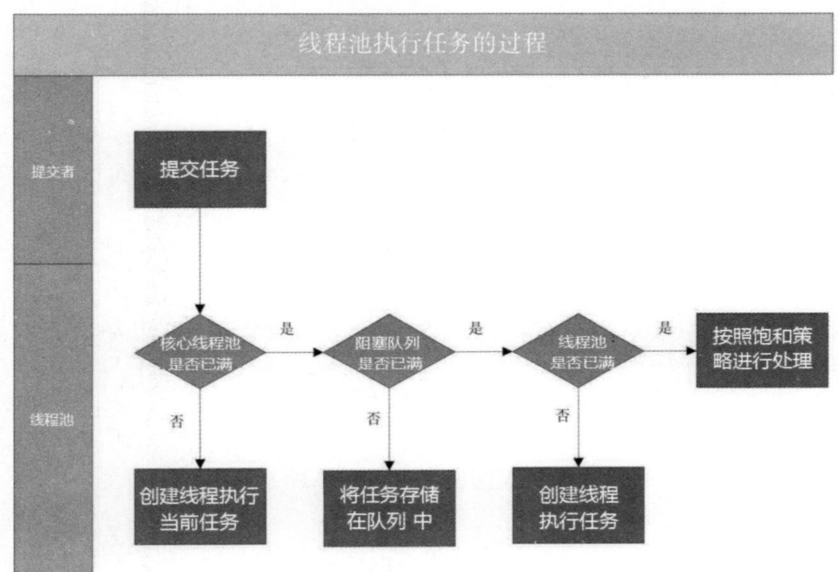

图6.1 线程池执行任务示意图

6.1.3 线程池的创建

创建线程池主要是通过ThreadPoolExecutor类来完成的，ThreadPoolExecutor有许多重载的构造方法，可以通过参数最多的构造方法去了解创建线程池有哪些需要配置的参数。ThreadPoolExecutor的构造方法如下。

```
ThreadPoolExecutor(int corePoolSize,
    int maximumPoolSize,
    long keepAliveTime,
    TimeUnit unit,
    BlockingQueue<Runnable> workQueue,
    ThreadFactory threadFactory,
    RejectedExecutionHandler handler)
```

下面对参数进行说明。

corePoolSize：表示核心线程池的大小。当提交一个任务时，如果当前核心线程池的线程个数没有达到corePoolSize，就会创建新的线程执行所提交的任务，即使当前核心线程池有空闲的线程。如果当前核心线程池的线程个数已经达到了corePoolSize，就不再重新创建线程。如果调用了prestartCoreThread()或prestartAllCoreThreads()方法，则创建线程池时所有的核心线程都会被创建并且启动。

maximumPoolSize：表示线程池能创建线程的最大个数。如果阻塞队列已满，并且当前线程池中的线程个数没有超过 maximumPoolSize，就会创建新的线程执行任务。

keepAliveTime：表示空闲线程存活的时间。如果当前线程池的线程个数已经超过了 corePoolSize，并且线程空闲时间超过了 keepAliveTime，就会将这些空闲线程销毁，尽可能地降低系统资源的消耗。

unit：表示时间单位，为 keepAliveTime 指定时间单位。

workQueue：用于保存任务的阻塞队列，关于阻塞队列的原理已在第 5 章进行了解析。常用的阻塞队列包含 ArrayBlockingQueue、LinkedBlockingQueue、SynchronousQueue 以及 PriorityBlockingQueue 等。

threadFactory：创建线程的工程类，可以通过指定线程工厂为每个创建出来的线程设置更有意义的名字，如果出现并发问题，也方便查找问题原因。

handler：饱和策略，当线程池的阻塞队列已满且指定的线程都已开启，说明当前线程池正处于饱和状态，这时就需要采用一种策略处理这种情况，采用的策略有以下几种。

- **AbortPolicy**：直接拒绝所提交的任务，并抛出 RejectedExecutionException 异常。
- **CallerRunsPolicy**：当提交的任务超过了容量限制后，就会使用调用者线程执行“待丢弃”的任务，因此会影响任务的提交速度以及整体的系统吞吐量。
- **DiscardPolicy**：不处理，直接丢弃任务。
- **DiscardOldestPolicy**：丢弃阻塞队列中存放时间最久的任务，执行当前任务。

通过 ThreadPoolExecutor 创建线程池及提交任务后的执行过程是怎样的？下面通过源码看一看。execute() 方法的源码如下。

```
public void execute(Runnable command) {
    if (command == null)
        throw new NullPointerException();
    /*
     * Proceed in 3 steps:
     *
     * 1. If fewer than corePoolSize threads are running, try to
     * start a new thread with the given command as its first
     * task.  The call to addWorker atomically checks runState and
     * workerCount, and so prevents false alarms that would add
     * threads when it shouldn't, by returning false.
     *
     * 2. If a task can be successfully queued, then we still need
     * to double-check whether we should have added a thread
     * (because existing ones died since last checking) or that
     * the pool shut down since entry into this method. So we
     * recheck state and if necessary roll back the enqueuing if
     * stopped, or start a new thread if there are none.
     *
     * 3. If we cannot queue task, then we try to add a new
     * thread.  If it fails, we know we are shut down or saturated
     * and so reject the task.
```

```
    */
    int c = ctl.get();
    // 如果线程池的线程个数少于 corePoolSize，就创建一个新线程执行当前任务
    if (workerCountOf(c) < corePoolSize) {
        if (addWorker(command, true))
            return;
        c = ctl.get();
    }
    // 如果线程个数大于 corePoolSize 或创建线程失败，就将任务存放在阻塞队列 workQueue 中
    if (isRunning(c) && workQueue.offer(command)) {
        int recheck = ctl.get();
        if (! isRunning(recheck) && remove(command))
            reject(command);
        else if (workerCountOf(recheck) == 0)
            addWorker(null, false);
    }
    // 如果当前任务无法放入阻塞队列中，则创建新的线程执行任务
    else if (!addWorker(command, false))
        reject(command);
}
```

ThreadPoolExecutor 的 execute() 方法的执行逻辑参见注释，图 6.2 所示为 ThreadPoolExecutor 的 execute() 方法的执行示意图。

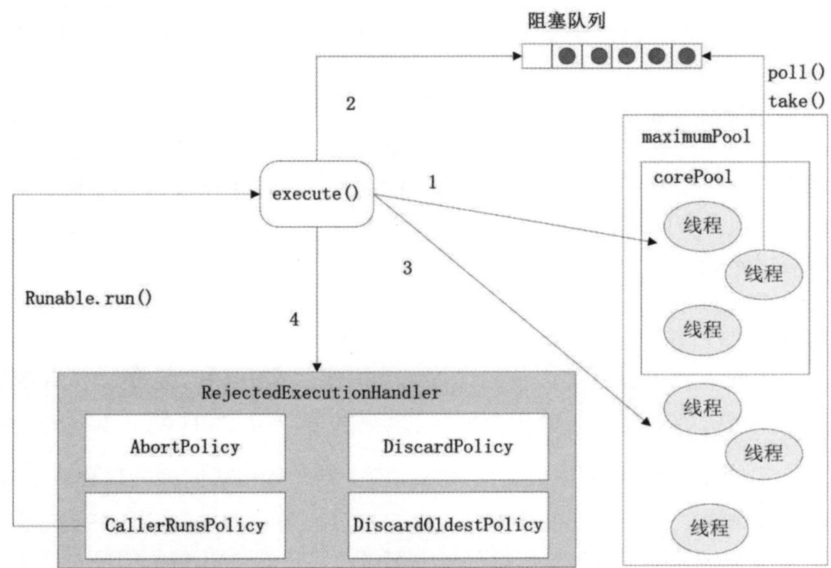

图 6.2 ThreadPoolExecutor中execute()方法的执行示意图

execute() 方法的执行逻辑分以下几种情况：

（1）如果当前运行的线程个数少于 corePoolSize，就会创建新的线程执行新的任务；

（2）如果运行的线程个数等于或大于 corePoolSize，就会将提交的任务存放到阻塞队列

workQueue 中；

（3）如果当前 workQueue 队列已满，就会创建新的线程执行任务；

（4）如果线程个数已经超过了 maximumPoolSize，则会使用饱和策略 RejectedExecutionHandler 进行处理。

需要注意的是，线程池的设计思想采用了技术系统常用的“池化”技术，通过核心线程池 corePoolSize、阻塞队列 workQueue 和线程池 maximumPoolSize“三层”的缓存策略管理线程资源以及任务执行策略，这样可以极大地提升线程资源的复用度以及任务的执行效率。

6.1.4　线程池的关闭

要关闭线程池一般可以通过 shutdown() 和 shutdownNow() 方法实现。它们的实现原理都是遍历线程池中所有的线程，然后依次中断线程。shutdown() 和 shutdownNow() 方法也有不一样的地方，shutdownNow() 方法首先将线程池的状态设置为 STOP，然后尝试停止所有的正在执行和未执行任务的线程，并返回等待执行任务的列表；但 shutdown() 方法只是将线程池的状态设置为 SHUTDOWN，然后中断所有没有正在执行任务的线程，正在执行任务的线程依然会继续执行。

也就是说，shutdown() 方法会将正在执行的任务继续执行完，而 shutdownNow() 方法会直接中断正在执行的任务。调用这两个方法中的任意一个，isShutdown() 方法都会返回 true，当所有线程都关闭成功，才表示线程池成功关闭，这时调用 isTerminated() 方法才会返回 true。

6.1.5　合理配置线程池参数

要想合理地配置线程池，首先必须分析任务特性，可从以下角度进行分析。

（1）任务的性质：CPU 密集型任务、IO 密集型任务和混合型任务。

（2）任务的优先级：高、中、低。

（3）任务的执行时间：长、中、短。

（4）任务的依赖性：是否依赖其他系统资源，如数据库连接。

任务性质不同的任务可以用不同规模的线程池分开处理，CPU 密集型任务配置尽可能少的线程数量，如配置$N_{CPU}+1$个线程的线程池。其中，N_{CPU} 表示 CPU 的个数。IO 密集型任务则由于需要等待 IO 操作，线程并不是一直在执行任务，则配置尽可能多的线程，如$2N_{CPU}$个。

针对业务场景的特殊性，可以将整体的大任务拆分成颗粒度更细的任务类型，如将其拆分成一个 CPU 密集型任务和一个 IO 密集型任务，只要这两个任务执行的时间相差不是太大，那么分解后执行的吞吐率会高于串行执行的吞吐率。如果这两个任务执行的时间相差太大，则无须进行分解。

优先级不同的任务，可以使用优先级队列 PriorityBlockingQueue 来处理，即可以让优先级高的任务先执行。需要注意的是，如果一直有优先级高的任务提交到队列，那么优先级低的任务可能永远不会执行。

执行时间不同的任务，可以交给不同规模的线程池来处理，也可以使用优先级队列，让执行时间短的任务先执行。

依赖数据库连接池的任务，因为线程提交 SQL 后需要等待数据库返回结果，等待的时间越长，CPU 空闲时间就越长，那么线程数应该设置得越大，这样才能更好地利用 CPU。另外，在实际开发中，阻塞队列最好是使用有界队列，如果采用无界队列，一旦任务积压在阻塞队列中，就会占用过多的内存资源，甚至导致 OOM 问题使系统崩溃。

6.2 线程池之ScheduledThreadPoolExecutor

6.2.1 ScheduledThreadPoolExecutor简介

ScheduledThreadPoolExecutor 可以用来延迟执行异步任务或周期性执行任务，相对于任务调度的 Timer，其功能更加强大，Timer 只能使用一个后台线程执行任务，而 ScheduledThread-PoolExecutor 则可以通过构造函数指定后台线程的个数。ScheduledThreadPoolExecutor 类的 UML 图如图 6.3 所示。

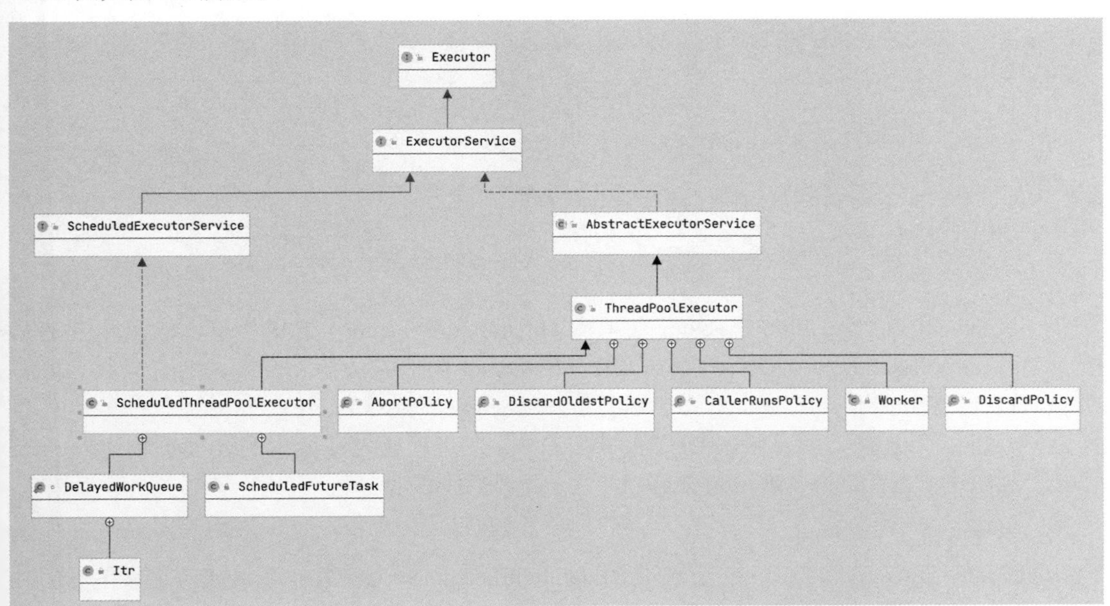

图6.3 ScheduledThreadPoolExecutor类的UML图

从图 6.3 可以看出，ScheduledThreadPoolExecutor 继承了 ThreadPoolExecutor。也就是说，ScheduledThreadPoolExecutor 拥有 execute() 和 submit() 等提交异步任务的基础功能，关于 ThreadPoolExecutor 可以看 6.1 节的内容。但是，ScheduledThreadPoolExecutor 类实现了

ScheduledExecutorService，该接口定义了 ScheduledThreadPoolExecutor 能够延时执行任务和周期执行任务的功能。

ScheduledThreadPoolExecutor 有两个重要的内部类：DelayedWorkQueue 和 ScheduledFutureTask。DelayedWorkQueue 实现了 BlockingQueue 接口，也就是一个阻塞队列；ScheduledFutureTask 则是继承了 FutureTask 类，表示该类返回异步任务的结果。

1. 构造方法

ScheduledThreadPoolExecutor 有以下几个构造方法。

```
public ScheduledThreadPoolExecutor(int corePoolSize) {
    super(corePoolSize, Integer.MAX_VALUE, 0, NANOSECONDS,
          new DelayedWorkQueue());
};

public ScheduledThreadPoolExecutor(int corePoolSize,
    ThreadFactory threadFactory) {
    super(corePoolSize, Integer.MAX_VALUE, 0, NANOSECONDS,
          new DelayedWorkQueue(), threadFactory);
};
public ScheduledThreadPoolExecutor(int corePoolSize,
    RejectedExecutionHandler handler) {
    super(corePoolSize, Integer.MAX_VALUE, 0, NANOSECONDS,
          new DelayedWorkQueue(), handler);
};

public ScheduledThreadPoolExecutor(int corePoolSize,
    ThreadFactory threadFactory,
    RejectedExecutionHandler handler) {
    super(corePoolSize, Integer.MAX_VALUE, 0, NANOSECONDS,
          new DelayedWorkQueue(), threadFactory, handler);
}
```

由于 ScheduledThreadPoolExecutor 继承了 ThreadPoolExecutor，它的构造方法实际上是调用了 ThreadPoolExecutor。在理解了 ThreadPoolExecutor 构造方法的几个参数的意义后，再去理解 ScheduledThreadPoolExecutor 就很容易了。ScheduledThreadPoolExecutor 提交任务后，会将任务直接提交给有界阻塞队列 DelayedWorkQueue，线程池允许最大的线程个数为 Integer.MAX_VALUE，也就是说，理论上这是一个大小无界的线程池。

2. 特性方法

ScheduledThreadPoolExecutor 实现了 ScheduledExecutorService 接口，该接口定义了可延时执行异步任务和可周期执行异步任务的特有功能，相应的方法如下：

```
//达到给定的延时时间后，执行任务。这里传入的是实现 Runnable 接口的任务，因此通过
ScheduledFuture.get() 获取的结果为 null
public ScheduledFuture<?> schedule(Runnable command,
    long delay, TimeUnit unit);
```

```
// 达到给定的延时时间后，执行任务。这里传入的是实现 Callable 接口的任务，因此返回的是任务的最终执行结果
 public <V> ScheduledFuture<V> schedule(Callable<V> callable,
     long delay, TimeUnit unit);

// 以 period 周期性执行
public ScheduledFuture<?> scheduleAtFixedRate(Runnable command,
     long initialDelay,
     long period,
     TimeUnit unit);
// 当达到延时时间 initialDelay 后任务开始执行。上一个任务执行完后就去执行下一个任务，中间延时时间间隔为 delay。以这种方式周期性执行任务
public ScheduledFuture<?> scheduleWithFixedDelay(Runnable command,
     long initialDelay,
     long delay,
     TimeUnit unit);
```

6.2.2 可周期性执行的任务ScheduledFutureTask

ScheduledThreadPoolExecutor 最大的特色是能够周期性执行异步任务，当调用 schedule()、scheduleAtFixedRate() 和 scheduleWithFixedDelay() 方法时，实际上是将提交的任务转换为 ScheduledFutureTask 类，这从源码就可以看出。以 schedule() 方法为例：

```
public ScheduledFuture<?> schedule(Runnable command,
     long delay,
     TimeUnit unit) {
     if (command == null || unit == null)
         throw new NullPointerException();
     RunnableScheduledFuture<?> t = decorateTask(command,
         new ScheduledFutureTask<Void>(command, null,
         triggerTime(delay, unit)));
     delayedExecute(t);
     return t;
}
```

从上述代码可以看出，通过 decorateTask() 方法可将传入的 Runnable 转换为 ScheduledFutureTask 类。**线程池最大的作用是将待执行的任务与任务的执行者进行解耦**，线程是任务的执行者，由线程池统一管理。而任务则是具体要执行的业务逻辑，所以对开发者而言只需要专注于业务逻辑开发，然后“提交”任务即可。紧接着，会想到任何线程执行任务时总会调用 run() 方法，因此为了保证 ScheduledThreadPoolExecutor 能够延时执行任务以及能够周期性执行任务，ScheduledFutureTask 重写了 run() 方法，代码如下。

```
public void run() {
     boolean periodic = isPeriodic();
     if (!canRunInCurrentRunState(periodic))
         cancel(false);
```

```
        else if (!periodic)
            // 如果不是周期性执行任务，就直接调用 run() 方法
            ScheduledFutureTask.super.run();
            // 如果是周期性执行任务，则需要重设下一次执行任务的时间
        else if (ScheduledFutureTask.super.runAndReset()) {
            setNextRunTime();
            reExecutePeriodic(outerTask);
        }
    }
```

从上述代码可以明显地看出，在重写的 run() 方法中会先通过 if (!periodic) 判断当前任务是否是周期性任务，如果不是，就直接调用 run() 方法；否则执行 setNextRunTime() 方法重设下一次任务执行的时间，并通过 reExecutePeriodic(outerTask) 方法将下一次待执行的任务放置到 DelayedWorkQueue 中。

因此，可以得出结论：ScheduledFutureTask 最主要的功能是根据当前任务是否具有周期性对异步任务进行进一步封装。如果不是周期性任务（调用 schedule() 方法），就直接通过 run() 方法执行；如果是周期性任务，则需要在每次执行完后重设下一次执行的时间，然后将下一次任务继续放入阻塞队列中。

6.2.3 DelayedWorkQueue

在 ScheduledThreadPoolExecutor 中还有另一个重要的类，就是 DelayedWorkQueue。为了让 ScheduledThreadPoolExecutor 能够延时执行异步任务以及周期任务，DelayedWorkQueue 进行了相应的封装。DelayedWorkQueue 是一个基于堆的数据结构，类似于 DelayQueue 和 PriorityQueue。在执行定时任务时，因为每个任务的执行时间都不同，所以 DelayedWorkQueue 的工作就是按照执行时间的顺序执行任务，执行时间距离当前时间越近的任务越排在队列的前面。

1. 使用DelayedWorkQueue的原因

定时任务执行时需要取出最近要执行的任务，所以任务在队列中每次出队时一定是当前队列中执行时间最靠前的。

DelayedWorkQueue 是一个优先级队列，它可以保证每次出队的任务都是当前队列中执行时间最靠前的，由于它是基于堆结构的队列，堆结构在执行插入和删除操作时的最坏时间复杂度为$O(\log N)$。

2. DelayedWorkQueue的数据结构

DelayedWorkQueue 的源码如下。

```
//初始大小
private static final int INITIAL_CAPACITY = 16;
//DelayedWorkQueue 由一个大小为 16 的数组组成，数组元素为实现 RunnableScheduleFuture
接口的类
```

```
//实际上为 ScheduledFutureTask
private RunnableScheduledFuture<?>[] queue =
    new RunnableScheduledFuture<?>[INITIAL_CAPACITY];
private final ReentrantLock lock = new ReentrantLock();
private int size = 0;
```

从上述代码可以看出，DelayedWorkQueue 底层是用数组构成的，由此可以得出一个结论：DelayedWorkQueue 是基于堆的数据结构，它会按照时间顺序对每个任务进行排序，将待执行时间越近的任务放在队列的队头位置，以便于最先执行。

6.2.4　ScheduledThreadPoolExecutor的执行过程

现在对 ScheduledThreadPoolExecutor 的两个内部类 ScheduledFutueTask 和 DelayedWorkQueue 进行了解，实际上这也是线程池工作流程中最重要的两个关键因素：**任务和阻塞队列**。接下来继续分析 ScheduledThreadPoolExecutor 提交一个任务后整体的执行过程。以 ScheduledThreadPoolExecutor 的 schedule() 方法为例，具体源码如下。

```
public ScheduledFuture<?> schedule(Runnable command,
    long delay,
    TimeUnit unit) {
    if (command == null || unit == null)
        throw new NullPointerException();
    //将提交的任务转换为 ScheduledFutureTask
    RunnableScheduledFuture<?> t = decorateTask(command,
        new ScheduledFutureTask<Void>(command, null,
            triggerTime(delay, unit)));
    //延时执行任务 ScheduledFutureTask
    delayedExecute(t);
    return t;
}
```

该方法的逻辑很容易理解，为了满足 ScheduledThreadPoolExecutor 能够延时执行任务和周期执行任务的特性，会先将实现 Runnable 接口的类转换为 ScheduledFutureTask。然后调用 delayedExecute() 方法执行任务，这个方法也是关键方法，源码如下。

```
private void delayedExecute(RunnableScheduledFuture<?> task) {
    if (isShutdown())
        //如果当前线程池已经关闭，就拒绝任务
        reject(task);
    else {
        //将任务放入阻塞队列中
        super.getQueue().add(task);
        if (isShutdown() &&
            !canRunInCurrentRunState(task.isPeriodic()) &&
            remove(task))
            task.cancel(false);
        else
```

```
                //保证至少有一个线程启动，即使 corePoolSize=0
                ensurePrestart();
        }
    }
```

delayedExecute() 方法的主要逻辑在 ensurePrestart() 方法中。ensurePrestart() 方法的源码如下。

```
    void ensurePrestart() {
        int wc = workerCountOf(ctl.get());
        if (wc < corePoolSize)
            addWorker(null, true);
        else if (wc == 0)
            addWorker(null, false);
    }
```

可以看出，ensurePrestart() 方法的关键在于它能调用 addWorker() 方法，该方法的主要功能是新建执行者 Worker 类。当它执行任务时就会调用被 Worker 类重写的 run() 方法，进而会继续执行 runWorker() 方法。在 runWorker() 方法中会调用 getTask() 方法，从阻塞队列中不断地获取任务进行执行，直到从阻塞队列中获取的任务 null，才结束线程。

ScheduledThreadPoolExecutor 继承了 ThreadPoolExecutor 类，因此整体上功能一致，线程池主要负责创建线程（Worker 类），线程从阻塞队列中不断获取新的异步任务，直到阻塞队列中已经没有了异步任务为止。但是相较于 ThreadPoolExecutor，ScheduledThreadPoolExecutor 具有延时执行任务和可周期性执行任务的特性，ScheduledThreadPoolExecutor 重新设计了任务类 ScheduleFutureTask，ScheduleFutureTask 重写了 run() 方法使其具有可延时执行和可周期性执行任务的特性。另外，阻塞队列 DelayedWorkQueue 是可根据优先级排序的队列，它采用了堆的底层数据结构，执行时间越靠近当前时间的任务越是放置在队头，以便线程能够获取到任务进行执行。

无论是 ThreadPoolExecutor 还是 ScheduledThreadPoolExecutor，线程池在设计时的 3 个关键要素都是**任务、执行者和任务结果**。

1.执行者

任务的执行机制完全交由 Worker 类，也就是进一步封装了 Thread。向线程池提交任务，ThreadPoolExecutor 的 execute() 方法和 submit() 方法会根据当前 corePoolSize、阻塞队列容量以及 maximumPoolSize 这 3 个参数决定 Worker 类的创建时机，但是任务要想执行，最终都是通过 addWork() 方法新建了 Worker 类，然后通过 runWorker() 方法启动线程执行当前任务或不断地从阻塞队列中获取异步任务然后进行执行。而 ScheduledThreadPoolExecutor 的 schedule() 方法则是先将任务移入阻塞队列中，然后继续通过 addWork() 方法新建 Worker 类，并通过 runWorker() 方法启动线程，不断地从阻塞队列中获取异步任务进行执行。

2.任务

在 ThreadPoolExecutor 和 ScheduledThreadPoolExecutor 中，任务是指实现了 Runnable 接口和 Callable 接口的实现类。ThreadPoolExecutor 会将任务转换为 FutureTask 类，而 ScheduledThread-

PoolExecutor 为了实现可延时执行任务和周期性执行任务的特性，会将任务转换为 ScheduledFutureTask 类，该类继承了 FutureTask，并重写了 run() 方法。对待执行的任务而言就是实际的业务逻辑，开发者在日常开发中大多数的开发时间就是集中在这里。

3.任务结果

在 ThreadPoolExecutor 中提交任务后，获取任务结果可以通过 Future 接口的实现类来获取任务的执行结果。通常使用 FutrueTask 类及 ScheduledFutureTask 类。

6.3 FutureTask

6.3.1 FutureTask简介

在 Executor 框架体系中，FutureTask 用来表示可获取结果的异步任务。FutureTask 实现了 Future 接口，并提供了启动和取消异步任务、查询异步任务是否计算结束以及获取最终的异步任务结果的一些常用方法。通过 get() 方法可获取异步任务的结果，但是会阻塞当前线程直至异步任务执行结束。一旦任务执行结束，任务不能重新启动或取消，除非调用 runAndReset() 方法。FutureTask 的源码为其定义了这些状态：

```
private static final int NEW          = 0;
private static final int COMPLETING   = 1;
private static final int NORMAL       = 2;
private static final int EXCEPTIONAL  = 3;
private static final int CANCELLED    = 4;
private static final int INTERRUPTING = 5;
private static final int INTERRUPTED  = 6;
```

根据 FutureTask.run() 方法的执行时机，FutureTask 分为以下 3 种状态。

（1）未启动：创建一个 FutureTask，还没有执行 FutureTask.run() 方法之前，FutureTask 处于未启动状态。

（2）已启动：FutureTask.run() 方法被执行的过程中，FutureTask 处于已启动状态。

（3）已完成：FutureTask.run() 方法执行结束，或者调用 FutureTask.cancel(...) 方法取消任务以及在执行任务期间抛出异常，这些情况都称为 FutureTask 的已完成状态。

图 6.4 总结了 FutureTask 的状态变化的过程。

由于 FutureTask 具有以上 3 种状态，因此执行 FutureTask 的 get() 和 cancel() 方法后，得到的结果也是大不相同。下面对 get() 和 cancel() 方法进行总结。

1. get()方法

当 FutureTask 处于未启动或已启动状态时，执行 FutureTask.get() 方法将导致调用线程阻塞。如果 FutureTask 处于已完成状态，调用 FutureTask.get() 方法将导致调用线程后返回结果或抛出异常。

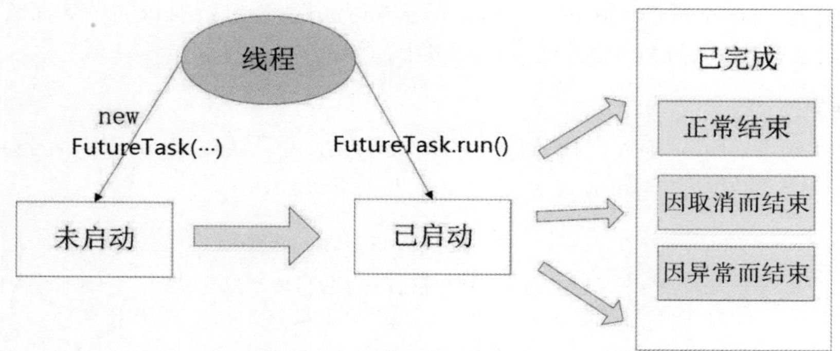

图6.4　FutureTask状态变化示意图

2. cancel()方法

（1）当 FutureTask 处于未启动状态时，执行 FutureTask.cancel() 方法会让此任务永远不会被执行。

（2）当 FutureTask 处于已启动状态时，执行 FutureTask.cancel(true) 方法会以中断线程的方式阻止任务继续进行，执行 FutureTask.cancel(false) 却不会对正在执行任务的线程有任何影响。

（3）当 FutureTask 处于已完成状态时，执行 FutureTask.cancel(...) 方法会返回 false。

对于 Future 的 get() 和 cancel() 方法，可用图 6.5 进行总结。

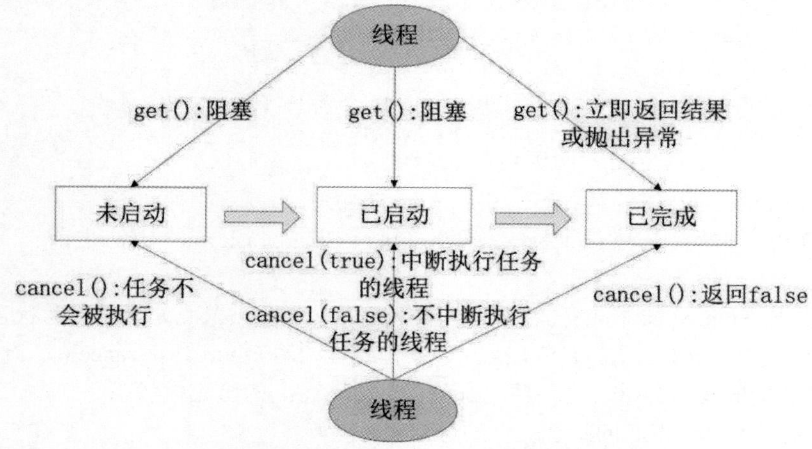

图6.5　Future的get()和cancel()方法

6.3.2　FutureTask的使用

FutureTask 除了实现 Future 接口外，还实现了 Runnable 接口。因此，FutureTask 可以交给 Executor 执行，也可以由调用的线程直接执行（FutureTask.run()）。另外，FutureTask 也可

以通过 ExecutorService.submit() 方法返回一个 FutureTask 对象，然后再通过 FutureTask.get() 或 FutureTask.cancel() 方法进行获取。常见的应用场景为：当一个线程所执行的业务逻辑依赖于其他线程任务的结果，此时可以使用 FutureTask。

6.4 本章小结

本章主要介绍了线程池 Executor 体系，通过线程池管理线程能够提升线程管理的效率，并且能够提升线程响应的速度。在日常开发中，涉及线程的生命周期的管理，通常都会使用线程池进行管理，并且这种“池化”技术以及设计理念在相当多的技术组件中都被采用。另外，从本章的解析中也可以看出，当需要设计一个技术组件或开发一个系统时，**首先要定义问题，然后要拆解问题**，映射到技术实现上就是要进行适当的**解耦**，且每个域要解决的问题不能扩散到其他模块中，这样就能整体地降低系统实现的复杂度。例如，在设计线程池这个技术组件时，实际上就是围绕任务、执行者和任务结果这三个维度进行拆解，然后解决每个维度该解决的问题，就会适当降低设计的复杂度和困难度。

从应用层来说，根据不同的应用场景，设置合适的参数就可以创建相应的线程池，并且也有可周期性执行任务的线程池满足各种应用场景，为实际开发提升开发效率。

➦ 常见面试题

1. 为什么会使用线程池技术？
2. 简述新建线程池的各个参数的意义。
3. 简述可周期执行的任务 ScheduledFutureTask 的实现原理。
4. 简述 FutureTask 的基本应用。

第7章　原子操作类

并发编程领域最重要的 3 个抽象概念是分工、同步和互斥。分工就是把一个大的任务拆分为多个小的任务，让线程合作完成，典型代表是 ThreadPool 和 ForkJoinPool；同步就是线程之间的协作，一个线程执行完任务后就通知另外一个线程开始执行任务，典型代表是 CountDownLatch 和 CyclicBarrier；互斥就是在某一时刻，只有一个线程允许修改共享变量，典型代表是 Lock 和 synchronized。原子操作类就归类于互斥领域。

本章基于 JDK 1.8 详细介绍了原子操作类的原理和如何使用原子操作类解决原子性问题。第 3 章已经提到过，原子性是指一个操作是不可中断的，要么全部执行成功，要么全部执行失败。最经典的问题就是多线程操作 i++。在 JDK 1.5 之前，可以用 synchronized 关键字来解决，synchronized 依赖于底层操作系统的 Mutex Lock 实现。JDK 1.5 版本引入了原子操作类，它使用非阻塞的算法 CAS，在 x86 指令集中由 cmpxchg 指令完成 CAS 功能。与基于锁机制相比，锁的粒度更细，量级更轻，在并发量不大的场景下性能优于 synchronized。

7.1　CAS比较与交换

原子操作类底层都是基于 CAS 实现的，所以我们首先就来理解什么是 CAS。在计算机科学中，比较与交换（CAS）是多线程中用来实现同步的原子操作。它将内存中的值与给定值进行比较，当它们相同时就将内存中的值修改为给定值，这是作为单个原子操作完成的。原子性保证了新值是基于最新信息计算的；如果该值已被另一个线程同时更新，则写入操作失败，可以说 CAS 是整个 j.u.c 的基石。下面用 Java 代码模拟 CAS 指令，如代码清单 7-1 所示。

代码清单 7-1

```
public class Cas {
  int memoryValue;
  /**
    *
    * @param expectValue 期望值
    * @param newValue 更新值
    * @return
    */
  synchronized int cas(int expectValue, int newValue) {
      int currValue = memoryValue;
      if (currValue == expectValue) {
```

```
            memoryValue = newValue;
        }
        return currValue;
    }
}
```

整个操作过程包括：memoryValue 是当前内存中的值，expectValue 是预期值（旧值），newValue 是要更新的值，当且仅当 memoryValue 和 expectValue 相同时，就将需要更新的 newValue 赋值给 memoryValue；反之，memoryValue 和 expectValue 不相同时，则返回 memoryValue。当多个线程使用 CAS 操作一个变量时，只有一个线程会成功，并成功更新，其余会失败。

7.1.1　CAS与synchronized的性能对比

我们在第 3 章提到过 synchronized（未优化前）最主要的问题是采用了悲观锁策略，即在存在线程竞争的情况下会出现线程阻塞和唤醒锁带来的性能问题，因为这是一种互斥同步（阻塞同步）。而 CAS 则是采用了乐观锁策略，不是将线程进行挂起，而是当 CAS 操作失败后还会进行一定的尝试，因此也叫作非阻塞同步。这是两者主要的区别，接下来通过代码比较两者的性能，如代码清单 7-2 所示。

代码清单 7-2

```
package base;

import org.openjdk.jmh.annotations.*;
import org.openjdk.jmh.results.format.ResultFormatType;
import org.openjdk.jmh.runner.Runner;
import org.openjdk.jmh.runner.RunnerException;
import org.openjdk.jmh.runner.options.Options;
import org.openjdk.jmh.runner.options.OptionsBuilder;

import java.util.concurrent.CountDownLatch;
import java.util.concurrent.ExecutorService;
import java.util.concurrent.Executors;
import java.util.concurrent.TimeUnit;
import java.util.concurrent.atomic.AtomicLong;

@BenchmarkMode(Mode.AverageTime)
@Warmup(iterations = 3, time = 1)
@Measurement(iterations = 5, time = 5)
@Fork(1)
@State(value = Scope.Benchmark)
@OutputTimeUnit(TimeUnit.MILLISECONDS)
public class CASTest {
    /**
```

```
     * 循环次数
     */
    @Param(value = {"1000000", "10000000"})
    private int loop;

    /**
     * 线程数
     */
    @Param(value = {"10", "100"})
    private int threadSize;

    private static AtomicLong sumCas = new AtomicLong(0);
    private static long sumSync = 0;
    private static final Object lock = new Object();

    @Benchmark
    public void testCAS() throws InterruptedException {
        ExecutorService executors = Executors.newCachedThreadPool();
        CountDownLatch countDownLatch = new CountDownLatch(threadSize);
        for (int i = 0; i < threadSize; i++) {
            executors.submit(new Runnable() {
                public void run() {
                    for (int j = 0; j < loop; j++) {
                        sumCas.incrementAndGet();
                    }
                    countDownLatch.countDown();
                }
            });
        }
        countDownLatch.await();
        executors.shutdown();
    }

    @Benchmark
    public void testSynchronized() throws InterruptedException {
        ExecutorService executors = Executors.newCachedThreadPool();
        CountDownLatch countDownLatch = new CountDownLatch(threadSize);
        for (int i = 0; i < threadSize; i++) {
            executors.submit(new Runnable() {
                public void run() {
                    for (int j = 0; j < loop; j++) {
                        synchronized (lock) {
                            sumSync++;
                        }
                    }
                    countDownLatch.countDown();
                }
```

```
            });
        }
        countDownLatch.await();
        executors.shutdown();
    }

    public static void main(String[] args) throws RunnerException {
        Options opt = new OptionsBuilder()
                .include(CASTest.class.getSimpleName())
                .result("result.json")
                .resultFormat(ResultFormatType.JSON).build();
        new Runner(opt).run();
    }
}
结果：
Benchmark                     (loop)  (threadSize)  Mode  Cnt      Score       Error  Units
CASTest.testCAS              1000000            10  avgt    5    191.800 ±    20.280  ms/op
CASTest.testCAS              1000000           100  avgt    5   1770.166 ±   338.616  ms/op
CASTest.testCAS             10000000            10  avgt    5   1961.660 ±   212.506  ms/op
CASTest.testCAS             10000000           100  avgt    5  22184.845 ±   673.053  ms/op
CASTest.testSynchronized     1000000            10  avgt    5    449.828 ±   111.920  ms/op
CASTest.testSynchronized     1000000           100  avgt    5   5059.094 ±  4341.775  ms/op
CASTest.testSynchronized    10000000            10  avgt    5   4971.997 ±  5743.391  ms/op
CASTest.testSynchronized    10000000           100  avgt    5  42108.107 ± 16086.669  ms/op
```

以上的性能测试代码是基于 JMH（Java 微基准测试工具）测试的，它是专门用于进行代码的微基准测试的一套工具 API。测试机器的配置是 Maci 7，6 核处理器和 16GB 内存。

testCAS() 方法使用的是 AtomicLong 原子类，AtomicLong 底层是基于 CAS 的。testSynchronized() 方法使用的是 synchronized 关键字。两个方法使用 10 个线程和 100 个线程分跑了一百万次和一千万次的 i++。从最后的测试结果来看，基于 CAS 的方法明显比基于 synchronized 的方法要快很多。

7.1.2　CAS的问题

ABA 问题是指在多线程计算中，其他线程将变量值 A 更新为 B，然后又更新为 A，之后当前线程使用期望值 A 与内存值比较时，发现没有改变，于是就用 CAS 进行替换。

（1）线程 1 从共享内存中读取值 A。

（2）线程 1 被抢占挂起，线程 2 开始运行。

（3）线程 2 将共享内存值 A 修改为 B，然后又修改为 A。

（4）线程 1 再次开始执行，看到共享内存值未被修改，然后进行替换。

这里要明确一点，并不是 CAS 导致了 ABA 问题，CAS 本身是一个比较和替换的原子操作，没有任何问题，而是使用 CAS 的场景下发生了 ABA 问题。针对这个问题，可以使用

AtomicStampedReference 解决，7.2.3 节将进行详细介绍。

另外，CAS 的原子操作只能针对一个共享变量。

7.1.3 Unsafe

Java 原子操作类是基于 Unsafe 类来实现的，下面就详细介绍这个类。从类的名称可以看出，这个类是不安全的，它设计的初衷就是标准库使用，所以不建议在应用代码中使用 Unsafe 类。

Unsafe 类实质上扩展了 Java 语言的能力，在 Java 层实现了原本要在 C 代码层实现的核心库功能，如内存资源操作、系统相关操作和对象操作等，虽然这增强了 Java 语言对底层资源操作的能力，提高了运行效率，但就是因为拥有了类似 C 语言指针一样操作内存空间的能力，这也增加了程序发生相关指针问题的风险。

另外，在 JDK 未来的版本中，非标准库的代码可能不允许使用 Unsafe 类，这导致升级 JDK 时原来的代码将要进行重构。还有，Unsafe 提供的直接内存访问的方法中使用的内存需要手动管理，很有可能会发生内存泄漏。

Unsafe 类中方法的功能主要分为内存操作、类相关操作、数组相关操作、对象相关操作、线程调度操作、内存屏障操作和 CAS 相关操作等。本小节主要介绍 CAS 相关的操作，Unsafe 类提供的 CAS 相关操作方法的底层实现是 CPU 提供的 CMPXCHG 指令。

Unsafe 类 CAS 相关的操作方法如代码清单 7-3 所示。

代码清单 7-3

```
    /**
      *
      * @param var1   要修改的对象
      * @param var2   对象中某目标属性的偏移量
      * @param var4   期望值
      * @param var5   更新值
      * @return       true | false
      */
    public final native boolean compareAndSwapObject(Object var1, long var2,
Object var4, Object var5);

    public final native boolean compareAndSwapInt(Object var1, long var2, int
var4, int var5);

    public final native boolean compareAndSwapLong(Object var1, long var2,
long var4, long var6);

    public final Object getAndSetObject(Object var1, long var2, Object var4) {
        Object var5;
        do {
            var5 = this.getObjectVolatile(var1, var2);
        } while(!this.compareAndSwapObject(var1, var2, var5, var4));
```

```
    return var5;
}
```

简单介绍一下 compareAndSwapObject() 方法，该方法能对 Object 对象进行 CAS 操作。

然后看一下 getAndSetObject() 方法，通过 var1 和 var2 获取当前目标属性的期望值 var5，当且仅当期望值不变的情况下，将期望值 var5 更新为最新值 var4。

7.2　Atomic原子操作类

如图 7.1 所示，JDK 1.8 在 atomic 包中提供了 16 个原子操作类。其中 12 个是 JDK 1.5 新增的，分别是原子更新基本类型、原子更新数组类型、原子更新引用类型、原子更新字段类型；另外 4 个是 JDK 1.8 新增的累加器，即 DoubleAccumulator、LongAccumulator、DoubleAdder、LongAdder。

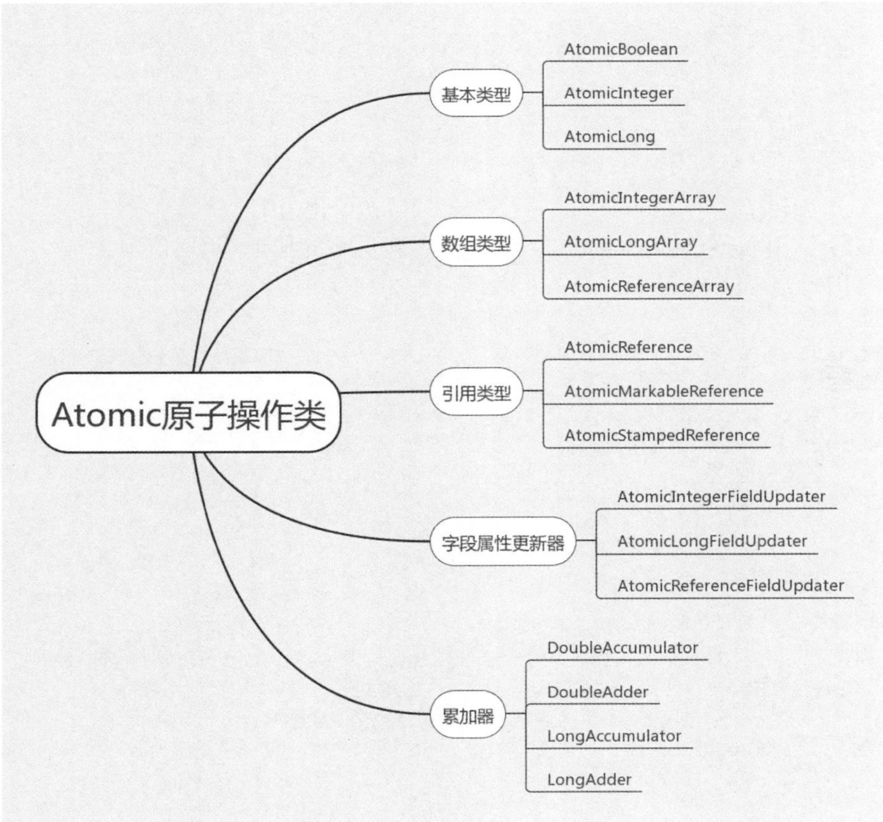

图 7.1　Atomic原子操作类

7.2.1 原子更新基本类型

基本类型包含以下 3 个类，主要是对基本类型 boolean、int 和 long 的原子操作。

（1）AtomicBoolean：原子更新布尔类型。

（2）AtomicInteger：原子更新整型。

（3）AtomicLong：原子更新长整型。

由于这 3 个类的代码类似，下面就以 AtomicInteger 的代码为例进行介绍（参见代码清单 7-4）。

代码清单 7–4

```
public class AtomicIntegerDemo {
  // 代码（1）
  private static AtomicInteger ai = new AtomicInteger(1);
  public static void main(String[] args)  {
      // 代码（2）
      System.out.println(ai.incrementAndGet());
  }
}
输出结果
2
```

代码（1）创建了一个 AtomicInteger 实例，然后初始化为 1。

代码（2）调用 incrementAndGet() 方法，使实例变量 ai 加 1，返回值为 2。

关键的代码是 incrementAndGet() 方法，它是如何实现原子操作的呢？具体参见代码清单 7-5。

代码清单 7–5

```
//AtomicInteger 类源码
//Unsafe 用于访问系统内存资源等
private static final Unsafe unsafe = Unsafe.getUnsafe();
// 字段 value 的内存偏移地址
private static final long valueOffset;
// 代码（3）
static {
  try {
  // 通过 unsafe 的 objectFieldOffset() 方法获取 value 的内存偏移地址
      valueOffset = unsafe.objectFieldOffset
          (AtomicInteger.class.getDeclaredField("value"));
  } catch (Exception ex) {
      throw new Error(ex);
  }
}
private volatile int value;
// 创建一个 AtomicInteger 对象
public AtomicInteger(int initialValue) {
```

```
        value = initialValue;
    }
    // 以原子的方式将当前值加 1，返回更新后的值
    public final int incrementAndGet() {
      // 代码（4）
      return unsafe.getAndAddInt(this, valueOffset, 1) + 1;
    }

    //Unsafe.class 的源码
    public final int getAndAddInt(Object var1, long var2, int var4) {
      int var5;
      do {
          var5 = this.getIntVolatile(var1, var2);
      } while(!this.compareAndSwapInt(var1, var2, var5, var5 + var4));

      return var5;
    }
    public native int getIntVolatile(Object var1, long var2);
```

在代码清单 7-4 中实例化 ai 时，代码清单 7-5 中的代码（3）是一个静态代码块，会先被执行，通过 unsafe.objectFieldOffset() 方法获取 value 值的内存地址。然后调用 incrementAndGet() 方法，其实就是调用了 unsafe 的 getAndAddInt() 方法。该方法核心是 getIntVolatile() 和 compareAndSwapInt() 方法，getIntVolatile() 方法根据 var1（要修改的对象）和 var2（value 的偏移量）得到内存中的值 var5（期望值），然后调用 compareAndSwapInt() 方法比较替换内存中的值，当且仅当 value 内存地址中的值等于 var5，说明没有另外的线程在修改，然后更新为 var5+1。如果不相等，就一直循环进行比较并替换。

AtomicInteger 类中的方法有很多，下面介绍一些相似方法的对比，以便读者理解，参见代码清单 7-6 所示。

代码清单 7-6

```
    private volatile int value;
    // 设置为给定值 newValue
    public final void set(int newValue) {
        value = newValue;
    }

    // 以原子方式设置为给定值 newValue 并返回旧值
    public final int getAndSet(int newValue) {
        return unsafe.getAndSetInt(this, valueOffset, newValue);
    }

    // 最终设置为给定值 newValue
    public final void lazySet(int newValue) {
        unsafe.putOrderedInt(this, valueOffset, newValue);
    }
```

这里说明一下 lazySet() 和 set() 方法的区别。

set() 方法 value 值立即对其他线程可见，因为 value 是用 volatile 修饰的。简单来说，volatile 在这里保证了可见性，对于 volatile 关键字的原理可参见 3.2 节。

lazySet() 方法 value 值不一定立即对其他线程可见。lazySet() 方法调用了 unsafe.putOrderedInt() 方法。该方法的语义是保证 StoreStore 栅栏，但是没有保证 StoreLoad 栅栏，导致 value 值不能立即对其他线程可见。

下面来看一下 accumulateAndGet() 和 updateFunction() 方法的区别，如代码清单 7-7 所示。

代码清单 7-7

```
// 以原子的方式使给定值 x 可以通过传入 accumulatorFunction() 函数来计算，并返回新值
public final int accumulateAndGet(int x, IntBinaryOperator accumulatorFunction) {
    int prev, next;
    do {
        prev = get();
        next = accumulatorFunction.applyAsInt(prev, x);
    } while (!compareAndSet(prev, next));
    return next;
}

// 以原子的方式使用 updateFunction() 函数计算更新当前值，并返回更新后的值
public final int updateAndGet(IntUnaryOperator updateFunction) {
    int prev, next;
    do {
        prev = get();
        next = updateFunction.applyAsInt(prev);
    } while (!compareAndSet(prev, next));
    return next;
}

// 实例
public static void main(String[] args) {
    AtomicInteger ai = new AtomicInteger(0);
    ai.accumulateAndGet(10, Integer::sum);
    System.out.println(ai.get());

    ai.accumulateAndGet(10, Integer::sum);
    System.out.println(ai.get());

    ai.updateAndGet(x -> x + 10);
    System.out.println(ai.get());
}
输出：
10
20
30
```

accumulateAndGet() 和 updateFunction() 方法是 JDK 1.8 新增的，主要是为了支持函数式编程，其中 accumulateAndGet() 方法完全可以通过调用 updateFunction() 方法来实现，如代码清单 7-8 所示。

代码清单 7-8

```
public static void main(String[] args) {
    AtomicInteger ai = new AtomicInteger(0);

    accumulateAndGet(10, Integer::sum, ai);
    System.out.println(ai.get());
}

private static final int accumulateAndGet(int x, IntBinaryOperator
accumulatorFunction, AtomicInteger ai) {
    return ai.updateAndGet(prev -> accumulatorFunction.applyAsInt(prev, x));
}
输出：
10
```

最后介绍 AtomicInteger 的基石——compareAndSet() 方法。compareAndSet() 方法底层调用的是 unsafe.compareAndSwapInt() 方法，如代码清单 7-9 所示。

代码清单 7-9

```
// 如果当前值 ==expect，就以原子的方式更新当前值为 update
public final boolean compareAndSet(int expect, int update) {
    return unsafe.compareAndSwapInt(this, valueOffset, expect, update);
}
```

compareAndSet() 方法调用了 Unsafe 类中的 compareAndSwapInt() 方法。参数 this 表示 AtomicInteger 实例；valueOffset 表示 AtomicInteger 实例中 value 的内存地址偏移量；expect 表示期望值；update 表示更新值。

以上针对 AtomicInteger 的核心方法都做了详细的分析，有兴趣的读者可以查看 AtomicLong 和 AtomicBoolean 的源码。AtomicLong 代码基本和 AtomicInteger 一致，一个是操作 long 变量，一个是操作 int 变量。而 AtomicBoolean 只不过将 boolean 变量转换为 1（true）和 0（false），其他操作和 AtomicInteger 一模一样。

7.2.2 原子更新数组类型

数组类型包含以下 3 个类，主要针对 int[]、long[] 和 Object[] 数组的原子操作。

（1）AtomicIntegerArray：原子更新整型数组类型。

（2）AtomicLongArray：原子更新长整型数据类型。

（3）AtomicReferenceArray：原子更新引用数组类型。

这 3 个类的方法都差不多，这里主要介绍 AtomicIntegerArray 的用法和原理。首先来看

AtomicIntegerArray 的示例，如代码清单 7-10 所示。

代码清单 7-10

```
public static void main(String[] args) {
    int[] arr = { 0, 1, 2 };
    //代码（1）
    AtomicIntegerArray aia = new AtomicIntegerArray(arr);
    //代码（2）
    System.out.println(aia.get(2)); //输出 2
    aia.set(2, 20);

    System.out.println(aia.get(2));                // 输出 20
    System.out.println(arr[2]);                    // 输出 2，原数组值不变
    System.out.println(aia.getAndSet(2, 200)); // 输出 20，返回原值
    System.out.println(aia.addAndGet(2, 200)); // 输出 400，返回更新之后的值
    System.out.println(aia.get(2)); // 输出 400
}
```

接下来看下 AtomicIntegerArray 的源码，如代码清单 7-11 所示。

代码清单 7-11

```
public class AtomicIntegerArray implements java.io.Serializable {
    private static final Unsafe unsafe = Unsafe.getUnsafe();
    /* 代码（1）数组首元素的偏移地址（在 64 位的 JVM 数组类型的基础偏移都是 16，不同的
       JVM 下可能会有所区别）*/
    private static final int base = unsafe.arrayBaseOffset(int[].class);
    //用于计算内存偏移量
    private static final int shift;
    private final int[] array;
    static {
        //代码（2）单个元素所占大小
        int scale = unsafe.arrayIndexScale(int[].class);
        //校验 scale 是否是 2 的幂
        if ((scale & (scale - 1)) != 0)
            throw new Error("data type scale not a power of two");
        /* Integer.numberOfLeadingZeros(scale) 得到 scale 的二进制 1 前面的 0
           的个数。Scale=4，Integer.numberOfLeadingZeros(scale) 等于 29。得到
           shift 等于 2，shift 主要用于计算数组中值的内存偏移量 */
        shift = 31 - Integer.numberOfLeadingZeros(scale);
    }
    private long checkedByteOffset(int i) {
        if (i < 0 || i >= array.length)
            throw new IndexOutOfBoundsException("index " + i);
        return byteOffset(i);
    }
    //代码（3）
    //计算偏移量 a[i] 首地址 =i<< 偏移量 + a[0] 首地址
```

```
    private static long byteOffset(int i) {
        return ((long) i << shift) + base;
    }
    public AtomicIntegerArray(int length) {
        array = new int[length];
    }
    //代码（4）
    //创建一个新AtomicIntegerArray，其长度与给定数组相同，并从给定数组中复制所有元素
    public AtomicIntegerArray(int[] array) {
        this.array = array.clone();
    }
    public final int get(int i) {
        return getRaw(checkedByteOffset(i));
    }
    private int getRaw(long offset) {
        return unsafe.getIntVolatile(array, offset);
    }
}
```

这里有两个核心的函数：

（1）arrayIndexScale()：返回数组中首元素的偏移地址。

（2）arrayBaseOffset()：返回数组中一个元素所占用的空间大小。

在代码清单7-10的代码（1）AtomicIntegerArray实例化时，在代码清单7-11中执行静态块初始化，获取int数组中每个元素所占用的空间大小（int[] scale就是4），然后计算得到shift的值，shift的作用是为了快速获取数组元素的内存偏移量。看下7-11的代码（3）shift的应用，假如要计算数组中第1个元素的内存偏移量，参数i等于1，i左移shift（这里shift等于2）位得到一个元素的偏移量，这个操作表示乘以每个元素的长度，这里使用左移操作是为了提升性能，最后再加上对象头的长度就得到了第1个元素的偏移量。

实例化AtomicIntegerArray时，会创建一个新的AtomicIntegerArray，然后从给定数组中复制所有元素，如代码（4）模块所示。get()方法先通过checkedByteOffset()方法获取偏移量offset，然后通过偏移量调用unsafe.getIntVolatile()方法获取当前值，源码相对来说比较简单。

下面再分析AtomicIntegerArray的其他源码，如代码清单7-12所示。

代码清单7-12

```
//设置位置i的元素为给定值newValue
public final void set(int i, int newValue) {
    unsafe.putIntVolatile(array, checkedByteOffset(i), newValue);
}

//以原子方式设置位置i的元素为给定值newValue并返回旧值
public final int getAndSet(int i, int newValue) {
    return unsafe.getAndSetInt(array, checkedByteOffset(i), newValue);
}
```

```
//最终设置位置 i 的元素为给定值 newValue
public final void lazySet(int i, int newValue) {
    unsafe.putOrderedInt(array, checkedByteOffset(i), newValue);
}
```

AtomicIntegerArray 类的方法和 AtomicInteger 类似，这里以 getAndSet() 方法为例进行介绍，数组类型只多了一步操作，先根据位置 i 通过 checkedByteOffset() 方法获取内存地址偏移量，获取对应的值，然后进行 CAS 替换。其他方法与之类似，这里就不做过多的介绍了，有兴趣的读者可以自行查看源码。

7.2.3 原子更新引用类型

有了原子更新基本类型，为什么还要原子更新引用类型呢？主要是原子更新基本类型只能更新一个变量，而原子更新引用类型可以更新引用对象。

引用类型包含以下 3 个类。

（1）AtomicReference：原子更新引用类型。

（2）AtomicMarkableReference：原子更新带标记位引用类型，通过 boolean 类型解决 ABA 问题。

（3）AtomicStampedReference：原子更新带有版本号的引用类型，通过 int 类型（可以理解为版本号）解决 ABA 问题。

下面主要介绍 AtomicStampedReference 的源码，首先一起来看如何使用 AtomicStampedReference 解决 ABA 问题，如代码清单 7-13 所示。

代码清单 7-13

```
public class AtomicStampedReferenceTest {
    private static AtomicStampedReference stampedReference;
    public static void main(String[] args) {
        User user1 = new User(1L, "user1");
        int stamp1 = 1;
        //代码（1）
        stampedReference = new AtomicStampedReference(user1, stamp1);
        System.out.println(stampedReference.getReference());
        //输出 User{id=1, name='user1'}
        System.out.println(stampedReference.getStamp());//1

        User user2 = new User(2L, "user2");
        int stamp2 = stampedReference.getStamp() + 1;
        stampedReference.compareAndSet(user1, user2, stamp1, stamp2);
        //代码（2）
        System.out.println(stampedReference.getReference());
        //输出 User{id=2, name='user2'}
        System.out.println(stampedReference.getStamp());//2
        int stamp3 = stampedReference.getStamp() + 1;
```

```
        //代码(3)
        stampedReference.compareAndSet(user2, user1, stamp2, stamp3);
        System.out.println(stampedReference.getReference());
        //输出User{id=1, name='user1'}
        System.out.println(stampedReference.getStamp());//3
        User user4 = new User(4L, "user4");
        int stamp4 = stampedReference.getStamp() + 1;
        //代码(4)
        stampedReference.compareAndSet(user1, user4, stamp1, stamp4);
        System.out.println(stampedReference.getReference());
        //输出User{id=1, name='user1'}
        System.out.println(stampedReference.getStamp());//3
    }
}
//User源码
public class User {
    private Long id;
    private String name;
}
```

代码（1）创建了一个 stampedReference 实例，输出版本 1 的 user1 对象。

代码（2）使用 user2 对象和版本 2 更新 stampedReference 的 User 对象，输出版本 2 的 user2 对象。

代码（3）使用 user1 对象和版本 3 更新 stampedReference 的 User 对象，也就是说 user1 更新为 user2 再更新为 user1，从版本 1 到版本 2 再到版本 3，输出版本 3 的 user1 对象。

代码（4）使用 user4 对象和版本 4 更新最先的版本为 1 的 user1 对象，自然是更新失败，最后输出是版本 3 的 user1 对象。

AtomicStampedReference 使用 stamp 变量很好地解决了 ABA 问题。一起来看 AtomicStampedReference 的源码，如代码清单 7-14 所示。

代码清单 7-14

```
private volatile Pair<V> pair;
//代码(1)
private static class Pair<T> {
    final T reference;
    final int stamp;
    private Pair(T reference, int stamp) {
        this.reference = reference;
        this.stamp = stamp;
    }
    static <T> Pair<T> of(T reference, int stamp) {
        return new Pair<T>(reference, stamp);
    }
}
```

```
//实例化时赋值pair
public AtomicStampedReference(V initialRef, int initialStamp) {
    pair = Pair.of(initialRef, initialStamp);
}

//代码（2）
public boolean compareAndSet(V expectedReference, V newReference, int
    expectedStamp, int newStamp) {
    Pair<V> current = pair;
    return
        expectedReference == current.reference &&
        expectedStamp == current.stamp &&
        ((newReference == current.reference &&
          newStamp == current.stamp) ||
         casPair(current, Pair.of(newReference, newStamp)));
}
//代码（3）获取pair的内存偏移量
private static final long pairOffset =
    objectFieldOffset(UNSAFE, "pair", AtomicStampedReference.class);

//代码（4）case更新pair对象
private boolean casPair(Pair<V> cmp, Pair<V> val) {
    return UNSAFE.compareAndSwapObject(this, pairOffset, cmp, val);
}
```

AtomicStampedReference 实例化时，构造了 pair 对象，它使用了 volatile 关键字修饰保证可见性。代码（1）的 pair 是 AtomicStampedReference 的内部类，主要封装了 reference 引用对象和 stamp 变量。重点看代码（2）的 compareAndSet() 方法，首先比较当前 pair 的 reference、stamp 和期望的 reference、stamp 是否相等，如果不相等，就直接返回 false；然后比较当前 pair 的 reference、stamp 和要更新的 reference、stamp 是否相等，如果相等就直接返回 true，因为相等就不需要更新了。不相等的话就调用代码（4）的 casPair() 方法更新当前 pair 为要更新的 pair 对象。

7.2.4 原子更新字段类型

原子更新字段类型和原子更新引用类型主要的区别是，前者是以原子的方式更新引用对象中的某个字段，而后者是更新整个 pair 引用对象。

字段类型包含以下 3 个类。

（1）AtomicIntegerFieldUpdater：原子更新整型字段更新器。

（2）AtomicLongFieldUpdater：原子更新长整型字段更新器。

（3）AtomicReferenceFieldUpdater：原子更新引用字段更新器。

下面主要介绍 AtomicIntegerFieldUpdater 的源码。首先来看 AtomicIntegerFieldUpdater 的

使用示例，如代码清单 7-15 所示。

代码清单 7-15

```
public class AtomicIntegerFieldUpdaterTest {
    public static void main(String[] args) {
        User user = new User("user", 20);
        AtomicIntegerFieldUpdater integerFieldUpdater =
    AtomicIntegerF ieldUpdater.newUpdater(User.class, "age");
        System.out.println(integerFieldUpdater.get(user));// 输出 20

        integerFieldUpdater.addAndGet(user, 1);
        System.out.println(integerFieldUpdater.get(user));      // 输出 21

        integerFieldUpdater.incrementAndGet(user);
        System.out.println(integerFieldUpdater.get(user));      // 输出 22

        integerFieldUpdater.compareAndSet(user, integerFieldUpdater.get(user), 30);
        System.out.println(integerFieldUpdater.get(user));      // 输出 30
    }
}
//User 源码
public class User {
    private String name;
    // 代码（1）
    protected volatile int age;
}
```

上述示例比较简单，就是更新 User 中的 age 字段。注意，需要原子更新的字段 age 不能用 private 修饰，而是必须用 volatile 修饰。至于原因，下面介绍 AtomicIntegerFieldUpdater 源码时会讲解。AtomicIntegerFieldUpdater 的源码如代码清单 7-16 所示。

代码清单 7-16

```
public abstract class AtomicIntegerFieldUpdater<T> {
    @CallerSensitive
    public static <U> AtomicIntegerFieldUpdater<U> newUpdater(Class<U>
tclass, String fieldName) {
        return new AtomicIntegerFieldUpdaterImpl<U>
            (tclass, fieldName, Reflection.getCallerClass());
    }

    private static final class AtomicIntegerFieldUpdaterImpl<T>
        extends AtomicIntegerFieldUpdater<T> {
        private static final sun.misc.Unsafe U = sun.misc.Unsafe.getUnsafe();
        // 字段 fieldName 的内存偏移量
        private final long offset;
```

```
        private final Class<?> cclass;
        private final Class<T> tclass;

        //tclass 是被操作的 class 类（如代码清单 7-15 中的 User.class)
        //fieldName 是被操作类 tclass 中的字段名称 (User.class 中的 age 字段）
        //caller  是调用者的 class 类（如代码清单 7-15 中的 AtomicIntegerField
          UpdaterTest.class)
        AtomicIntegerFieldUpdaterImpl(final Class<T> tclass,
            final String fieldName,
            final Class<?> caller) {
            final Field field;
            final int modifiers;
            try {
                // 代码（1）通过反射获取 fieldName 对象
                field = AccessController.doPrivileged(
                    new PrivilegedExceptionAction<Field>() {
                        public Field run() throws NoSuchFieldException {
                            return tclass.getDeclaredField(fieldName);
                        }
                    });
                // 获取字段的修饰符对应的值，返回值是每个修饰符对应值的加和总值
                modifiers = field.getModifiers();
               // 判断是否有权限访问目标对象中的构造方法、字段、普通方法等，如果没有
            访问权限，会抛出 IllegalAccessException
                // 代码（2）
                sun.reflect.misc.ReflectUtil.ensureMemberAccess(
                    caller, tclass, null, modifiers);
                // 目标类的类加载器
                ClassLoader cl = tclass.getClassLoader();
                // 调用类的类加载器
                ClassLoader ccl = caller.getClassLoader();
                // 校验目标类的包访问权限
                if ((ccl != null) && (ccl != cl) &&
                    ((cl == null) || !isAncestor(cl, ccl))) {
                   sun.reflect.misc.ReflectUtil.checkPackageAccess(tclass);
                }
            } catch (PrivilegedActionException pae) {
                throw new RuntimeException(pae.getException());
            } catch (Exception ex) {
                throw new RuntimeException(ex);
            }
            //fieldName 的字段类型
            Class<?> fieldt = field.getType();

            // 代码（3）不是 int 类型，会抛出 IllegalArgumentException 异常
            if (fieldt != int.class)
                throw new IllegalArgumentException("Must be integer type");
```

```
            //代码（4）没有 volatile 修饰，会抛出 IllegalArgumentException 异常
            if (!Modifier.isVolatile(modifiers))
                throw new IllegalArgumentException("Must be volatile type");

            //fieldName 是 protected 修饰的且目标类 tclass 是调用类 caller 的父类，
        目标类 tclass 和调用类 caller 不在同一个包下
            //cclass 等于调用类 caller，否则等于目标类 tclass
            this.cclass = (Modifier.isProtected(modifiers) &&tclass.
               isAssignableFrom(caller)&&!isSamePackage(tclass,
               caller))? caller : tclass;
            this.tclass = tclass;

            // 获取 field 的内存偏移量
            this.offset = U.objectFieldOffset(field);
        }
    }

    public final int getAndAdd(T obj, int delta) {
        accessCheck(obj);
        return U.getAndAddInt(obj, offset, delta);
    }

    public final int incrementAndGet(T obj) {
        return getAndAdd(obj, 1) + 1;
    }

    public final boolean compareAndSet(T obj, int expect, int update) {
        accessCheck(obj);
        return U.compareAndSwapInt(obj, offset, expect, update);
    }
}
```

抽象类 AtomicIntegerFieldUpdater 的静态方法 newUpdater() 创建了一个 AtomicIntegerFieldUpdaterImpl 的实例。AtomicIntegerFieldUpdaterImpl 类继承 AtomicIntegerFieldUpdater 类，所以实现了 AtomicIntegerFieldUpdater 绝大多数的方法。下面来看 AtomicIntegerFieldUpdaterImpl 的构造方法。

代码（1）部分首先通过反射获取 fieldName 对象，然后获取字段的修饰符。

代码（2）部分通过 ReflectUtil.ensureMemberAccess() 方法判断是否有权限访问目标对象，如果没有访问权限，会抛出 IllegalAccessException。所以需要更新的字段 age 不能用 private 修饰。

代码（3）部分如果 filed 不是 int 类型，就抛出 IllegalArgumentException 异常。

代码（4）部分如果不是 volatile 修饰，就抛出 IllegalArgumentException 异常，所以必须要有 volatile 修饰。

AtomicIntegerFieldUpdaterImpl 主要是通过反射找到类中字段的，然后获取字段的内存偏

移量 offset 进行 CAS 操作。另外，addAndGet()、getAndAdd() 和 incrementAndGet() 等方法的源代码比较简单，都是调用了 Unsafe 类的方法，这里就不再分析了。

7.3 累加器

JDK 1.8 新增了 LongAdder、LongAccumulator、DoubleAccumulator 和 DoubleAdder4 个累加器。这 4 个累加器都比较相似，本节主要介绍 LongAdder。

7.3.1 LongAdder概述

为什么 Doug Lea 大师要在 JDK 1.8 中引入 LongAdder、LongAccumulator 等累加器，它们和 AtomicLong 有什么区别呢？

在前面的章节中，我们提到了在并发场景下，可以使用原子操作基本类型来解决基本类型的并发问题，其底层使用了 CAS 操作。但是在高并发下大量线程会竞争同一个变量，竞争失败的线程需要自旋进行 CAS 操作，如果长时间都不成功，会造成很大的 CPU 开销，思考一下如何解决这个问题。

首先，大量线程竞争同一个变量，那么可不可以把一个变量拆分成多个变量，这个就是热点数据问题，要分散热点，就像高并发下的库存扣减问题，把库存数据拆分为多个。那么，到底拆分成多少个合适？什么时候拆分？拆分完后什么时候合并？合并时是精准值还是模糊值？带着这些问题，阅读 LongAdder 的 Java Doc 可知：

（1）LongAdder 维护一个或多个变量来计算总和；

（2）当跨线程竞争时，变量集可以动态增加以减少竞争；

（3）sum() 方法（或 longValue() 方法）返回整个变量组合的当前总和；

（4）在高并发下 LongAdder 性能通常优于 AtomicLong，低并发下两者性能相似；

（5）LongAdder 主要是通过空间换时间提高性能的。

因此，回到开头的问题：AtomicLong 和 LongAdder 的区别是什么？简单来说，AtomicLong 是多个线程竞争同一个原子变量，而 LongAdder 是多个线程竞争多个原子变量。

7.3.2 LongAdder和AtomicLong性能对比

使用 JMH 工具在低并发场景（2 个线程）和高并发场景（100 个线程）中测试 LongAdder 和 AtomicLong 的性能，如代码清单 7-17 所示。

代码清单 7-17

```
package base;

import org.openjdk.jmh.annotations.*;
import org.openjdk.jmh.results.format.ResultFormatType;
import org.openjdk.jmh.runner.Runner;
```

```java
import org.openjdk.jmh.runner.RunnerException;
import org.openjdk.jmh.runner.options.Options;
import org.openjdk.jmh.runner.options.OptionsBuilder;

import java.util.concurrent.CountDownLatch;
import java.util.concurrent.ExecutorService;
import java.util.concurrent.Executors;
import java.util.concurrent.TimeUnit;
import java.util.concurrent.atomic.AtomicLong;
import java.util.concurrent.atomic.LongAdder;

@BenchmarkMode(Mode.AverageTime)
@Warmup(iterations = 3, time = 1)
@Measurement(iterations = 5, time = 5)
@Fork(1)
@State(value = Scope.Benchmark)
@OutputTimeUnit(TimeUnit.MILLISECONDS)
public class LongAdderTest {
    /**
     * 循环次数
     */
    @Param(value = {"1000000", "10000000"})
    private int loop;
    /**
     * 线程数
     */
    @Param(value = {"2", "100"})
    private int threadSize;
    private static AtomicLong sumAtomic = new AtomicLong(0);
    private static LongAdder sumAdder = new LongAdder();

    @Benchmark
    public void testAtomicLong() throws InterruptedException {
        ExecutorService executors = Executors.newCachedThreadPool();
        CountDownLatch countDownLatch = new CountDownLatch(threadSize);
        for (int i = 0; i < threadSize; i++) {
            executors.submit(new Runnable() {
                public void run() {
                    for (int j = 0; j < loop; j++) {
                        sumAtomic.incrementAndGet();
                    }
                    countDownLatch.countDown();
                }
            });
        }
        countDownLatch.await();
```

```
        executors.shutdown();
    }
    @Benchmark
    public void testLongAdder() throws InterruptedException {
        ExecutorService executors = Executors.newCachedThreadPool();
        CountDownLatch countDownLatch = new CountDownLatch(threadSize);
        for (int i = 0; i < threadSize; i++) {
            executors.submit(new Runnable() {
                public void run() {
                    for (int j = 0; j < loop; j++) {
                        sumAdder.increment();
                    }
                    countDownLatch.countDown();
                }
            });
        }
        countDownLatch.await();
        executors.shutdown();
    }

    public static void main(String[] args) throws RunnerException {
        Options opt = new OptionsBuilder()
                .include(LongAdderTest.class.getSimpleName())
                .result("result.json")
                .resultFormat(ResultFormatType.JSON).build();
        new Runner(opt).run();
    }
}

结果:
Benchmark                            (loop)  (threadSize)  Mode  Cnt      Score     Error  Units
LongAdderTest.testAtomicLong        1000000             2  avgt    5     37.501 ±   9.570  ms/op
LongAdderTest.testAtomicLong        1000000           100  avgt    5   1975.144 ±  53.894  ms/op
LongAdderTest.testAtomicLong       10000000             2  avgt    5    309.924 ±  38.338  ms/op
LongAdderTest.testAtomicLong       10000000           100  avgt    5  18179.433 ± 258.008  ms/op
LongAdderTest.testLongAdder         1000000             2  avgt    5      8.007 ±   1.070  ms/op
LongAdderTest.testLongAdder         1000000           100  avgt    5    106.200 ±  16.498  ms/op
LongAdderTest.testLongAdder        10000000             2  avgt    5     76.635 ±   1.140  ms/op
LongAdderTest.testLongAdder        10000000           100  avgt    5   1006.564 ± 114.031  ms/op
```

测试机器的配置是 Mac i7，6 核处理器和 16GB 内存。从测试结果来看，LongAdder 和 AtomicLong 在两个线程循环一百万次的场景下，LongAdder 平均耗时 8.007ms，AtomicLong 平均耗时 37.501ms，AtomicLong 是 LongAdder 的 4.68 倍。

在 100 个线程循环一百万次的场景下，LongAdder 平均耗时 106.200ms，AtomicLong 平均耗时 1975.144ms，AtomicLong 是 LongAdder 的 18.6 倍。

在循环 1000 万次的场景下，数据特征与循环 100 万次相似，这就说明了在高并发场景中

LongAdder 的性能明显优于 AtomicLong。

7.3.3　LongAdder源码解析

下面来看 LongAdder 的使用示例，如代码清单 7-18 所示。

代码清单 7-18

```
public class LongAdderTest {

    public static void main(String[] args) {
        //代码（1）
        LongAdder longAdder = new LongAdder();

        System.out.println(longAdder.longValue());//0
        longAdder.add(10);
        System.out.println(longAdder.longValue());//10
        longAdder.increment();
        System.out.println(longAdder.longValue());//11
        longAdder.decrement();
        System.out.println(longAdder.longValue());//10
    }
}

输出：
0
10
11
10
```

LongAdder 的整体类图结构如图 7.2 所示。

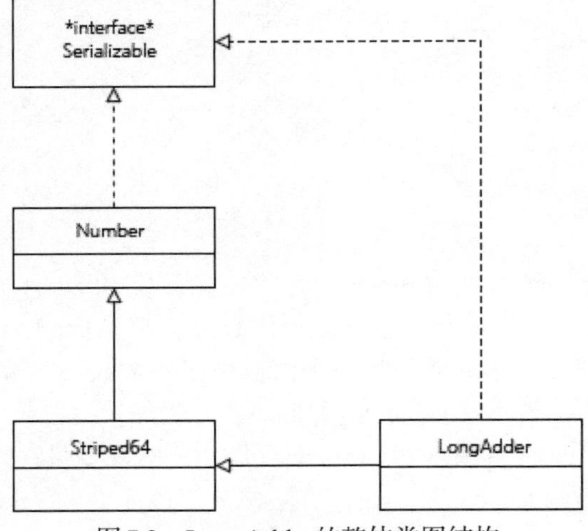

图 7.2　LongAdder的整体类图结构

由图 7.2 可知，LongAdder 继承了 Striped64 类且实现了 Serializable 接口，Striped64 类继承了 Number 类且实现了 Serializable 接口。LongAdder 的核心源码如代码清单 7-19 所示。

代码清单 7-19

```
//增加给定值
public void add(long x) {
    Cell[] as; long b, v; int m; Cell a;
    if ((as = cells) != null || !casBase(b = base, b + x)) {
        boolean uncontended = true;
        if (as == null || (m = as.length - 1) < 0 ||
            (a = as[getProbe() & m]) == null ||
            !(uncontended = a.cas(v = a.value, v + x)))
            longAccumulate(x, null, uncontended);
    }
}

//自增 +1
public void increment() {
    add(1L);
}

//自减 -1
public void decrement() {
    add(-1L);
}

//返回累加值，base 加所有 cell 的值，而非一个精准值
public long sum() {
    Cell[] as = cells; Cell a;
    long sum = base;
    if (as != null) {
        for (int i = 0; i < as.length; ++i) {
            if ((a = as[i]) != null)
                sum += a.value;
        }
    }
    return sum;
}
```

LongAdder 的源码很简单，包括一个空构造函数和 add() 方法、increment() 方法、decrement() 方法、sum() 方法等几个核心方法。核心方法都是依赖于 Striped64 类，该类使用了分段思想减少并发竞争。Striped64 类将一个值拆分成一个 base 变量和 Cell 数组。Cell 类是 Striped64 类的静态内部类，核心就 value 变量和 cas() 方法。

当线程没有竞争时，cas() 方法更新 Striped64 类中的 base 变量；当多线程竞争时，根据线程的哈希值路由到 Cell 数组某个元素，cas() 方法修改了该元素的 value 值。sum() 方法返回的

就是 base 值和当前 Cell 数组的所有元素的 value 值的累加值。Striped64 类通过让多个线程竞争 Cell 数组中的多个元素降低竞争，减少自旋时间，提高并发性能，如图 7.3 所示。

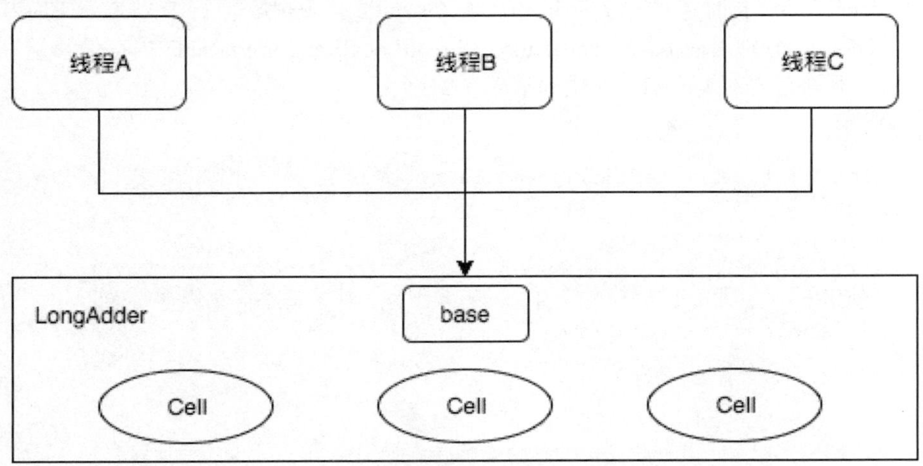

图 7.3　LongAdder 整体设计

接下来详细分析下 Striped64 源码，如代码清单 7-20 所示。

代码清单 7-20

```
// 没有竞争时直接调用 cas() 方法更新
transient volatile long base;
// 自旋锁标记。扩容或创建 Cell 数组的自旋锁标记，1 为有锁， 0 为无锁
transient volatile int cellsBusy;

private static final sun.misc.Unsafe UNSAFE;
//base 的内存偏移量
private static final long BASE;
//cellsBusy 的内存偏移量
private static final long CELLSBUSY;
// 线程的哈希值
private static final long PROBE;
static {
    try {
        UNSAFE = sun.misc.Unsafe.getUnsafe();
        Class<?> sk = Striped64.class;
        BASE = UNSAFE.objectFieldOffset(sk.getDeclaredField("base"));
        CELLSBUSY  =  UNSAFE.objectFieldOffset(sk.getDeclaredField
        ("cellsBusy"));
        Class<?> tk = Thread.class;
        //Thread 类中的 threadLocalRandomProbe 变量
        PROBE = UNSAFE.objectFieldOffset
            (tk.getDeclaredField("threadLocalRandomProbe"));
    } catch (Exception e) {
        throw new Error(e);
```

```
    }
}
```

LongAdder 实例化时会执行 Striped64 类的 static 代码块进行 BASE、CELLSBUSY、PROBE 的初始化，分别对应 base、cellsBusy、threadLocalRandomProbe 的内存偏移量。

接下来看下静态内部类 Cell，如代码清单 7-21 所示。

代码清单 7-21

```
@sun.misc.Contended static final class Cell {
    //代码（1）
    volatile long value;
    Cell(long x) { value = x; }
    //使用cas()方法更新value值，valueOffset对应value的内存偏移量
    final boolean cas(long cmp, long val) {
        return UNSAFE.compareAndSwapLong(this, valueOffset, cmp, val);
    }

    private static final sun.misc.Unsafe UNSAFE;
    //value的内存偏移量
    private static final long valueOffset;
    static {
        try {
            UNSAFE = sun.misc.Unsafe.getUnsafe();
            Class<?> ak = Cell.class;
            valueOffset = UNSAFE.objectFieldOffset
                (ak.getDeclaredField("value"));
        } catch (Exception e) {
            throw new Error(e);
        }
    }
}
```

每个 Cell 类都拥有一个 value 变量，并通过调用其 cas() 方法实现对 value 变量的更新。cas() 方法内部使用了 Unsafe 类的 compareAndSwapLong() 方法进行原子性的操作。

这里简单介绍一下 @sun.misc.Contended 注解：避免缓存行伪共享。这里有 3 个问题：①什么是缓存行；②什么是缓存行共享；③什么是伪共享。

对于问题①，我们知道为了提高读取速度，现代计算机寄存器和主存之间有三级缓存，即 L1、L2、L3，这些就是 CPU 缓存。CPU 缓存由许多缓存行组成，一个缓存行占 64B。

对于问题②，现代计算机 CPU 是多核的，每个核独占 L1 级和 L2 级缓存，但是 L3 级缓存是共享的。

对于问题③，一个缓存行占 64B，假如该缓存行有 Long 变量 A 和 Long 变量 B，当线程 1 修改变量 A 时，线程 2 想修改变量 B，这时该缓存行是被锁定的，线程 2 是访问不了变量 B 的。只能等线程 1 执行结束之后，线程 2 从内存中重新加载数据到缓存中。

因此，@sun.misc.Contended 注解的作用是让代码清单 7-21 中代码（1）的 value 值独占一个缓存行，避免伪共享，减少开销，提高性能。

下面分析 LongAdder 的 add() 方法，如代码清单 7-22 所示。

代码清单 7-22

```
//LongAdder 的 add() 方法
public void add(long x) {
    Cell[] as; long b, v; int m; Cell a;

        //代码（1）
    if ((as = cells) != null || !casBase(b = base, b + x)) {
        //代码（2）
        boolean uncontended = true;
        //代码（3）
        //表达式 1 和表达式 2：cells 数组是否初始化
        //表达式 3：当前线程对应的 cell 是否有值
        //表达式 4：使用 cas() 方法更新当前线程对应的 cell 的 value 值
        if (as == null || (m = as.length - 1) < 0 ||
            (a = as[getProbe() & m]) == null ||
            !(uncontended = a.cas(v = a.value, v + x))) //代码（3.1）
            longAccumulate(x, null, uncontended);
    }
}

// Striped64 类的 casBase() 方法
final boolean casBase(long cmp, long val) {
    // BASE 是 base 的内存偏移量
    return UNSAFE.compareAndSwapLong(this, BASE, cmp, val);
}
```

代码（1）在初始化时，cells 为 null，所以表达式 1 (as = cells)!= null 为 false，继续执行表达式 2 ! casBase(b = base, b + x)。如果这时没有竞争，那么 CAS 就成功更新了 base 的值，casBase() 方法返回 true，表达式 2 返回 false。所有在没有竞争时，永远不会进入代码（2）中。

反之，在有竞争时，casBase() 方法更新失败后会返回 false，进入代码（2）。

代码（3）中，表达式 as==null 和表达式 (m = as.length – 1) < 0 判断 cells 数组是否初始化，表达式 (a = as[getProbe() & m]) == null 判断当前线程对应的元素是否为 null，表达式 (uncontended = a.cas(v = a.value, v + x)) 调用 cell 的 cas() 方法更新 value 值。

这段复杂的代码说的是，cells 数组还没有初始化时执行 longAccumulate() 方法；cells 数组初始化之后，先判断该线程对应的数组元素是否为 null，为 null 就直接执行 longAccumulate() 方法；否则调用 cell 的 cas() 方法更新 value 的值，如果更新成功，不会执行 longAccumulate() 方法，更新失败则执行 longAccumulate() 方法，说明该数组元素有竞争。不建议在业务代码中使用这么复杂的代码。longAccumulate() 方法如代码清单 7-23 所示。

代码清单 7-23

```
// Striped64 类的 longAccumulate() 方法
final void longAccumulate(long x, LongBinaryOperator fn,
     boolean wasUncontended) {
     // 当前线程的 probe 值，可以理解为线程的哈希值。用于定位 Cells 数组的 cell 元素
    int h;
    if ((h = getProbe()) == 0) {
        // 当 h 为 0 时，强制初始化
        ThreadLocalRandom.current();
        h = getProbe();
        //true 表示没有竞争
        wasUncontended = true;
    }
    // 冲突标记，false 表示没有冲突
    boolean collide = false;
    for (;;) {
        Cell[] as; Cell a; int n; long v;
        // 代码（1）
        // 判断 cells 数组不等于 null 且长度大于 0，说明 cells 数组已经初始化过了
        if ((as = cells) != null && (n = as.length) > 0) {
            // 代码（1.1）
            // 判断当前线程对应的 cell 是否等于 null
            if ((a = as[(n - 1) & h]) == null) {
                // 代码（1.1.1）
                // 尝试新建 cell 并添加到 cells 数组中
                // 判断是否有锁
                if (cellsBusy == 0) {
                    // 没有锁，就新建一个 Cell
                    Cell r = new Cell(x);
                    // 判断是否有锁且尝试拿到锁
                    if (cellsBusy == 0 && casCellsBusy()) {
                        boolean created = false;
                        try {
                            Cell[] rs; int m, j;
                          // cells 数组不等于 null 且长度大于 0 且当前线程对应的
                            cell 等于 null
                            if ((rs = cells) != null &&
                                (m = rs.length) > 0 &&
                                rs[j = (m - 1) & h] == null) {
                                rs[j] = r;
                                created = true;
                            }
                        } finally {
                            // 释放锁
                            cellsBusy = 0;
                        }
```

```
                    // 新建 cell 成功，跳出无限循环
                    if (created)
                        break;
                    // 当前线程对应的 cell 不等于 null，继续循环
                    continue;
                }
            }
            collide = false;
        }
        // 代码（1.2）
        //wasUncontended 等于 true 表示没有竞争，false 表示有竞争
        else if (!wasUncontended)
            // 重新设置 wasUncontended 等于 true
            wasUncontended = true;
        // 代码（1.3）
        // 使用 cas() 方法更新 cell 的 value 值，更新成功则跳出无限循环
        else if (a.cas(v = a.value, ((fn == null) ? v + x :
            fn.applyAsLong(v, x))))
            break;
        // 代码（1.4）
        //NCPU 表示 CPU 核的数量，用于限制 cells 数组的大小
        else if (n >= NCPU || cells != as)
          // 当 cells 大小超过 NCPU 或 cells 不等于 as（表示已经扩容），不需要扩容
            collide = false;
        // 代码（1.5）
        // 判断是否有冲突
        else if (!collide)
            // 没有冲突，则设置为 true
            collide = true;
        // 代码（1.6）
        // 判断是否有锁且尝试拿到锁
        else if (cellsBusy == 0 && casCellsBusy()) {
            try {
                //cells 等于 as，表示没有进行过扩容
                if (cells == as) {
                    // 扩容为 n*2
                    Cell[] rs = new Cell[n << 1];
                    for (int i = 0; i < n; ++i)
                        rs[i] = as[i];
                    cells = rs;
                }
            } finally {
                // 释放锁
                cellsBusy = 0;
            }
            collide = false;
            // 扩容重新执行 for 循环
```

```
                continue;
            }
            //代码(1.7)
            //最后重新计算线程哈希值
            h = advanceProbe(h);
        }
        //代码(2)
        //判断是否有锁且没有初始化且尝试获取锁
        else if (cellsBusy == 0 && cells == as && casCellsBusy()) {
            boolean init = false;
            try {
                //初始化cells数组
                if (cells == as) {
                    //代码(2.1)
                    Cell[] rs = new Cell[2];
                    rs[h & 1] = new Cell(x);
                    cells = rs;
                    init = true;
                }
            } finally {
                //释放锁
                cellsBusy = 0;
            }
            //初始化完成，直接跳出无限循环
            if (init)
                break;
        }
        //代码(3)
        //cells数组初始化中，再次调用cas()方法更新base的值，如果成功就直接跳出
    无限循环，不成功则再次循环
        else if (casBase(v = base, ((fn == null) ? v + x :
            fn.applyAsLong(v, x))))
            break;
    }
}
```

longAccumulate()方法的代码比较长，这里主要看下for循环中的代码。for循环主要分为3部分。

代码（1）: cells数组不等于null，说明已经初始化过了，那就获取当前线程对应的cell，如果没有就新创建一个，然后用cas()方法更新cell中的value值。

代码（2）: cells数组没有初始化，然后初始化cells数组。

代码（3）: cells数组刚好在初始化中。例如，线程A刚好执行了代码（2）的casCellsBusy()方法更新cellsBusy的值为1，然后线程B就直接执行代码（3），尝试cas()方法更新base的值。

下面重点介绍代码（1）部分的代码。该部分代码主要由七部分组成。

第一部分代码（1.1）：当前线程对应的 cell 等于 null，也没有加锁，尝试获取锁，获取到锁之后创建 cell 元素，然后判断 cells 数组中当前线程对应的 cell 是否为 null。如果为 null，就把新创建的 cell 元素添加到 cells 数组中，然后释放锁；反之则继续循环。

第二部分代码（1.2）：当前线程对应的 cell 存在，但是前一次用 cas() 方法更新 value 值失败 [参见代码清单 7-22 add 方法的代码（3.1）]，然后设置 wasUncontended 为 true（为了下一次循环不再进入代码（1.2）)，跳到代码（1.7）重新计算当前线程的哈希值，并继续执行循环。

第三部分代码（1.3）：当前线程对应的 cell 存在，然后用 cas() 方法更新 cell 的 value 值。

第四部分代码（1.4）：*n* 表示 cells 数组的大小，如果 *n* 大于 CPU 的核数或 cells 不等于 as（表示 cells 数组已经被变更了），不需要扩容。

第五部分代码（1.5）：是否有冲突。当 collide 为 false 时，一种情况是代码（1.1.1）中 cellsBusy 等于 1，表示有其他线程在操作；另一种情况是代码（1.4）部分，不需要再扩容了。两种情况都只需要继续循环就行。

第六部分代码（1.6）：获取到锁，扩容数组至原来的两倍，扩容后重新循环。

第七部分代码（1.7）：重新计算当前线程的哈希值。

至此，longAccumulate() 方法的代码全部分析完了，下面来看 DoubleAdder 的 longValue() 方法。longValue() 方法调用了 sum() 方法，如代码清单 7-24 所示。

代码清单 7-24

```
public long longValue() {
    return sum();
}
public long sum() {
    Cell[] as = cells; Cell a;
    long sum = base;
    if (as != null) {
        for (int i = 0; i < as.length; ++i) {
            if ((a = as[i]) != null)
                sum += a.value;
        }
    }
    return sum;
}
```

sum() 方法主要统计 cells 数组中各个 cell 的 value 值总和加上 base 的值，但是 sum() 方法不是原子的，如果有其他线程在修改值，获得的值有可能不是最新的值。

7.3.4　LongAdder实践案例

5.1 节已经介绍过 ConcurrentHashMap 的原理，它利用了锁分段的思想提高了并发度。下面介绍 ConcurrentHashMap 是如何使用 LongAdder 实现分段锁的。其实，ConcurrentHashMap

没有直接使用 LongAdder 类，而是改编了 LongAdder 和 Striped64 的代码。下面一起看下代码清单 7-25。

代码清单 7-25

```
//代码（1）
public int size() {
    long n = sumCount();
    return ((n < 0L) ? 0 :
            (n > (long)Integer.MAX_VALUE) ? Integer.MAX_VALUE :
            (int)n);
}
//代码（2）
final long sumCount() {
    CounterCell[] as = counterCells; CounterCell a;
    long sum = baseCount;
    if (as != null) {
        for (int i = 0; i < as.length; ++i) {
            if ((a = as[i]) != null)
                sum += a.value;
        }
    }
    return sum;
}
//代码（3）
@sun.misc.Contended static final class CounterCell {
    volatile long value;
    CounterCell(long x) { value = x; }
}
//代码（4）
private final void addCount(long x, int check) {
    CounterCell[] as; long b, s;
    if ((as = counterCells) != null ||
        !U.compareAndSwapLong(this, BASECOUNT, b = baseCount, s = b + x)) {
        CounterCell a; long v; int m;
        boolean uncontended = true;
        if (as == null || (m = as.length - 1) < 0 ||
            (a = as[ThreadLocalRandom.getProbe() & m]) == null ||
            !(uncontended =
              U.compareAndSwapLong(a, CELLVALUE, v = a.value, v + x))) {
            fullAddCount(x, uncontended);
            return;
        }
        if (check <= 1)
            return;
        s = sumCount();
    }
    ...
```

```
}
//代码(5)
private final void fullAddCount(long x, boolean wasUncontended) {
    int h;
    if ((h = ThreadLocalRandom.getProbe()) == 0) {
        ThreadLocalRandom.localInit();      // force initialization
        h = ThreadLocalRandom.getProbe();
        wasUncontended = true;
    }
    boolean collide = false;                // True if last slot nonempty
    for (;;) {
        CounterCell[] as; CounterCell a; int n; long v;
        if ((as = counterCells) != null && (n = as.length) > 0) {
            if ((a = as[(n - 1) & h]) == null) {
                if (cellsBusy == 0) {            // Try to attach new Cell
                    CounterCell r = new CounterCell(x); // Optimistic create
                    if (cellsBusy == 0 &&
                        U.compareAndSwapInt(this, CELLSBUSY, 0, 1)) {
                        boolean created = false;
                        try {               // Recheck under lock
                            CounterCell[] rs; int m, j;
                            if ((rs = counterCells) != null &&
                                (m = rs.length) > 0 &&
                                rs[j = (m - 1) & h] == null) {
                                rs[j] = r;
                                created = true;
                            }
                        } finally {
                            cellsBusy = 0;
                        }
                        if (created)
                            break;
                        continue;           // Slot is now non-empty
                    }
                }
                collide = false;
            }
            else if (!wasUncontended)       // CAS already known to fail
                wasUncontended = true;      // Continue after rehash
            else if (U.compareAndSwapLong(a, CELLVALUE, v = a.value, v + x))
                break;
            else if (counterCells != as || n >= NCPU)
                collide = false;            // At max size or stale
            else if (!collide)
                collide = true;
            else if (cellsBusy == 0 &&
                     U.compareAndSwapInt(this, CELLSBUSY, 0, 1)) {
                try {
```

```
                    if (counterCells == as) {// Expand table unless stale
                        CounterCell[] rs = new CounterCell[n << 1];
                        for (int i = 0; i < n; ++i)
                            rs[i] = as[i];
                        counterCells = rs;
                    }
                } finally {
                    cellsBusy = 0;
                }
                collide = false;
                continue;                   // Retry with expanded table
            }
            h = ThreadLocalRandom.advanceProbe(h);
        }
        else if (cellsBusy == 0 && counterCells == as &&
                 U.compareAndSwapInt(this, CELLSBUSY, 0, 1)) {
            boolean init = false;
            try {                           // Initialize table
                if (counterCells == as) {
                    CounterCell[] rs = new CounterCell[2];
                    rs[h & 1] = new CounterCell(x);
                    counterCells = rs;
                    init = true;
                }
            } finally {
                cellsBusy = 0;
            }
            if (init)
                break;
        }
        else if (U.compareAndSwapLong(this, BASECOUNT, v = baseCount, v + x))
            break;                          // Fall back on using base
    }
}
```

代码（1）是调用了 sumCount() 方法计算 ConcurrentHashMap 的大小。sumCount() 方法与 LongAdder 的 sum() 方法一样，能计算数组中所有 CounterCell 的 value 总和加上 baseCount 的值。代码（3）中 CounterCell 对应的就是 LongAdder 的 Cell。代码（4）中 addCount 部分代码就是 LongAdder 的 add() 方法。代码（5）对应的就是 LongAdder 的 longAccumulate() 方法。只要理解了 LongAdder 的原理，看这部分代码就一目了然了。

7.4 本章小结

本章介绍了 java.util.concurrent.atomic 包中一系列的原子操作类，原子操作类使用了非阻塞的 CAS 算法，与锁机制相比，粒度更细，量级更轻，在性能上有很大的提高。回顾本章内容，原子操作类的整体框架如图 7.4 所示。

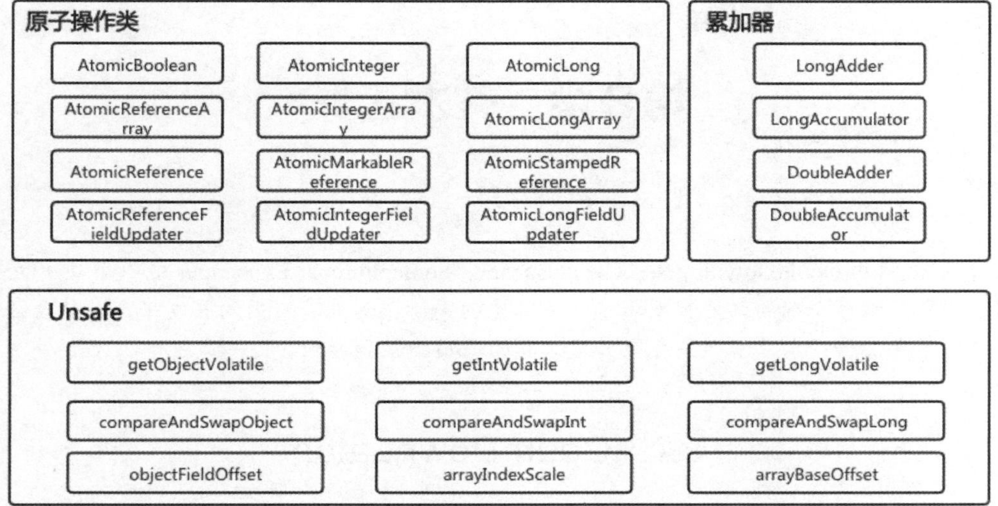

图 7.4 原子操作类的整体框架

Unsafe 是整个原子操作类的基石，Unsafe 中主要包括定位字段、数组等内存偏移量方法，cas() 更新方法和 get() 原子值方法。上层 12 个原子操作类和 4 个累加器就是基于这些 Unsafe 方法实现的。

➦ 常见面试题

1. AtomicIntegerArray 和 AtomicInteger[] 有什么区别？

2. 分析代码清单 7-23 中的 longAccumulate() 方法，代码（2.1）中 Cell 数组的初始大小为何是 2？

第四部分　Java实践

第8章　并发工具

本章介绍的 CountDownLatch、CyclicBarrier、Semaphore 和 Exchanger 能够解决并发线程的同步问题。编写正确的并发代码不是一件容易的事情，如果有好用的并发工具，就会让你的开发工作事半功倍，本章将介绍几个并发工具的使用场景和原理。

8.1　CountDownLatch

CountDownLatch 是一种同步工具，允许一个或多个线程等待其他线程执行完一组操作。为什么要使用 CountDownLatch 呢？就是为了能够灵活、方便地解决线程之间同步的问题，而使用 join() 方法实现线程之间的等待不够灵活、方便。

8.1.1　CountDownLatch的使用场景

看过 F1 方程式赛车的读者都知道，赛车在进入维修区时，更换 4 个轮胎一般要用 2~4s。一群人动作迅速，配合默契。

下面使用 join 方法模拟这一过程，　如代码清单 8-1 所示。

代码清单 8-1

```
package concurrent;

import java.util.ArrayList;
import java.util.List;
import java.util.concurrent.TimeUnit;

public class ChargeTyreJoinTest {
     public static void main(String[] args) throws InterruptedException {
         System.out.println("赛车进站！ ");
         // 更换轮胎
         changeTyre();
         System.out.println("轮胎更换完毕，出发！ ");
     }
     static void changeTyre() throws InterruptedException {
         List<Thread> threads = new ArrayList<>();
```

```
        for (int i = 0; i < 4; i++) {
            int cnt = i;
            Thread thread = new Thread(new Runnable() {
                @Override
                public void run() {
                    if (cnt == 1) {
                        try {
                            TimeUnit.SECONDS.sleep(1);
                        } catch (InterruptedException e) {
                            e.printStackTrace();
                        }
                    }
                    System.out.println("轮胎" + cnt + "更换完成！");
                }
            });
            threads.add(thread);
        }
        for (Thread thread : threads) {
            thread.start();
        }
        for (int i = 0; i < threads.size(); i++) {
                //代码(1)
            threads.get(i).join();
        }
    }
}
输出：
赛车进站！
轮胎 0 更换完成！
轮胎 2 更换完成！
轮胎 3 更换完成！
轮胎 1 更换完成！
轮胎更换完毕，出发！
```

首先开启 4 个线程更换轮胎，然后调用线程的 join 方法，main 线程会等待 4 个线程执行完后才会继续执行。在分析 join 方法的原理之前，先来回顾一下线程的状态转换。线程状态转换图如图 8-1 所示。

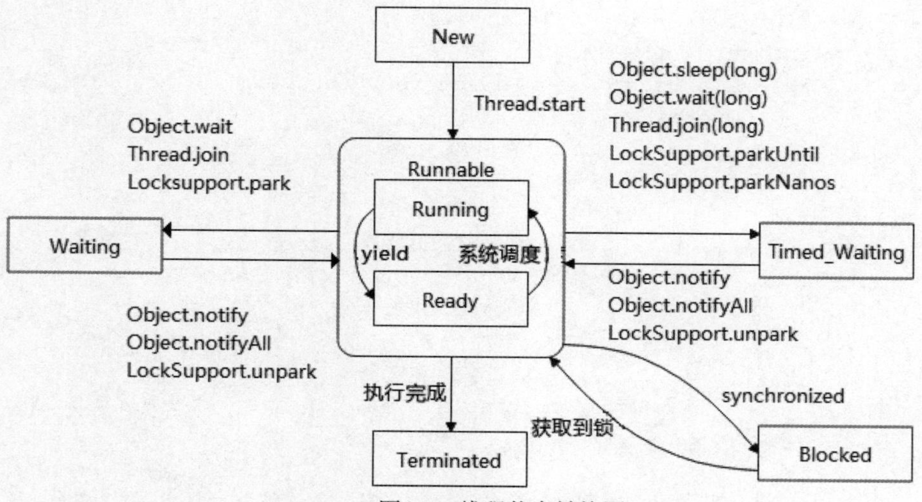

图 8.1　线程状态转换图

在图 8.1 中，主要看左侧部分从 Running 到 Waiting 状态的相互转换。运行中的线程在调用 Thread.join、Object.wait、LockSupport.park 之后，线程状态从 Running 变为了 Waiting；在执行 Object.notify、Object.notifyAll、LockSupport.unpark 之后，线程状态又从 Running 变为了 Runnable。

在上述代码中，当 mian 线程执行到代码（1）模块时，执行了 thread.join()，main 线程从运行状态变为了等待。join() 的具体源码如代码清单 8-2 所示。

代码清单 8-2

```
public final void join() throws InterruptedException {
     join(0);
 }

 public final synchronized void join(long millis)
 throws InterruptedException {
     long base = System.currentTimeMillis();
     long now = 0;

     if (millis < 0) {
        throw new IllegalArgumentException("timeout value is negative");
     }

     if (millis == 0) {
         //代码（1）
         while (isAlive()) {
             wait(0);
         }
     } else {
```

```
            while (isAlive()) {
                long delay = millis - now;
                if (delay <= 0) {
                    break;
                }
                wait(delay);
                now = System.currentTimeMillis() - base;
            }
        }
    }
```

从源码中可以看到 join() 底层调用的是 join(long millis)，由于 millis 为 0，所以进入了代码（1）模块，isAlive() 主要是判断当前线程是否存活（线程已启动且尚未死亡），如果存活就调用 wait(0)，此时 main 线程进入等待状态。join(long millis) 方法使用 synchronized 修饰等价于 synchronized(this)，说明 main 线程持有了 threads.get(i) 这个对象的锁，等调用 wait(0) 方法之后，main 线程释放了该锁进入等待状态。最后等到 threads.get(i) 这个线程执行完后，JVM 才会调用 lock.notify_all(thread)，唤醒持有该对象锁的 main 线程。

下面使用 CountDownLatch 模拟这个过程，如代码清单 8-3 所示。

代码清单 8-3

```
public class ChangeTyreTest {
    static CountDownLatch countDownLatch = new CountDownLatch(4);
    static ExecutorService executorService = Executors.newFixedThreadPool(4);

    public static void main(String[] args) throws InterruptedException {
        System.out.println("赛车进站！");
        //更换轮胎
        changeTyre();
        //代码（1）等待轮胎更换完成
        countDownLatch.await();
        //代码（3）
        executorService.shutdown();
        System.out.println("轮胎更换完毕，出发！");
    }

    static void changeTyre() {
        for (int i = 0; i < 4; i++) {
            int cnt = i;
            executorService.submit(new Runnable() {
                @Override
                public void run() {
                    if (cnt == 1) {
                        try {
                            TimeUnit.SECONDS.sleep(1);
```

```
                    } catch (InterruptedException e) {
                        e.printStackTrace();
                    }
                }
                System.out.println("轮胎" + cnt + "更换完成！ ");
                //代码（2）
                countDownLatch.countDown();
            }
        });
    }
  }
}
输出：
赛车进站！
轮胎 0 更换完成！
轮胎 2 更换完成！
轮胎 3 更换完成！
轮胎 1 更换完成！
轮胎更换完毕，出发！
```

首先创建一个 CountDownLatch 实例，count 为 4，即创建了一个固定线程为 4 的线程池。赛车进站，线程池起了 4 个线程同时执行，开始更换轮胎。执行到代码（1）时由于轮胎还没有更换完成，需要等待。当 4 个线程都执行了代码（2）的 countDown() 方法后，main 线程被唤醒，开始执行代码（3）。CountDownLatch 内部有一个计数器 count，一开始 count 为 4，线程执行一次 countDown() 方法，count 就减 1。当 count 减为 0 时，main 线程就被唤醒，开始执行。

我们再来看一个场景更换轮胎的版本 2，如代码清单 8-4 所示。

代码清单 8-4

```
public class ChangeTyreV2Test {

    static CountDownLatch signal = new CountDownLatch(1);
    static CountDownLatch doSignal = new CountDownLatch(4);
    static ExecutorService executorService = Executors.newFixedThreadPool(4);

    public static void main(String[] args) throws InterruptedException {
        System.out.println("赛车进站！ ");
        //代码（1）
        changeTyre();

        TimeUnit.SECONDS.sleep(2);
        //代码（2）
        signal.countDown();
        System.out.println("开始更换！ ");
```

```
        //代码(3)
        doSignal.await();

        executorService.shutdown();
        System.out.println("轮胎更换完毕，出发！");
    }

    static void changeTyre() {
        for (int i = 0; i < 4; i++) {
            int cnt = i;
            executorService.submit(new Runnable() {
                @Override
                public void run() {
                    System.out.println("线程" + cnt + "等待更换轮胎！");
                    try {
                        //代码(4)
                        signal.await();
                    } catch (InterruptedException e) {
                        e.printStackTrace();
                    }
                    System.out.println("线程" + cnt + "更换轮胎完成！");
                    //代码(5)
                    doSignal.countDown();
                }
            });
        }
    }
}
输出：
赛车进站!
线程 0 等待更换轮胎!
线程 2 等待更换轮胎!
线程 1 等待更换轮胎!
线程 3 等待更换轮胎!
开始更换!
线程 2 更换轮胎完成!
线程 1 更换轮胎完成!
线程 3 更换轮胎完成!
线程 0 更换轮胎完成!
轮胎更换完毕，出发!
```

更换轮胎版本 2 和版本 1 的主要区别是多了一个开始更换轮胎的信号 signal。当赛车进入维修区时，赛车停稳，调用 changeTyre() 方法，工作人员等待更换轮胎，当执行代码（2）时总指挥说开始更换，被阻塞的 4 个线程被唤醒，开始更换轮胎。这时 main 线程执行代码（3）被阻塞，等到 4 个线程都执行完代码（5）之后，main 线程被唤醒，开始执行。

现在回过头来看下 CountDownLatch 的定义：允许一个或多个线程等待其他线程执行一组操作完成的同步辅助工具。从更换轮胎版本 1 的例子可以看出，main 线程等待 4 个更换轮胎的子线程完成，也就是从 main 线程到子线程再到 main 线程的一个过程。

对比一下看 Threadjoin() 和 CountDownLatch 有何区别?

（1）两者的实现机制不同：CountDownLatch 的实现是依赖 AQS 的，而 Thread.join() 的实现是依赖 Object 的 wait() 和 notifyAll()。

（2）CountDownLatch 更灵活：CountDownLatch 可以配合线程池使用，而 Thread.join() 不行。

（3）CountDownLatch 功能更强大：CountDownLatch 可以等待多个线程，而 Thread.join() 不支持。

8.1.2 CountDownLatch的实现原理

CountDownLatch 的底层是由 AQS 实现的，AQS 的具体原理可参见第 4 章。现在通过代码清单 8-3 的例子来分析 CountDownLatch 的实现原理。首先来看 CountDownLatch 的实例化代码，如代码清单 8-5 所示。

代码清单 8–5

```
public CountDownLatch(int count) {
    if (count < 0) throw new IllegalArgumentException("count < 0");
    this.sync = new Sync(count);
}
private static final class Sync extends AbstractQueuedSynchronizer {
    Sync(int count) {
        setState(count);
    }
}
```

实例化 CountDownLatch 时，count 必须大于 0，否则会报错。然后就创建了一个 Sync 实例，这个就是 CountDownLatch 的同步控件，使用 AQS 的 state 表示计数。

CountDownLatch 最核心的两个方法如下。

（1）await()：使当前线程等待，直到 CountDownLatch 的 state 变为 0 或者该线程被中断。当 state 变为 0，该方法立即返回。

（2）countDown()：如果当前 state 大于 0，就将其递减；如果递减之后 state 等于 0，则释放所有等待的线程；如果当前 state 等于 0，则什么也不会发生。

下面分析 CountDownLatch 的 await() 方法源码，如代码清单 8-6 所示。

代码清单 8–6

```
public void await() throws InterruptedException {
    sync.acquireSharedInterruptibly(1);
}
```

```
//AbstractQueuedSynchronizer中的源码
public final void acquireSharedInterruptibly(int arg)
        throws InterruptedException {
    //代码（1）
    if (Thread.interrupted())
        throw new InterruptedException();
    //代码（2）
    if (tryAcquireShared(arg) < 0)
        doAcquireSharedInterruptibly(arg);
}

//CountDownLatch中Sync类的源码
protected int tryAcquireShared(int acquires) {
    return (getState() == 0) ? 1 : -1;
}
```

await() 方法调用的是 AbstractQueuedSynchronizer 的 acquireSharedInterruptibly() 方法。这个方法也比较简单：如果该线程被中断过，就抛出中断异常；如果没有被中断过，就执行 tryAcquireShared() 方法。tryAcquireShared() 方法的作用是：如果当前的 state 等于 0 就返回 1，否则返回 –1。下面分析下 doAcquireSharedInterruptibly() 方法的源码，如代码清单 8-7 所示。

代码清单 8–7

```
private void doAcquireSharedInterruptibly(int arg)
    throws InterruptedException {
    //代码（1）
    final Node node = addWaiter(Node.SHARED);
    boolean failed = true;
    try {
        for (;;) {
            final Node p = node.predecessor();
            if (p == head) {
                代码（2）
                int r = tryAcquireShared(arg);
                if (r >= 0) {
                    //代码（3）
                    setHeadAndPropagate(node, r);
                    p.next = null; // help GC
                    failed = false;
                    return;
                }
            }
            //代码（4）
            if (shouldParkAfterFailedAcquire(p, node) &&
                parkAndCheckInterrupt())
```

```
                throw new InterruptedException();
            }
        } finally {
            if (failed)
                cancelAcquire(node);
        }
    }
    private static boolean shouldParkAfterFailedAcquire(Node pred, Node node) {
        int ws = pred.waitStatus;
        if (ws == Node.SIGNAL)
            /*
             * This node has already set status asking a release
             * to signal it, so it can safely park.
             * 返回 true，会执行 parkAndCheckInterrupt，park 该线程
             */
            return true;
        if (ws > 0) {
            /*
             * Predecessor was cancelled. Skip over predecessors and
             * indicate retry.
             */
            do {
                //pred 被取消，需要从队列中踢掉该节点
                node.prev = pred = pred.prev;
            } while (pred.waitStatus > 0);
            pred.next = node;
        } else {
            /*
             * waitStatus must be 0 or PROPAGATE.  Indicate that we
             * need a signal, but don't park yet.  Caller will need to
             * retry to make sure it cannot acquire before parking.
             */
            compareAndSetWaitStatus(pred, ws, Node.SIGNAL);
        }
        return false;
    }
    //代码（5）
    private final boolean parkAndCheckInterrupt() {
        LockSupport.park(this);
        return Thread.interrupted();
    }
    private void doReleaseShared() {
        for (;;) {
            Node h = head;
            if (h != null && h != tail) {
                int ws = h.waitStatus;
```

```
            if (ws == Node.SIGNAL) {
                if (!compareAndSetWaitStatus(h, Node.SIGNAL, 0))
                    continue;               // loop to recheck cases
                unparkSuccessor(h);
            }
            else if (ws == 0 &&
                     !compareAndSetWaitStatus(h, 0, Node.PROPAGATE))
                continue;                // loop on failed CAS
        }
        //代码（6）
        if (h == head)                   // loop if head changed
            break;
    }
}
```

代码（1）中的 addWaiter(Node.SHARED) 方法能让当前线程以共享模式创建一个 Node 节点并加入队列。如果当前队列有节点，则将 CAS 添加到队列末尾；如果当前队列没有节点，则创建一个哨兵节点，然后将 CAS 添加到队列末尾，队列结构如图 8.2 所示。

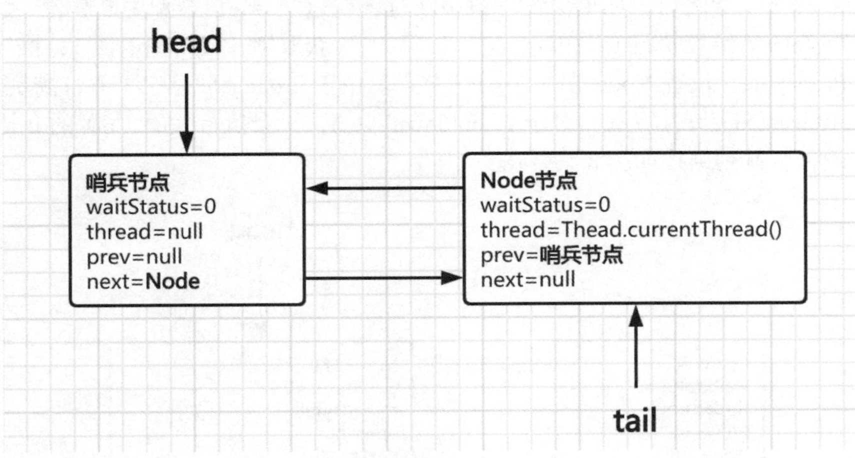

图 8.2　队列结构（1）

接下来看 for 循环中的代码。第一个 if 块代码：如果当前节点的前驱节点是 head 节点，执行 tryAcquireShared() 方法判断 status 的状态，如果 status 等于 0 就返回 1，否则返回 -1。当子线程都还没有执行完时，status 不等于 0，这时用 tryAcquireShared() 方法尝试获取锁，不成功则返回 -1，直接执行代码（4）。先来看代码（4）的 shouldParkAfterFailedAcquire 方法，本书在介绍 AQS 时一定介绍过这个方法，该方法的主要作用是将 node.pred 节点的 waitStatus 使用 cas() 方法设置为 SIGNAL。由于该方法处于死循环中，所以二次循环可以将 waitStatus 状态设置为 SIGNAL，然后返回 true，执行 parkAndCheckInterrupt() 方法，park 队列结构如图 8.3 所示。

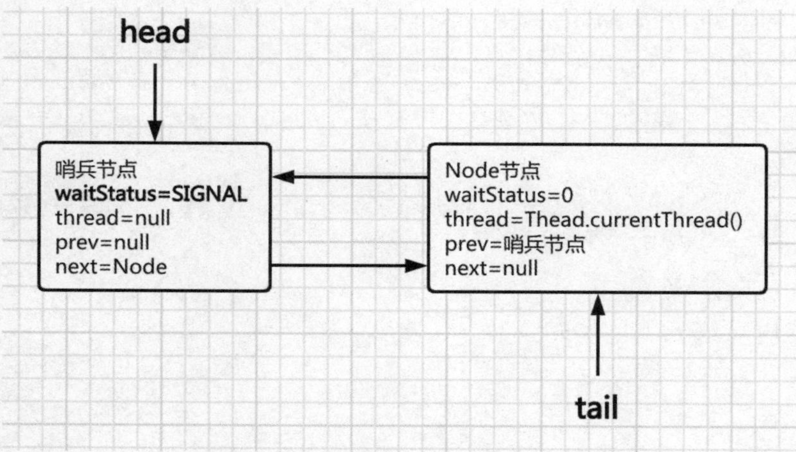

图8.3 队列结构（2）

接下来分析当前线程如何被唤醒，当所有子线程都执行完后，status 被更新为 0（分析 countDown() 方法时会介绍），这时就需要唤醒被阻塞的线程来工作。

阻塞的线程被唤醒之后，如果该线程被中断过，就返回 true，会抛中断异常；如果没有中断过，就返回 false。继续执行 for 循环，进入代码（2）获取锁，成功则返回 1，执行代码（3）setHeadAndPropagate，设置 Node 节点为 head 节点。由于 propagate 等于 1 并且满足 s==null 条件，执行 doReleaseShared() 方法。对于 CountdownLatch，只会执行代码（6）的 if 语句块，然后直接跳出返回，队列结构如图 8.4 所示。

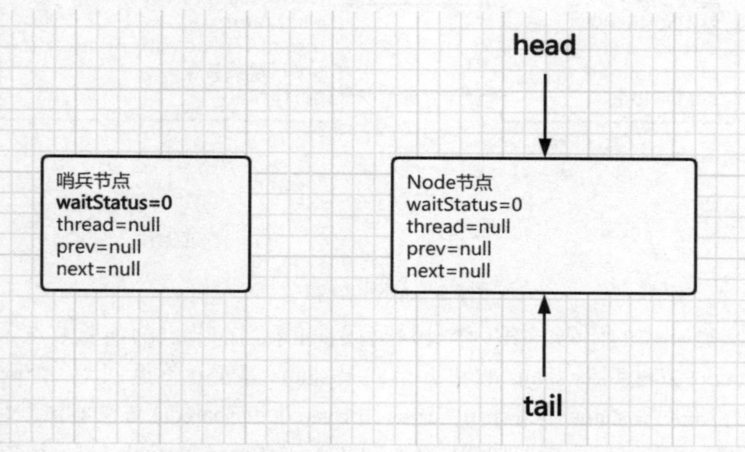

图8.4 队列结构（3）

下面分析 countDown() 方法，如代码清单 8-8 所示。

代码清单 8-8

```
public void countDown() {
    sync.releaseShared(1);
```

```
}
//AbstractQueuedSynchronizer 中的源码
public final boolean releaseShared(int arg) {
   //代码（1）
    if (tryReleaseShared(arg)) {
      //代码（2）
        doReleaseShared();
        return true;
    }
    return false;
}

protected boolean tryReleaseShared(int releases) {
    // Decrement count; signal when transition to zero
    for (;;) {
        int c = getState();
        if (c == 0)
            return false;
        int nextc = c-1;
        if (compareAndSetState(c, nextc))
            return nextc == 0;
    }
}
//AbstractQueuedSynchronizer 中的源码
private void doReleaseShared() {
    for (;;) {
        Node h = head;
        if (h != null && h != tail) {
            //代码（3）
            int ws = h.waitStatus;
            if (ws == Node.SIGNAL) {
                if (!compareAndSetWaitStatus(h, Node.SIGNAL, 0))
                    continue;            // loop to recheck cases
                //代码（4）
                unparkSuccessor(h);
            }
            else if (ws == 0 &&
                     !compareAndSetWaitStatus(h, 0, Node.PROPAGATE))
                continue;                // loop on failed CAS
        }
        if (h == head)                   // loop if head changed
            break;
    }
}
//AbstractQueuedSynchronizer 中的源码
private void unparkSuccessor(Node node) {
    int ws = node.waitStatus;
    if (ws < 0)
        compareAndSetWaitStatus(node, ws, 0);
```

```
        // 如果后继节点为 null 或 waitStatus 为已失效，就从 tail 开始遍历找到一
        个正常阻塞状态的节点
    Node s = node.next;
    if (s == null || s.waitStatus > 0) {
        s = null;
        for (Node t = tail; t != null && t != node; t = t.prev)
            if (t.waitStatus <= 0)
                s = t;
    }
    // 代码（5）
    if (s != null)
        // 唤醒节点对应的线程
        LockSupport.unpark(s.thread);
}
```

countDown() 方法的源码比较简单，它调用了 AQS 的 releaseShared() 方法，该方法使用了设计模式模板方法，调用的 tryReleaseShared() 方法是在 CountDownLatch 类中实现的。tryReleaseShared() 方法尝试获取锁，首先获取 state 的值，如果为 0 则直接返回 false；如果不为 0 则减 1，CAS 替换更新 state 的值，如果更新成功则判断新 state 是否等于 0；如果更新失败则说明有竞争，继续执行 for 循环，直到更新成功或 state 递减至 0。

当 state 递减至 0 之后，执行 doReleaseShared() 方法，开始唤醒等待的线程。此时 Node 节点的队列情况如图 8.5 所示。

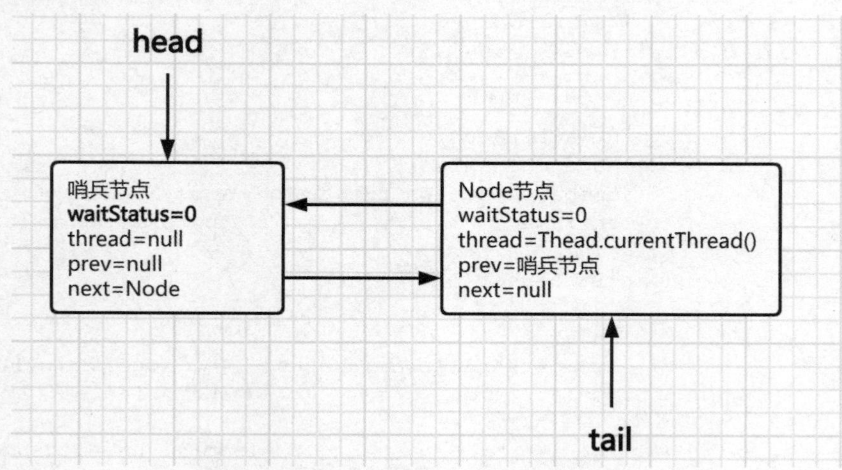

图8.5　队列结构（4）

所以会执行代码（3）模块，head 的 waitSatus 等于 SIGNAL，然后 CAS 更新 head 的 ws 为 0，更新成功之后执行代码（4），这是 countDown() 方法的核心。unparkSuccessor() 方法的作用是唤醒节点的后继者，获取 head 的 next 节点 s，然后调用 LockSupport.unpark() 方法唤醒节点 s 的线程。

下面把 await() 方法和 countDown() 方法的整体流程串起来分析一下，如图 8.6 所示。

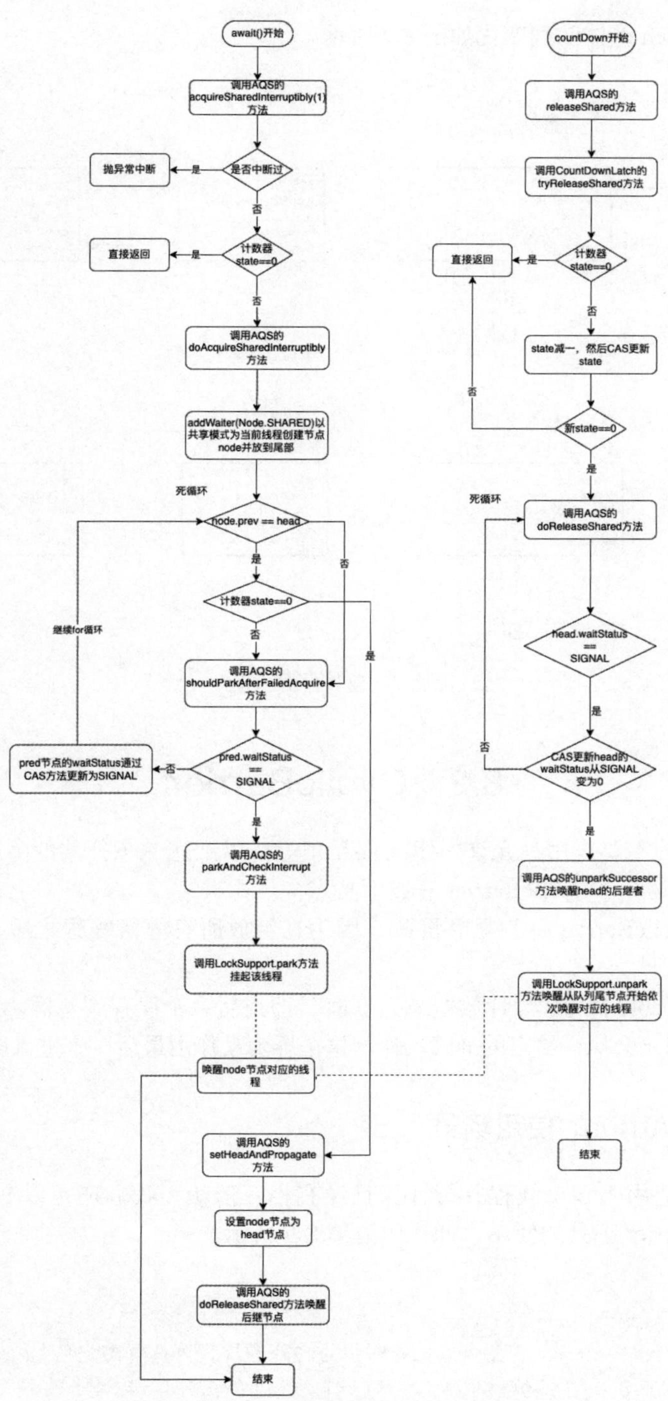

图8.6　CountDownLatch源码流程

CountDownLatch 整体队列变化如图 8.7 所示。

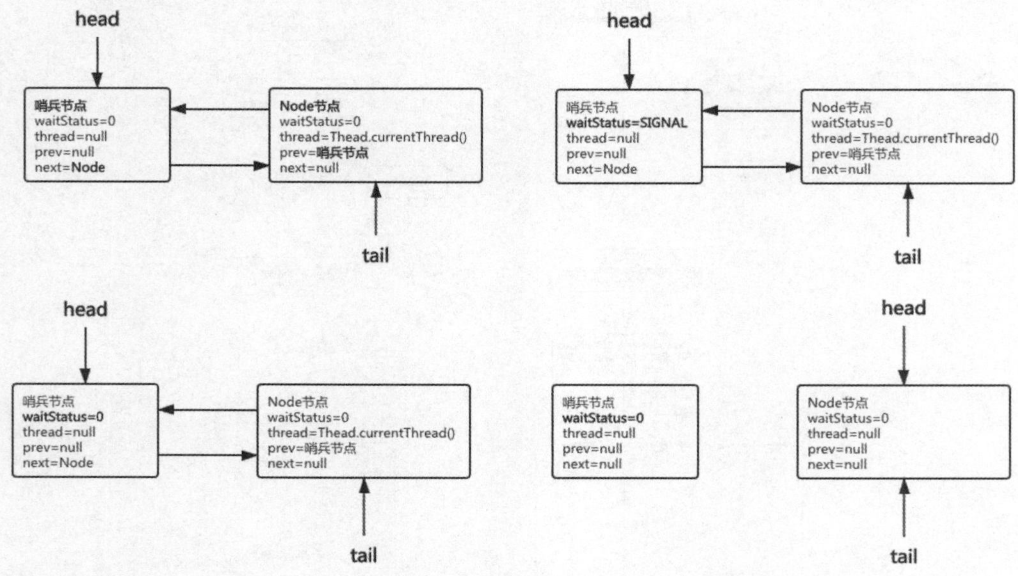

图 8.7　整体队列变化

8.2　CyclicBarrier

CyclicBarrier 的主要作用是允许一组线程互相等待以到达一个公共的障碍点，所有被障碍挡住的线程会继续运行。CyclicBarrier 有以下特点。

（1）循环：CyclicBarrier 称为循环屏障，因为在释放所有等待线程之后其内部的计数器会被重置。

（2）支持 Runnable 命令：当计数器减为 0 时，即最后一个线程到达屏障，但在释放任何线程之前，CyclicBarrier 会执行给定的屏障动作。这个屏障动作由最后一个进入屏障的线程来执行。

8.2.1　CyclicBarrier的使用场景

CyclicBarrier 适用于多个线程并行计算且没有相互依赖。我们还是以 F1 赛车更换轮胎的例子介绍 CyclicBarrier 工具的使用，如代码清单 8-9 所示。

代码清单 8-9

```
public class ChangeTyreV3Test {
    // 代码（1）Runnable 命令的执行时机是在所有线程到达屏障之后
    static CyclicBarrier cyclicBarrier = new CyclicBarrier(4, new Runnable() {
        @Override
```

```
    public void run() {
        try {
            // 代码（2）睡眠 1s，所有更换轮胎的线程到达屏障之后先执行给定的
            Runnable 动作，再执行各自代码
            TimeUnit.SECONDS.sleep(1);
        } catch (InterruptedException e) {
            e.printStackTrace();
        }
        System.out.println("线程" + Thread.currentThread().getName() +
"轮胎更换完毕，出发！");
    }
});

static ExecutorService executorService = Executors.newFixedThreadPool(4);

public static void main(String[] args) throws InterruptedException {
    System.out.println("赛车进站！");
    changeTyre();
    try {
        // 代码（3）睡眠 1s，main 线程不会被 CyclicBarrier 的 await() 方法
           阻塞
        TimeUnit.SECONDS.sleep(1);
    } catch (InterruptedException e) {
        e.printStackTrace();
    }
    System.out.println("驾驶员休息！");
}

static void changeTyre() {
    for (int i = 0; i < 4; i++) {
        executorService.submit(new Runnable() {
            @Override
            public void run() {
            System.out.println("线程" + Thread.currentThread().getName() +
            "更换轮胎完成！");
                try {
                    cyclicBarrier.await();
                    try {
                        TimeUnit.SECONDS.sleep(2);
                    } catch (InterruptedException e) {
                        e.printStackTrace();
                    }
                } catch (InterruptedException | BrokenBarrierException e) {
                    e.printStackTrace();
                }
            System.out.println("线 程" + Thread.currentThread().
            getName() + "更换轮胎完成之后，修理工休息！");
            }
```

```
                });
            }
        }
    }
输出:
赛车进站!
线程 pool-1-thread-1 更换轮胎完成!
线程 pool-1-thread-2 更换轮胎完成!
线程 pool-1-thread-3 更换轮胎完成!
线程 pool-1-thread-4 更换轮胎完成!
驾驶员休息!
线程 pool-1-thread-4 轮胎更换完毕，出发!
线程 pool-1-thread-4 更换轮胎完成之后，修理工休息!
线程 pool-1-thread-2 更换轮胎完成之后，修理工休息!
线程 pool-1-thread-3 更换轮胎完成之后，修理工休息!
线程 pool-1-thread-1 更换轮胎完成之后，修理工休息!
```

更换轮胎首先要创建 1 个 CyclicBarrier 实例、4 个线程和 1 个 Runnable 命令，然后实例化 1 个线程池，其中有 4 个核心线程。赛车进站之后，4 个线程开始更换轮胎。此时 main 线程不会被阻塞，会继续运行。当子线程执行 await() 方法后会被阻塞，最后一个线程更换轮胎完成，也就是所有线程都到达屏障之后，最后一个到达屏障的线程会执行 Runnable 命令。执行完 Runnable 命令之后，阻塞的线程会被唤醒并开始执行各自的代码。

上面的例子没有体现 CyclicBarrier 的循环，下面看下 F1 赛车多次进入维修站的代码，如代码清单 8-10 所示。除了 main 函数多了一个 for 循环，其他代码都跟代码清单 8-9 一样。

代码清单 8-10

```
public static void main(String[] args) throws InterruptedException {
    for (int i = 0; i < 2; i++) {
        System.out.println("第" + i + "次赛车进站! ");
        changeTyre();
        try {
            TimeUnit.SECONDS.sleep(1);
        } catch (InterruptedException e) {
            e.printStackTrace();
        }
        System.out.println("第" + i + "次驾驶员休息! ");
        try {
            TimeUnit.SECONDS.sleep(5);
        } catch (InterruptedException e) {
            e.printStackTrace();
        }
    }
}
输出:
第 0 次赛车进站!
线程 pool-1-thread-1 更换轮胎完成!
```

```
线程 pool-1-thread-3 更换轮胎完成！
线程 pool-1-thread-2 更换轮胎完成！
线程 pool-1-thread-4 更换轮胎完成！
第 0 次驾驶员休息！
线程 pool-1-thread-4 轮胎更换完毕，出发！
线程 pool-1-thread-1 更换轮胎完成之后，修理工休息！
线程 pool-1-thread-2 更换轮胎完成之后，修理工休息！
线程 pool-1-thread-3 更换轮胎完成之后，修理工休息！
线程 pool-1-thread-4 更换轮胎完成之后，修理工休息！
第 1 次赛车进站！
线程 pool-1-thread-2 更换轮胎完成！
线程 pool-1-thread-3 更换轮胎完成！
线程 pool-1-thread-1 更换轮胎完成！
线程 pool-1-thread-4 更换轮胎完成！
线程 pool-1-thread-4 轮胎更换完毕，出发！
第 1 次驾驶员休息！
线程 pool-1-thread-4 更换轮胎完成之后，修理工休息！
线程 pool-1-thread-3 更换轮胎完成之后，修理工休息！
线程 pool-1-thread-1 更换轮胎完成之后，修理工休息！
线程 pool-1-thread-2 更换轮胎完成之后，修理工休息！
```

8.2.2 CyclicBarrier的实现原理

根据 CyclicBarrier 版本的更换轮胎的例子分析 CyclicBarrier 的实现原理。首先来看 CyclicBarrier 的构造函数，如代码清单 8-11 所示。

代码清单 8-11

```
private final ReentrantLock lock = new ReentrantLock();
private final Condition trip = lock.newCondition();
// 线程数
private final int parties;
// 所有线程到达屏障之后执行 Runnable 命令
private final Runnable barrierCommand;
// 当前代
private Generation generation = new Generation();
// 还没到达屏障的线程个数
private int count;

// 静态内部类 Generation
private static class Generation {
  boolean broken = false;
 }
// 代码 (1)
public CyclicBarrier(int parties) {
   this(parties, null);
```

```
    }
    //代码(2)
    public CyclicBarrier(int parties, Runnable barrierAction) {
         if (parties <= 0) throw new IllegalArgumentException();
         this.parties = parties;
         this.count = parties;
         this.barrierCommand = barrierAction;
    }

    //唤醒等待线程并生成下一代，count 被更新重复使用
    private void nextGeneration() {
        // signal completion of last generation
        trip.signalAll();
        // set up next generation
        count = parties;
        generation = new Generation();
    }
```

代码（1）的构造函数最终还是调用了代码（2）的构造函数，所以主要看代码（2）。构造函数主要有以下 3 个参数。

（1）parties：线程个数。

（2）count：还没有到达屏障的线程个数。首先 parties 等于 count，每当线程到达屏障点，count 减 1。当 count 减至 0 时，会重新计数 parties 赋值给 count。

（3）barrierCommand：所有线程到达屏障之后执行的 Runnable 命令。

（4）generation：当前代。相当于 count 减至 0 时就表示这一代结束了，然后转到下一代调用 nextGeneration 方法重新生成 generation。

CyclicBarrier 的基本原理示意图如图 8.8 所示。

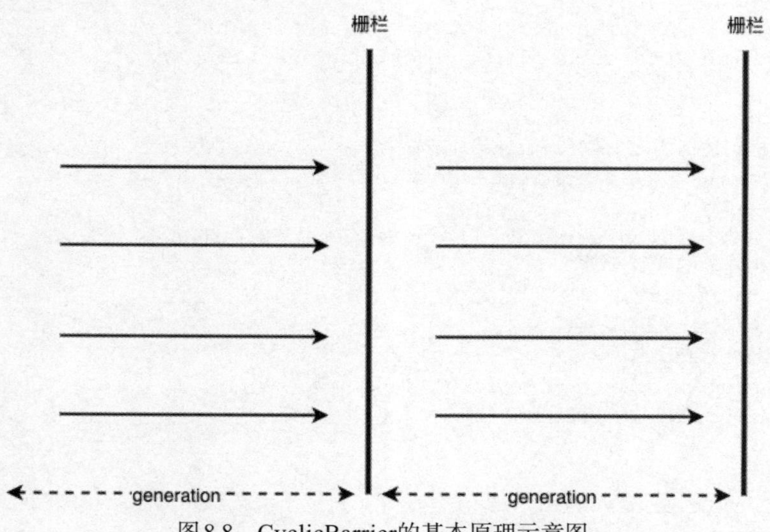

图 8.8　CyclicBarrier的基本原理示意图

理解了 CyclicBarrier 的基本原理，下面来分析 CyclicBarrier 原理的具体实现，如代码清单 8-12 所示。

代码清单 8-12

```
public int await() throws InterruptedException, BrokenBarrierException {
    try {
        return dowait(false, 0L);
    } catch (TimeoutException toe) {
        throw new Error(toe); // cannot happen
    }
}
//代码（1）
private int dowait(boolean timed, long nanos)
    throws InterruptedException, BrokenBarrierException,
           TimeoutException {
    //代码（2）
    final ReentrantLock lock = this.lock;
    lock.lock();
    try {
        final Generation g = generation;
        //代码（3）
        if (g.broken)
            throw new BrokenBarrierException();
        //代码（4）
        if (Thread.interrupted()) {
            breakBarrier();
            throw new InterruptedException();
        }
        //代码（5）计数器减一
        int index = --count;
        if (index == 0) {  // tripped
            boolean ranAction = false;
            try {
                final Runnable command = barrierCommand;
                if (command != null)
                    //代码（6）
                    command.run();
                ranAction = true;
                //代码（7）
                nextGeneration();
                return 0;
            } finally {
                // command 命令执行异常，需要设置 broken 为 true 表示冲破过屏障，
                   重置 count，唤醒所有等待的线程
                if (!ranAction)
                    breakBarrier();
            }
```

```
        }

        // loop until tripped, broken, interrupted, or timed out
        for (;;) {
            try {
        //代码(8)
                if (!timed)
                    trip.await();
                else if (nanos > 0L)
                    nanos = trip.awaitNanos(nanos);
            } catch (InterruptedException ie) {
                if (g == generation && ! g.broken) {
                    breakBarrier();
                    throw ie;
                } else {
                    // We're about to finish waiting even if we had not
                    // been interrupted, so this interrupt is deemed to
                    // "belong" to subsequent execution.
                    Thread.currentThread().interrupt();
                }
            }

            if (g.broken)
                throw new BrokenBarrierException();
            //代码(9)
            if (g != generation)
                return index;

            if (timed && nanos <= 0L) {
                breakBarrier();
                throw new TimeoutException();
            }
        }
    } finally {
        lock.unlock();
    }
}
//唤醒等待的线程，count被更新重复使用
private void nextGeneration() {
    // signal completion of last generation
    trip.signalAll();
    // set up next generation
    count = parties;
    generation = new Generation();
}
//冲破屏障，设置broken为true，重置count，唤醒所有等待的线程
private void breakBarrier() {
```

```
        generation.broken = true;
        count = parties;
        trip.signalAll();
    }
```

await() 方法调用的是 dowait() 方法。

CyclicBarrier 使用了 ReentrantLock 锁，成功获取锁之后：

（1）代码（3）判断是否冲破了屏障，如果没有冲破屏障就继续执行；否则抛出 BrokenBarrierException 异常。

（2）代码（4）判断线程是否被中断过，如果被中断过，就调用 breakBarrier 方法设置 generation.broken 等于 true，重置 count 唤醒所有等待的线程，然后抛出 InterruptedException 异常。这样，唤醒的线程会执行代码（9），通过 broken 判断为 true 后会抛出 InterruptedException 异常。

（3）当前线程到达代码（5）时 count 减一。

- 如果 count 减到 0 并且 barrierCommand 不为 null，当前线程会先执行 barrierCommand 的 run 方法，然后调用 nextGeneration 方法，唤醒所有等待的线程并重置 count 生成新的一代 generation，然后返回 0。
- 如果 count 没有减到 0，就执行代码（8），timed 等于 false 表示没有定时设置，调用 Condition 的 await 方法将其添加到等待队列并释放锁；如果有超时设置，就调用 awaitNanos 方法。

（4）等到 count 减至 0 时就调用 nextGeneration 方法，通过 condition 的 signalAll 方法唤醒阻塞的线程。线程会执行代码（10），由于在代码（7）新生成了一个 generation，老的 generation 与新的 generation 不相等，就会直接返回 index 并释放锁。

8.2.3　CountDownLatch与CyclicBarrier的比较

1. 场景

CountDownLatch 的使用场景是一个或多个线程等待其他线程执行一组操作完成，而 CyclicBarrier 的使用场景则是一组线程互相等待以到达一个公共的障碍点。CyclicBarrier 可以重置计数器，适合重复使用的场景。但在大部分场景下，两者可以相互替换。

2. 原理

CountDownLatch 使用了 AQS 的共享锁实现线程的等待和通知，而 CyclicBarrier 则直接使用 ReentrantLock 和 Condition 实现线程的等待和通知。当然，ReentrantLock 底层也是通过 AQS 来实现的。

8.3　Semaphore

Semaphore 是一个使用计数器算法的限流工具。Semaphore 维护了一组许可证（类似令牌桶算法的令牌），用来限制总的并发线程数。每个线程都必须获取到一个许可证后才能执行。线程完成后，要把许可证归还回去。

8.3.1 Semaphore的使用场景

Semaphore 主要的使用场景是流量控制。例如，车辆到加油站加油，假设加油站最多只能满足 4 辆车同时加油，后面来加油的车辆要么等待、要么离开，如代码清单 8-13 所示。

代码清单 8-13

```
public class SemaphoreTest {
    static Semaphore semaphore = new Semaphore(4);
    static ExecutorService executorService = Executors.newFixedThreadPool(7);

    public static void main(String[] args) throws InterruptedException {
        for (int i = 1; i <= 7; i++) {
            int carNum = i;
            executorService.submit(new Runnable() {
                @Override
                public void run() {
                    doAddGas(carNum);
                }
            });
        }
    }

    static void doAddGas(int carNum) {
        if (semaphore.tryAcquire()) {
            try {
                addGas(carNum);
            } finally {
              System.out.println("时间:" + new Date() + " 车辆" + carNum + "
        驶出加油站! ");
                semaphore.release();
            }
        } else {
            if (carNum == 5) {
                //第5辆车不愿意排队，看到没有空余的加油位置，就直接离开加油站
                System.out.println("时间:" + new Date() + " 车辆" + carNum +
            "直接离开加油站! ");
            } else {
                try {
                    semaphore.acquire();
                    addGas(carNum);
                } catch (InterruptedException e) {
                } finally {
```

```
                    System.out.println("时间:" + new Date() + " 车辆" +
                carNum + "驶出加油站! ");
                        semaphore.release();
                    }
                }
            }
        }

        static void addGas(int carNum) {
            System.out.println("车辆" + carNum + "开始加油! ");
            try {
                if (carNum == 1) {
                    //第一辆车加油慢一点
                    TimeUnit.SECONDS.sleep(3);
                } else {
                    TimeUnit.SECONDS.sleep(1);
                }
            } catch (InterruptedException e) {
            }
            System.out.println("时间:" + new Date() + " 车辆" + carNum + "加油完成! ");
        }
    }
    输出:
    车辆1开始加油!
    车辆2开始加油!
    车辆3开始加油!
    车辆4开始加油!
    时间:Sat Feb 20 17:49:53 CST 2021 车辆5直接离开加油站!
    时间:Sat Feb 20 17:49:54 CST 2021 车辆3加油完成!
    时间:Sat Feb 20 17:49:54 CST 2021 车辆2加油完成!
    时间:Sat Feb 20 17:49:54 CST 2021 车辆4加油完成!
    时间:Sat Feb 20 17:49:54 CST 2021 车辆3驶出加油站!
    时间:Sat Feb 20 17:49:54 CST 2021 车辆4驶出加油站!
    车辆6开始加油!
    时间:Sat Feb 20 17:49:54 CST 2021 车辆2驶出加油站!
    车辆7开始加油!
    时间:Sat Feb 20 17:49:55 CST 2021 车辆6加油完成!
    时间:Sat Feb 20 17:49:55 CST 2021 车辆7加油完成!
    时间:Sat Feb 20 17:49:55 CST 2021 车辆6驶出加油站!
    时间:Sat Feb 20 17:49:55 CST 2021 车辆7驶出加油站!
    时间:Sat Feb 20 17:49:56 CST 2021 车辆1加油完成!
    时间:Sat Feb 20 17:49:56 CST 2021 车辆1驶出加油站!
```

加油站只有4个位置，所以同一时刻只能并发4个线程同时加油。前4辆车通过tryAcquire()方法都获取到了许可证，然后开始加油，等加油完成离开加油站时调用release()方法归还许可证。第5辆车通过tryAcquire()方法没有获取许可证，不想等待就直接离开了加油站。第 6 辆和第 7 辆车没有获取到许可证，通过 acquire() 方法阻塞等待获取许可证，等前面车辆加油完成了，就能拿到许可证加油了。

8.3.2 Semaphore的实现原理

Semaphore 是基于 AQS 的实现，如果对 CountDownLatch 的源码比较熟悉，那么理解 Semaphore 的源码就非常容易了，两者的核心代码都差不多。首先看下 Semaphore 的构造函数，如代码清单 8-14 所示。

代码清单 8-14

```
//代码（1）
public Semaphore(int permits) {
    sync = new NonfairSync(permits);
}
//代码（2）
public Semaphore(int permits, boolean fair) {
    sync = fair ? new FairSync(permits) : new NonfairSync(permits);
}
```

Semaphore 提供了两个构造函数。代码（1）中的参数 permits 表示许可证数量，然后实例化一个不公平的策略的 AQS，最终设置 state 为 permits。代码（2）根据实际的场景选择公平和不公平策略。公平性是针对获取许可证而言的，如果一个 Semaphore 的策略是公平的，那么许可证的获取顺序就应该符合请求的绝对时间顺序，满足先到先得的原则。

下面分析 Semaphore 的几个核心方法。

acquire()：获取一个许可证。如果有许可证，就获取许可证并立即返回，并将可用许可证的数量减 1；如果没有可用的许可证，就阻塞该线程直到获取可用许可证或当前线程被中断。

acquire(int permits)：与 acquire() 方法最大的不同就是获取 permits 个许可证。

release()：释放一个许可证，并将可用许可证数量加 1。

release(int permits)：释放 permits 个许可证，并将可用许可证数量加 permits。

tryAcquire()：如果有一个可用许可证，就获取许可证并立即返回 true，将可用许可证的数量减 1；如果没有可用的许可证，就立即返回 false。

tryAcquire(int permits)：与 tryAcquire() 方法最大的不同就是获取 permits 个许可证。

tryAcquire(long timeout, TimeUnit unit)：与 tryAcquire() 方法最大的不同就是超时未获取到许可证，就立即返回 false。

由于上述方法基本类似，这里就主要分析 acquire() 和 release() 方法的源码。首先来分析 acquire() 方法的源码，如代码清单 8-15 所示。

代码清单 8-15

```
public void acquire() throws InterruptedException {
    sync.acquireSharedInterruptibly(1);
```

```
}
//AbstractQueuedSynchronizer 中的源码
public final void acquireSharedInterruptibly(int arg)
        throws InterruptedException {
    if (Thread.interrupted())
        throw new InterruptedException();
     //代码（1）
    if (tryAcquireShared(arg) < 0)
//代码（2）
        doAcquireSharedInterruptibly(arg);
}
//这里是 NonfairSync 的实现
protected int tryAcquireShared(int acquires) {
    return nonfairTryAcquireShared(acquires);
}
//代码（3）
final int nonfairTryAcquireShared(int acquires) {
    for (;;) {
        //获取许可证数量
        int available = getState();
        //剩余许可证数量
        int remaining = available - acquires;
        //如果剩余许可证数量 <0，直接返回剩余许可证数量。如果剩余许可证数量 >=0 且 CAS
        更新许可证数据失败，就继续循环；如果 CAS 更新成功就直接返回剩余的许可证数量
        if (remaining < 0 ||
            compareAndSetState(available, remaining))
            return remaining;
    }
}
```

acquire() 方法调用的是 acquireSharedInterruptibly() 方法，之前分析 CountDownLatch 时已介绍过这个方法。它使用了模板方法，函数具体由各种子类实现。代码（1）的具体实现，我们直接看代码（3）nonfairTryAcquireShared() 方法。该方法的含义是，如果当前许可证数量减去获取的许可证数量（即剩余许可证数量）小于 0，就直接返回剩余许可证数量；如果剩余许可证数量大于或等于 0 且 CAS 更新 state 失败（表示有竞争）就继续循环，如果 CAS 更新成功，则直接返回剩余的许可证数量。如果返回的剩余许可证数量小于 0，就执行代码（2）的 doAcquireSharedInterruptibly() 方法。之前分析 CountDownLatch 时介绍过该方法，这里就不详细展开。doAcquireSharedInterruptibly() 方法的主要作用是当没有可用许可证时，之后的线程会以 Node 节点的形式添加到 AQS 的队列中，然后被阻塞，等待唤醒。

下面分析 release() 方法，源码如代码清单 8-16 所示。

代码清单 8-16

```
public void release() {
    sync.releaseShared(1);
}
```

```
//代码（1）AbstractQueuedSynchronizer 中的源码
public final boolean releaseShared(int arg) {
    if (tryReleaseShared(arg)) {
        //代码（2）
        doReleaseShared();
        return true;
    }
    return false;
}
//代码（3）
protected final boolean tryReleaseShared(int releases) {
    for (;;) {
        //获取可用许可证
        int current = getState();
        //可用许可证 + 释放的 releases
        int next = current + releases;
        if (next < current)           // overflow
            throw new Error("Maximum permit count exceeded");
        //CAS 更新
        if (compareAndSetState(current, next))
            return true;
    }
}
```

release() 方法调用的是 releaseShared() 方法，之前分析 CountDownLatch 时介绍过这个方法，其具体实现可参考代码（3）中的 tryReleaseShared() 方法。该方法的主要作用是：线程执行完后需要归还许可证，CAS 增加许可证 state 的数量。如果归还成功则返回 true，执行代码（2）doReleaseShared() 方法，该方法之前详细介绍过，主要作用是唤醒 head 节点的 next 节点对应的线程，以获取许可证，继续执行相应的代码。

8.3.3 Semaphore和RateLimiter的区别

RateLimiter 是 Google 开源库 Guava 的一个工具类，它是一个速率限制器，使用的是令牌桶的算法。令牌桶算法的过程如下：

（1）假如平均速率为 r，则每隔 $1/r$ s 就有一个令牌被放入到了桶中；

（2）假设桶中最多可以存放 b 个令牌，如果令牌桶已满，则新产出的令牌会被丢弃。

RateLimiter 会按照一定的速率生产令牌放入桶中，然后请求的线程拿到令牌才能执行。先来看下 RateLimiter 的使用场景，如代码清单 8-17 所示。

代码清单 8-17

```
public class RateLimiterTest {

    public static void main(String[] args) {
        RateLimiter rateLimiter = RateLimiter.create(1);
```

```
        for (int i = 0; i < 5; i++) {
            System.out.println(rateLimiter.acquire());
        }
    }
}
输出
0.0
0.99826
0.996463
0.99775
0.995132
```

RateLimiter.create(1)：这里的“1”表示每秒生产一个令牌。

rateLimiter.acquire()：从 RateLimiter 获取一个令牌，该方法会被阻塞直到获取到请求。如果存在等待的情况，返回值就表示获取令牌所需要的睡眠时间。

所以从输出的结果来看，第一次执行 rateLimiter.acquire() 等待 0s，没有阻塞；第二次执行 rateLimiter.acquire() 就等待了 0.99826s（将近 1s），直到桶中生产令牌获取到令牌之后才返回，接下来的几次执行 rateLimiter.acquire() 都是如此。

再看 RateLimiter 的另一个场景，如代码清单 8-18 所示。

代码清单 8-18

```
public class RateLimiterTest {

    public static void main(String[] args) {
        RateLimiter rateLimiter = RateLimiter.create(1);
        for (int i = 0; i < 5; i++) {
            if (i == 0) {
                System.out.println(rateLimiter.acquire(10));
            } else {
                System.out.println(rateLimiter.acquire());
            }
        }
    }
}
输出
0.0
9.997952
0.993197
0.996683
0.99477
```

当 i==0，执行 rateLimiter.acquire(10) 时表示从令牌桶中获取了 10 个令牌，线程没有等待，输出等待 0s，尽管此时令牌桶中只有 1 个令牌。当 i==1 时，执行 rateLimiter.acquire() 去获取令牌等待了将近 10s，这说明第一次获取 10 个令牌的请求影响了下一次请求的等待时间。这就说明了 RateLimiter 可以允许突发的流量。

了解了 RateLimiter 的基本原理之后，首先看一下 RateLimiter 的类图，如图 8.9 所示。

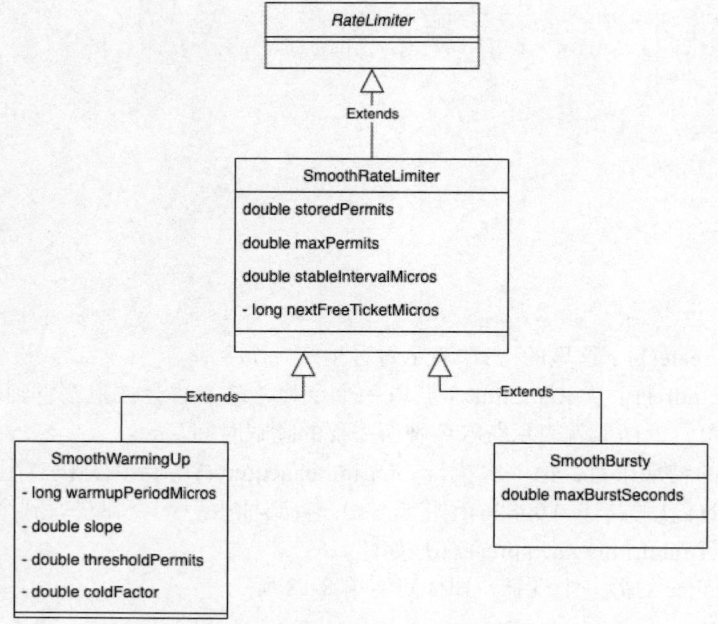

图8.9　RateLimiter类图

从图中可以看到 SmoothRateLimiter 继承了 RateLimiter，SmoothBursty 和 SmoothWarmingUp 继承了 SmoothRateLimiter 类。

SmoothBursty：恒定速率生产令牌。

SmoothWarmingUp：可以变速生产令牌，从字面就可以看出这个实现有预热功能。

这里将主要介绍 SmoothBursty 的实现，先来看下面几个重要的参数。

storedPermits：当前存储的令牌数。

maxPermits：可存储的最大令牌数。

stableIntervalMicros：产出一个令牌所需的时间。

nextFreeTicketMicros：下次可以获取到令牌的时间。

下面具体分析 RateLimiter 的 create(double permitsPerSecond) 方法的源码，如代码清单 8-19 所示。

代码清单 8-19

```
    // RateLimiter 类源码
    //代码（1）
    public static RateLimiter create(double permitsPerSecond) {
      return create(permitsPerSecond, SleepingStopwatch.createFromSystemTimer());
    }

    @VisibleForTesting
    static RateLimiter create(double permitsPerSecond, SleepingStopwatch
stopwatch) {
```

```
    //代码（2）实例化了SmoothBursty，并赋值maxBurstSeconds为1.0
    RateLimiter rateLimiter = new SmoothBursty(stopwatch, 1.0 /*
        maxBurstSeconds */);
   //代码（3）设置速率
   rateLimiter.setRate(permitsPerSecond);
   return rateLimiter;
 }
 public final void setRate(double permitsPerSecond) {
   checkArgument(
        permitsPerSecond > 0.0 && !Double.isNaN(permitsPerSecond), "rate
            must be positive");
    //代码（4）
    synchronized (mutex()) {
         doSetRate(permitsPerSecond, stopwatch.readMicros());
   }
 }

 //SmoothRateLimiter类源码
 final void doSetRate(double permitsPerSecond, long nowMicros) {
   //代码（5）是核心方法
   resync(nowMicros);
   //生产一个令牌的时间
   double stableIntervalMicros = SECONDS.toMicros(1L) / permitsPerSecond;
   this.stableIntervalMicros = stableIntervalMicros;
   doSetRate(permitsPerSecond, stableIntervalMicros);
 }
 //代码（6）
 //根据当前时间更新storedPermits和nextFreeTicketMicros
 void resync(long nowMicros) {
   //if nextFreeTicket is in the past, resync to now
   if (nowMicros > nextFreeTicketMicros) {
   // SmoothBurst类coolDownIntervalMicros()方法的返回值是
   stableIntervalMicros。当前时间nowMicros减去上一次获取令牌的时间，除以生产一个令
   牌的时间，就表示这段时间可以生产多少个令牌
       //代码（7）
       double newPermits = (nowMicros - nextFreeTicketMicros)/
            coolDownIntervalMicros();
       //如果桶满了，取maxPermits，丢弃溢出的令牌
       storedPermits = min(maxPermits, storedPermits + newPermits);
       nextFreeTicketMicros = nowMicros;
     }
  }
```

代码（1）用create(double permitsPerSecond)方法创建具有指定稳定吞吐量的RateLimiter，permitsPerSecond可以理解为QPS（每秒查询数）。

代码（2）创建了一个SmoothBursty稳定速率的RateLimiter，maxBurstSeconds为1.0表示桶中可以放1秒限值，用来应对突发的流量。假设permitsPerSecond为10，则桶中最大的令牌

数是 permitsPerSecond × maxBurstSeconds = 10 × 1 = 10。

代码（3）设置速率。

代码（4）使用 synchronized 进行加锁，然后调用了 doSetRate(permitsPerSecond, stopwatch.readMicros()) 方法。

代码（5）resync(nowMicros) 是核心方法。

代码（6）的主要作用是根据当前时间更新 storedPermits 和 nextFreeTicketmicros。

代码（7）部分就是根据当前时间 nowMicros 减去上一次获取令牌的时间，再除以生产一个令牌的时间，表示这段时间（nowMicros−nextFreeTicketMicros）可以生产多少个令牌。如果 storedPermits + newPermits 的令牌数超过了桶的大小，则去 maxPermits。

了解了 RateLimiter 的 create(double permitsPerSecond) 方法，下面重点来分析 acquire(int permits) 方法，如代码清单 8-20 所示。

代码清单 8-20

```
//RateLimiter 类源码
// 获取给定数量的令牌，阻塞直到可以授予请求，返回需要等待的时间
// 代码（1）
@CanIgnoreReturnValue
public double acquire(int permits) {
// 核心方法
  long microsToWait = reserve(permits);
// 根据需要等待的时间进行 sleep
  stopwatch.sleepMicrosUninterruptibly(microsToWait);
  return 1.0 * microsToWait / SECONDS.toMicros(1L);
}

// 代码（2）
final long reserve(int permits) {
  checkPermits(permits);
  synchronized (mutex()) {
    return reserveAndGetWaitLength(permits, stopwatch.readMicros());
  }
}
// 代码（3）
final long reserveAndGetWaitLength(int permits, long nowMicros) {
  long momentAvailable = reserveEarliestAvailable(permits, nowMicros);
  return max(momentAvailable - nowMicros, 0);
}

//SmoothRateLimiter 类源码
// 代码（4）
@Override
final long reserveEarliestAvailable(int requiredPermits, long nowMicros) {
  // 根据当前时间计算 nowMicros 能有多少令牌
  resync(nowMicros);
```

```
    long returnValue = nextFreeTicketMicros;
    //可以从桶中得到多少个令牌
    double storedPermitsToSpend = min(requiredPermits, this.storedPermits);
    //预支的令牌数
    double freshPermits = requiredPermits - storedPermitsToSpend;
    //预支令牌所需的等待时间
     long waitMicros =storedPermitsToWaitTime(this.storedPermits,
     storedPermitsToSpend) + (long) (freshPermits * stableIntervalMicros);
    //预支令牌所需的等待时间将会记录到"nextFreeTicketMicros"
    this.nextFreeTicketMicros = LongMath.saturatedAdd(nextFreeTicketMicros,
  waitMicros);
    //如果预支了，则 storedPermits 清零
    this.storedPermits -= storedPermitsToSpend;
    return returnValue;
  }
```

代码（1）用 acquire(int permits) 方法获取给定数量的令牌，阻塞直到可以授予请求，返回需要等待的时间。

代码（2）是核心方法，获取令牌的时候使用 synchronized 加锁，然后调用 reserveAndGetWaitLength(permits, stopwatch.readMicros())，最终调用了代码（4）的 reserveEarliestAvailable 方法。

代码（4）用 reserveEarliestAvailable 方法先计算根据当前时间 nowMicros 能有多少令牌，然后计算能从桶中获取多少令牌，计算是否需要预支。如果需要预支令牌，就把预支令牌所需的时间记录到 nextFreeTicketMicros，表示下次获取令牌的线程需要等待的预支时间。

总结一下 Semaphore 和 RateLimiter 的区别。

（1）Semaphore 是限制并发数的，而 RateLimiter 是限制 QPS 的。

（2）Semaphore 底层使用的是 AQS，通过阻塞唤醒机制来控制线程，还可以选择公平还是不公平策略；而 RateLimiter 使用 synchronized 保证获取的令牌是串行的，但不能保证公平性。

（3）RateLimiter 可以通过预支令牌和空闲累积来应对突发流量。

8.4 Exchanger

Exchanger 是用于配对的线程之间数据交换的工具类，它提供一个同步点（slot），当两个线程都到达同步点（执行 exchange() 方法）之后，就表示配对成功，交换各自的数据。

8.4.1 Exchanger的使用场景

下面来看一个使用 Exchanger 在线程之间交换缓冲区的示例。有两辆板车 A 和 B，A 一次只能运 3 辆新车到某一地点，然后把新车交给 B，B 把新车运走，卸货之后再回到交车点，如代码清单 8-21 所示。

代码清单 8-21

```
public class ExchangerTest {
    Exchanger<DataBuffer> exchanger = new Exchanger<DataBuffer>();
    DataBuffer initialEmptyBuffer = new DataBuffer();
    DataBuffer initialFullBuffer =  new DataBuffer();

    class FillingLoop implements Runnable {
        public void run() {
            DataBuffer currentBuffer = initialEmptyBuffer;
            try {
                while (currentBuffer != null) {
                    if (currentBuffer.isFull()) {
                        currentBuffer = exchanger.exchange(currentBuffer);
                    } else {
                        //1~100 的随机数
                        int num = (int) (1 + Math.random() * 100);
                        Car car = new Car("car-" + num);
                        // 代码（1）
                        TimeUnit.SECONDS.sleep(2);
                        currentBuffer.add(car);
                        System.out.println(" 装了新车 " + car.getName() + "
                        到板车 A！ ");
                    }
                }
            } catch (InterruptedException ex) {
            }
        }
    }

    class EmptyingLoop implements Runnable {
        public void run() {
            DataBuffer currentBuffer = initialFullBuffer;
            try {
                while (currentBuffer != null) {
                    if (currentBuffer.isEmpty()) {
                        System.out.println(" 板车 B 等待装车！ ");
                        currentBuffer = exchanger.exchange(currentBuffer);
                        System.out.println(" 两辆板车交换成功！ ");
                    } else {
                        Car car = currentBuffer.remove();
                        System.out.println(" 板 车 B 上 新 车 "+car.getName()+
                        " 卸货完成！ ");
                    }
                }
            } catch (InterruptedException ex) {
            }
```

```
        }
    }

    void start() {
        new Thread(new FillingLoop()).start();
        new Thread(new EmptyingLoop()).start();
    }

    class DataBuffer {
        private ArrayList<Car> cars;
        public DataBuffer() {
            cars = new ArrayList();
        }
        public boolean isEmpty() {
            return cars.isEmpty();
        }
        //只能装3辆车
        public boolean isFull() {
            return cars.size() == 3;
        }
        public void add(Car car) {
            cars.add(car);
        }
        public Car remove() {
            return cars.remove(0);
        }
    }

    class Car {
        private String name;
        public Car(String name) {
            this.name = name;
        }
        public String getName() {
            return name;
        }
    }

    public static void main(String[] args) {
        ExchangerTest exchangerTest = new ExchangerTest();
        exchangerTest.start();
    }
}
输出:
板车B等待装车!
装了新车car-90到板车A!
装了新车car-71到板车A!
```

```
装了新车 car-39 到板车 A！
两辆板车交换成功！
板车 B 上新车 car-90 卸货完成！
板车 B 上新车 car-71 卸货完成！
板车 B 上新车 car-39 卸货完成！
板车 B 等待装车！
装了新车 car-64 到板车 A！
装了新车 car-42 到板车 A！
装了新车 car-56 到板车 A！
两辆板车交换成功！
板车 B 上新车 car-64 卸货完成！
板车 B 上新车 car-42 卸货完成！
板车 B 上新车 car-56 卸货完成！
```

首先，板车 B 先到了交车点（同步点），等待板车 A 的到来。板车 A 装了 3 辆新车之后也来到了交车点。然后板车 A 上的新车交接到了板车 B，板车 A 空了（可以理解为两辆车互换了物品）。板车 B 装上新车后去 4S 店卸货，卸完货后又回到交车点等待板车 A。

8.4.2 Exchanger的实现原理

Exchanger 的源码比较复杂，可分为 slot 单槽模式和 arena 多槽模式。在没有竞争时会一直使用 slot 单槽模式，有竞争时就会启用多槽模式提高性能。这个思路类似于 HashMap，当链表长度大于 8 时转化为红黑树以提高性能的机制。下面分析 Exchanger 的核心方法 exchange()，如代码清单 8-22 所示。

代码清单 8-22

```
public V exchange(V x) throws InterruptedException {
    Object v;
    Object item = (x == null) ? NULL_ITEM : x; // translate null args
    //代码(1)
    if ((arena != null ||
         (v = slotExchange(item, false, 0L)) == null) &&
        ((Thread.interrupted() || // disambiguates null return
          (v = arenaExchange(item, false, 0L)) == null)))
        throw new InterruptedException();
    //代码(2)
    return (v == NULL_ITEM) ? null : (V)v;
}
```

代码（1）当 arena 等于 null 时，表明没有开启多槽模式，就执行单槽模式 slotExchange() 方法；当 slotExchange 的返回值不等于 null 时，就执行代码（2）直接返回配对线程的对应的值；当 slotExchange 返回 null，表明当前线程被中断或有竞争开启了 arena 多槽模式，如果被中断就抛出中断异常，否则执行多槽模式 arenaExchange() 方法。下面主要分析 slotExchange() 方法，如代码清单 8-23 所示。

代码清单 8-23

```
private final Object slotExchange(Object item, boolean timed, long ns) {
//代码(1)从threadLocal中获取当前线程的Node节点
    Node p = participant.get();
    Thread t = Thread.currentThread();
    //如果线程被中断过，就返回null，上层exchange()方法会抛出中断异常
    if (t.isInterrupted())
        return null;
    //自旋
    for (Node q;;) {
        //代码(2)slot不等于null，说明有另一个线程在等待
        if ((q = slot) != null) {
            //代码(2.1)
            if (U.compareAndSwapObject(this, SLOT, q, null)) {
                //q.item是已经在等待线程需要交换的数据
                Object v = q.item;
                //item是当前线程需要交换的数据
                q.match = item;
                Thread w = q.parked;
                if (w != null)
                    U.unpark(w);
                return v;
            }
            // CAS失败，创建arena数组
            if (NCPU > 1 && bound == 0 &&
                U.compareAndSwapInt(this, BOUND, 0, SEQ))
                arena = new Node[(FULL + 2) << ASHIFT];
        }
        //代码(3)
        else if (arena != null)
            //直接返回，调用arenaExchange()方法
            return null;
        else {
            //代码(4)
            p.item = item;
            if (U.compareAndSwapObject(this, SLOT, null, p))
                break;
            p.item = null;
        }
    }

    // await release
    int h = p.hash;
    long end = timed ? System.nanoTime() + ns : 0L;
    int spins = (NCPU > 1) ? SPINS : 1;
    Object v;
```

```
        //代码（5）自旋 + 挂起
        while ((v = p.match) == null) {
            //代码（6）更新 spins 自旋次数
            if (spins > 0) {
                h ^= h << 1; h ^= h >>> 3; h ^= h << 10;
                if (h == 0)
                    h = SPINS | (int)t.getId();
                else if (h < 0 && (--spins & ((SPINS >>> 1) - 1)) == 0)
                    Thread.yield();
            }
            else if (slot != p)
                spins = SPINS;
            //代码（7）
            else if (!t.isInterrupted() && arena == null &&
                     (!timed || (ns = end - System.nanoTime()) > 0L)) {
                U.putObject(t, BLOCKER, this);
                p.parked = t;
                if (slot == p)
                    U.park(false, ns);
                p.parked = null;
                U.putObject(t, BLOCKER, null);
            }
            else if (U.compareAndSwapObject(this, SLOT, p, null)) {
                v = timed && ns <= 0L && !t.isInterrupted() ? TIMED_OUT : null;
                break;
            }
        }
        U.putOrderedObject(p, MATCH, null);
        p.item = null;
        p.hash = h;
        return v;
    }

    //代码（8）
    @sun.misc.Contended static final class Node {
        int index;              // arena 数组 index 下标
        int bound;              // Exchanger.bound 的最后记录数
        int collides;           // 当前 bound 下的 CAS 失败冲突次数
        int hash;               // 自旋的伪随机数
        Object item;            // 当前线程需要交换的数据
        volatile Object match;  // 释放线程交换的数据
        volatile Thread parked; // 挂起时设置线程
    }
```

首先总结 slotExchange() 方法的功能：当线程进入该方法，发现没有其他线程在等待，就挂起当前线程；当线程进入该方法，发现另一个线程已经在等待，就将其唤醒，然后双方线程互换传递的对象并返回。

然后来看 slotExchange() 方法是如何实现这个功能的。假设现在有两个线程 A 和 B。代码（1）先从当前线程 A 的 ThreadLocal 获取 Node 节点 p，Node 节点的对象参见代码（8），有详细的说明，然后线程开始自旋，代码（2）slot 变量一开始等于 null（如果 slot 不等于 null，表示有另外一个线程在等待），跳到代码（4）CAS 更新 slot 变量为 Node 节点 p，更新成功就直接跳出自旋，更新失败则继续自旋。更新成功之后跳到代码（5），节点 p 的 match 是用来存放线程 B 的交换数据，一开始线程 B 还没进来，所以 p 的 match 等于 null，然后执行代码（6）自旋，这里主要是为了自旋时线程 B 进来，然后执行代码（2.1）更改 match 的值为线程 B 的值，那么线程 A 判断 match 不等于 null，可以直接返回交换后的值而不用挂起线程 A，进而提高性能。线程 A 自旋到 spins 小于或等于 0，就跳转至代码（7）挂起线程 A。

线程 B 进入，slotExchange() 方法执行代码（2）发现 slot 不等于 null，跳到代码（2.1）CAS 更新 slot 为 null，如果 CAS 更新成功，线程 B 需要交换的数据赋值给线程 A 的 match 变量，然后唤醒线程 A，线程 B 返回线程 A 对应的数据；如果 CAS 更新失败，生成 arena 数组，然后再循环跳到代码（3）返回 null，执行 arenaExchange() 方法。至此，slotExchange() 方法的单槽模式分析完毕。

8.5　本章小结

本章主要介绍 CountDownLatch、CyclicBarrier、Semaphore 和 Exchanger 这 4 个并发工具的使用场景和原理。

（1）CountDownLatch：一个线程等待一组线程执行完后才会继续执行；计数器不可重置；依赖 AQS 实现。

（2）CyclicBarrier：一组线程之间相互等待，待全部到达障碍点后再一起执行；计数器可以重置；依赖 AQS 实现。

（3）Semaphore：一个使用计数器算法的限流工具，维护了一组许可证，用来限制总的并发线程数，依赖 ReentrantLock。

（4）Exchanger：线程之间数据交换的工具，当两个线程都到达某个 slot 后即可交换数据。

➦ 常见面试题

1. CyclicBarrier 为什么要使用 ReentrantLock？可以使用 CAS 吗？
2. CyclicBarrier 和 CountDownLatch 的区别是什么？

第9章 并发模式

本章主要介绍并发编程相关的设计思路，要想学好并发编程，j.u.c 源码中的设计模式就必须要掌握，这些设计模式都是前人解决并发问题的经验总结。并发编程可以极大地提高 CPU 的计算能力，提升性能和响应速度。但与此同时，并发编程也会带来线程安全、频繁的上下文切换等问题。所以开发者在进行并发编程时，要充分考虑安全性和吞吐量。安全性方面，本章会介绍单例模式、不可变模式、Copy-on-Write 写时复制模式和线程本地存储模式；响应和吞吐量方面，本章会介绍 Thread-Pre-Message 模式、Worker Thread 模式和生产者 - 消费者 Producer-Consumer 模式。

9.1 单例模式

单例模式是一种常用的软件设计模式，属于创建型模式的一种。在使用单例模式时，单例对象的类必须保证只有一个实例存在，必须创建自己的唯一实例，必须提供一种访问其唯一实例的方式。

单例模式的优点是减少了内存的开销，因为在内存中只有一个实例。由于只有一个实例，自然就不存在共享的问题了。

实现单例的方式多种多样，下面介绍在多线程场景下的几种实现方式。

9.1.1 饿汉式

用饿汉式的方式创建一个单例的线程池，如代码清单 9-1 所示。

代码清单 9-1

```
//final 修饰不能被继承
public final class Hungry {
    // 直接实例化
    private static ExecutorService EXECUTOR_SERVICE = Executors.
    newFixedThreadPool(1);
    // 私有构造函数不能直接被创建
    private Hungry() {
}
    public static ExecutorService getExecutorService() {
        return EXECUTOR_SERVICE;
```

```
    }
}
public class Test {
    public static void main(String[] args) {
        ExecutorService executorService = Hungry.getExecutorService();
        executorService.execute(new Runnable() {
            @Override
            public void run() {
                System.out.println("饿汉式创建线程池！ ");
            }
        });
    }
}
```

饿汉式的优点是在类初始化时就会创建 instance 实例，所以在多线程场景下只有一个实例，不会多次创建；缺点是由于类初始化时就创建了实例，导致实例会一直存在于堆内存中。如果占用的资源不是很多，该方式也是没有什么问题的。

9.1.2　懒汉式

用懒汉式的方式创建一个单例的线程池，如代码清单 9-2 所示。

代码清单 9-2

```
//final 修饰不能被继承
public final class Lzay {
    private static ExecutorService EXECUTOR_SERVICE;
    // 私有构造函数不能直接被创建
private Lzay() {
    }
    public static ExecutorService getExecutorService() {
        if (EXECUTOR_SERVICE == null) {
            // 代码（1）
            EXECUTOR_SERVICE = Executors.newFixedThreadPool(1);
        }
        return EXECUTOR_SERVICE;
    }
}
public class Test {
    public static void main(String[] args) {
        ExecutorService executorService = Hungry.getExecutorService();
        executorService.execute(new Runnable() {
            @Override
            public void run() {
                System.out.println("懒汉式创建线程池！ ");
            }
        });
    }
}
```

对比饿汉式，懒汉式的优点是不在类初始化时创建实例，只有在需要时才创建；缺点是当多个线程同时进入代码（1），就会创建多个实例，且不能保证实例的唯一性。

9.1.3 双重check

双重 check 的方式是对懒汉式的改进，为了不创建多个实例，使用首次初始化实例时加锁的方式，具体代码如代码清单 9-3 所示。

代码清单 9-3

```
//final 修饰不能被继承
public final class DoubleCheck {
//代码（1）
    private volatile static ExecutorService EXECUTOR_SERVICE;
    //私有构造函数不能直接被创建
    private DoubleCheck() {
    }
    public static ExecutorService getExecutorService() {
        if (EXECUTOR_SERVICE == null) {
            //代码（2）
            synchronized (DoubleCheck.class) {
                if (EXECUTOR_SERVICE == null) {
                    EXECUTOR_SERVICE = Executors.newFixedThreadPool(1);
                }
            }
        }
        return EXECUTOR_SERVICE;
    }
}
```

代码（1）中的 volatile 主要是为了防止 JVM 的指令重排，导致 EXECUTOR_SERVICE 为 null。代码（2）使用了 synchronized 锁，保证只有一个线程能进入代码块。

9.1.4 内部静态类

双重 check 使用了加锁的方式确保只实例化一个实例，有没有不加锁的方法呢？接下来看下内部静态类的方式，如代码清单 9-4 所示。

代码清单 9-4

```
//final 修饰不能被继承
public final class StaticInnerClass {
    //私有构造函数不能直接被创建
    private StaticInnerClass() {
    }
    //内部静态类
    private static class Holder {
```

```
        private static ExecutorService EXECUTOR_SERVICE = Executors.newFixedThreadPool(1);
    }

    public static ExecutorService getExecutorService() {
        return Holder.EXECUTOR_SERVICE;
    }
}
```

内部静态类的优点是懒加载、保证单实例和高效。StaticInnerClass 类初始化时不会创建 ExecutorService，因为 ExecutorService 在内部类中。只有在调用 getExecutorService() 方法时才会进行 Holder 类的初始化并保证单实例。整个代码也没有加锁，比双重 check 方式更加高效。

9.1.5 枚举

枚举的特点是不可被继承、线程安全且能保证只实例化一次，所以用枚举方式实现单例模式非常容易。但枚举类不能懒加载，如代码清单 9-5 所示。

代码清单 9-5

```
public enum ExecutorServiceEnum {
    INSTANCE;
    private final ExecutorService executorService;

    ExecutorServiceEnum() {
        this.executorService = Executors.newFixedThreadPool(1);
    }
    public ExecutorService getExecutorService() {
        return executorService;
    }
}

public static void main(String[] args) {
    ExecutorService executorService = ExecutorServiceEnum.INSTANCE.
    getExecutorService();
    executorService.execute(new Runnable() {
        @Override
        public void run() {
            System.out.println("枚举创建线程池！");
        }
    });
}
```

枚举的另一个优点是能完全保证单例在 JVM 中的唯一性。另外几种方式都不能保证单例的唯一性，如反射创建单例对象、反序列化创建单例对象。

在生产环境中比较常用的方式是内部静态类和枚举，这两种方式都比较简单，且性能高。

9.2 不可变模式

什么是不可变对象？如果对象在构造之后其状态无法更改，则该对象被认为是不可变的。在并发编程中，不可变对象非常有用。由于创建后不能被修改，所以不会出现由于线程干扰产生的错误或内存一致性错误。

也就是说，多个线程同时读写同一个共享资源会导致线程不安全。只要保证只有读操作共享资源，就可以解决线程不安全问题。那么，我们要如何保证共享资源不被修改呢？

9.2.1 不可变模式的设计

Oracle 官方教程定义不可变对象有以下几个规则。

（1）不要提供 setter() 方法。

（2）将所有字段定义为 final、private。

（3）不允许子类重写方法。简单的方式是将类声明为 final，更好的方式是将构造函数声明为私有的。

（4）如果类的字段是对可变对象的引用，则不允许修改被引用对象。

- 不要提供修改可变对象的方法。
- 不要共享可变对象的引用。当一个引用被当作参数传递给构造函数，而这个引用指向的是一个外部的可变对象时，一定不要保存这个引用。如果必须要保存，那么创建可变对象的拷贝，然后保存拷贝对象的引用。同样如果需要返回内部的可变对象时，不要返回可变对象本身，而是返回其拷贝。

众所周知，String 类就具备不可变性。下面分析 String 的源码，看 String 类是否满足上面的规则。

String 类由 final 关键字修饰，存储内容的 value 数组也是由 final 修饰的，如代码清单 9-6 所示。

代码清单 9-6

```
public final class String
    implements java.io.Serializable, Comparable<String>, CharSequence {
        // 存储数据
        /** The value is used for character storage. */
        private final char value[];
        /** Cache the hash code for the string */
        private int hash;            // Default to 0
}
```

规则（1）满足——String 类没有提供任何 setter() 方法。规则（2）没有满足——String 类的 hash 字段没有用 final 修饰，但是这不影响 String 类具备不可变性。规则（3）满足——String 类用了 final 修饰。规则（4）满足——当调用 replace()、substring()、split() 等方法时都创建了一个新的 String 对象，且没有更改原来的 String 对象的 value 数组值。不仅仅是 String 类，Java 提供的包装类型都是不可变的。

接下来设计一个不可变类，如代码清单 9-7 所示。

代码清单 9-7

```
public class ImmutableUser {
    private final String name;
    private final Integer gender;
    public ImmutableUser(String name, Integer gender) {
        this.name = name;
        this.gender = gender;
    }
    public final String getName() {
        return name;
    }
    public final Integer getGender() {
        return gender;
    }
}
```

ImmutableUser 没有 setter() 方法，将所有字段定义为 final、private，并且 ImmutableUser() 方法用了 final 修饰，不允许重写。

再看一个例子，如代码清单 9-8 所示。

代码清单 9-8

```
public class MutableUser {
    private final String name;
    private final Integer gender;
    private final StringBuilder address;

    public MutableUser(String name, Integer gender, StringBuilder address) {
        this.name = name;
        this.gender = gender;
        this.address = address;
    }
    public final String getName() {
        return name;
    }
    public final Integer getGender() {
        return gender;
    }
    public final StringBuilder getAddress() {
        return address;
    }
```

```
    public static void main(String[] args) {
        StringBuilder address = new StringBuilder("北京市");
        MutableUser user = new  MutableUser("张三",1, address);
        //代码(1)
        user.getAddress().append("海淀区");
        System.out.println(user.getAddress());
    }
}
```

MutableUser 没有 setter() 方法，且所有的字段和方法都是用 private 和 final 修饰的。但是，它是可变对象，address 是用 StringBuilder 修饰。通过 StringBuilder 的源码可知，append() 方法是修改了原来的 value 数组中的值，违反了规则（4）——如果类的字段是对可变对象的引用，则不允许修改被引用对象。

9.2.2 不可变模式注意点

ImmutableUser 是否真的不可变，其实可以通过反射机制改变值，如代码清单 9-9 所示。

代码清单 9-9

```
public class ImmutableUser {
    private final String name;
    private final Integer gender;
    public ImmutableUser(String name, Integer gender) {
        this.name = name;
        this.gender = gender;
    }
    public final String getName() {
        return name;
    }
    public final Integer getGender() {
        return gender;
    }

    public static void main(String[] args) throws NoSuchFieldException,
        IllegalAccessException {
        ImmutableUser user = new ImmutableUser("张三", 1);
        Field field = String.class.getDeclaredField("value");
        field.setAccessible(true);
        char[] value = (char[]) field.get(user.getName());
        value[0] = '李';
        value[1] = '四';
        System.out.println(user.getName());
    }
}
```

通过反射机制把 name 的值从“张三”改为“李四”。

9.3　写时复制模式

什么叫写时复制？维基百科的解释是：写入时复制（Copy-on-Write，COW），这是一种计算机程序设计领域的优化策略。其核心思想是，如果有多个调用者（callers）同时请求相同资源（如内存或磁盘上的数据存储），它们会共同获取相同的指针指向相同的资源，直到某个调用者试图修改资源的内容时，系统才会真正复制一份专用副本（private copy）给该调用者，而其他调用者所见到的最初资源仍然保持不变。

对于Java并发，Copy-on-Write就是在写入时复制一份数据，写完之后再set回去。它具体是如何实现的？我们以CopyOnWriteArrayList为例分析其原理。

CopyOnWriteArrayList主要使用的场景是写少读多，在写时加了ReentrantLock锁，读时是无锁的，提高了读的性能。首先来看写数据的方法，如代码清单9-10所示。

代码清单 9-10

```
    public class CopyOnWriteArrayList<E> implements List<E>, RandomAccess, Cloneable,
java.io.Serializable {
        /** The lock protecting all mutators */
        final transient ReentrantLock lock = new ReentrantLock();
        /** The array, accessed only via getArray/setArray. */
        private transient volatile Object[] array;

        final Object[] getArray() {
            return array;
        }

        final void setArray(Object[] a) {
            array = a;
        }

        public boolean add(E e) {
            final ReentrantLock lock = this.lock;
            // 加锁
            lock.lock();
            try {
                // 获取原来的数组
                Object[] elements = getArray();
                int len = elements.length;
                // 把数据复制到新的数组中，新数组长度加 1
                Object[] newElements = Arrays.copyOf(elements, len + 1);
                // 把值设置到新数组中
                newElements[len] = e;
                // 把原来的数组替换为新数组
                setArray(newElements);
                return true;
```

```
            } finally {
                lock.unlock();
            }
        }
    }
```

add() 方法的实现比较简单，它先使用了 ReentrantLock 加锁，避免了修改数据时的并发问题，获取原来的数组，把旧数组复制到新数组中，再把值设置到新数组中，之后用新数组替换旧数组。代码简单、易懂。

接下来看读数据的过程，一个是单个数据获取，一个是数据的遍历，如代码清单 9-11 所示。

代码清单 9-11

```
public E get(int index) {
    return get(getArray(), index);
}

public Iterator<E> iterator() {
    return new COWIterator<E>(getArray(), 0);
}
static final class COWIterator<E> implements ListIterator<E> {
    /** Snapshot of the array */
    private final Object[] snapshot;
    /** Index of element to be returned by subsequent call to next.  */
    private int cursor;

    private COWIterator(Object[] elements, int initialCursor) {
        cursor = initialCursor;
        //代码（1）
        snapshot = elements;
    }

    public E next() {
        if (! hasNext())
            throw new NoSuchElementException();
        return (E) snapshot[cursor++];
    }
    ...
}
```

get() 方法很简单，就是通过数组下标获取值。一起来看看数据遍历的方法，iterator() 方法创建一个 COWIterator 类，其中的核心是 snapshot 数组，代码清单 9-11 的代码（1）把 elements 数组赋值给了 snapshot，其用意是什么？从 snapshot 这个词的翻译来看，就是一个快照信息，遍历时当前数组生成了一个快照。我们都知道代码（1）的赋值只是一个引用，如果 elements 数组的数据修改了，snapshot 也会被修改，这个快照有什么用呢？大家回顾一下

CopyOnWriteArrayList 的写操作，CopyOnWriteArrayList 写时是创建了一个新的数组，所以 elements 数组不会被修改。

CopyOnWriteArrayList 容器在修改的时候会复制整个数组，所以其不适合使用在写多读少的场景；反之，如果读多写少，数组的数量也不多，那就非常合适使用 CopyOnWriteArrayList 容器。

9.4　线程本地存储模式

线程本地存储模式（TLS）主要解决的问题是避免共享。没有共享，就不会出现并发问题。Java 中的 ThreadLocal 工具类提供了一种线程局部变量的实现方式，使每个线程都可以拥有自己的变量实例，从而避免了多线程共享变量的问题。

9.4.1　ThreadLocal

首先来看 ThreadLocal 的 Java Doc 描述：“此类提供线程局部变量。这些变量不同于它们的普通对应变量，因为每个访问变量（通过 get() 或 set() 方法）的线程都有自己的、独立的初始化变量副本。ThreadLocal 实例通常是私有静态字段，希望将状态与线程相关联（如用户 ID 或事务 ID）。”

ThreadLocal 的使用场景：①将实例变量共享为全局变量后，就可以在类的任何方法中访问该变量，无须在每个方法中传递该变量，从而方便了代码的编写；②变量的线程隔离，让每个线程都单独拥有自己的变量，解决了多线程访问同一共享变量时的并发问题。下面来看 ThreadLocal 的用法，如代码清单 9-12 所示。

代码清单 9-12

```
public class UserHolder {
    private static final ThreadLocal<User> THREAD_LOCAL = new ThreadLocal<>();

    public static User getUser() {
        return THREAD_LOCAL.get();
    }

    public static void setUser(User user) {
        THREAD_LOCAL.set(user);
    }

    public static void main(String[] args) {
        Thread thread1 = new Thread(new Runnable() {
            @Override
            public void run() {
                User user = new User("张三", 20);
                UserHolder.setUser(user);
                System.out.println(Thread.currentThread().getName() + ":" +
```

```
                UserHolder.getUser());
            }
        });
        Thread thread2 = new Thread(new Runnable() {
            @Override
            public void run() {
                User user = new User("李四", 21);
                UserHolder.setUser(user);
                System.out.println(Thread.currentThread().getName() + ":" +
                UserHolder.getUser());
            }
        });
        thread1.start();
        thread2.start();
        System.out.println(Thread.currentThread().getName() + ":" + UserHolder.
        getUser());
    }

    static class User {
        String name;
        int age;

        public User(String name, int age) {
            this.name = name;
            this.age = age;
        }

        public String getName() {
            return name;
        }

        @Override
        public String toString() {
            return "User{" + "name='" + name + '\'' + '}';
        }
    }
}
```

在 Web 请求时使用 Filter 或 Intercepter 拦截，然后把用户信息封装到 ThreadLocal 中，这样在后面方法要获取用户信息时可以直接从 ThreadLocal 中得到。下面深入分析 ThreadLocal 的原理，如代码清单 9-13 所示。

代码清单 9-13

```
public void set(T value) {
        // 获取当前线程
        Thread t = Thread.currentThread();
```

```
        // 根据当前线程获取 ThreadLocalMap
        ThreadLocalMap map = getMap(t);
        if (map != null)
        //map 存在，就把当前实例 ThreadLocal 作为 key，设置到 ThreadLocalMap
            map.set(this, value);
        else
            //map 不存在，就创建 ThreadLocalMap
            createMap(t, value);
    }

    ThreadLocalMap getMap(Thread t) {
        return t.threadLocals;
    }

    void createMap(Thread t, T firstValue) {
        // 创建 ThreadLocalMap，并把当前实例 ThreadLocal 作为 key，设置进去
        t.threadLocals = new ThreadLocalMap(this, firstValue);
    }

    public T get() {
        // 获取当前线程
        Thread t = Thread.currentThread();
        // 根据当前线程获取 ThreadLocalMap
        ThreadLocalMap map = getMap(t);
        if (map != null) {
            // 根据当前实例 ThreadLocal 获取 Entry
            ThreadLocalMap.Entry e = map.getEntry(this);
            if (e != null) {
                @SuppressWarnings("unchecked")
                T result = (T) e.value;
                return result;
            }
        }
        // 初始化
        return setInitialValue();
    }

    private T setInitialValue() {
        // 初始化，ThreadLocal 返回的是 null，如果要返回 null 以外的初始值，可以对
          ThreadLocal 进行子类化，并覆盖此方法
        T value = initialValue();
        Thread t = Thread.currentThread();
        ThreadLocalMap map = getMap(t);
        if (map != null)
            map.set(this, value);
        else
            createMap(t, value);
```

```
        return value;
    }

    public void remove() {
        //根据当前线程获取 ThreadLocalMap
        ThreadLocalMap m = getMap(Thread.currentThread());
        if (m != null)
            m.remove(this);
    }
```

ThreadLocal 的 set() 方法首先获取到了当前线程 t，根据当前线程 t 获取到 ThreadLocalMap。如果 map 存在，就把当前实例 ThreadLocal 作为 key，设置到 ThreadLocalMap；如果 map 不存在，就创建 ThreadLocalMap 并把当前实例 ThreadLocal 作为 key，设置进去。

get() 方法首先获取当前线程 t，根据当前线程 t 获取 ThreadLocalMap。如果 map 存在，就根据当前实例 ThreadLocal 获取 Entry，返回 value；如果 map 不存在，就进行初始化。

remove() 方法比较简单，根据当前线程 t 获取到 ThreadLocalMap，然后根据当前实例 ThreadLocal 直接从 ThreadLocalMap 中移除。

ThreadLocal 的核心方法介绍完了，接下来看 ThreadLocalMap 类。首先通过 Java Doc 的描述认识 ThreadLocalMap，它是一种定制的哈希映射，仅适用于维护线程本地值，不会在 ThreadLocal 类之外暴露任何操作。为了处理非常大且长期存在的情况，哈希表条目使用 WeakReferences 作为键。然而，由于不使用引用队列，因此只有当表开始耗尽空间时，过时的条目才有可能被删除。下面分析 ThreadLocalMap 的源码，如代码清单 9-14 所示。

代码清单 9-14

```
static class ThreadLocalMap {
    static class Entry extends WeakReference<ThreadLocal<?>> {
        /**
         * The value associated with this ThreadLocal.
         */
        Object value;

        Entry(ThreadLocal<?> k, Object v) {
            super(k);
            value = v;
        }
    }

    //初始容量必须是 2 的幂
    private static final int INITIAL_CAPACITY = 16;
    private Entry[] table;
    //数组大小
    private int size = 0;
    //扩容阈值
    private int threshold; // Default to 0
```

```
ThreadLocalMap(ThreadLocal<?> firstKey, Object firstValue) {
    //数组初始化，大小为16
    table = new Entry[INITIAL_CAPACITY];
    //根据key得到数组的槽位。用与操作替换%操作，以提高计算效率
    int i = firstKey.threadLocalHashCode & (INITIAL_CAPACITY - 1);
    table[i] = new Entry(firstKey, firstValue);
    size = 1;
    setThreshold(INITIAL_CAPACITY);
}

private Entry getEntry(ThreadLocal<?> key) {
    int i = key.threadLocalHashCode & (table.length - 1);
    Entry e = table[i];
    if (e != null && e.get() == key)
        //e不为null并且key相等，直接返回
        return e;
    else
        return getEntryAfterMiss(key, i, e);
}

private Entry getEntryAfterMiss(ThreadLocal<?> key, int i, Entry e) {
    Entry[] tab = table;
    int len = tab.length;
    //当e为null，直接return null
    //当e不为null并且k与key相等，直接return e
    //当e不为null并且key等于null，清理陈旧的Entry
    //当e不为null并且k与key不相等，取数组下一个Entry
    while (e != null) {
        ThreadLocal<?> k = e.get();
        if (k == key)
            return e;
        if (k == null)
    //清理key为null的槽位
            expungeStaleEntry(i);
        else
            i = nextIndex(i, len);
        e = tab[i];
    }
    return null;
}

private void set(ThreadLocal<?> key, Object value) {
    Entry[] tab = table;
    int len = tab.length;
    int i = key.threadLocalHashCode & (len - 1);
    for (Entry e = tab[i];
```

```
                e != null;
                e = tab[i = nextIndex(i, len)]) {
                ThreadLocal<?> k = e.get();
                //key 存在，覆盖原来的 value 值
                if (k == key) {
                    e.value = value;
                    return;
                }
                //key 为 null，弱引用被 GC 了，替换该槽
                if (k == null) {
                    replaceStaleEntry(key, value, i);
                    return;
                }
            }
            tab[i] = new Entry(key, value);
            int sz = ++size;
            // 清理 key 为 null 的数据之后，大小还超过阈值，则扩容
            if (!cleanSomeSlots(i, sz) && sz >= threshold)
                rehash();
        }

        private void remove(ThreadLocal<?> key) {
            Entry[] tab = table;
            int len = tab.length;
            int i = key.threadLocalHashCode & (len - 1);
            for (Entry e = tab[i];
                 e != null;
                 e = tab[i = nextIndex(i, len)]) {
                 if (e.get() == key) {
                    //key 设置为 null
                    e.clear();
                    // 清理 key 为 null 的 Entry
                    expungeStaleEntry(i);
                    return;
                }
            }
        }
    }
```

从源码中可以看到，ThreadLocalMap 的 key 使用了弱引用（WeakReference），为什么要使用弱引用？读者可以思考下，在本章小结中会有解答。先看 getEntry() 方法，根据 key 的哈希值进行与运算得到槽位。这里可以使用与运算代替求余操作，是因为 ThreadLocalMap 的容量必须是 2 的幂。获得槽位之后，判断 Entry 不为 null 并且 key 相等，则直接返回，否则通过取下一个槽位来循环判断。ThreadLocalMap 使用了线性探测法解决了哈希冲突。再来看 set() 方法，定位到槽位，判断数组中 Entry 的 key 和参数 key 是否相等，若相等就直接覆盖 value。如

果 key 等于 null（因为 key 为弱引用，被 GC 了，导致 key 为 null），就替换该槽并清除 key 为 null 的数据。最后看 remove() 方法，key 设置为 null 并且清理 key 为 null 的数据。

9.4.2　InheritableThreadLocal

通过 ThreaLocal 创建的线程变量，子线程无法继承。Java 提供了 InheritableThreadLocal 类，它可以把父线程的变量传递给子线程，如代码清单 9-15 所示。

代码清单 9-15

```
public class ThreadLocalTransfer {
    private static final ThreadLocal<String> THREAD_LOCAL = new ThreadLocal();
    public static void main(String[] args) throws InterruptedException {
        THREAD_LOCAL.set("张三");
        System.out.println(Thread.currentThread().getName() + ":"+ THREAD_LOCAL.get());
        new Thread(new Runnable() {
            @Override
            public void run() {
                System.out.println(Thread.currentThread().getName() + ":"+
                THREAD_LOCAL.get());
            }
        }).start();
        TimeUnit.SECONDS.sleep(1);
    }
}
输出:
main:张三
Thread-0:null
```

从上述示例中可以看出，线程 Thread-0 拿不到 main 线程中设置的值。而 InheritableThreadLocal 就能解决这个问题，首先来看 InheritableThreadLocal 的源码，如代码清单 9-16 所示。

代码清单 9-16

```
public class InheritableThreadLocal<T> extends ThreadLocal<T> {
    protected T childValue(T parentValue) {
        return parentValue;
    }
    ThreadLocalMap getMap(Thread t) {
        return t.inheritableThreadLocals;
    }
    void createMap(Thread t, T firstValue) {
        t.inheritableThreadLocals = new ThreadLocalMap(this, firstValue);
    }
}
```

InheritableThreadLocal 的源码非常简单，它继承了 ThreadLocal，重写了 childValue()、getMap() 和 createMap() 方法。接下来看下 InheritableThreadLocal 的使用场景，如代码清单 9-17 所示。

代码清单 9-17

```
public class InheritableThreadLocalTransfer {
    private static final ThreadLocal<String>THREAD_LOCAL = new
    InheritableThreadLocal<>();
    public static void main(String[] args) throws InterruptedException {
        //代码（1）
        THREAD_LOCAL.set("张三");
        System.out.println(Thread.currentThread().getName() + ":" + THREAD_LOCAL.get());
        //代码（2）
        new Thread(new Runnable() {
            @Override
            public void run() {
                System.out.println(Thread.currentThread().getName() + ":" +
                THREAD_LOCAL.get());
            }
        }).start();
        TimeUnit.SECONDS.sleep(1);
    }
}
输出：
main:张三
Thread-0:张三

//ThreadLocal 源码
public void set(T value){
    Thread t=Thread.currentThread();
    //代码（3）
    ThreadLocalMap map=getMap(t);
    if(map!=null)
        map.set(this,value);
    else
        createMap(t,value);
}

//Thread 源码
private void init(ThreadGroup g,Runnable target,String name,
    long stackSize,AccessControlContext acc,
    boolean inheritThreadLocals){
    ...
    Thread parent=currentThread();
    ...
    //代码（4）
    if(inheritThreadLocals&&parent.inheritableThreadLocals!=null)
        this.inheritableThreadLocals=ThreadLocal.createInheritedMap(parent.
```

```
        inheritableThreadLocals);
    ...
}
```

从输出可以看出，线程 Thread-0 拿到了 main 线程的值。代码（1）main 线程设置值为“张三”，调用 ThreadLocal 的 set() 方法。代码（3）调用 InheritableThreadLocal 的 getMap() 方法，当前线程 t 的 inheritableThreadLocals 此时为 null，然后调用 InheritableThreadLocal 的 createMap() 方法初始化 inheritableThreadLocals。接下来分析 InheritableThreadLocals 变量的值什么时候赋值给了子类。代码（2）创建了一个线程，源码一路定位执行了 Thread 的 init() 方法，代码（4）inheritThreadLocals 为 true 并且 main 线程的 InheritableThreadLocals 不为 null，然后线程 Thread-0 创建了一个 ThreadLocalMap 把 main 线程的 InheritableThreadLocals 都复制进去，最终把 ThreadLocalMap 赋值给线程 Thread-0 的 InheritableThreadLocals。因此，线程 Thread-0 能获取到 inheritableThreadLocals 的值。

不建议在线程池中使用 InheritableThreadLocal。一是因为 InheritableThreadLocal 与 ThreadLocal 一样，可能导致内存泄漏；二是线程池中的线程是可以复用的，使用 InheritableThreadLocal 可能会让线程变量继承出错，导致业务逻辑错误，排查问题也非常困难，这是非常致命的。

9.5 Thread-Pre-Message模式

Thread-Pre-Message 的意思是每个消息开启一个线程，这里的 Message 可以是消息、命令、任务等。Thread-Pre-Message 这种委托他人的设计模式主要是为了解决分工的问题，让专业的人干专业的事，如家长送小孩到学校学知识，把孩子教育委托给老师。

Thread-Pre-Message 模式实现起来也非常简单，有委托方和执行方两端，委托方和执行方是不同的线程。下面就以家长送小孩到学校学知识，把孩子教育委托给老师的例子介绍 Thread-Pre-Message 模式设计，如代码清单 9-18 所示。

代码清单 9-18

```
public class ThreadPreMessageClient {
    public void send(Child child) {
        new Thread(new Teacher(child)).start();
    }
    class Teacher implements Runnable {
        private Child child;
        public Teacher(Child child) {
            this.child = child;
        }
        @Override
        public void run() {
            System.out.println(Thread.currentThread().getName() + "传授" +
            child.name + "知识");
```

```
            }
        }
        static class Child {
            String name;
            Child(String name) {
                this.name = name;
            }
        }
        public static void main(String[] args) {
            ThreadPreMessageClient client = new ThreadPreMessageClient();
            client.send(new Child("张三"));
            client.send(new Child("李四"));
        }
    }
```

Thread-Pre-Message 模式的实现非常简单，但是在 Java 编程领域却使用不多，主要是因为线程是一个重量级对象，线程和操作系统线程是一一对应的关系，创建成本高。当请求量非常大时，创建大量的线程会耗尽计算机资源，并且线程上下文的切换频率高也会导致请求耗时过长。

在 Go 编程领域有一种轻量级线程叫作协程，它是一种用户态线程，创建成本低，也不存在 CPU 上下文切换的问题，所以非常合适 Thread-Pre-Message 模式。

9.6 Worker Thread模式

Worker Thread 模式翻译过来就是流水线模式，Worker 就是流水线上的工人。Worker Thread 模式与 Thread-Pre-Thread 模式最大的区别就是复用了线程，能解决 Thread-Pre-Thread 模式频繁创建线程导致应用资源耗尽的问题。

下面以工厂流水线组装手机为例介绍 Worker Thread 模式的设计。首先，要有一个 Client 类生产零件；然后，要有一个 Worker 类表示工人组装零件成为手机；最后，还需要有一个 Pipeline 类存放生成的零件以解耦 Client 类与 Worker 类，如代码清单 9-19 所示。

代码清单 9-19

```
public class WorkerThreadTest {
    public static void main(String[] args) {
        //创建一个有 3 个工人的流水线
        Pipeline pipeline = new Pipeline(3, new ArrayBlockingQueue(100));
        //创建一个 Client 生成零件
        Client client1 = new Client(pipeline, "client1");
        new Thread(client1).start();
    }
}
class Mobile {
```

```
    //组装
    public void assemble(String name) {
        System.out.println(name + "组装手机");
    }
}
class Client implements Runnable {
    private String name;
    private Pipeline pipeline;
    public Client(Pipeline pipeline, String name) {
        this.pipeline = pipeline;
        this.name = name;
    }
    @Override
    public void run() {
        //把零件放到流水线上，满了就阻塞
        while (true) {
            Mobile mobile = new Mobile();
            try {
                pipeline.put(mobile);
                TimeUnit.SECONDS.sleep(1);
                System.out.println(name + "生产零件");
            } catch (InterruptedException e) {
                e.printStackTrace();
            }
        }
    }
}
class Worker implements Runnable {
    private String name;
    private Pipeline pipeline;
    public Worker(Pipeline pipeline, String name) {
        this.pipeline = pipeline;
        this.name = name;
    }
    @Override
    public void run() {
        //工人从流水线取零件组装手机，没有零件就阻塞
        while (true) {
            Mobile mobile = null;
            try {
                mobile = pipeline.get();
                TimeUnit.SECONDS.sleep(3);
            } catch (InterruptedException e) {
                e.printStackTrace();
            }
            mobile.assemble(name);
        }
    }
```

```
}
class Pipeline {
    private BlockingQueue<Mobile> queue;
    public Pipeline(int workerNum, BlockingQueue queue) {
        this.queue = queue;
        //初始化Worker线程
        for (int i = 0; i < workerNum; i++) {
            new Thread(new Worker(this, "worker"+i)).start();
        }
    }
    public void put(Mobile mobile) throws InterruptedException {
        queue.put(mobile);
    }
    public Mobile get() throws InterruptedException {
        return queue.take();
    }
}
```

Client 类：绑定流水线 Pipeline，然后用 run() 方法无限循环地把组装手机需要的零件放到流水线上，如果流水线上零件满了，就阻塞。

Worker 类：绑定流水线 Pipeline，然后用 run() 方法无限循环地把零件从流水线上拿下来，并调用 Mobile 类的方法组装手机。

Pipeline 类：初始化 Worker 线程，用 put() 方法阻塞地向流水线上放零件，用 get() 方法阻塞地从流水线上取零件。

9.7 Producer-Consumer模式

Producer 是生产者，用于生产消息；Consumer 是消费者，用于消费消息。为了解耦生产者和消费者的关联，还引入了队列用于存放消息或任务。在 Java 编程领域中，线程池就是运用了生产者 - 消费者模式。

生产者 - 消费者模式主要由 3 部分组成：生产者、队列、消费者。生产者生产消息到队列中，消费者从队列中消费消息，如图 9.1 所示。

图 9.1　生产者-消费者模式

下面来看 Java 线程池的执行示意图，如图 9.2 所示。

主线程是生产者，maximumPool 中的工作线程是消费者，BlockQueue 是队列。当主线程提交任务后，先判断核心线程池是否已满，如果没有满，就创建线程执行任务（这一步类似于 Thread-Pre-Message 模式，来一个任务开一个线程处理）。如果核心线程池已满，再判断队列是否已满，如果队列没有满，就把任务存储到队列中，如果队列已满，接着判断线程池线程是否已满，如果已满，就执行拒接策略，如果没有满，就创建线程执行任务。

生产者 - 消费者模式在分布式领域应用广泛，如消息队列（MQ）。消息队列主要解决的问题是应用解耦、流量削峰等。在分布式系统中，生产者与消费者绝大多数的情况是两个应用，为了避免应用之间的相互耦合和影响，可以使用消息队列解耦系统。另外，消息队列可以平衡生产者和消费者的速率，避免上游消息生产过快而压垮下游应用。

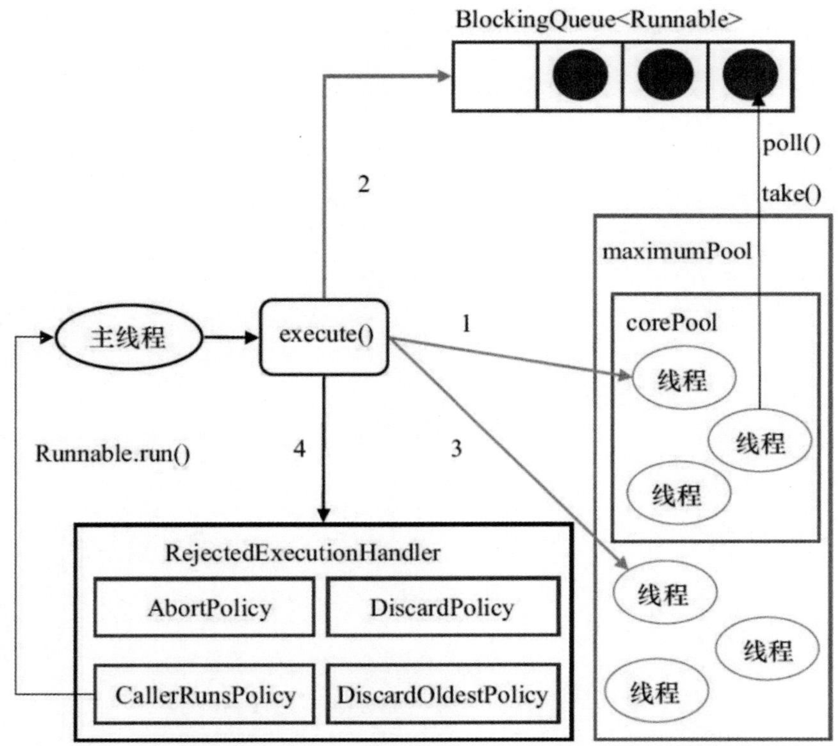

图 9.2　Java线程池的执行示意图（引自《Java并发编程的艺术》）

9.8　本章小结

本章主要介绍了 Java 并发编程领域几种常见的并发模式。

从安全性方面介绍了单例模式、不可变模式、Copy-on-Write 写时复制模式和线程本地存储模式，这几种设计模式解决的同一个问题就是避免共享，没有共享就没有并发问题。

从响应和吞吐量方面介绍了 Thread-Pre-Message 模式、Worker Thread 模式和生产者 - 消费者模式，这几种设计模式解决的是分工问题。

当然，在安全性方面还有 Guarded Suspension 模式、Balking 模式等没有介绍；在响应方面也有 Future 模式、Two Phase Termination 二阶段终止模式等没有介绍。学习了这些并发模式，读者在遇到相似问题时可以参考这些模式，写出更加流畅的代码。

常见面试题

1. ThreadLocal 能否解决线程并发问题？
2. ThreadLocalMap 为什么要使用线性探测法解决哈希冲突？
3. Worker Thread 模式与生产者 - 消费者模式的区别是什么？

第10章 并发优化

编写出正确的并发代码只是对资深程序员的基本要求。在此基础上，还要考虑如何优化编写的并发代码。本章将从代码的编写、JVM 的内部优化两个角度介绍如何优化代码。

当我们在编写并发代码时，首先要考虑的是能不能不使用锁，即使用无锁设计的方式解决并发问题。无锁设计的内容可以详细阅读第 7 章关于 CAS、Atomic 的内容以及第 11 章 Disruptor 的无锁设计。其次要考虑如何控制锁的粒度、锁持有时间、锁分离优化锁的性能。最后要深入掌握 JVM 对锁的优化，如自旋锁、锁粗化、锁消除、锁升级等。

10.1 提升锁的性能

10.1.1 锁粒度优化

锁粒度优化的核心思想是缩小锁的范围，以提高多线程程序的性能。这可以通过减小锁的作用范围来实现。在具体实现上，可以将锁类的作用范围缩小到锁方法，或将锁方法的作用范围缩小到锁代码块。缩小锁的范围就是降低锁的竞争，提高并发性能。最能体现锁粒度优化的思想就是 Hashtable 到 ConcurrentHashMap 的实现思路。

查看 Hashtable 的源码，在 Hashtable 中每个方法都有 synchronized 关键字修饰，所以 Hashtable 是锁全表的，如图 10.1 所示。

由于 Hashtable 是锁全表，相当于多线程并发访问时都是串行化操作，其他线程只能阻塞，这就导致在高并发场景下性能较差，正是由于这个原因，JDK 推出了 ConcurrentHashMap。

JDK 1.7 的 ConcurrentHashMap 实现方式是 Segment 分段锁的概念。Hashtable 的锁范围是全部的 Entry 共享一个锁，而 Segment 分段锁把一个锁拆分为多个锁，缩小锁的范围，这样就可以降低锁的竞争，如图 10.2 所示。

JDK 1.7 的 ConcurrentHashMap 底层数据结构是 Segment 数组 +HashEntry 数组 +HashEntry 节点。每把锁只锁 HashEntry 数组中的一部分数据，多线程并发访问时针对不同桶中的数据就不会有竞争，提高了并发性能。

JDK 1.8 的 ConcurrentHashMap 实现方法是 Node 数组 + 链表 / 红黑树，锁的范围是每个 Node 节点，进一步缩小锁的范围，如图 10.3 所示。

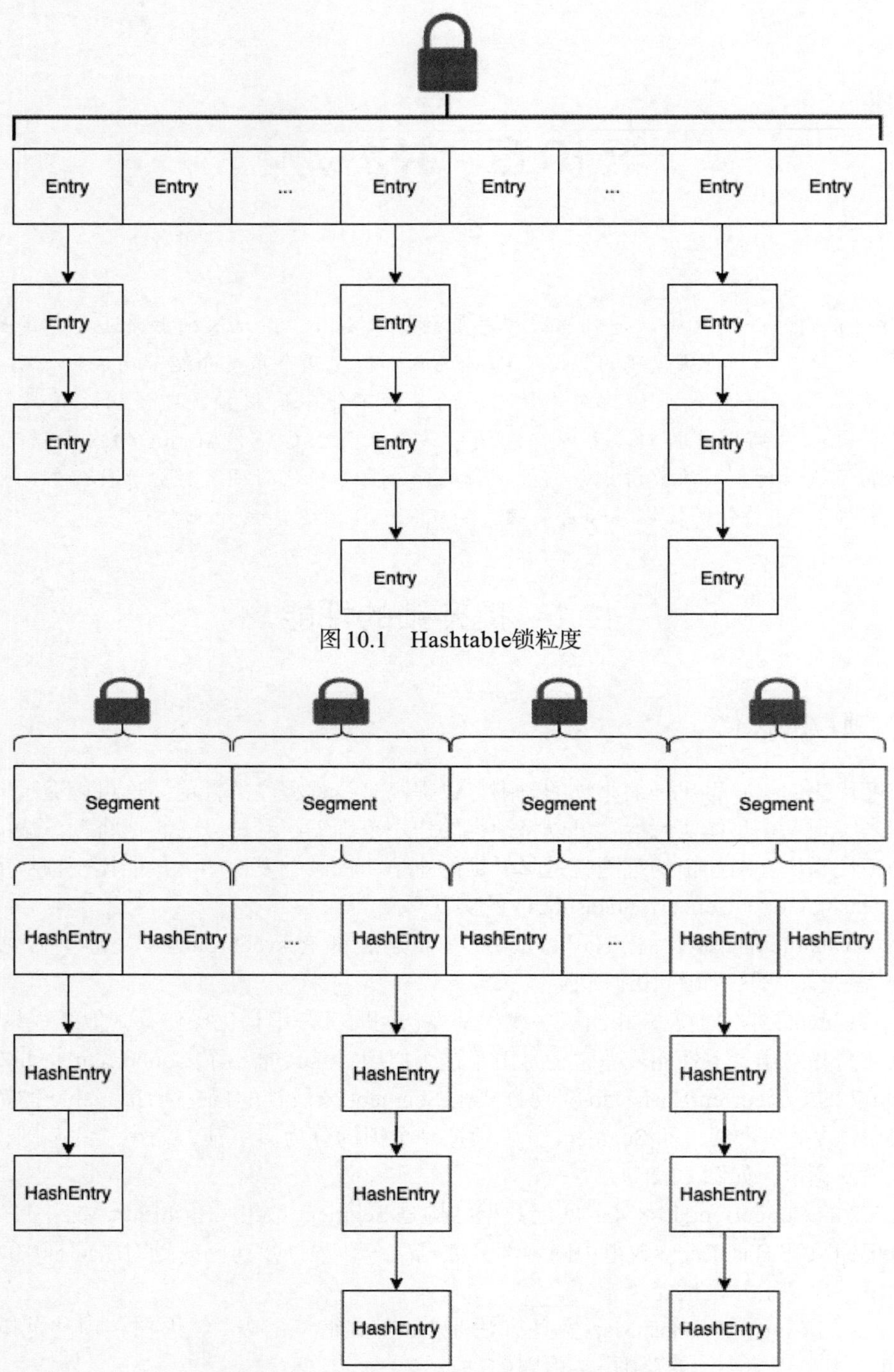

图 10.1　Hashtable锁粒度

图 10.2　JDK 1.7 的ConcurrentHashMap 实现方式

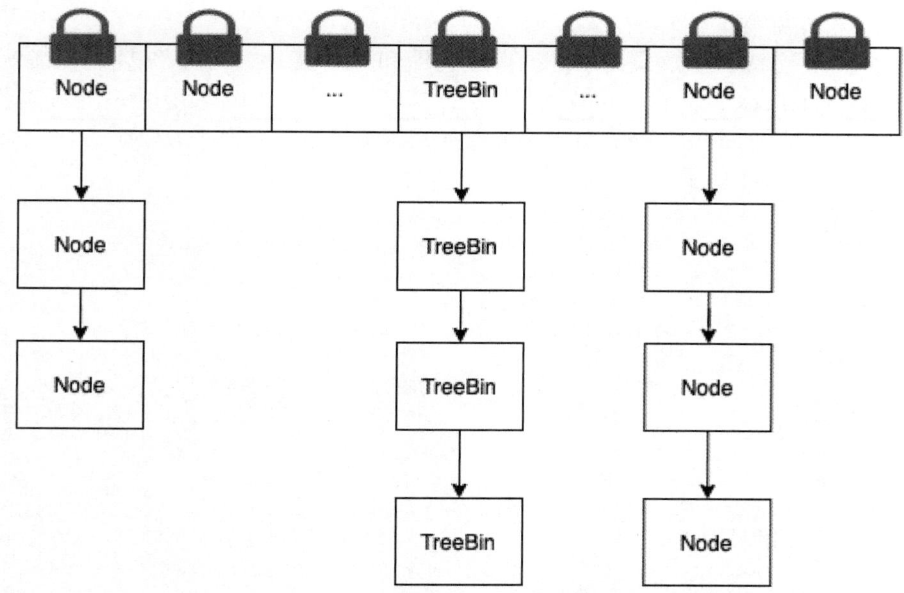

图10.3　JDK 1.8的ConcurrentHashMap实现方式

JDK 1.8 的 ConcurrentHashMap 的锁实现使用了 synchronized 关键字、CAS 操作、volatile 关键字和 LongAdder 实现方法优化并发操作，提高了并发性能。

10.1.2　锁持有时间优化

Doug Lea 大师在《Java 并发编程：设计原则与模式》一书中推荐使用锁的最佳实践。

（1）永远只在更新对象的成员变量时加锁；

（2）永远只在访问可变的成员变量时加锁；

（3）永远不在调用其他对象的方法时加锁。

其中，第（3）个最佳实践想要表达的是必须要非常清楚地知道加锁的范围、持有锁的时间。如果调用其他对象的方法有非常耗时的操作，如 I/O 操作、RPC 操作等，就会导致持有锁的时间太长，影响并发的性能。

另外就是只针对必须要加锁的代码加锁，把无关的代码都移到加锁的代码外，降低锁的持有时间。

10.1.3　锁分离

ReentrantLock 和 synchronized 关键字对共享变量的读和写操作都是同一把锁，为了进一步提高并发的性能，我们可以拆分为读锁和写锁，这就是锁分离。JDK 提供了 ReentrantReadWriteLock 和 StampedLock 实现读写锁，使用的场景都是读多写少。

ReentrantReadWriteLock 支持两种模式：写锁和读锁。写锁独占，读写互斥，读读共享。

具体的源码分析详见第 4.4 节。

StampedLock 支持 3 种模式：写锁、悲观读锁和乐观读锁。写锁和悲观读锁就是对应 ReentrantReadWriteLock 的写锁和读锁；而乐观读锁是无锁的，如果没有独占的写锁，它会返回一个 stamp，否则返回 0，stamp 用于验证数据是否被改过。下面来看一下 Java Doc 提供的例子，如代码清单 10-1 所示。

代码清单 10-1

```
class Point {
  private double x, y;
  private final StampedLock sl = new StampedLock();
  ...
  double distanceFromOrigin() { // A read-only method
    // 乐观读锁
    long stamp = sl.tryOptimisticRead();
    // 变量赋值
    double currentX = x, currentY = y;
    // 验证变量是否被修改
    if (!sl.validate(stamp)) {
       // 被修改了，获取悲观读锁
       stamp = sl.readLock();
       try {
// 变量赋值
         currentX = x;
         currentY = y;
       } finally {
         // 释放读锁
         sl.unlockRead(stamp);
       }
    }
    // 没有被修改，执行计算操作
    return Math.sqrt(currentX * currentX + currentY * currentY);
  }
  ...
}
```

首先，通过 tryOptimisticRead() 方法获取一个 stamp，然后进行变量赋值，接着通过 validate() 方法验证 stamp，如果变量被修改了，stamp 就会验证不通过，获取悲观读锁再进行赋值操作，然后释放悲观读锁，接着执行计算操作；如果变量没有被修改过，就会直接执行计算操作。

锁分离还有一种表现方式，是 LinkedBlockingQueue 的 takeLock 和 putLock 的分离。从队列中获取元素和添加元素是两把锁，take 方式是从队尾获取元素，put 方式是从队头添加元素从而提高并发的性能。LinkedBlockingQueue 源码分析，详见第 5 章 LinkedBlockingQueue 实现原理。

10.2　虚拟机对锁优化

10.2.1　自旋锁

自旋锁是指当一个线程尝试获取某个锁时，如果该锁已被其他线程占用，就一直在循环中等待（自旋），同时反复检查锁是否可用。自旋锁可以避免线程的上下文切换的开销。众所周知，线程上下文切换过程中会涉及保存和恢复上下文，处理器的缓存会重新加载，从而带来比较大的时间开销。

JDK 1.6 版本在 JVM 层面对 synchronized 锁做了大量的优化，加入了偏向锁、轻量级锁和自旋锁，整个锁升级的原理可以详见第 3 章 synchronized 优化的内容。这里主要介绍自旋锁的优化：当 synchronized 同步锁从偏向锁升级到轻量级锁，另外一个线程通过 CAS 操作竞争这个锁时，如果竞争失败，不会立即进入 WaitSet，而是通过自旋的方式不断地获取锁，一般情况下锁持有时间不会很长。如果不使用自旋的方式，而是直接挂起阻塞，锁很快就释放了阻塞的线程又要重新被唤起，这就带来了时间上的开销。

自旋锁的缺点也很明显，即自旋的次数如何控制。如果自旋时间过长，就会一直占用 CPU 资源，导致系统吞吐下降。所以，JVM 引入了自适应自旋锁，会根据系统的运行状态自动调整自旋次数。如果这次自旋获取锁成功了，下次就增加自旋的次数；如果自旋没有获取到锁，会减少自旋次数或不自旋，直接挂起阻塞。

在 j.u.c 中也有很多同步工具都使用自旋 +CAS 的方式提高性能，如 SynchronousQueue 和 AbstractQueuedSynchronizer 等。

10.2.2　锁消除

锁消除是 HotSpot 虚拟机在 JIT 编译阶段根据逃逸分析的结果进行的优化手段之一。如果某个对象只有一个线程可访问，那么在这个对象上的操作可以不需要同步，通过锁消除可以减少请求锁的时间，提高并发性能。下面通过一些例子深入了解锁消除，如代码清单 10-2 所示。

代码清单 10-2

```
public class SyncDemo {
    public void test() {
        Object object = new Object();
        synchronized (object) {
            System.out.println("test");
        }
    }
}
代码（2）
public void test() {
```

```
        System.out.println("test");
    }
```

上面的代码，编译器会优化为代码（2）的样子。因为在多线程访问 test() 方法时，通过编译器能够分析出锁对象不会逃逸，对 object 的加锁是没有意义的，所以会进行锁消除。相信大家不会写出这样的代码，下面再来看另一个例子，如代码清单 10-3 所示。

代码清单 10-3

```
public class SyncDemo {
    public void test() {
            StringBuffer sb = new StringBuffer();
            sb.append("hello").append("java");
            System.out.println(sb.toString());
    }
}
```

对于新手，有时候就有可能写出上面的代码，StringBuffer() 方法是线程安全的，但是该方法没有数据竞争，如果没有锁消除的优化，就会带来不必要的时间开销。

下面通过 JMH (Java Microbenchmark Harness，是用于代码微基准测试的工具套件，主要基于方法层面的基准测试) 测试锁消除优化能节省多少时间开销。测试代码清单如 10-4 所示。

代码清单 10-4

```
@BenchmarkMode(Mode.AverageTime)
@Warmup(iterations = 3, time = 1)
@Measurement(iterations = 5, time = 5)
@Threads(4)
@Fork(1)
@State(value = Scope.Benchmark)
@OutputTimeUnit(TimeUnit.MILLISECONDS)
public class SyncDemoTest {
    @Param(value = {"10000000"})
    private int loop;
    @Benchmark
    public void testStringBuffer(Blackhole blackhole) {
        StringBuffer sb = new StringBuffer();
        for (int i = 0; i < loop; i++) {
            sb.append(i);
        }
        blackhole.consume(sb.toString());
    }
    @Benchmark
    public void testStringBuilder(Blackhole blackhole) {
        StringBuilder sb = new StringBuilder();
        for (int i = 0; i < loop; i++) {
            sb.append(i);
        }
```

```
            blackhole.consume(sb.toString());
        }
        public static void main(String[] args) throws RunnerException {
            Options opt = new OptionsBuilder()
                    .include(SyncDemoTest.class.getSimpleName())
                    .result("result.json")
                    .resultFormat(ResultFormatType.JSON).build();
            new Runner(opt).run();
        }
    }
    结果
    JVM 参数 -XX:+DoEscapeAnalysis -XX:+EliminateLocks 有锁消除优化
    Benchmark                          (loop)   Mode  Cnt    Score     Error  Units
    SyncDemoTest.testStringBuffer    10000000   avgt    5  571.058 ± 165.139  ms/op
    SyncDemoTest.testStringBuilder   10000000   avgt    5  408.762 ±  26.682  ms/op
    JVM 参数 -XX:+DoEscapeAnalysis -XX:-EliminateLocks 取消锁消除优化
    Benchmark                          (loop)   Mode  Cnt    Score     Error  Units
    SyncDemoTest.testStringBuffer    10000000   avgt    5  612.544 ± 332.208  ms/op
    SyncDemoTest.testStringBuilder   10000000   avgt    5  412.048 ±  69.459  ms/op
```

从结果来看，非常明显，StringBuffer() 方法在有锁消除的优化下，循环一千万次耗时 571.058ms，取消锁消除的情况下耗时 612.544ms，锁消除的优化节省了约 41ms。

10.2.3 锁粗化

理解了锁消除之后，锁粗化就很简单了，锁粗化也是借助逃逸分析的结果进行并发优化的手段之一。在 JIT 编译阶段，如果一个线程对相邻的同步块的同一个锁反复申请和释放，那么编译器会将这几个代码块合并为一个大的代码块。当然，锁粗化有可能增加锁的持有时间。

10.3 线程上下文切换优化

10.3.1 线程上下文切换

CPU 多线程运行时，通过来回切换 CPU 时间片资源来模拟多线程并行执行的效果，而每次 CPU 切换资源的时候，对当前线程而言，需要频繁地休眠以及唤醒，切换时会保存之前的线程任务状态，当切回到该线程任务的时候，会重新加载该线程的任务状态。这个从保存到加载的过程称之为线程上下文切换，如果切换次数过多反而会降低当前系统性能。

本书第 1.2 节频繁的上下文切换一节中就举了一个简单的计数器功能的例子，通过并发的方式，实现的执行时间要比使用串行化的方式时间要长很多，导致这种现象的根本原因在于：使用并发涉及大量的上下文切换，反而增加了执行时间。

10.3.2 乐观锁替换竞争锁

本书第 7 章详细介绍了原子操作类的实现原理。其底层就是使用了 CAS 乐观锁来实现并发编程来提高性能。

在并发量不是很高的情况下，使用乐观锁比竞争锁性能更好，因为 CAS 不会导致上下文切换。比如在 7.1.1 章节的原子类 AtomicLong 和 synchronized 的性能对比中可以看到 testCAS 方法使用的是 AtomicLong 原子类，testSynchronized 方法使用的是关键字 synchronized。两个方法使用 10 个线程和 100 个线程分跑了一百万和一千万次的 i++。从最后的测试结果来看，基于 CAS 的方法明显比基于 synchronized 的要快很多，这就是因为使用 AtomicLong 避免了频繁的上下文切换，使得性能大大提高。

10.3.3 减少垃圾回收增加的"次数"

很多 JVM 垃圾回收器在垃圾回收（Garbage Collection，简称 GC）的时候会发生 stop-the-world 事件，需要暂停业务线程，之后再唤醒业务线程。所以频繁的垃圾回收会导致大量的线程上下文切换。

如何减少垃圾回收的次数？

（1）避免大对象的创建。因为这种大对象如果超过年轻代最大对象的阈值，对象会直接创建在老年代，这种大对象就很容易产生较多的 Full GC（Full GC 在 JVM 规范中没有明确的定义，这里指针对新生代、老年代和元空间的垃圾回收）。

（2）对象不用之后置为 Null。一般情况下，Null 对象都会被作为垃圾处理，有利于垃圾回收器判定，从而提高了 GC 的效率。

（3）增大堆内存空间。增加堆内存空间，设置初始化为最大内存，可以降低 Full GC 频率。

（4）选择合适的垃圾回收器。在 JDK8 环境下，如果在内存比较大的情况下，建议使用 G1 垃圾回收器。

10.3.4 设置合理的线程池大小

线程池的线程数量一般不宜设置过大，一旦线程数量超过系统的处理器数量就会导致过多的上下文切换。想要合理地设置线程池的线程数量就必须要理解 Java 的线程池原理，本书第 6.1 节详细介绍了 Java 的线程池原理。

在 HotSpot VM 的线程模型中，Java 线程与计算机内核线程是一对一的映射，所以 Java 线程的创建和销毁会消耗一定的计算机资源。如果线程创建过多，内存和计算机资源被过多占用则会导致内存溢出、CPU 使用率过高等问题。线程池的线程可以复用，避免线程无限创建。

一般情况下线程池执行的任务分为 I/O 密集型和 CPU 密集型。

I/O 密集型：线程池的数量设置为 $2N$（CPU 核数）。

CPU 密集型：线程池的数量设置为 N（CPU 核数）+1。

这两个值是如何计算得来的？可以参考下这个公式：线程数 = CPU 核数 ×（1 + 线程等待时间 / 线程运行时间）。当任务为 I/O 密集型，线程等待时间几乎等于线程运行时间，所以线程数等于 2N；当任务为 CPU 密集型，线程等待时间趋近于 0，所以线程数等于 N，+1 的意义表示防止线程发生一个页错误或者因其他原因而暂停，所以这也是一个经验值。

当然在实际设置线程池大小的时候，我们要结合业务场景先估算出一个大概的线程数量，然后通过压测工具得出一个合理的线程数量。

10.4　本章小结

本章主要从编写代码的角度和虚拟机对锁优化的角度详细介绍锁的优化。对于一般开发，想要写出正确且高效的并发代码确实不是一件容易的事情，必须要非常清楚锁的范围、锁持有的时间，以及 JDK 提供了哪些高效的并发工具及其实现原理。掌握了这些知识之后，再深入理解虚拟机层面的针对 synchronized 的优化，如自旋锁、偏向锁、轻量级锁等。接着理解虚拟机的逃逸分析又进行了哪些优化，如锁消除、标量替换、栈上分配等。这样一步一步才能全方面地理解锁的并发优化。

➦ 常见面试题

1. CAS 已经可以保证操作的线程安全了，为什么还要用 synchronized？
2. synchronized 整个锁升级的过程是怎样的？
3. 除了对锁的优化外，还有哪些并发优化方式？

第11章　并发框架

本章主要介绍 Disruptor 和 Akka 框架。从 Disruptor 框架的设计中，大家可以了解到 Java 语言也是可以利用计算机硬件的特点追求极致性能的，不得不慨叹 Disruptor 开发者的精妙设计。通过对 Akka 框架的学习，可以让大家认识另外一种并发编程模型，而不仅仅局限在 Java 的面向对象编程模型中。

11.1　Disruptor

11.1.1　Disruptor简介

Disruptor 是英国 LMAX 金融交易公司研发的一款用于并发线程之间数据交换的高性能队列。为了追求高吞吐、低延迟的解决方案，LMAX 发现传统的队列无法满足自身高性能的要求，所以自主研发了 Disruptor。Disruptor 使用了预分配内存、Sequencing 机制、避免缓存行伪共享机制、批处理效应机制等实现自身高性能的要求。2011 年，Disruptor 获得了 Duke 的程序框架创新奖。目前有很多知名的项目底层都使用了 Disruptor 提高性能，如 Apache Storm、Log4j2 等。对于一个普通时钟频率的处理器，Disruptor 每秒处理的消息量为 2500 万条，延时低于 50ns。这个性能已经接近于现代处理器在多核之间交换数据的上限，可见相较于其他队列，其性能更高、延迟更低。

11.1.2　Disruptor示例

Disruptor 的使用相对于 Java 内置队列较为复杂，下面主要分成单生产者 - 单消费者（1P-1C）、单生产者 - 多消费者（1P-2C）和多生产者 - 单消费者（2P-1C）3 种模式来介绍（示例中 Disruptor 的版本是 3.4.4）。

1. 单生产者–单消费者（1P–1C）模式

首先来看单生产者 - 单消费者（1P-1C）场景，如代码清单 11-1 所示。

代码清单 11–1

```
//事件
public class HelloEvent {
```

```
    private long value;
    public void set(long value) {
        this.value = value;
    }
    public long getValue() {
        return value;
    }
}
//消费者事件处理器
public class HelloEventHandler implements EventHandler<HelloEvent> {
    @Override
    public void onEvent(HelloEvent event, long sequence, boolean endOfBatch)
    throws Exception {
        System.out.println(Thread.currentThread().getName() + " hello "+
        event.getValue());
    }
}
//事件工厂生产事件
public class HelloEventFactory implements EventFactory<HelloEvent> {
    @Override
    public HelloEvent newInstance() {
        return new HelloEvent();
    }
}
public class Demo {
    public static void main(String[] args) throws Exception {
        //指定环形缓冲区的大小，必须是 2 的幂
        int bufferSize = 1024;
        //构建单个事件发布者的 Disruptor
        Disruptor<HelloEvent> disruptor = new Disruptor<>(new HelloEventFactory(),
            bufferSize,DaemonThreadFactory.INSTANCE, ProducerType.
            SINGLE,new BlockingWaitStrategy());
        //连接事件处理器
        disruptor.handleEventsWith(new HelloEventHandler());
        //启动 disruptor
        disruptor.start();
        //获取 ringBuffer
        RingBuffer<HelloEvent> ringBuffer = disruptor.getRingBuffer();
        //开始生产事件
        for (int i = 0; true; i++) {
            // 代码（1）获取下一个可用位置的下标
            long sequence = ringBuffer.next();
            try {
                //返回可用位置的元素
                HelloEvent event = ringBuffer.get(sequence);
                //设置该位置元素的值
                event.set(i);
```

```
                } finally {
                    //发送事件
                    ringBuffer.publish(sequence);
                }
                try {
                    TimeUnit.SECONDS.sleep(1);
                } catch (InterruptedException e) {
                    e.printStackTrace();
                }
            }
        }
    }
输出:
Thread-0 hello 0
Thread-0 hello 1
Thread-0 hello 2
Thread-0 hello 3
…
```

HelloEvent 是一个事件类，生产者生产 HelloEvent 事件到 Disruptor 的 RingBuffer 中，然后消费者从 RingBuffer 中获取事件进行消费。

HelloEventHandler 是一个事件处理类，主要的作用是消费者拿到这个事件之后会调用 onEvent() 方法处理业务逻辑。

HelloEventFactory 是一个工厂类，主要的作用是 Disruptor 初始化时要填充 RingBuffer 中的事件，这就需要调用 HelloEventFactory 的 newInstance() 方法创建 HelloEvent 对象实例。

下面分析 main 方法，首先定义了一个 bufferSize 用于指定 RingBuffer 的大小，值必须是 2 的幂，原因在 11.1 节中会进行详细介绍；然后构建了单个事件发布者的 Disruptor 对象，设置了事件处理器，开启了 Disruptor，这时消费者线程已开始启动，只是现在没有事件而已。

现在开始进行生产事件，首先获取了 RingBuffer 中的下一个可用 sequence 序号；然后通过序号获取 HelloEvent 事件，修改事件中的 value 值，这里并没有创建一个 HelloEvent 事件，而仅仅是修改了 value 值，在 11.1.3 小节中会解释具体的原因；最后在 finally 块中发送事件。

为什么 Disruptor 的操作比 ArrayBlockingQueue 复杂得多？主要原因是 Disruptor 支持的消费模式比较多，如多个消费者可以消费相同的事件（类似 kafka 的消费组），消费者之间的相互依赖等。

综上所述，构建一个指定大小、指定生产模式、指定消费策略、指定事件处理器的 Disruptor 实例对象并启动，然后获取 RingBuffer 中的可用序号对应的事件，修改事件的值并生产事件，这样消费者线程就开始消费了。

2. 单生产者-多消费者模式之消费组

下面分析另一个场景，即单生产者 - 多消费者模式之消费组（类似 kafka 的消费组），各消费者各自消费事件，如代码清单 11-2 所示。

代码清单 11-2

```
public class DemoOnePMultiC {
    public static void main(String[] args) throws Exception {
        // 指定环形缓冲区的大小，必须是 2 的幂
        int bufferSize = 1024;
        // 构建单个事件发布者的 Disruptor
        Disruptor<HelloEvent> disruptor = new Disruptor<>(new HelloEventFactory(),
                bufferSize, DaemonThreadFactory.INSTANCE, ProducerType.
                SINGLE, new YieldingWaitStrategy());
        // 代码（1）创建两个消费处理实例
        EventHandler<HelloEvent>[] consumers = new HelloEventHandler[2];
        for (int i = 0; i < consumers.length; i++) {
            consumers[i] = new HelloEventHandler();
        }
        // 连接事件处理器
        disruptor.handleEventsWith(consumers);
        // 启动 disruptor
        disruptor.start();
        // 获取 ringBuffer
        RingBuffer<HelloEvent> ringBuffer = disruptor.getRingBuffer();
        // 开始生产事件
        for (int i = 0; true; i++) {
            // 获取下一个可用位置的下标
            long sequence = ringBuffer.next();
            try {
                // 返回可用位置的元素
                HelloEvent event = ringBuffer.get(sequence);
                // 设置该位置元素的值
                event.set(i);
            } finally {
                ringBuffer.publish(sequence);
            }
            Thread.sleep(100);
        }
    }
}
输出：
Thread-0 hello 0
Thread-1 hello 0
Thread-1 hello 1
Thread-0 hello 1
Thread-1 hello 2
Thread-0 hello 2
...
```

与单消费者模式最大的区别就是代码（1）模块，多消费者之消费组模式创建了两个消费处理实例，每个消费处理实例会各自处理 RingBuffer 中的事件，相互不会干扰（其实还是会干

扰的，因为生成事件时获取下一个可用位置的 sequence 时会取多个消费者序号的最小值）。

3. 单生产者–多消费者模式之共同处理

接下来再介绍一种场景：单生产者 - 多消费者模式之共同处理，多个消费者共同处理同一批事件，如代码清单 11-3 所示。

代码清单 11–3

```
//消费处理类需要继承 WorkHandler
public class HelloEventConsumer implements WorkHandler<HelloEvent> {
    @Override
    public void onEvent(HelloEvent event) throws Exception {
        System.out.println(Thread.currentThread().getName() +  " hello " +
        event.getValue());
    }
}
public class DemoOnePMultiC2 {
    public static void main(String[] args) throws Exception {
        //指定环形缓冲区的大小，必须是 2 的幂
        int bufferSize = 1024;
        //构建单个事件发布者的 Disruptor
        Disruptor<HelloEvent> disruptor = new Disruptor<>(new HelloEventFactory(),
            bufferSize, DaemonThreadFactory.INSTANCE, ProducerType.
            SINGLE, new YieldingWaitStrategy());
        //代码 (1) 设置消费者
        WorkHandler<HelloEvent>[] consumers = new HelloEventConsumer[5];
        for (int i = 0; i < consumers.length; i++) {
            consumers[i] = new HelloEventConsumer();
        }
        //代码 (2) 连接事件处理器
        disruptor.handleEventsWithWorkerPool(consumers);
        //启动 Disruptor
        disruptor.start();
        //获取 ringBuffer
        RingBuffer<HelloEvent> ringBuffer = disruptor.getRingBuffer();
        //生成事件
        for (int i = 0; true; i++) {
            //获取下一个可用位置的下标
            long sequence = ringBuffer.next();
            try {
                // 返回可用位置的元素
                HelloEvent event = ringBuffer.get(sequence);
                // 代码（3）设置该位置元素的值
                event.set(i);
            } finally {
                ringBuffer.publish(sequence);
            }
            Thread.sleep(100);
```

```
            }
        }
    }
输出：
Thread-0 hello 0
Thread-1 hello 1
Thread-0 hello 2
Thread-1 hello 3
…
```

多消费者共同处理一批事件，与多消费者各自处理事件最大的不同就是代码（1）和代码（2）。代码（1）HelloEvent 的消费处理类 HelloEventConsumer 实现了 WorkHandler，而消费组实现的是 EventHandler；代码（2）Disruptor 的连接事件处理器从 handleEventsWith 变为 handleEventsWithWorkerPool。使用 WorkerPool 管理多消费者共同处理一批事件。

11.1.3　Disruptor原理

我们知道 Java 内置了很多线程安全的队列，如 ArrayBlockingQueue、LinkedBlockingQueue、ConcurrentLinkedQueue 等。那么为什么不直接使用这些队列，而要自研 Disruptor？它们之间到底有哪些区别？首先来看 Java 内置队列的分类，如图 11.1 所示。

ArrayBlockingQueue	数组	有界	有锁
LinkedBlockingQueue	链表	有界(可以不设容量)	有锁
SynchronousQueue	—	有界	—
PriorityBlockingQueue	堆	无界	有锁
DelayQueue	堆	无界	有锁
ConcurrentLinkedQueue	链表	无界	无锁
LinkedTransferQueue	链表	无界	无锁

图 11.1　Java队列

从图 11.1 可以得知，Java 内置队列的有界和无界两种，在绝大部分场景下，一般首选有界队列，因为当系统请求特别大，生产者速率过快，消费处理跟不上时，无界队列会消耗大量内存导致内存溢出。众所周知，通过加锁的方式保证线程安全是有代价的，会导致线程之间的竞争，操作系统的上下文切换等会带来严重的性能损耗，所以一般选择无锁。对于队列的底层使用一般会选择数组，因为数组的内存地址是连续的，能利用操作系统的内存局部性原理提高数据的读取。

综上所述，为了解决这些问题，也为了追求更高的性能和吞吐量，LMAX 公司自研了 Disruptor，试图最大限度地提高内存分配的效率，并以一种缓存友好的方式运行，以便在现代硬件上实现最佳性能。Disruptor 的核心机制是 RingBuffer 一个预分配的有界数据结构，数据通过一个或多个生产者添加到 RingBuffer，并由一个或多个消费者进行处理。

下面从几方面分析 Disruptor 的设计：RingBuffer、伪共享、无锁设计、批量效应。

1. RingBuffer

RingBuffer 是 Disruptor 的核心组件之一，主要负责事件的存储和更新，它是一个环形数组。RingBuffer 的整体类图如图 11.2 所示。

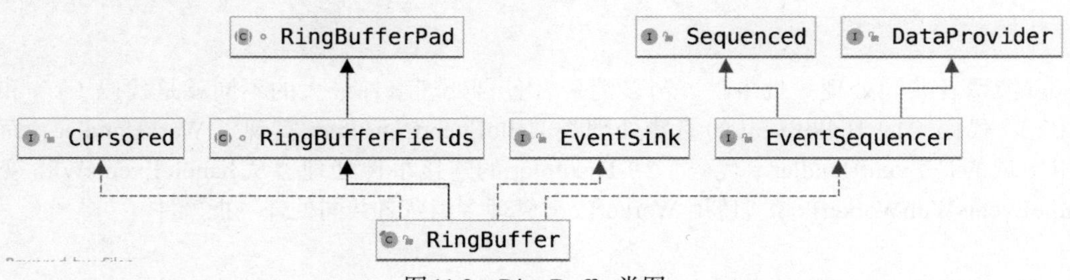

图 11.2　RingBuffer类图

从图 11.2 中可知 RingBuffer 实现了 Cursored、EventSink 和 EventSequencer，继承了 RingBufferFields。

Cursored 接口就一个 getCursor() 方法，获取当前游标值。

EventSequencer 接口是一个空方法，继承了 Sequenced 和 DataProvider，Sequenced 接口提供了一些操作 RingBuffer 的方法，如获取 RingBuffer 大小、获取下一个序号等。DataProvider 接口提供了获取 RingBuffer 事件方法。

EventSink 接口提供了各种各样发布事件的方法。

RingBufferPad 类主要是缓存行填充，避免伪共享。

RingBufferFields 类是核心，定义了 RingBuffer 的数据结构、初始化时 RingBuffer 环形数组的预填充方法和通过 sequence 获取环形数据的事件，如代码清单 11-4 所示。

代码清单 11-4

```
abstract class RingBufferPad {
// 缓存行填充
    protected long p1, p2, p3, p4, p5, p6, p7;
}
abstract class RingBufferFields<E> extends RingBufferPad {
    private static final int BUFFER_PAD;
    // 数据起始地址
    private static final long REF_ARRAY_BASE;
    private static final int REF_ELEMENT_SHIFT;
    private static final Unsafe UNSAFE = Util.getUnsafe();
    static {
        // 获取 Object[] 元素所占大小，不同机器 scale 不同
        final int scale = UNSAFE.arrayIndexScale(Object[].class);
        if (4 == scale) {
            REF_ELEMENT_SHIFT = 2;
```

```
    } else if (8 == scale) {
        REF_ELEMENT_SHIFT = 3;
    } else {
        throw new IllegalStateException("Unknown pointer size");
    }
    BUFFER_PAD = 128 / scale;
    // UNSAFE.arrayBaseOffset(Object[].class) 获取 Object[] 第一个元素的偏移地址
    REF_ARRAY_BASE = UNSAFE.arrayBaseOffset(Object[].class) +
        (BUFFER_PAD << REF_ELEMENT_SHIFT);
}
private final long indexMask;
//RingBuffer 实际的数据结构
private final Object[] entries;
protected final int bufferSize;
protected final Sequencer sequencer;
RingBufferFields(
    EventFactory<E> eventFactory,
    Sequencer sequencer) {
    this.sequencer = sequencer;
    this.bufferSize = sequencer.getBufferSize();
    if (bufferSize < 1) {
        throw new IllegalArgumentException("bufferSize must not be less than 1");
    }
    if (Integer.bitCount(bufferSize) != 1) {
        throw new IllegalArgumentException("bufferSize must be a power of 2");
    }
    // 用于 elementAt() 方法获取槽位能使用与位运算，加快计算效率，所以
        bufferSize 必须是 2 的幂
    this.indexMask = bufferSize - 1;
    //entries 的大小是 bufferSize+2 倍的 BUFFER_PAD
    this.entries = new Object[sequencer.getBufferSize() + 2 * BUFFER_PAD];
    // 代码（1）预填充事件
    fill(eventFactory);
}
private void fill(EventFactory<E> eventFactory) {
    //entries 的大小是 bufferSize+2×BUFFER_PAD，然后仅仅填充 bufferSize 大小
      的事件，头尾两个 BUFFER_PAD 大小的时间为 null，作用是防止伪共享
    for (int i = 0; i < bufferSize; i++)
    {
        entries[BUFFER_PAD + i] = eventFactory.newInstance();
    }
}
@SuppressWarnings("unchecked")
protected final E elementAt(long sequence) {
    // 代码（2）初始地址 +sequence%bufferSize 的余数 × 每个事件占用的大小
      =sequence 对应时间的内存地址
```

```
            return (E) UNSAFE.getObject(entries, REF_ARRAY_BASE + ((sequence & indexMask)
            << REF_ELEMENT_SHIFT));
        }
    }
```

从 RingBufferFields 源码中的 elementAt() 方法可以看到，使用了求余（实际使用了与运算）的方法定位事件，并循环复用数组中的 Event 事件实例。从这里就可以看出 RingBuffer 是一个缓存数据结构，如图 11.3 所示。

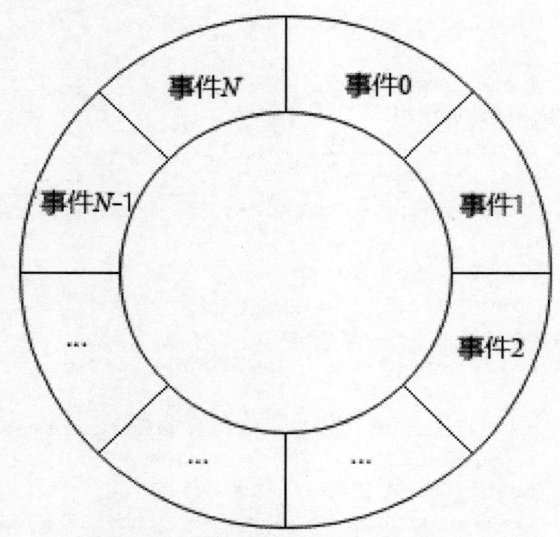

图 11.3　RingBuffer缓存数据结构

RingBuffer 的设计主要从 3 方面提高性能。

（1）事件的预填充。从 RingBufferFields 源码中的代码（1）fill() 方法看出，初始化 RingBuffer 时预先实例化了 bufferSize 大小的事件，这些事件的内存地址大概率是连续的（因为是同一时间分配的）。事件内存地址连续的好处就是可以利用程序的局部性原理，CPU 从内存中访问某个 Event 事件时不仅仅把该 Event 事件数据缓存在高速缓存中，该 Event 事件周围的事件数据也会缓存。这就加速了 Event 事件的读取。

（2）Disruptor 在发布事件时，没有创建事件，而是修改了 Event 事件的 value 值，详见代码清单 11-3 中的代码（3）片段。这么做的好处是避免频繁创建 Event 事件导致的频繁 GC 问题。

（3）利用 bufferSize 是 2 的幂的特点，使用与运算替换求余操作提升计算效率。

2. 伪共享

想要了解什么是伪共享，就必须先了解现代计算机的 CPU 缓存架构，如图 11.4 所示。

从图 11.4 可知，各个 Core 独享 L1、L2 级缓存，共享 L3 级缓存。越靠近 Core，缓存的访问速度越快，容量越小，单位制造成本越高。有了这个基础概念，下面介绍缓存行。

缓存数据是由一行行的缓存行组成的，可以简单理解为缓存数据的最小缓存单位是缓存行（Cache Line）。在 64 位计算机系统中，一行缓存行的大小是 64B，也就是说缓存中的数据不是一个一个字节分散加载使用，而是 64B 作为一个单位加载进内存的。

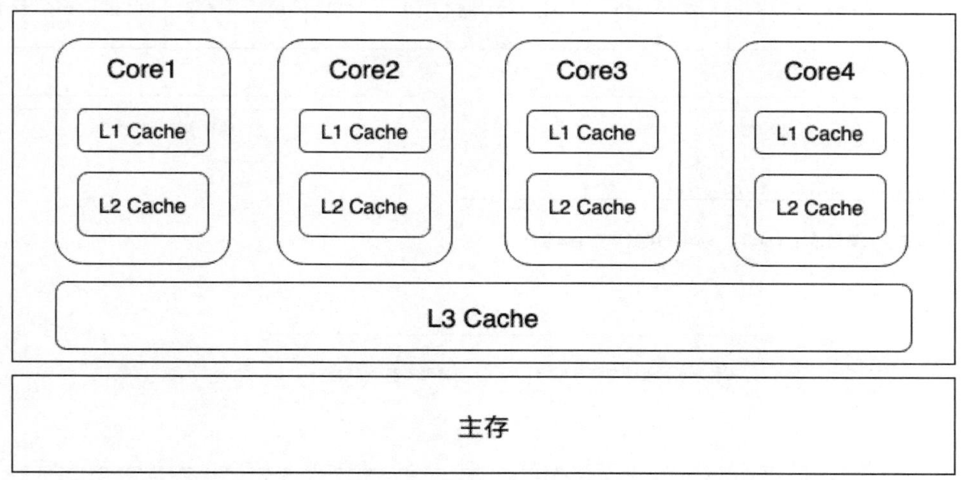

图 11.4 CPU缓存架构

什么是伪共享呢？在多线程环境中，存在多个线程频繁修改同一缓存行中不同的变量，导致缓存失效。例如 Core1 线程 T1 修改缓存行中的 A 变量，Core2 线程 T2 修改缓存行中的 B 变量，A 和 B 存在同一缓存行中，当 A 和 B 写入内存时，发现有其他线程修改了缓存行的数据，导致缓存失效，需要从 L3 中重新加载数据，导致执行效率降低，为了提高执行效率而使用的缓存，现在反而被拖慢了。

如何解决伪共享问题？现在来看下 Disruptor 的方案，如代码清单 11-5 所示。

代码清单 11-5

```
class LhsPadding {
    // 填充 7 个 long 类型字段，一共 56B
    protected long p1, p2, p3, p4, p5, p6, p7;
}
class Value extends LhsPadding {
    //value 前后填充各 7 个 long 类型字段
    protected volatile long value;
}
class RhsPadding extends Value{
    // 填充 7 个 long 类型字段，一共 56B
    protected long p9, p10, p11, p12, p13, p14, p15;
}
```

从代码中可以看出，long 变量 value 字段前后填充了 7 个 long 类型字段。无论怎么加载缓存行，value 字段将独享一个 64B 的缓存行，如图 11.5 所示。

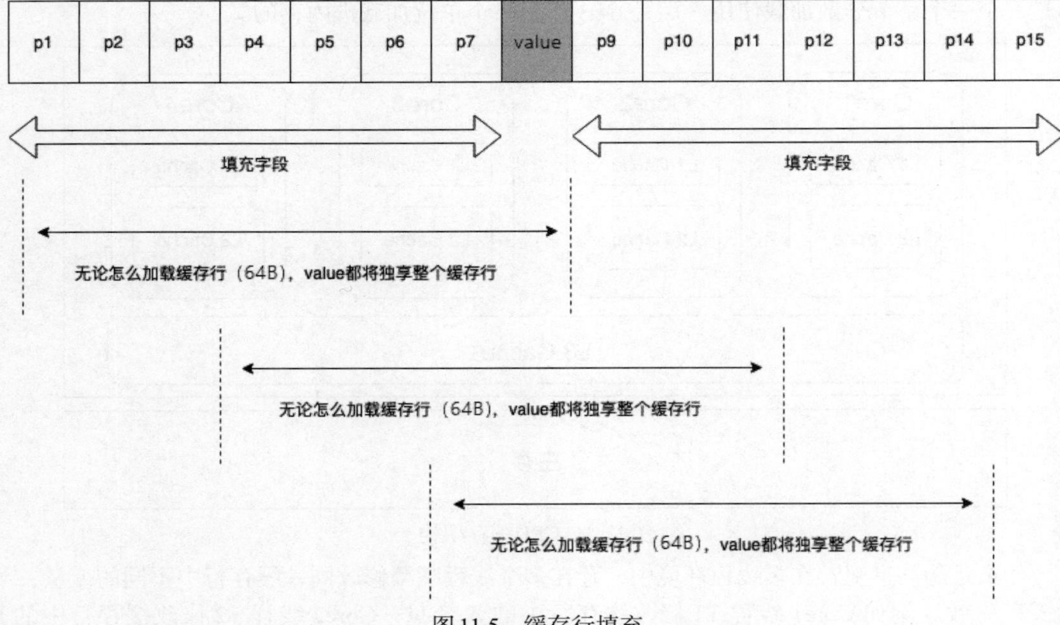

图 11.5　缓存行填充

3. 无锁设计

Disruptor 采用了 CAS（Compare-and-Swap）无锁操作解决生产者和消费者对于 sequence 序号的竞态问题。本书第 7.1 节详细介绍了 CAS。

下面以多生产者竞争写为例介绍 Disruptor 是如何使用 CAS 的。代码清单 11-1 中代码（1）的 ringBuffer.next() 方法获取了下一个可用位置的下标。下面分析 MultiProducerSequencer 多生产者模式下的 cursor 竞争的源码，如代码清单 11-6 所示。

代码清单 11-6

```
//MultiProducerSequencer.class 源码
@Override
public long next(int n) {
    if (n < 1) {
        throw new IllegalArgumentException("n must be > 0");
    }
    long current;
    long next;
    do {
        // 当前游标的位置，也就是上次生产的位置
        current = cursor.get();
        // 申请 n 个位置
        next = current + n;
        // 申请 n 个位置后减去一个环的大小，主要用于申请的位置有没有套圈
        long wrapPoint = next - bufferSize;
```

```
            // 上一次的最小消费位置
            long cachedGatingSequence = gatingSequenceCache.get();
            // 代码（1）wrapPoint > cachedGatingSequence 表示是否套圈，生产者是否套
              了一圈消费者。cachedGatingSequence > current 消费者是否超过了生产者
            if (wrapPoint > cachedGatingSequence || cachedGatingSequence > current) {
                // 获取所有消费者最小值
                long gatingSequence = Util.getMinimumSequence(gatingSequences, current);
                // 还是没有可用位置，出让 CPU，暂停 1ns，然后继续循环
                if (wrapPoint > gatingSequence) {
                    LockSupport.parkNanos(1); // TODO, should we spin based
                    on the wait strategy?
                    continue;
                }
                // 重新设置最小消费为止，set() 方法底层调用 UNSAFE.putOrderedLong()
                   方法，插入 store-store 屏障保证有序的写入
                gatingSequenceCache.set(gatingSequence);
                //CAS 替换，替换成功跳出循环
            } else if (cursor.compareAndSet(current, next)) {
                break;
            }
        }
        while (true);
        return next;
    }
```

多生产者在竞争写 cursor 时，最外层是一个 do/while 循环，然后代码（1）有两个条件判断：①生产者是否套圈消费者；②消费者是否超过生产者。如果两个条件都没有满足，说明有可用的位置，然后通过 cursor.compareAndSet() 方法，底层调用的是 UNSAFE.compareAndSwapLong() 方法，确保原子性的替换。综上所述，整个逻辑非常简单，请求 n 个位置，判断位置是否可用，可用则 CAS 替换，不成功继续循环直到成功为止，然后返回可用位置序号。有兴趣的读者可以看 Sequence 的源码，Sequence 就是一个原子序列，它的所用方法底层都调用了 Unsafe 的方法确保原子性。

11.2　Akka

11.2.1　Akka简介

Akka 是 Lightbend 公司（原名 Typesafe）开发的一套用于设计可扩展和弹性系统的开源工具集，可跨越多处理器核心和网络，底层使用了 Scala 语言实现。Akka 让开发者专注于满足业务需求，而不是编写初级代码提高可靠性、容错性和高性能。我们都知道，并发编程对于开发工作者而言都是比较有挑战性的，而 Akka 对 Actor 模型进行了更好的封装和抽象，使编写正确的并发、并行和分布式系统更加容易。

在官方文档中写道，Akka 提供了以下内容。

（1）不使用原子或锁之类的低级并发构造的多线程行为，甚至可以避免考虑内存可见性问题。

（2）系统及其组件之间的透明远程通信，使你不再编写和维护困难的网络代码。

（3）一个集群的、高可用的体系结构，具有弹性、可按需扩展性，使你能够提供真正的反应式系统。

在 Java 并发编程中，特别需要注意的就是锁和内存可见性的问题，而 Akka 提供上述第一点的能力是通过消息传递的使用避免了锁和阻塞。针对第二点和第三点能力，Akka 的 Cluster、Romoting、Networking、Discovery 等模块提供分布式、高可用、可扩展的系统架构能力。

Akka 框架的特点如下。

（1）异步非阻塞：消息都是基于异步非阻塞。

（2）高容错性：每个 Actor 都会定义一个故障处理的监督策略，监控体系可以跨越多个 JVM。

（3）持久化：消息可以持久化，用于重试恢复。

（4）轻量级：1GB 内存可以容纳数百万个 Actor。

当前大数据处理框架（Spark、Flink 等）底层的分布式计算和通信实现都是基于 Akka。

11.2.2 Akka示例

下面一起来看一个 Akka 的实例，本节 Akka 示例代码都使用了 2.6.16 版本，如代码清单 11-7 所示。

代码清单 11-7

```
//GreeterMain .class 源码
public class GreeterMain extends AbstractBehavior<GreeterMain.SayHello> {
    // 迎宾人员 ActorRef
    private final ActorRef<Greeter.Greet> greeter;
    public static Behavior<SayHello> create() {
        return Behaviors.setup(GreeterMain::new);
    }
    private GreeterMain(ActorContext<SayHello> context) {
        super(context);
        //#create-actors 创建 Greeter ActorRef
        greeter = context.spawn(Greeter.create(), "greeter");
    }
    @Override
    public Receive<SayHello> createReceive() {
        return newReceiveBuilder().onMessage(SayHello.class, this::onSayHello).build();
    }
    // 消息处理行为
    private Behavior<SayHello> onSayHello(SayHello command) {
        //#create-actors 创建 3 个迎宾机器人 ActorRef
```

```
        ActorRef<Greeter.Greeted> replyTo = getContext().spawn(GreeterBot.
        create(3), command.name);
        // 迎宾机器人发送消息给迎宾服务人
        greeter.tell(new Greeter.Greet(command.name, replyTo));
        //#create-actors
        return this;
    }
    public static class SayHello {
        public final String name;
        public SayHello(String name) {
            this.name = name;
        }
    }

    public static void main(String[] args) {
        //#actor-system 系统守护 Actor，重量级对象，一般每个应用程序创建一个即可
        final ActorSystem<SayHello>greeterMain = ActorSystem.create
        (GreeterMain.create(), "hello-akka");

        //#main-send-messages
        greeterMain.tell(new GreeterMain.SayHello("Charles"));
        try {
            System.out.println(">>> Press ENTER to exit <<<");
            System.in.read();
        } catch (IOException ignored) {
        } finally {
            greeterMain.terminate();
        }
    }
}

// Greeter.class 源码
public class Greeter extends AbstractBehavior<Greeter.Greet> {
    public static Behavior<Greet> create() {
        return Behaviors.setup(Greeter::new);
    }
    private Greeter(ActorContext<Greet> context) {
        super(context);
    }
    // 处理消息的行为
    @Override
    public Receive<Greet> createReceive() {
        return newReceiveBuilder().onMessage(Greet.class, this::onGreet).build();
    }
    private Behavior<Greet> onGreet(Greet command) {
        getContext().getLog().info("Hello {}!", command.whom);
```

```
            //#greeter-send-message
            command.replyTo.tell(new Greeted(command.whom, getContext().getSelf()));
            //#greeter-send-message
            return this;
        }
        //欢迎
        public static final class Greet {
            public final String whom;
            public final ActorRef<Greeted> replyTo;
            public Greet(String whom, ActorRef<Greeted> replyTo) {
                this.whom = whom;
                this.replyTo = replyTo;
            }
        }
        //回应
        public static final class Greeted {
            public final String whom;
            public final ActorRef<Greet> from;
            public Greeted(String whom, ActorRef<Greet> from) {
                this.whom = whom;
                this.from = from;
            }
            @Override
            public int hashCode() {
                return Objects.hash(whom, from);
            }
            // #greeter
            @Override
            public boolean equals(Object o) {
              if (this == o) {
                return true;
              }
              if (o == null || getClass() != o.getClass()) {
                return false;
              }
              Greeted greeted = (Greeted) o;
              return Objects.equals(whom, greeted.whom) && Objects.equals(from,
              greeted.from);
            }
            @Override
            public String toString() {
                return "Greeted{" + "whom='" + whom + '\'' + ", from=" + from + '}';
            }
        }
}
```

```
//GreeterBot.class 源码
public class GreeterBot extends AbstractBehavior<Greeter.Greeted> {
    private final int max;
    private int greetingCounter;
    private GreeterBot(ActorContext<Greeter.Greeted> context, int max) {
        super(context);
        this.max = max;
    }
    public static Behavior<Greeter.Greeted> create(int max) {
        return Behaviors.setup(context -> new GreeterBot(context, max));
    }
    // 消息处理行为
    @Override
    public Receive<Greeter.Greeted> createReceive() {
        return  newReceiveBuilder().onMessage(Greeter.Greeted.class,
        this::onGreeted).build();
    }
    private Behavior<Greeter.Greeted> onGreeted(Greeter.Greeted message)
{
        // 验证并发问题，不需要加锁或者 cas 操作
        greetingCounter++;
        getContext().getLog().info("Greeting {} for {}", greetingCounter,
        message.whom);
        if (greetingCounter == max) {
            return Behaviors.stopped();
        } else {
            //GreeterBot 发送消息给 Greeter
            message.from.tell(new Greeter.Greet(message.whom, getContext().
            getSelf()));
            return this;
        }
    }
}
输出结果：
[akka://hello-akka/user/greeter] - Hello Charles!
[akka://hello-akka/user/Charles] - Greeting 1 for Charles
[akka://hello-akka/user/greeter] - Hello Charles!
[akka://hello-akka/user/Charles] - Greeting 2 for Charles
[akka://hello-akka/user/greeter] - Hello Charles!
[akka://hello-akka/user/Charles] - Greeting 3 for Charles
```

正如从输出结果看到的，GteeterMain 创建了名字为 greeter 的 Greeter Actor 和名字为 Charles 的 GreeterBot Actor。GreeterBot 发消息给 Greeter Actor，然后 Greeter Actor 打印 Hello Charles！，Greeter Actor 发送消息给 GreeterBot Actor，然后 GreeterBot Actor 判断问候次数是否等于 max，不等于就继续发送消息给 Greeter Actor，等于就停止发送消息。具体流程如

图 11.6 所示。

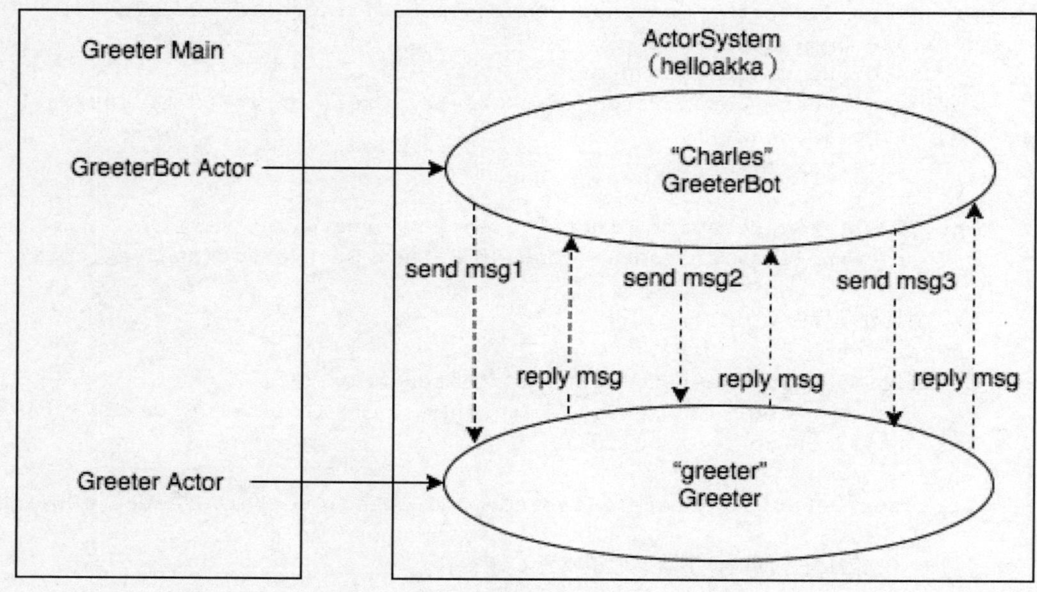

图 11.6　Akka quick start

11.2.3　Akka原理

本节将会从 Actor 模型、Actor 生命周期、调度器（Dispatcher）、容错（Fault Tolerance）和路由（Routers）几方面详细介绍 Akka 的基本原理。

1. Actor模型

众所周知，并发问题的核心是如何解决数据的竞争。一般有两种策略，一种是通过加锁等同步机制来保证；另一种是通过消息传递避免竞争。

Actor 模型是一个通用的并发编程模型，使用消息传递解决并发问题。Akka 框架底层就使用了经典的 Actor 并发模型。在 Actor 模型的理念中，万物皆 Actor。Actor 是一个基本计算单元，也是最核心的单元。Actor 只能通过消息传递进行通信，在接收到消息之后，Actor 可以执行以下 3 个基本操作。

（1）发送有限数量的消息给已知的 Actor。

（2）创建有限数量的新 Actor。

（3）指定要应用到下一个消息的行为。

Actor 是状态（State）、行为（Behavior）、邮箱（Mailbox）、子 Actor（Child Actor）和监督者策略（Supervisor Strategy）的容器。Actor 不能通过新的方式创建一个 Actor 对象，必须要通过 actorOf 或 actor-Selection 等方式创建 Actor 引用（ActorRef），ActorRef 对 Actor 进行了高度的封装。下面简单介绍 Actor 的组件部分。

（1）引用（ActorRef）：将 Actor 对象从外部屏蔽，内部和外部对象分析，保证所有操作具有透明性，不能从外部看到 Actor 内部并掌握其状态。

（2）状态（State）：Actor 通常用变量反映 Actor 的状态，每个 Actor 都有自己的轻量级线程，所以不用担心并发。

（3）行为（Behavior）：行为就是 Actor 内部定义的函数，对消息所采取的动作。

（4）邮箱（Mailbox）：顾名思义，邮箱就是存放消息的地方，每个 Actor 对应一个邮箱，所有发送者将消息放入队列。

（5）子 Actor（Child Actor）：每个 Actor 都可以创建子 Actor，父 Actor 可以对子 Actor 进行监督。

监督策略（Supervisor Strategy）：当子 Actor 出错时采取的策略。

Actor 模型概念如图 11.7 所示。

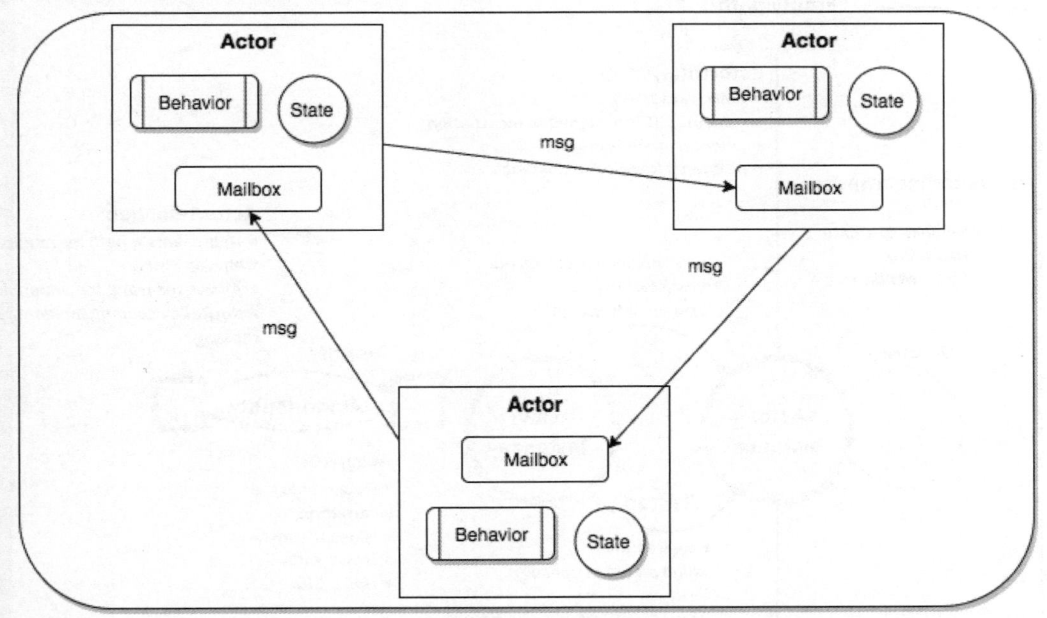

图 11.7　Actor模型

2. Actor生命周期

我们已经掌握了 Actor 模型概念，要想更深入地掌握 Actor 模型，必须要掌握 Actor 的整个生命周期。下面来看 Akka 官方给出的 Actor 生命周期图，如图 11.8 所示。

从图 11.8 可以看出，Actor 生命周期主要包括创建并启动（actorOf）、恢复（Resume）、重启（Restart）、停止（Stop）这几个阶段。

（1）创建并启动：当调用 actorOf() 方法创建 Actor 实例时，会分配一个 UID 和 PATH。在 Actor 启动之后，会立即调用 preStart() 方法。

（2）恢复：通过容错机制，Actor 可以自行恢复。

（3）重启：如果处理消息时抛出异常，Actor 可能会重新启动。

- 调用旧实例的 preRestart() 方法，停止所有子 Actor 并调用 postStop() 方法。
- 调用最初的 actorOf() 方法生成新的实例替换旧实例。
- 调用新实例的 postRestart() 方法，它会调用 preStart() 方法来启动。

Actor 重启仅替换实际的 Actor 的对象，邮箱内容不受影响，PATH 和 UID 也保持不变，与 Resume 的区别是不会保留自身状态。

（4）停止：调用 stop() 方法或给自己发送毒丸来停止 Actor。当 Actor 停止时，会调用 postStop() 方法，同时发送 Terminated 信息给监控者。

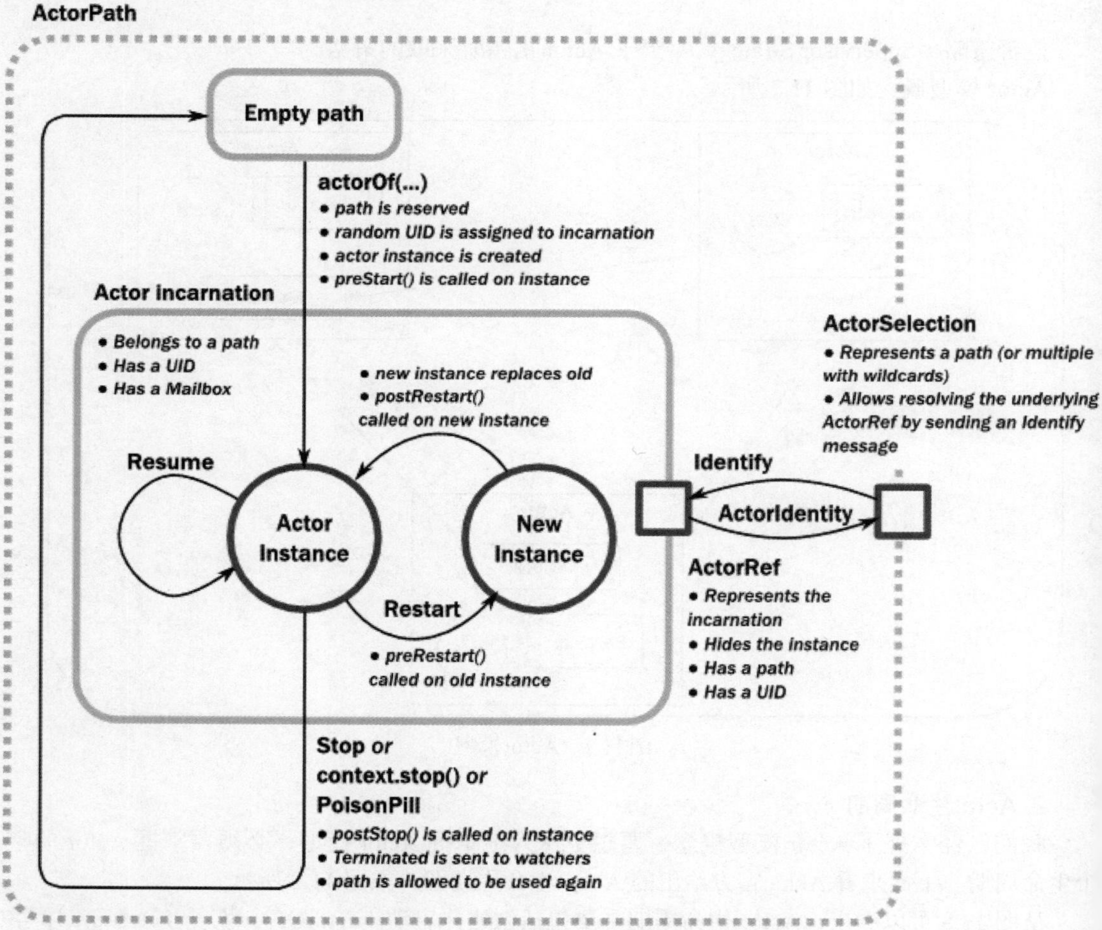

图 11.8　Actor 生命周期（摘自官网）

3. Actor层次结构

Actor 层次类似多叉树结构，在启动第一个 Actor 之前，Akka 在系统中已经创建了两个 Actor：User Guardian 和 System Guardian。

（1）/ 是 Root Guardian，是系统中所有的 Actor 的父类。

（2）/user 是 User Guardian，是用户创建的所有 Actor 的父类。

（3）/system 是 System Guardian，是系统创建的所有 Actor 的父类。

具体层次结构如图 11.9 所示。

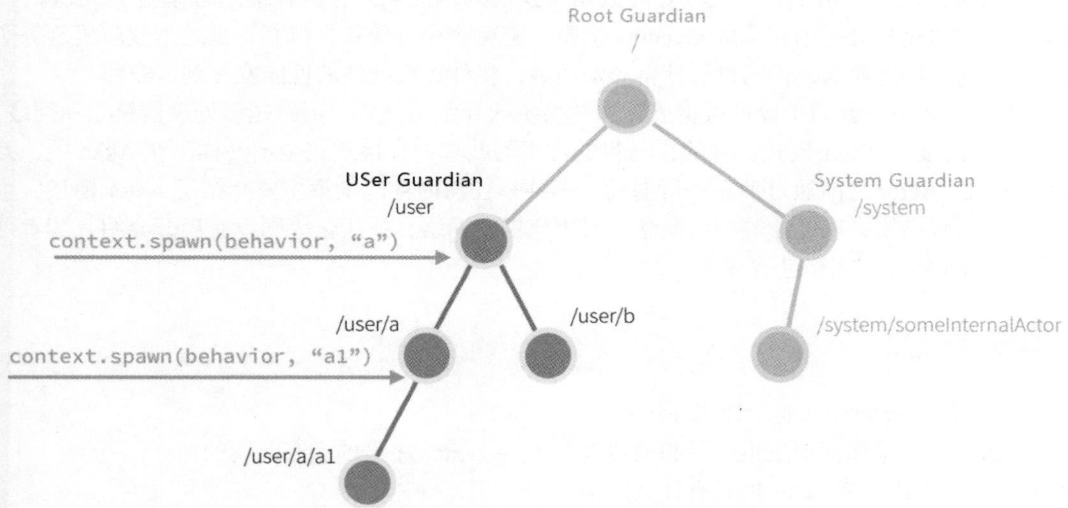

图 11.9　Actor层次结构（摘自官网）

Actor 多叉树的层次结构的重要作用就是可以安全地管理 Actor 的整个生命周期。

4. 调度器

我们知道在 Akka 中，Actor 之间是通过消息来通信的，到底是谁在调度线程分发处理这些消息呢？答案是调度器（Dispatcher）。Dispatcher 类似一个中央消息处理中心，控制所有消息的分发，保证消息处理的效率。每个 ActorSystem 都有一个默认的 Dispatcher，其底层依赖 Java 的 Fork-Join-Executor 线程池。

Akka 提供了两种不同类型的 Dispatcher。

（1）Dispatcher：默认的调度器。这是一个基于事件的调度器，将一组 Actor 绑定到一个线程池中。Java 的 Executor 并发框架给默认的调度器提供两种实现方式：Thread-Pool-Executor 和 Fork-Join-Executor。这两种线程池策略在之前的章节中已经详细介绍过了。

（2）PinnedDispatcher：每个 Actor 都有自己的线程池，线程池中只有一个线程，也就是说每个 Actor 对应一个线程。

Dispatcher 和 PinnedDispatcher 调度器的区别十分明显。Dispatcher 默认调度器所有 Actor 使用同一个线程池，当某些 Actor 执行一些耗时的操作，会导致其他 Actor 分配不到线程而出现等待。PinnedDispatcher 调度器可以避免这种情况，但是当 Actor 大量创建时对应会创建大量的线程，导致服务器资源耗尽。

11.3 本章小结

本章主要介绍了 Disruptor 和 Akka 框架。

Disruptor 是一款用于并发线程之间数据交换的高性能队列，其性能远远超过了 Java 的内置队列。它通过预分配内存、Sequencing 机制、避免缓存行伪共享机制、批处理效应机制等实现了自身的高性能要求，代码也设计得非常巧妙，将计算机硬件的性能发挥到了极致。

Akka 框架是一套用于设计可扩展和弹性系统的开源工具集，可跨越多处理器核心和网络。Akka 底层是基于 Actor 模式设计的，与我们常用的共享内存模式完全不一样。在 Akka 中，万物皆 Actor，Actor 之间通过消息进行通信，不共享任何内存。本章主要介绍了 Actor 模型、生命周期、层级结构、调度器等核心概念，对于集群、网络、持久化等则没有展开介绍，读者可以通过 Akka 的官方文档进行深入学习。

➦ 常见面试题

1. RingBuffer 为什么要设计成环形？
2. Disruptor 是如何解决生产者和消费者对于 sequence 序号的竞态问题的？
3. Actor 模式和 Reactor 模式有什么区别？

第12章　线程池在各大框架中的运用

本章主要介绍线程池技术在 Tomcat、Dubbo、Netty 等技术框架中的运用，通过各大框架的源码学习如何使用线程池技术实现系统的高并发、高吞吐。

12.1　Tomcat中的线程池

12.1.1　Tomcat的总体架构

众所周知，Tomcat 是一款 Apache 开源的 Web 应用服务器。本节将采用 Tomcat 8 版本进行介绍，在介绍 Tomcat 中的线程池之前，首先来了解 Tomcat 的整体架构设计（见图 12.1）。Tomcat 的主要职责是处理 Socket 连接，然后把请求转发到具体的 Servlet 处理。Tomcat 的核心组件连接器（Connector）的主要职责是处理 Socket 连接，提供 Socket 与 Request 和 Response 的转化；容器（Container）的主要职责是加载 Servlet，处理具体的请求。

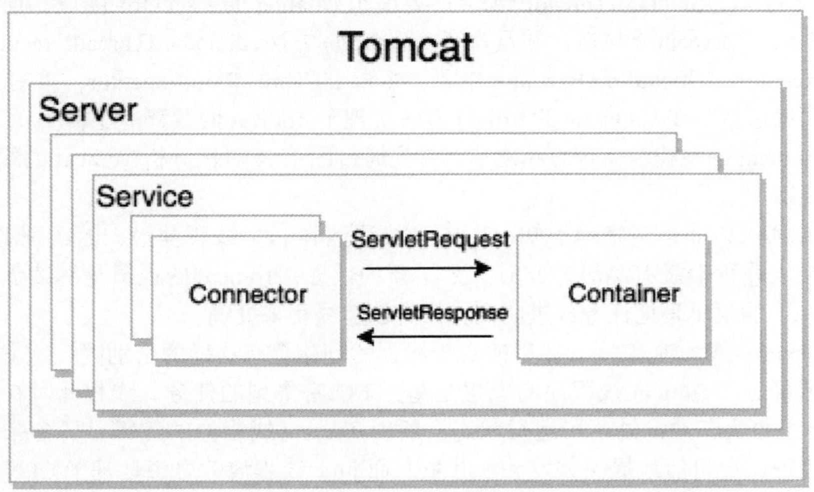

图 12.1　Tomcat的整体架构

Tomcat 的线程池主要运用在连接器中，下面详细介绍连接器的整个架构设计，如图 12.2 所示。

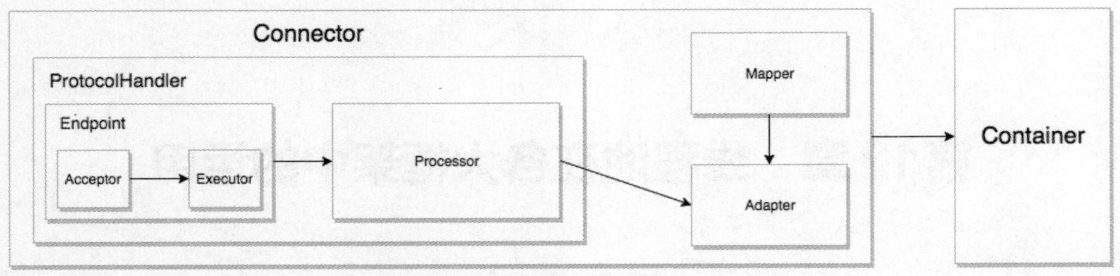

图 12.2 Connector的架构

Endpoint 是通信端点，即通信监听的接口，是 Socket 接收和发送的处理器，是对传输层的抽象。其中，Acceptor 用于监听 Socket 连接请求，然后将请求发送给 Poller，通过 PollerEvent 队列来实现；Executor 中的 Worker 线程处理相应的请求。

Processor 接收来自 Endpoint 的 Socket，读取字节流并解析成 Tomcat Request 和 Response 对象，是对应用层的抽象。

Adapter 负责将 Tomcat Request 适配为 ServletRequest 再调用 Container，然后将 ServletResponse 转化为 Tomcat Response，是典型的适配器模式。

12.1.2 Tomcat线程池原理

由图 12.2 可知，Endpoint 接收到 Socket 连接之后，会生成一个 SocketProcessor 任务提交给线程池处理。下面将详解分析线程池的原理，首先来看 Tomcat 线程池的类图，如图 12.3 所示。

从图 12.3 可知，StandardThreadExecutor 实现了 catalina 的 Executor 接口，而 Executor 接口又继承了 j.u.c 的 Executor 接口，并重写了 executor() 方法；StandardThreadExecutor 又关联了 ThreadPoolExecutor，ThreadPoolExecutor 继承了 j.u.c 的 ThreadPoolExecutor，重写了 executor() 方法，然后又通过重写 TaskQueue 的 offer() 方法实现了 Tomcat 的线程池逻辑。

明白了 Tomcat 的线程池实现思路之后，首先通过图 12.4 对比分析 Tomcat 的线程池和 j.u.c 的线程池的区别。

通过图 12.4 可以非常清晰地得知，Tomcat 线程池和 j.u.c 线程池最大的区别是：当核心线程数已满但最大线程池没有满时，此时又来了新的任务，Tomcat 的逻辑是继续创建线程来处理任务，而 j.u.c 的逻辑是把任务放进队列，没有创建线程来处理。

为什么 Tomcat 线程池和 j.u.c 线程池对于线程的创建会有这样的区别呢？这就需要结合各自的场景来解释了。Tomcat 线程池的思想是基于 I/O 密集型的任务，线程此时在等待和提交 I/O 操作，线程的状态常常处于可运行状态，所以 Tomcat 线程池的逻辑是任务来了就创建对应的线程去处理，尽可能地提高并发和吞吐量。而 j.u.c 线程池的思想是基于 CPU 密集型的任务，认为线程是相对比较重量级和稀缺的资源。

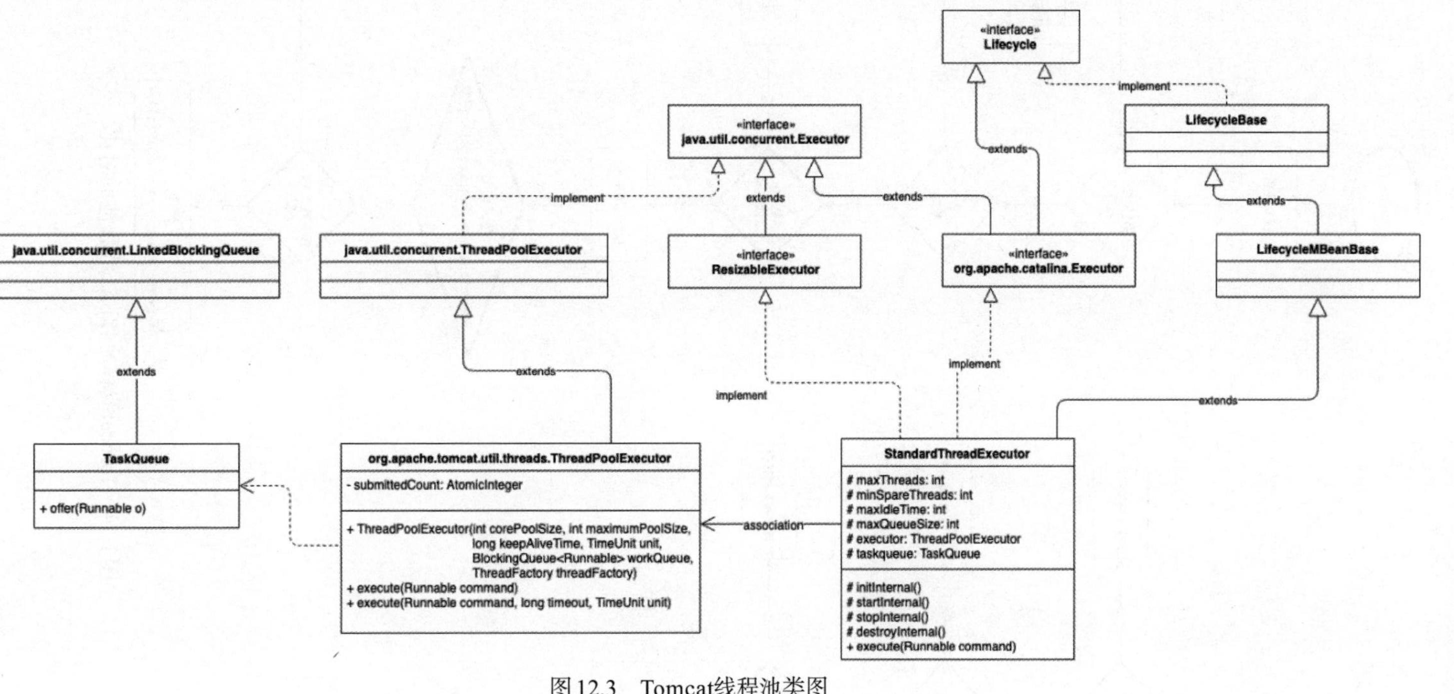

图12.3 Tomcat线程池类图

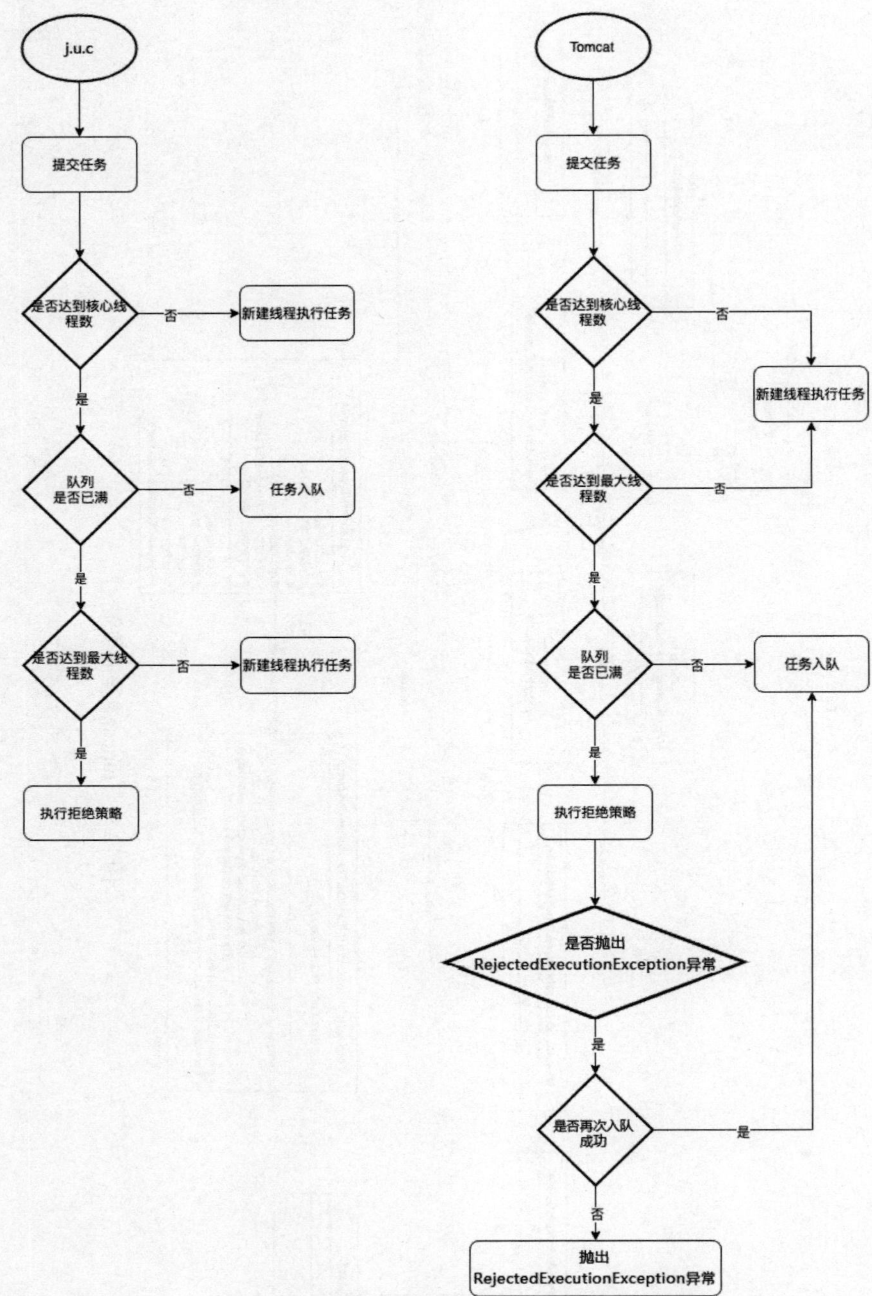

图 12.4　Tomcat线程池和j.u.c线程池的对比

了解了Tomcat线程池和j.u.c线程池的区别之后，下面通过源码一探究竟。首先看StandardThreadExecutor类，如代码清单12-1所示。

代码清单 12-1

```
@Override
protected void startInternal() throws LifecycleException {
    //TaskQueue 继承 LinkedBlockingQueue
    taskqueue = new TaskQueue(maxQueueSize);
    //线程工厂
    TaskThreadFactory tf = new TaskThreadFactory(namePrefix,daemon,
       getThreadPriority());
    //初始化线程池，Tomcat 的 ThreadPoolExecutor
    executor = new ThreadPoolExecutor(getMinSpareThreads(), getMaxThreads(),
       maxIdleTime, TimeUnit.MILLISECONDS,taskqueue, tf);
    executor.setThreadRenewalDelay(threadRenewalDelay);
    //是否预启动所有的核心线程池
    if (prestartminSpareThreads) {
        executor.prestartAllCoreThreads();
    }
    //代码（1）实现 Tomcat 线程池逻辑的关键代码
    taskqueue.setParent(executor);
    //设置生命周期状态
    setState(LifecycleState.STARTING);
}
@Override
public void execute(Runnable command, long timeout, TimeUnit unit) {
    if ( executor != null ) {
           //调用 ThreadPoolExecutor 类的 execute() 方法
        executor.execute(command,timeout,unit);
    } else {
        throw new IllegalStateException("StandardThreadExecutor not started.");
    }
}
```

StandardThreadExecutor的startInternal()方法创建了TaskQueue实例和ThreadPoolExecutor实例。代码（1）部分是实现Tomcat线程池逻辑的关键代码，在分析TaskQueue时将会进行详细讲解。StandardThreadExecutor的execute()方法会调用ThreadPoolExecutor的execute()方法。下面具体分析ThreadPoolExecutor的源码，如代码清单12-2所示。

代码清单 12-2

```
//已经提交但还未完成的任务数量，submittedCount 为队列中的任务数据 + 未完成的任务数据
//作用是和线程池内的线程数量相比较
private final AtomicInteger submittedCount = new AtomicInteger(0);

public void execute(Runnable command, long timeout, TimeUnit unit) {
   //submittedCount 原子 ++
    submittedCount.incrementAndGet();
```

```
        try {
            // 调用j.u.c的ThreadPoolExecutor类的execute()方法
            super.execute(command);
        } catch (RejectedExecutionException rx) {

            if (super.getQueue() instanceof TaskQueue) {
                final TaskQueue queue = (TaskQueue)super.getQueue();
                try {
                    // 再次入队
                    if (!queue.force(command, timeout, unit)) {
                    // 入队失败
                        submittedCount.decrementAndGet();
                        throw new RejectedExecutionException("Queue capacity is full.");
                    }
                } catch (InterruptedException x) {
                    submittedCount.decrementAndGet();
                    throw new RejectedExecutionException(x);
                }
            } else {
                submittedCount.decrementAndGet();
                throw rx;
            }
        }
    }
```

submittedCount 表示已经提交但还未完成的任务数量，其作用是和线程池内的线程数量相比较。

ThreadPoolExecutor 调用了 j.u.c 的 ThreadPoolExecutor 类的 execute() 方法。execute() 方法的源码如代码清单 12-3 所示。

代码清单 12-3

```
public void execute(Runnable command) {
    if (command == null)
        throw new NullPointerException();
    int c = ctl.get();
    if (workerCountOf(c) < corePoolSize) {
        if (addWorker(command, true))
            return;
        c = ctl.get();
    }
    // 代码(1)
    if (isRunning(c) && workQueue.offer(command)) {
        int recheck = ctl.get();
        if (! isRunning(recheck) && remove(command))
            reject(command);
        else if (workerCountOf(recheck) == 0)
            addWorker(null, false);
```

```
    }
     //代码（2）
     else if (!addWorker(command, false))
         reject(command);
}
```

第 6 章已详细介绍过 java.util.concurrent.ThreadPoolExecutor 的源码，这里重点关注代码（1）的 workQueue.offer(command)，offer() 方法是通过 TaskQueue 实现的。如代码清单 12-4 所示。

代码清单 12-4

```
//能进入 offer() 方法，说明这时核心线程数已满
@Override
public boolean offer(Runnable o) {
    // 如果在 StandardThreadExecutor 的 startInternal() 方法中不设置 parent，就
       直接调用 j.u.c 的 LinkedBlockingQueue 的 offer() 方法
    if (parent==null) {
         return super.offer(o);
    }
    // case1：核心线程数已满，当前线程池中的线程数量是否等于最大线程数，等于就将任务放
       入 taskqueue 队列
    if (parent.getPoolSize() == parent.getMaximumPoolSize()) {
         return super.offer(o);
    }
    // case2：核心数据数已满，当前线程池中的线程数量不等于最大线程数，且任务数量小于
       或等于线程池中的线程数，就将任务放入 taskqueue 队列
    if (parent.getSubmittedCount()<=(parent.getPoolSize())) {
         return super.offer(o);
    }
    // case3：核心数据数已满，当前线程池中的线程数量小于最大线程数，且任务数量大于线
       程池中的线程数，则直接返回 false
    if (parent.getPoolSize()<parent.getMaximumPoolSize()) {
         return false;
    }
    return super.offer(o);
}
```

TaskQueue 的核心逻辑如下。

（1）核心线程数已满，当前线程池中的线程数量是否等于最大线程数，等于就将任务放入 taskqueue 队列，不等于就进行下一步判断。

（2）核心数据数已满，当前线程池中的线程数量不等于最大线程数且任务数量小于或等于线程池中的线程数。理论上此时应该直接让空闲的线程直接执行任务，但 Tomcat 选择丢到了队列。因为此时放入队列也会立即被执行，效果其实是一样的，这么做比较简单。在图 12.4 中没有体现这一步，简化了。

（3）核心数据数已满，当前线程池中的线程数量小于最大线程数且任务数量大于线程池中的线程数，则直接返回 false。返回 false 会执行代码清单 12-3 代码（2）的 addWorker() 方法创建线程执行任务。

至此，Tomcat 的线程池源码就分析完了，它整体的设计和实现都不是很复杂。

12.2 Dubbo中的线程池

12.2.1 Dubbo简介

Dubbo 是在 2011 年由阿里巴巴开源的分布式 RPC 框架，一经推出，就得到了很多互联网公司的采用。2014 年由于阿里巴巴的架构进行了调整，强化 One Company 战略，Dubbo 合并到了另外一个 PRC 框架 HSF 中，导致 Dubbo 停止了维护。3 年过后，Dubbo 迎来转机，阿里云开始流行，一些之前使用 Dubbo 的用户在上云时要求使用 Dubbo，所以 2017 年 7 月阿里巴巴宣布要重新维护 Dubbo。为了进一步升级 Dubbo，2018 年 2 月 Dubbo 进入 Apache 基金会孵化器开始孵化。2019 年 5 月，Dubbo 正式从 Apache 基金会孵化毕业，成为 Apache 顶级项目。在云原生大背景下，Dubbo 3.0 进行全面的架构升级，开始全面拥抱云原生，其中涉及下一代 RPC 协议、全新的服务治理模型和云原生基础设施适配等。

本小节将基于 Dubbo 2.7.3 版本介绍 Dubbo 消费者线程池模型和提供者线程池模式。在介绍 Dubbo 的线程池模型之前，首先介绍一下 Dubbo 服务调用过程，让读者清晰地了解线程池在整个服务调用过程中的作用。

12.2.2 消费者的线程池模型

Dubbo 官方文档给出的 Dubbo 服务调用过程如图 12.5 所示。

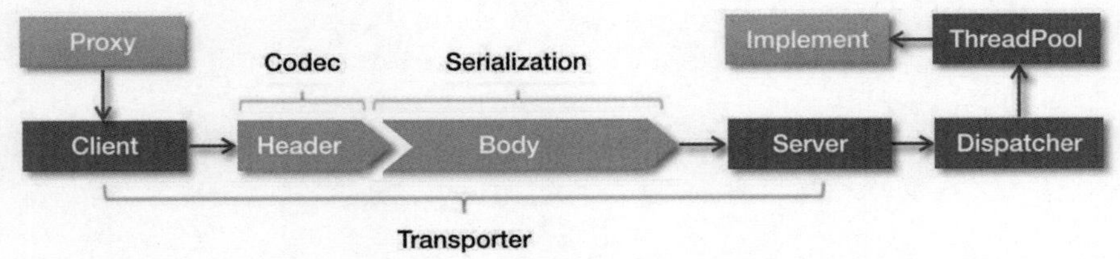

图 12.5　Dubbo服务调用过程

首先，消费方通过代理对象 Proxy 发起远程调用，通过网络客户端 Client 编码 Header，序列化 Body，将请求发送到服务提供方，也就是 Server。在 Server 接收到请求后对数据包进行解码，然后将解码后的请求发送给 Dispatcher，再由 Dispatcher 派发到指定的线程池，最后由线程池调用具体的服务实现。

这是一个比较粗略的调用过程，消费方的集群、路由、负载均衡、线程池模型等都没有体现出来，响应的发送与接收过程也没有体现。

在 Dubbo 2.7.5 版本之前，并发数比较大的消费方应用经常出现线程数分配过多的问题针对这个问题，首先来看 Dubbo 2.7.3 版本的线程池模型，如图 12.6 所示。

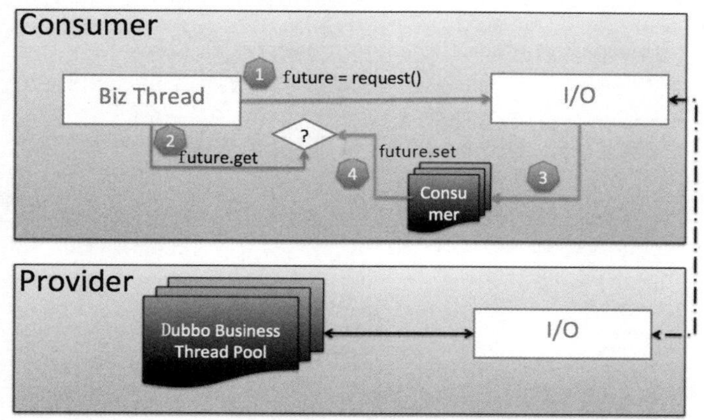

图 12.6　Dubbo 2.7.3 线程池模型（官方）

（1）业务线程发出请求，拿到一个 Future 实例。

（2）业务线程紧接着调用 future.get () 方法阻塞等待业务结果返回。

（3）当业务数据返回后，默认在 IO 线程上进行反序列化操作之后，交由独立的 Consumer 端线程池进行处理，调用 future.set () 方法将反序列化后的业务结果返回。

（4）业务线程拿到结果后直接返回。

这里重点来看下第（3）步，这里的线程池数量是由 connections 控制的，详细逻辑如代码清单 12-5 的消费者线程池源码所示。

代码清单 12-5

```
//Client 创建线程池的代码路径，以 Netty 实现为例
DubboProtocol#protocolBindingRefer
  -> DubboProtocol#getClients
    -> DubboProtocol#initClient
      -> Exchangers#connect
        -> HeaderExchanger#connect
          -> Transporters#connect
            -> NettyTransporter#connect
              -> NettyClient#NettyClient
                -> AbstractClient#wrapChannelHandler
                  -> ChannelHandlers.wrap
                    -> ChannelHandlers.wrap
                      -> ChannelHandlers#wrapInternal
                        -> AllDispatcher#dispatch
                          -> AllChannelHandler#AllChannelHandler
                           -> WrappedChannelHandler#WrappedChannelHandler

// DubboProtocol#getClients
```

```
private ExchangeClient[] getClients(URL url) {
    //是否共享连接
    boolean useShareConnect = false;
    //从 URL 参数中获取 connections 的值，没有就默认为 0
    int connections = url.getParameter(CONNECTIONS_KEY, 0);
    List<ReferenceCountExchangeClient> shareClients = null;
    //如果没有配置 connections，连接是共享的，否则一个服务一个连接
    if (connections == 0) {
        useShareConnect = true;
        String shareConnectionsStr = url.getParameter(SHARE_CONNECTIONS_KEY,
        (String) null);
        // 当 shareconnections 没有配置时 connections=1，配置取 shareconnections
           对应的值
        connections = Integer.parseInt(StringUtils.isBlank(shareConnectionsStr)
        ? ConfigUtils.getProperty(SHARE_CONNECTIONS_KEY,
                DEFAULT_SHARE_CONNECTIONS) : shareConnectionsStr);
        //创建 connections 个共享的 ExchangeClient
        shareClients = getSharedClient(url, connections);
    }
    ExchangeClient[] clients = new ExchangeClient[connections];
    for (int i = 0; i < clients.length; i++) {
        //判断是否使用共享的连接
        if (useShareConnect) {
            //使用共享的线程池
            clients[i] = shareClients.get(i);
        } else {
            //创建 connections 个线程池
            clients[i] = initClient(url);
        }
    }
    return clients;
}

//AbstractClient#wrapChannelHandler
protected static ChannelHandler wrapChannelHandler(URL url, ChannelHandler handler)
    //设置 threadName=DubboClientHandler-host:port
    url = ExecutorUtil.setThreadName(url, CLIENT_THREAD_POOL_NAME);
    //client 默认 cached 线程池，这里和 Server 不同，Server 默认为 fixed
    url = url.addParameterIfAbsent(THREADPOOL_KEY, DEFAULT_CLIENT_THREADPOOL);
    return ChannelHandlers.wrap(handler, url);
}

// WrappedChannelHandler#WrappedChannelHandler
public WrappedChannelHandler(ChannelHandler handler, URL url) {
    this.handler = handler;
    this.url = url;
```

```
        // 创建 client 的线程池
    executor=(ExecutorService)ExtensionLoader.getExtensionLoader(ThreadPool.class).
    getAdaptiveExtension().getExecutor(url);
        String componentKey = Constants.EXECUTOR_SERVICE_COMPONENT_KEY;
        if (CONSUMER_SIDE.equalsIgnoreCase(url.getParameter(SIDE_KEY))) {
            componentKey = CONSUMER_SIDE;
        }
        DataStore datastore = ExtensionLoader.getExtensionLoader(DataStore.
        class).getDefaultExtension();
        // 以 port 为 key，保存到一个 map 中
        dataStore.put(componentKey, Integer.toString(url.getPort()), executor);
    }
```

从代码清单 12-5 中可以清晰地看到，消费者线程的模型主要有以下两种场景（假设 provider 节点有两个）。

（1）没有配置 connections：

① shareconnections 没有配置，消费端会创建两个 CachedThreadPool 实例。

②配置了 shareconnections，消费端会创建 shareconnections 个 CachedThreadPool 实例。

（2）服务的 connections>0，消费者应用对于这个服务会创建 2×connections 个 CachedThreadPool 实例。

综上所述，在提供者实例很多，并发数又很大的场景下，可能会出现消费端线程数分配过多的问题。针对这个问题，Dubbo 2.7.5 版本进行了消费端线程池模型优化，如图 12.7 所示。

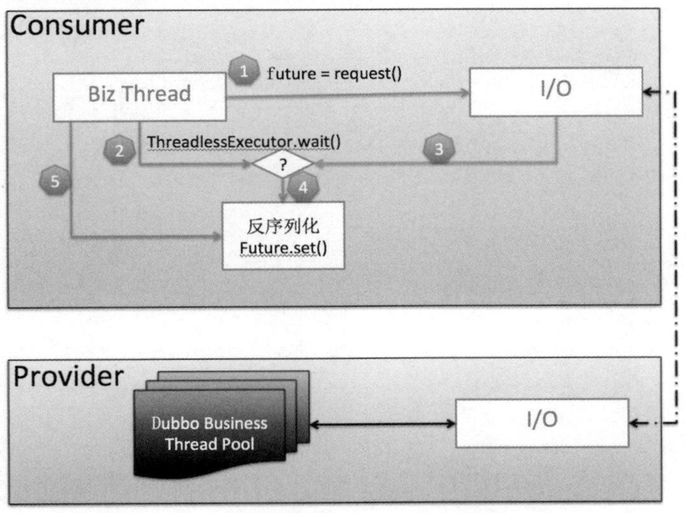

图 12.7　Dubbo 2.7.5 线程池模型

从图 12.7 中可以看出，消费端的线程池只有一个 ThreadlessExecutor，没有多个连接隔离的线程池了，具体实现如代码清单 12-6 所示。

代码清单 12-6

```
//WrappedChannelHandler#WrappedChannelHandler
public WrappedChannelHandler(ChannelHandler handler, URL url) {
    // 没有创建 client 线程池
    this.handler = handler;
    this.url = url;
}

//AbstractClient#AbstractClient
public AbstractClient(URL url, ChannelHandler handler) throws RemotingException {
    super(url, handler);
    needReconnect = url.getParameter(Constants.SEND_RECONNECT_KEY, false);
    // 在这里初始化 client 线程池
    initExecutor(url);
    ...
}
//AbstractClient#initExecutor
private void initExecutor(URL url) {
    // 设置 threadName=DubboClientHandler-host:port
    url = ExecutorUtil.setThreadName(url, CLIENT_THREAD_POOL_NAME);
    //client 默认为 cached 线程池，这里和 Server 不同，Server 默认为 fixed
    url = url.addParameterIfAbsent(THREADPOOL_KEY, DEFAULT_CLIENT_THREADPOOL);
    // 如果不存在就创建一个线程池
    executor = executorRepository.createExecutorIfAbsent(url);
}
//DefaultExecutorRepository#createExecutorIfAbsent
public synchronized ExecutorService createExecutorIfAbsent(URL url) {
    String componentKey = EXECUTOR_SERVICE_COMPONENT_KEY;
    if (CONSUMER_SIDE.equalsIgnoreCase(url.getParameter(SIDE_KEY))) {
        componentKey = CONSUMER_SIDE;
    }
    // 从 data 中获取 CONSUMER_SIDE 的线程池 map<port,ExecutorService>
    Map<Integer, ExecutorService> executors = data.computeIfAbsent
    (componentKey, k -> new ConcurrentHashMap<>());
    Integer portKey = url.getPort();
    // 根据 port 去获取对应的线程池，没有就创建一个
    ExecutorService executor = executors.computeIfAbsent(portKey,k ->
    createExecutor(url));
    // If executor has been shut down, create a new one
    if (executor.isShutdown() || executor.isTerminated()) {
        executors.remove(portKey);
        executor = createExecutor(url);
        executors.put(portKey, executor);
    }
    return executor;
}
```

在 Dubbo 2.7.5 版本中，WrappedChannelHandler 类的构造方法中没有创建 Client 的线程池，而是在 AbstractClient 类的构造方法中调用了 initExecutor(url) 方法初始化线程池。initExecutor(url) 的逻辑比较简单，创建一个 cached 类型的线程池，key 为端口，value 为 ExecutorService 放入 map 中，从而达到消费者端共用一个线程池的效果，避免了线程数过多的问题。

12.2.3 提供者的线程池模型

Dubbo 提供者的线程池模型就比较简单了，提供端接收到消费端的请求之后会创建一个共享的线程池，默认为 fixed 类型，具体如代码清单 12-7 所示。

代码清单 12-7

```
// 在 Server 端创建线程池的代码路径，以 Netty 实现为例
NettyHandler#messageReceived(ChannelHandlerContext, MessageEvent)
  —> AbstractPeer#received(Channel, Object)
    —> MultiMessageHandler#received(Channel, Object)
      —> HeartbeatHandler#received(Channel, Object)
        —> AllChannelHandler#received(Channel, Object)
          —> ExecutorService#execute(Runnable)

// AllChannelHandler#received
@Override
public void received(Channel channel, Object message) throws RemotingException {

    ExecutorService executor = getExecutorService();
    ...
}

// WrappedChannelHandler
protected final ExecutorService executor;
...
public WrappedChannelHandler(ChannelHandler handler, URL url) {
    this.handler = handler;
    this.url = url;
    executor = (ExecutorService)ExtensionLoader.getExtensionLoader
    (ThreadPool.class).getAdaptiveExtension().getExecutor(url);
    String componentKey = Constants.EXECUTOR_SERVICE_COMPONENT_KEY;
    if (CONSUMER_SIDE.equalsIgnoreCase(url.getParameter(SIDE_KEY))) {
        componentKey = CONSUMER_SIDE;
    }
DataStore dataStore = ExtensionLoader.getExtensionLoader(DataStore.class).
getDefaultExtension();
    dataStore.put(componentKey, Integer.toString(url.getPort()), executor);
}
```

```
...
public ExecutorService getExecutorService() {
    ExecutorService cexecutor = executor;
    if (cexecutor == null || cexecutor.isShutdown()) {
        cexecutor = SHARED_EXECUTOR;
    }
    return cexecutor;
}
```

从上述代码中可以看到，AllChannelHandler 类的 received() 方法会调用 getExecutorService() 方法获取线程池。该线程池是在 AllChannelHandler 类的构造方法中创建的。

Dubbo 的线程池实现有以下 4 种类型。

（1）fixed：固定大小的线程池，默认是 200 个线程数，启动时建立线程，不关闭，一直持有（提供者端默认）。

（2）cached：缓存线程池，核心线程数为 0，最大线程数为 Integer.MAX_VALUE，空闲 1min 自动删除，需要时重建（消费者端默认）。

（3）limited：可伸缩线程池，核心线程数为 0，最大线程数为 200，线程回收时间为 Integer.MAX_VALUE，所以池中的线程数只会增长不会收缩。只增长不收缩的目的是避免收缩时突然来了大流量引起性能问题。

（4）eager：优先创建 Worker 线程池。该类型就是 12.1 节介绍的 Tomcat 线程池的策略。在任务数量大于 corePoolSize 但是小于 maximumPoolSize 时，优先创建 Worker 处理任务；当任务数量大于 maximumPoolSize 时，将任务放入阻塞队列中。

12.3 Netty中的线程池

12.3.1 Reactor线程模型

Netty 是一款优秀的异步事件驱动的网络应用程序框架，它能够帮助开发人员快速构建高性能、可维护的协议服务器和客户端。Netty 针对 TCP 和 UDP 套接字服务器等网络编程，提供了简单易用的 API，大大简化了网络编程的复杂性和精简了代码量。

Netty 的线程模型是基于 Reactor 设计模式的实现。什么是 Reactor 模式？ Reactor 是一种基于事件驱动的设计模式，即通过监听 accept、read 等事件分配线程进行相应的事件处理。

Reactor 模式有 3 种实现方式：单 Reactor 单线程模型、单 Reactor 多线程模型、多 Reactor 多线程模型。

1. 单Reactor单线程模型

Reactor 线程通过 select 监听连接事件，事件通过 dispatch 进行分发，acceptor 接收连接并创建一个 handler 处理后续的所有事件。这个过程中，始终只有一个线程在执行所有的事情。流程如图 12.8 所示。

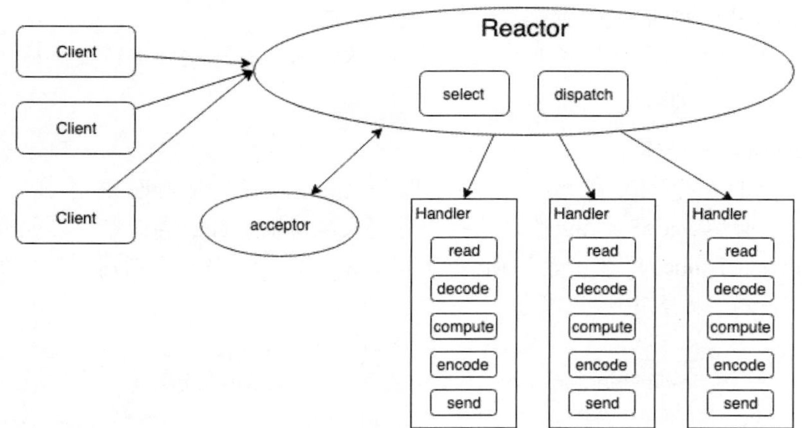

图 12.8 单Reactor单线程模型

优点：模型简单。

缺点：一个 NIO 线程无法同时处理成百上千的请求，一旦线程挂了会导致整个系统不可用。

2. 单Reactor多线程模型

Reactor 的一个 NIO 线程专门负责监听连接事件，acceptor 接收连接并创建一个 handler 负责读写数据。decode、compute 和 encode 的业务操作都交给线程池处理，处理完后再交给 handler 处理，处理完毕就发送给客户端。流程如图 12.9 所示。

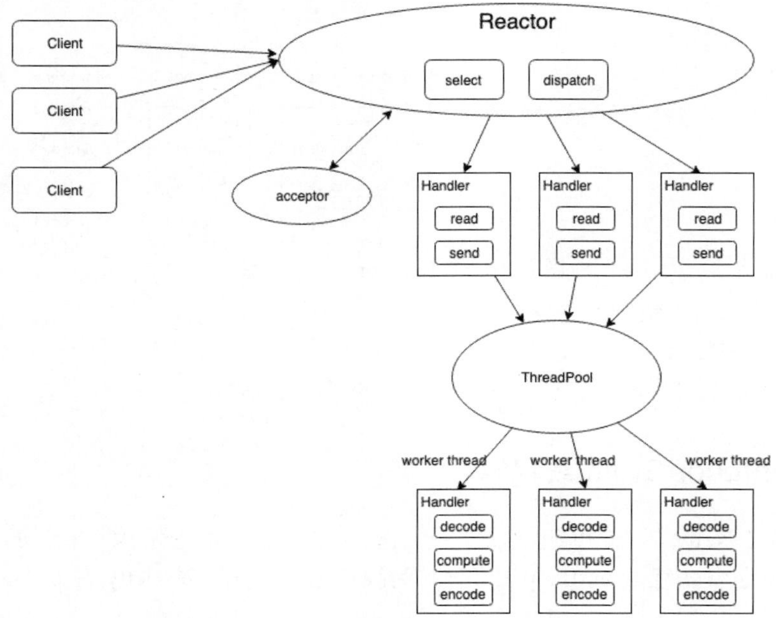

图 12.9 单Reactor多线程模型

优点：使用线程池处理业务操作，提高了并发性能。

缺点：单个 NIO 线程在并发百万级别的连接请求或服务端连接要进行安全认证等耗时、耗性能的操作时就会成为瓶颈。

3. 多Reactor多线程模型

MainReactor 的一个 NIO 线程专门用于监听连接事件，接收连接请求后，会将新的 SocketChannel 注册到 MainReactor 的其他线程进行安全认证、握手等操作。当业务层的链路建立完成后，SocketChannel 将被重新注册到 SubReactor 线程池中，并创建对应的 Handler 执行事件的读写和分发。流程如图 12.10 所示。

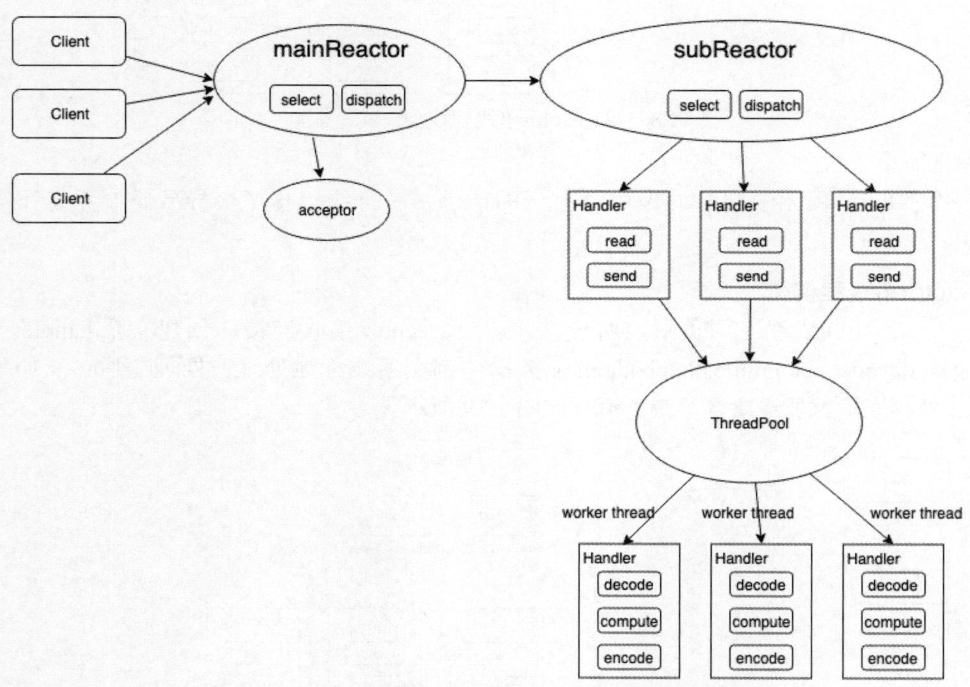

图 12.10　多Reactor多线程模型

优点：可以支持百万级别的并发请求。

缺点：实现比较复杂。

对于这三种模式，Netty 都支持，现在最流行的是第三种模式。

12.3.2　EventLoopGroup线程池

EventLoop 是 Netty 的核心组件之一，它的主要作用是定义 Netty 的线程模型 EventLoopGroup 包含一组 EventLoop，可理解为线程池。首先来看 Netty 官方的 Server 端的启动代码，如代码清单 12-8 所示。

代码清单 12-8

```
//Server 端配置 NIO 线程组
EventLoopGroup bossGroup = new NioEventLoopGroup();
// 参数没有指定，线程数默认为 CPU 内核数 ×2
EventLoopGroup workerGroup = new NioEventLoopGroup();
try {
    ServerBootstrap b = new ServerBootstrap();
    b.group(bossGroup, workerGroup)
     .channel(NioServerSocketChannel.class)
…

} finally {
    // Shut down all event loops to terminate all threads.
    bossGroup.shutdownGracefully();
    workerGroup.shutdownGracefully();
}
```

Server 端创建了两个 NioEventLoopGroup 线程池，bossGroup 就是 mainReactor，主要的作用是接收 Client 的请求连接，然后把请求交给 workerGroup 也就是 subReactor 处理。workerGroup 的主要作用是处理 I/O 的读写操作。

下面以 NioEventLoopGroup 为例来分析 EventLoopGroup 线程池，如图 12.11 所示。

可以看到，当 Client 请求连接时，bossGroup 会随机选一个线程监听 Client 端的连接，然后将 Client 端的 SocketChannel 注册到 workerGroup 中，workerGroup 使用负载均衡地选择某个 NioEventLoop 处理读写事件。其中，一个 EventLoop 在其生命周期内只与一个线程绑定，一个 Channel 在其生命周期内只注册一个 EventLoop，一个 EventLoop 会被分配给一个或多个 Channel。

NioEventLoop 队列是多生产者 - 单消费者模式，与 j.u.c 的线程池多生产者 - 多消费者的设计理念有很大的不同，所有事件提交到队列后只有一个线程进行消费。事件的读取、编码以及 Handler 的执行由一个 NioEventLoop 的 I/O 线程负责。这么做的好处显而易见：整个过程是串行化执行，避免发生线程上下文切换的问题，提高了系统处理的性能；另一个好处是降低了开发难度，用户不用考虑并发编程的问题。

但是，串行化执行也有缺点：当 I/O 线程由于某个事件处理时间过长就会导致整体的事件处理速度过慢。因此，复杂的业务处理应该由服务端的业务线程池统一处理，不能在 I/O 线程上处理。

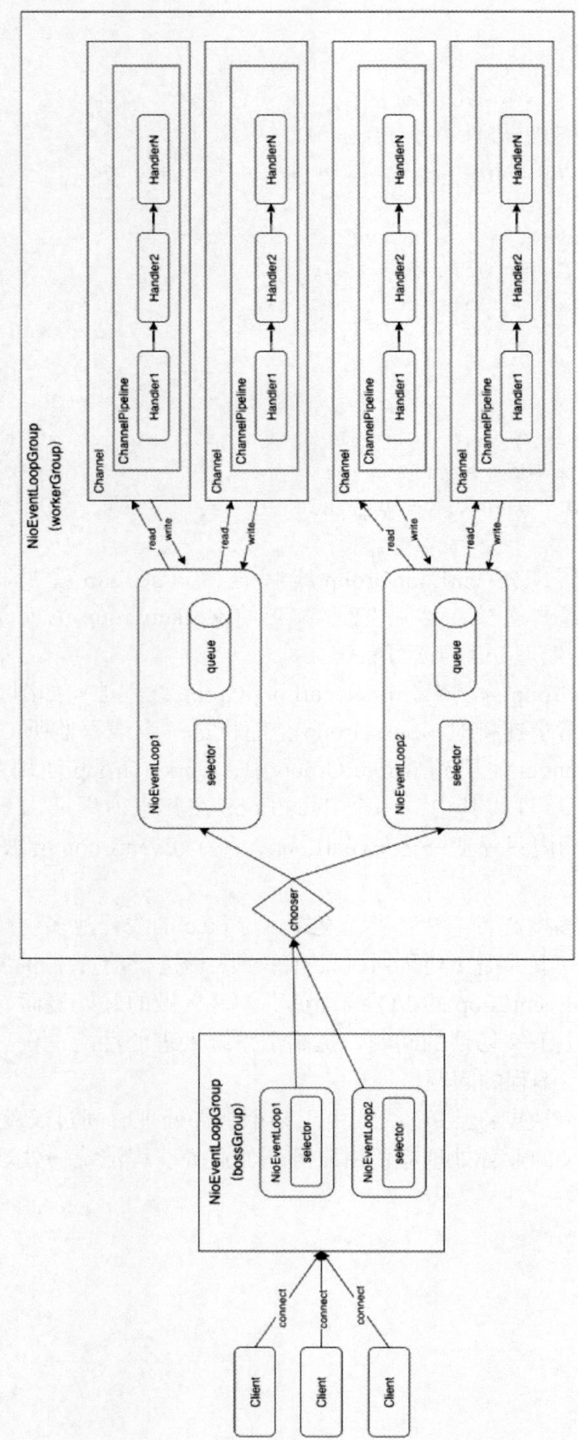

图 12.11 NioEventLoopGroup线程池

12.4　本章小结

本章主要介绍Tomcat、Dubbo和Netty中的线程池技术，相同点是这三大框架都是基于j.u.c的线程池进行的拓展，站在巨人肩膀上进行的再设计。针对不同的场景，应使用不同的解决方案：Tomcat是基于I/O密集型的任务，任务来了就创建对应的线程去处理，尽可能地提高并发和吞吐量；Dubbo提供了多种解决方案，用户可以根据不同的场景选择不同的线程池策略；Netty的NioEventLoopGroup中的NioEventLoop线程使用串行化设计理念提高系统的处理性能，避免了并发问题，降低了用户的开发难度。

常见面试题

1. Web容器、Servlet容器、Spring容器和SpringMVC容器之间是什么关系？
2. 简述Dubbo服务调用过程。
3. Netty的性能为什么那么好？请详细说明。

参考文献

[1] 周苏，王硕苹. 大数据时代管理信息系统 [M]. 北京：中国铁道出版社，2017.

[2] 科普中国. 摩尔定律失效怎么办 [EB/OL]. https://baike.baidu.com/tashuo/browse/content?id=9167c87c336bf6c2f5d1c1ce&lemmaId=350634&fromLemmaModule=pcBottom，2019-06-04.

[3] IT 百科. CPU 天梯图 [EB/OL]. https://product.pconline.com.cn/itbk/diy/cpu/1501/6068476.html，2020-07.

[4] donald_knuth 观点 [EB/OL]. https://www.eygle.com/archives/2008/07/donald_knuth.html，2008-07.

[5] 萧萧. 阻塞和非阻塞与同步和异步的区别 [EB/OL]. https://www.zhihu.com/question/19732473/answer/ 241673170，2021-03-02.

[6] TANENBAUM A S，坦南鲍姆，el. 现代操作系统 [M]. 陈向群，等，译. 北京：机械工业出版社，2009.

[7] 方腾飞，魏鹏，程晓明. Java 并发编程的艺术 [M]. 北京：机械工业出版社，2015.

[8] 周志明. 深入理解 Java 虚拟机 [M]. 北京：机械工业出版社，2013.

[9] hongdada. Java 对象头分析及 synchronized 锁 [EB/OL]. https://www.cnblogs.com/hongdada/p/14087177.html，2020-12-04.

[10] infoQ-Alex 博主. JVM 对象内存布局 [EB/OL]. https://xie.infoq.cn/article/37803a7431316cd6919d4c9f8，2020-07-22.

[11] Java 艺术. 64 位 JVM 的 Java 对象头详解 [EB/OL]. https://blog.csdn.net/baidu_28523317/article/details/104453927，2020-02-22.

[12] itabin. Java 对象头布局 [EB/OL]. http://www.itabin.com/mark-word，2021-03-07.

[13] 占小狼. 深入浅出 ConcurrentHashMap1.8[EB/OL]. https://www.jianshu.com/p/c0642afe03e0，2016-07-20.

[14] Matrix 海子. Java 并发编程：并发容器之 CopyOnWriteArrayList[EB/OL]. https://www.cnblogs.com/dolphin0520/p/3938914.html，2019-03-22.

[15] lack. Java 线　程：ConcurrentLinkedQueue[EB/OL]. https://www.cnblogs.com/sunshine-2015/p/6067709.html，2016-11-15.

[16] 葛一鸣，郭超. 实践 Java 高并发程序设计 [M]. 北京：电子工业出版社，2015.

[17] 星夜雨年. 详解 ThreadLocal[EB/OL]. https://www.cnblogs.com/zhangjk1993/archive/2017/03/29/ 6641745.html，2017-03-29.

[18] xiaohansong. 深入分析 ThreadLocal 内存泄漏问题 [EB/OL]. https://blog.xiaohansong.com/ThreadLocal-memory-leak.html，2016-08-09.

[19] Ideabuffer. 深入理解 Java 线程池：ThreadPoolExecutor[EB/OL]. http://www.ideabuffer.cn/2017/04/04/%E6%B7%B1%E5%85%A5%E7%90%86%E8%A7%A3Java%E7%BA%BF%E7%A8%8B%E6%B1%A0%EF%BC%9AThreadPoolExecutor，2017-04-04.

[20] 璐璐 . Java 魔法类：Unsafe 应用解析 [EB/OL]. https://tech.meituan.com/2019/02/14/talk-about-java-magic-class-unsafe.html，2019-02-14.

[21] Drew Stephens. Java 8 Performance Improvements: LongAdder vs AtomicLong[EB/OL]. http://blog.palominolabs.com/2014/02/10/java-8-performance-improvements-longadder-vs-atomiclong，2014-2-10.

[22] Jakob Jenkov. JMH[EB/OL]. http://tutorials.jenkov.com/java-performance/jmh.html，2015-09-16.

[23] GOETZ B，PEIERLS T，BLOCH J，el. Java 并发编程实战：Java Concurrency in Practice [M]. 北京：机械工业出版社，2020.

[24] Weikeqin. Java 并发设计模式 [EB/OL]. http://weikeqin.com/2020/06/07/java-concurrent-design-pattern，2020-06-07.

Matrix 海子 . 深入理解 Java 中的不可变对象 [EB/OL]. https://www.cnblogs.com/dolphin0520/p/10693891.html，2019-04-12.

胖君 . 如何理解 String 类型值的不可变 [EB/OL]. https://www.zhihu.com/question/20618891，2017-12-24.

[27] 小梁同学 . 一文带你了解 Java 并发中的锁优化和线程池优化 [EB/OL]. https://zhuanlan.zhihu.com/p/385351357，2021-06-30.

[28] Wikipedia. Spinlock[EB/OL]. https://en.wikipedia.org/wiki/Spinlock，2022-07.

[29] THOMPSON M，FARLEY D，BARKER M，el. Andrew Stewart.LMAX Disruptor[EB/OL]. https://lmax-exchange.github.io/disruptor/disruptor.html，2011-05.

[30] Why 技术 . Dubbo2.7.5 在线程模型上的优化 [EB/OL]. https://cloud.tencent.com/developer/article/1577908，2020-02-19.

[31] LEA D. Scalable IO in Java[EB/OL]. http://gee.cs.oswego.edu/dl/cpjslides/nio.pdf.

[32] 李林峰 . Netty 权威指南 . 2 版 [M]. 北京：电子工业出版社，2015.